U0170892

“十二五”普通高等教育本科国家级规划教材

地图学原理与方法

（第三版）

王家耀　王光霞　江　南　吕晓华　温伯威　编著

科学出版社

北　京

内 容 简 介

本书系统、完整地介绍地图学的原理和方法。主要内容包括地图和地图学的基本特性和定义、基本内容、学科体系以及与其他学科的关系、地图学发展的历史与趋势，地图的数学基础、地图符号、制图综合的基本理论和方法，普通地图、专题地图和地图集的设计、内容表示方法和编制过程，数字地图的基本知识、地图数据库、数字地图制图的基本方法和过程、数字地图制图系统与地图电子出版系统，以及地图的分析方法、地图在科学研究、国民经济建设、军事、工作、学习和生活中的应用。本书力求原理与方法结合、理论与实践结合、经典与现代结合，内容丰富，具有可读性，便于自学。

本书既可作为高等院校测绘工程、地理科学、地理信息科学等专业的本科生教材，也可供科研院所、生产单位的科学技术人员参考。

审图号：GS 京(2023)1341 号

图书在版编目(CIP)数据

地图学原理与方法/王家耀等编著. —3 版. —北京：科学出版社，2023.11
“十二五”普通高等教育本科国家级规划教材
ISBN 978-7-03-064193-9

Ⅰ. ①地… Ⅱ. ①王… Ⅲ. ①地图学–高等学校–教材 Ⅳ. ①P28

中国版本图书馆 CIP 数据核字(2019)第 298837 号

责任编辑：杨 红/责任校对：杨 赛
责任印制：霍 兵/封面设计：陈 敬

科学出版社 出版
北京东黄城根北街 16 号
邮政编码：100717
http://www.sciencep.com
三河市春园印刷有限公司印刷
科学出版社发行 各地新华书店经销
*
2006 年 3 月第 一 版 开本：787×1092 1/16
2014 年 2 月第 二 版 印张：18
2023 年 11 月第 三 版 字数：432 000
2024 年 7 月第二十九次印刷

定价：79.00 元
(如有印装质量问题，我社负责调换)

第三版前言

《地图学原理与方法》一书于2006年3月出版第一版、2014年2月出版第二版，至今已印刷了27次。十几年来，地图学处在一个大变化时代，科学技术快速发展、社会需求日益多样化促进了地图学的发展。同时，地图学又正面临多学科交叉融合的挑战，教学实践也对地图学教材提出了更多更高的要求。为此，作者根据多年来许多高校相关专业教学实际使用的情况，在基本保留第二版整体结构的基础上进行了修订。第三版共9章，各章编排、架构与主题内容同第二版保持一致，并做了以下修改。

一、对“地图与地图学的基本知识”一章做了两处修改。一是，对地图学的科学、技术、工程等基本特性进行了更全面、更深刻的论述，并强调了地图学的科学特性、技术特性、工程特性的相互关系和相互作用。二是，对于地图学的学科体系和各部分的研究内容，按照学科体系的整体性、层次性、关联性和开放性原则，重新构建了由地图学自身的层次结构及地图学所属测绘科学与技术和地理与环境科学，认知科学、系统科学、信息科学、心理科学、语言学和数学，自然科学、技术与工程科学、社会与人文科学、哲学组成的三个“圈层”学科体系框架。论述了地图学学科体系内部理论地图学、地图制图学、地图应用学的相互关系及各自的研究内容；在理论地图学部分增加了地图哲学及其地位与作用的论述，分析了地图学同所属测绘科学与技术和地理与环境科学相邻分支学科的关系，地图学同所属学科以外两个“圈层”相关学科的关系。

二、对于地图数学基础、地图语言、制图综合、普通地图、专题地图、地图集、数字地图制图与出版、地图分析与应用各章，进行了部分内容和插图的调整和增删。一是，“地图数学基础”一章，增加了对“伪投影”的说明解释，将“地图定向与地图比例尺”调整到“地图与地图学的基本知识”一章的相关节中。二是，将“地图语言”改为“地图符号”，该章由第二版的4节调整扩展为第三版的6节，即地图符号与其表达的地理要素的关系、地图符号的实质和功能、地图符号构图的基本理论、地图色彩、地图注记和地图符号系统，内容更丰富，逻辑性更强。三是，“制图综合”一章仍保留4节，但“影像制图综合的因素”一节名称修改为“影响制图综合的因素”，“自动制图综合”一节名称修改为“数字地图制图综合”。四是，“普通地图”一章，在结构上没有变化，只是关于“普通地图的类型”涉及地形图和地理图用途的叙述归入“地图分析与应用”一章中，增加了水系、地貌、居民地等要素的注记，“普通地图的编制”的具体技术方法则调整到第八章“数字地图制图与出版”中，重点介绍普通地图编制的基本过程和工艺流程。五是，“专题地图”一章由第二版的3节调整为第三版的4节，即专题地图的分类、专题地图内容的视觉层次和空间定位特征、专题要素（现象）的表示方法、专题地图的编制等。六是，“地图集”一章仍由3节构成，但内容的重点有所调整，将原分别论述普通地图集、专题地图集、综合性地图集的设计改为地图集的总体设计、图组设计和图幅设计，并删除了各类有代表性地图集作品介绍，由学生在课外学习，同时强调了地图集编制的基本过程和统一协调。七是，将第二版的“地图制图与出版”一章改为“数字地图制图与出版”，由数字地图的基本知识、地图数据库——数字地图制图的数据基础、数字地图制图的基本方法和过程、数字地图制图系统与地图电子出版系统、电子地图设计与制作等5节构成。八是，“地图分析与应用”一章仍保持第二版的结构，只是在“地图的应用”一节中重新归纳和充实了“地图在军事上的应用”，增加了“地图在人们工作、学习和生活中的应用”内容。

三、在认真研读本书第二版过程中，发现在内容论述的层次性、语言的规范化和顺畅性、易读性等方面还存在一些不足，在第三版中都尽力做了修改。

总的来说，第三版各章内容安排体现了先“共性”（第一、二、三、四章）后“个性”（第五、六、七章）、技术（第八章）和应用（第九章），便于学生学习阅读。

地图学正面临着一系列机遇和挑战，本书作者将不断推陈出新，以满足广大读者的需求。

第三版作者

2023年4月17日

第二版前言

《地图学原理与方法》一书，自 2006 年 3 月出版以来，截至 2013 年 7 月已是第八次印刷了。经过 7 年多来全国许多高校相关专业教学的实际应用，收到了较好的效果，但也反映出了一些问题，其中主要是在对现行教学时数而言，内容偏多，叙述偏细，当然也有个别内容需要补充。

根据 7 年多来的教学实践经验，本书第二版做了以下修改。

第一，在总体架构上做了较大调整，本书第一版采用篇、章、节的架构，共 6 篇 18 章 70 节。第二版经调整后，采用了章、节的架构，共 9 章 36 节，书的架构显得更紧凑。

第二，内容篇幅上做了较大精简。第一版第一次印刷时为 60 万字，而本书第二版对地图学发展的历史、地图学的学科体系、地图投影变换、地图表示方法设计、特种地图、各要素制图综合具体方法等做了提炼。本书精简为 40 余万字，内容更加突出地图学的基础和核心问题。

第三，增加了“地图集”的内容，反映了当今中国国家地图集和各省（自治区、直辖市）地图集设计与编制发展的水平，更加突出了地图集作为综合表达复杂地理世界科学著作或“百科全书”的作用。

第二版《地图学原理与方法》共 9 章。第一章主要介绍地图与地图学的基本特征和定义，并从历史与辩证的角度介绍地图学发展的历史，分析地图学的发展趋势；第二章主要介绍地图投影的基本理论、常用地图投影、地图投影选择及地图投影变换；第三章首先介绍地图内容要素的特征，然后介绍地图符号的类别、地图色彩和地图注记等地图语言的基本组成部分；第四章主要介绍制图综合的基本概念，分析制图综合的影响因素，突出介绍制图综合的基本方法，同时介绍数字地图的自动综合的基本理论和方法；第五章首先介绍普通地图的基础知识，然后重点介绍作为普通地图基本内容的独立地物、自然地理要素、社会经济要素的表示方法，最后介绍普通地理图的编制特点；第六章在介绍专题地图基本特点的基础上，主要介绍专题要素的各种表示方法及其综合应用，同时介绍专题地图的编制特点；第七章首先介绍地图集的特点和分类，然后重点介绍地图集的设计及地图集的总体设计与编制；第八章在介绍传统地图制作及数字地图制作基本过程的基础上，重点介绍数字地图制作、遥感影像地图制作、电子地图制作和地图电子出版系统等方面的技术特点；第九章主要介绍地图分析的基本方法和应用领域，包括传统地图分析和数字地图分析的主要方法，以及地图在科学研究、国民经济建设、军队作战指挥与国防工程等领域的应用和作用。

总的来说，第二版《地图学原理与方法》的内容安排体现了先“共性”（第一、二、三、四章）后“个性”（第五、六、七章）和理论（第一、二、三章）、方法（第四、五、六、七章）、技术（第八章）与应用（第九章）的统一，更加便于学生学习和掌握地图学的基本理论、方法和技术，以及地图在各个领域中的应用。

科学技术在不断发展，社会需求在不断变化，地图学的教学实践肯定还会提出新的要求，本书编者愿意不断推陈出新，以满足广大读者的需求。

第二版编者

2013 年 10 月

第一版前言

地图学是一门古老的科学，它有着几乎和世界文化同样悠久的历史；同时又是一门充满生机和活力的科学，自古以来就与社会的政治、经济、文化、外交及军事密切相关，它的发展有着深厚的社会根基和肥沃土壤。

地图学在其形成和发展的历史长河中，经历了古代地图学和近代地图学两个发展阶段，有过辉煌的历史。到了20世纪下半叶，随着电子计算机技术、空间信息技术和网络通信技术的迅速发展，地图学遇到了前所未有的严峻挑战，但同时也带来了实现跨越式发展的难得机遇。正是因为中国的地图学家们勇敢地迎接了挑战，抓住了机遇，才使得地图学在内涵、外延和功能等方面都大大地拓展和延伸了。从此，地图学进入了新的发展时期，即现代地图学时期。在理论方面，建立了以信息论、系统论、传输论等横断科学作为基础，跨界于多种学科部门，把地图学作为地理空间信息传输与反馈过程的开放体系，实现了由“封闭”到“开放”的转变；在技术方面，采用计算机地图制图技术，实现了由手工制图方式到数字化制图方式的历史性转变；在地图产品方面，实现了由单一纸质地图到数字化、电子地图和纸质地图多品种并存的转变；在地图学的地位与作用方面，实现了由被动保障和服务到主动保障和服务的转变。目前，地图学正面临着知识创新和创新人才培养、数学科学和信息科学的发展、地图信息获取手段的变化和实现国家信息化目标等方面的挑战，当然这也将给地图学的进一步发展带来新的机遇。同样，我们也只有勇敢地迎接这些挑战，抓住这些机遇，地图学才能实现新的跨越式发展。在这样的背景下，写一部使读者既能从地图学的历史轨迹中了解其发展规律，又能从地图学基本理论、技术与应用的介绍中掌握其发展现状，还能从地图学面临的新的挑战和发展趋势中展望其未来的地图学教材，就显得很有必要。

本书是在作者几十年教学的基础上撰写的。全书由6篇共18章组成。第一篇，介绍地图和地图学的基本问题，重点论述了地图和地图学的基本特征和现代特征，总结了地图学发展的历史轨迹及现代地图学内容和功能的拓展和延伸，分析了地图学面临的挑战和发展趋势。第二篇，介绍地图的数学基础，重点论述了地图投影的基本原理，介绍了常用的几种地图投影，分析了地图数学基础设计、地图投影选择和地图投影变换的理论和方法。第三篇，介绍地图内容的表示方法，重点分析了地图内容要素的空间分布特征和变量的量表方法，介绍了地图符号的分类、视觉变量及视觉感受效果，揭示了地理要素的类型、地图符号与视觉变量的关系，讨论了地图符号设计的基本方法，分析了影响地图整体设计的视觉心理因素，讨论了地图整体配置设计、地图色彩设计和地图注记设计的理论和方法，同时还分别介绍了普通地图和专题地图的表示方法，以及海图、航空图的特点及其表示方法。第四篇，介绍地图内容的制图综合，在论述地图制图综合基本理论和方法的基础上，比较详细地讨论了地图内容各要素的制图综合及专题信息的综合处理。第五篇，介绍现代地图制图的技术方法，主要论述了数字地图和地图数据库的概念，重点介绍了数字地图制图系统，还介绍了电子地图的设计与制作、互联网电子地图的特点与制作。第六篇，介绍地图分析与应用，包括传统的地图分析和数字地图分析的基本方法，论述了地图在各个领域的应用。为适应现代教学手段的需要，作者还根据教材制作了配套的单机版多媒体电子课件*。

本书由王家耀、孙群、王光霞、江南、吕晓华分工编写，由王家耀统稿。在本书编写过程中，引用了国内外许多学者的成果，在此一并致谢。本书的不足之处，敬请读者批评指正。

本书的出版，得到了解放军信息工程大学测绘学院出版基金的资助。

编　者

2005 年 5 月

* 如有需要，可以与编辑联系：dx@mail. sciencep. com。

目　录

第一章 地图与地图学的基本知识

地图学在其长期的历史发展中，逐渐充实和完善起来，成为一门拥有系统理论、现代技术体系和应用模式的科学。在地图学发展的历史长河中，作为地图学研究主题的地图，在内容、形式和功能等方面都在不断地发生变化。本章主要介绍地图和地图学的基本概念，简要介绍地图学发展历史和趋势。

第一节 地图的基本概念

一、地图的基本特性和定义

（一）地图的基本特性

地图是人类在长期社会实践中创造的认知非线性复杂地理世界的结果，又是进一步认知地理世界的工具。在探讨地图的基本特性时，我们可以先从认识论的角度来看看地图发展的简单过程（王家耀等，2001）。

地图的发展密切地联系着人们对非线性复杂地理世界的认识过程，也密切地联系着人们利用地图认识非线性复杂地理世界的过程。古代人类的生存斗争中，伴随着渔猎、耕作的实践活动，积累了相当丰富的地理知识，为了记载生活资料的产地，将它们用图形模仿的方法记载下来，作为以后活动的指导。在学会用简单方法来描述他们的生活环境和事件的时候，地图就在生活实践的基础上，开始了最初的萌芽。最初，人们并没有完整的地图概念，他们在记载各种事物的过程中，应用了最直接、形象的表示方法，用图形表现各种事物和现象，因此，古代的图画、地图和文字实际上并没有什么显著的差别，只是发展到后来，通过无数经验的总结，才出现了抽象化的文字，而描绘地理环境的图画由于它描绘地面的独特的优越性终于发展成了地图，出现了有目的地制作地图的活动。

人类最初的制图活动仅限于经常活动的地区内目力所及的范围，在这个基础上，经过大量的对于局部地区认识的积累，进一步地进行概括工作，认识了地区的共同本质，才扩大了地图的描绘对象，发展到当时人类已知世界的范围，出现了巴比伦人的“世界”地图和中国古代的“世界”地图。虽然它们都包含着大量神秘的与想象的内容，但是这种概括性的地图却引导着人们对地球的各个地区进行新的探索，例如，托勒密绘制的世界地图扩大了欧洲到东方中国的距离，因而在一定程度上促成了哥伦布等人敢于进行向西航行到达中国、印度的尝试，而在中途发现了美洲。此后，经过许多年代无数实际知识的积累和加工，才产生了较正确的世界地图。

地图内容的发展也是如此。地图是人们在实践活动中产生的，原始地图大都服务于某一项专门的生产操作，因此最早的地图是“专门”地图，后来在很多“专门”地图中找到了一些共同的地形因素，才出现了以表示地势河川、居民地和道路为主的“普通”地图。在“普通”地图提供地面详细面貌的基础上，专门地图又发展、深化了。

从上面的叙述中，我们可以知道，地图是在人们不断认识的基础上发展起来的，它是人们认识周围客观环境和事物的结果，然而在认识世界的每一次深化过程中，又常常以地图为依据，所以地图又是人们认识周围环境和事物的工具。

那么，地图发展的根本原因是什么呢？

研究地图发展的根本原因，也就是研究地图的基本矛盾。地图是用来重构非线性复杂地理世界的，因而地图表象与其相应的实地之间构成了地图最基本的矛盾。这里，我们先来研究上述基本矛盾在各方面的表现，即研究地图的若干特殊矛盾，最后再归结到矛盾的普遍性，从而获得对地图基本特性和定义的认识。

1. 地球曲面与地图平面之间的矛盾

自从人们把地球表面（部分或全部）描绘到平面上来的时候，平面与曲面之间的矛盾就存在了，只不过由于当时人类活动的范围有限，没有认识到这个问题而已。一方面，由于生产力发展和科学技术的进步，要求反映人们已知世界的范围，解决简单的距离、方位和比例尺问题；另一方面，由于初期的海上航行开始要求解决地球曲面与地图平面的关系问题，即由于航海的发展逐步扩大了眼界，发展了实用天文学，测量了经纬度，这时，人们开始想办法把经纬度绘在地图上，并以此为依据来标绘地理位置。于是出现了最初的投影方法。

初期的地图投影是研究用几何方法构成地图上的经纬线格网，主要在于模仿地球的形状，托勒密（90—168 年）在其《地理学指南》中提出的两种投影方法（圆锥投影和球面投影）就是这样的。到了墨卡托（1512—1594 年）时代，在航海事业和天文学发展的推动之下，相继出现了很多著名的投影方法，其中墨卡托投影在航海图上一直沿用到现在。但在当时还没有发明微积分的情况下，该投影也只能是从几何概念出发，利用三角函数来计算绘制。

当人们发现地球曲面与地图平面之间存在着不可克服的矛盾（即不可能在没有任何变形的情况下把地球曲面平铺在平面上）时，就把注意力转到研究“变形”的问题上来了。因为“变形”是这对矛盾的具体表现，它是绝对的；而在地图上不产生变形是相对的，是有条件的。例如，要想角度不变形就必然有面积变形，反之亦然。在认识到变形的绝对性以后，地图投影就以研究对地图上变形的要求为条件来确立两个面（曲面与平面）上坐标的转换方式为中心。在研究投影变形规律的过程中，促进了地图投影的发展。

多少年来，人们不知设计出了多少种投影来解决地球曲面与地图平面的矛盾，但它们都只是在一定的条件下暂时解决了，而当条件改变时，又要设计新的投影。可以说，只要平面和曲面在地图上构成一对矛盾，地图投影的研究就会不断地发展。

地球曲面和地图平面之间的矛盾的具体解决方法，是随着人们对地球形状与大小的认识和测定上的不断深化而变化发展的。

地球的自然表面不但是一个不可展的曲面，而且是一个极不规则的曲面，不可能用数学公式来表达，也无法进行计算。所以，在地球科学领域，必须寻找一个形状和大小都很接近于地球的椭球体或球体来代替它。大地测量中用水准测量方法得到的地面上各点的高程是依据大地水准面确定的，大地水准面是假想大洋表面向大陆延伸而包围整个地球所形成的曲面，是人们进行测量作业的基准面。大地水准面虽然比地球的自然表面要规则得多，但还是不能用一个简单的数学公式把它表示出来，因为大地水准面上的任何一点都是与铅垂线方向相垂直的，而铅垂线的方向又受地球内部质量分布不均匀的影响，使大地水准面产生微小的起伏，它的形状仍然是一个复杂的表面。在这样一个复杂的表面上进行测绘成果的计算当然是不可能的。为了便于测绘成果的计算，选择一个大小和形状同大地水准面极为相近的旋转椭球面来代替，作为计算的基准面。它是一个纯数学表面，可以用一个简单的数学公式来表达。旋转椭球面虽是一个纯数学表面，但它仍然是一个不可展的曲面。为了将旋转椭球面描写成平面，必须将这个不可展的曲面上的点计算到平面上。为此，必须建立地面点在旋转椭球面上的地理坐标（φ，λ）和它们在平面上的直角坐标（X，Y）之间的解析关系式：

$$\begin{cases} X = f_1(\varphi, \lambda) \\ Y = f_2(\varphi, \lambda) \end{cases} \tag{1-1}$$

如果我们能够具体地建立 X、Y 和 φ、λ 之间的函数关系式，就可以依据地面点的（φ，λ）计算出它们在平面上的位置（X，Y）。这样就能按我们所需要的经纬线格网密度，把经纬线交点的平面直角坐标计算出来，并在平面上绘制出经纬线格网，作为绘制地图图形的控制。

地球曲面和地图平面之间点位的互相转换，实质上是曲面场和平面场之间点位的数学转换。正是由于实现了这种点位的转换，才有可能将地面的各种物体和现象正确地描绘到地图平面上，或通过公式（1-1）将地图平面上的各种物体和现象映射到旋转椭球面上（数字地图环境下），保证地图图形具有可量度性，人们才能依据地图研究制图物体（现象）的形状和分布，进行各种量测。

解决曲面和平面之间矛盾的上述数学法则，构成了“地图重构地理世界”的数学基础。这是地图的第一个基本特性。

2. 地理世界的复杂多样性与地图抽象性之间的矛盾

同地球曲面与地图平面之间的矛盾一样，自从人们将地面描绘到平面上来的时候，地图的抽象性与地理世界的复杂多样性之间的矛盾就存在了。因为地图是缩小、简化了的，这就决定了地图表象与实地之间不可能没有差别，差异就是矛盾。地图的这一基本矛盾，产生了地图的符号化法则。

符号是对地面物体（现象）复杂多样性的抽象。地图在其萌芽阶段是用图形模仿的方法记载最简单的事物，古代的地图和图画、文字实际上没有什么差别，后来使用了象形符号，并逐步由象形符号过渡到几何图形符号，进而形成较完整的符号系统，通过符号的形状、尺寸和颜色及各种符号的组合表达地图内容（地理世界组成要素或现象）及其相互间的联系。

符号及其组合是地图内容及其相互关系的具体表现形式。符号数量的多少，在一个时期内和某种程度上被看作是地图内容丰富与否的标志。但是，用简单地增加符号数量的方法是不能解决缩小、简化了的地图表象与实地复杂现实之间的矛盾的。研究地图发展的历史表明，随着科学技术的发展和社会实践需要的提高，地图内容经历了一个由简单到复杂、由单一到完备的过程，而地图符号的数量却遵循着由少到多、由多到少的螺旋式上升的趋势。早期的地形图上（一般以法国 1750—1789 年完成的卡西尼地图作为第一批实测地形图），仅有以平面图形表示的大城市、城堡式的小居民区、各种线划符号表示的道路和点子表示的稀疏林区、不同粗细线划表示的河流；到了 18 世纪末和 19 世纪初，由于人们认识范围的扩大、认识对象的增多，以及对地图要求的日益增长，符号数量亦随之有所增加，其特点是小地物符号的大量应用；当各国军事地形图迅速发展起来以后，尤其是经过两次世界大战，各国地形图符号的数量有了急剧的增长，很多国家的地形图符号在几十年中增至数百个（如苏联地形图符号的数量若以 1924 年为 100，则 1950 年总数达到 414）；20 世纪 60 年代以后，各国地形图开始走增强符号概括性的道路，以减少符号的数量，如我国地形图符号的数量由 1958 年的 437 种减少到 1971 年的 167 种，其中桥梁符号的数量 1958 年为 14 种，而 1971 年则概括为 3 种。这都充分表明增强符号的概括性、减少符号数量的发展趋势。

然而，增强地图符号的概括性，减少地图符号的数量，不能理解为地图内容的贫乏。相反，地图的内容总是不断丰富的。这就要求：一方面，不能无限制地增加符号的数量，要提高符号的概括性；另一方面，又要赋予符号更广泛、更深刻的意义，以表示更丰富的地图内容。而要做到这一点，就必须研究地图内容的科学分类、分级，即对性质相近的物体和现象减少其类别，同类物体和现象减少其等级，并进而研究符号的构图规律。分类、分级本身就是"综合"。

因为地图符号是地图内容的具体表现，所以它具有地图语言的作用。制图者掌握地图符号的含义，使用符号把他对于现实世界的认识编绘成地图；用图者掌握地图符号的含义，通过判读符号构成对现实世界的认识。

地图符号实现两个基本功能：其一，单个符号指示地物的位置、种类和特征，即地物的位置信息和属性信息，不仅能根据需要显示那些形体虽小但却很重要的物体，而且可以表示那些肉眼观察不到的自然现象和社会现象；其二，符号的组合（系统）能表达地理要素（现象）的空间组合和相互联系，即给出单个符号所不能给出的信息。

3. 地理要素（现象）的复杂性与地图的概括性之间的矛盾

地图上所能表达的图形总是有限的，所以即使是使用符号系统，也不可能将地面上的全部物体和现象都容纳在缩小的地图上，势必要进行选取、化简和概括，即地图综合。

人们在最初制作地图时就进行了综合。古代地图朴实的面貌就是综合的结果，其中也包含了选取、化简和概括。当时的原则是"要什么画什么"，狩猎图、耕作图都是如此。到了后来，由于制图方法的改进，地图变的详细了，几乎发展到了"有什么画什么"，只是实在画不下了才舍掉一些东西，初期的地形图就是如此。到了近代，由于人们认识到了地图内容的综合是不可避免的，才进入到了有目的地进行综合的阶段，又开始"要什么画什么"了。但这并不是"开倒车"，而是螺旋式上升前进。

同地图投影解决地球曲面与地图平面的矛盾是有条件的一样，地图内容的综合法则解决缩小、简化了的地图表象与实地复杂的现实之间的矛盾也是有条件的。即在地图比例尺、用途、制图区域特点等条件一定的条件下，矛盾得到了暂时的解决，而条件一旦改变，就要产生新的地图表象与实地复杂现实之间的矛盾，要解决这一新的矛盾，就要研究新的条件下的综合原则和方法。这种缩小、简化了的地图表象与实地复杂现实之间矛盾对立统一的过程，推动了综合理论和方法的发展，经过长期理论研究和生产实践经验的积累，建立了系统的综合理论，数学方法在制图综合中的应用受到了普遍重视，使之成为一种科学的制图方法。

上述解决缩小、简化了的地图表象与实地复杂现实之间的矛盾的综合法则，构成了地图内容的地理基础，这是地图的第三个基本特征。

以上我们从三个方面分析了地图与实地这一对基本矛盾。"矛盾着的两方面中，必有一方面是主要的，他方面是次要的。其主要的方面，即所谓矛盾起主导作用的方面。事物的性质，主要地是由取得支配地位的矛盾的主要方面所规定的。”（《毛泽东选集》合订本，第310页）。地图的基本特性是由地图表象与实地这一对基本矛盾的主要方面——地图所规定的，这就是构成地图的数学法则、符号法则和综合法则。

地图的数学法则、符号法则和综合法则分别完成不同的任务，但它们又不是各自孤立的。以符号的科学组合表示的地图内容，是以地图的数学法则作为控制基础的，地图上的点、线、面状地物的位置都服从公式（1-1）。正因为如此，地图上以各种符号的科学组合所表示的地理内容，才能以严格的数学基础来反映实地物体（现象）的地理分布及其相互联系的空间结构特征。

随着现代科学技术的发展，地图除前述的基本特性外，还出现了一些新的特征。例如，随着电子计算机的问世，以及计算机图形学、地图数据库和空间信息可视化技术的发展，数字地图、电子地图和多媒体电子地图出现了，地图的表现形式呈现出多样化的特性；又如，随着模型理论和技术在地图制图中的普遍运用，地图可以被看作是客观世界的物质模型和抽象模型（概念模型、模拟模型和数学模型），具有明显的客观世界模型的特性；再如，地图表达的信息是由它所描述的对象的空间、时间、属性三要素构成的信息元组，可用（S_i, T_i, D_i）表示，其中 S_i（x_i, y_i, z_i）代表空间维（三维），T_i 代表时间维（一维，动态），D_i 代表属性维，i=1, 2,⋯, n。在计算机地图制图环境下，可以进行多维制图即多维地图信息可视化，地图信息表现出多维动态特性。

（二）地图的定义

根据前述地图的基本特性，我们可以给出地图的如下定义：地图是根据构成地图数学基础的数学法则、构成地图可视化基础的符号法则和构成地图内容地理基础的综合法则将地球表面缩小表示到平面上的表象，它反映各种自然和社会现象的空间分布、组合、联系及其在时空中的变化和发展。

构成地图数学基础的数学法则是任何类型的地图都不可能缺少的，构成地图语言基础的符号法则是地面物体和现象的科学抽象化表示，构成地图内容地理基础的制图综合则是地图内容的选取、化简和概括，即进一步科学抽象。因为各种自然和社会要素（现象）在地图上的符号化表示都是精确定位或空间关联的，所以地图上的符号相应地反映各种自然和社会要素（现象）的空间分布特征，地图上符号的组合反映实地上各种自然和社会现象的结构（区域）特征，地图上各种符号之间的关系反映实地各种自然和社会要素（现象）之间的联系。同一地区不同时间的时间序列地图能反映各种自然和社会要素（现象）随时间的变化和发展，就是在一幅地图上，也可以用统计曲线图的形式表示某种自然和社会要素（现象）随时间的变化和发展。

显然，上述地图定义中所说的“地图”是用符号表示制图对象的。在对地图有了这样一个基本的认识后，还应该看到可能使人们的认识进一步深化的某些因素。因为随着人类社会实践的深化和科学技术的发展，地图的内容和形式已经发生了许多变化。例如，在纸介质上用符号表示制图对象已不再是地图的唯一形式，还有数字形式、电子地图形式和多媒体电子地图形式等，这就是前面所说的地图表现形式的多样化特征；地图制图不再是凭经验，已经进入模型制图时代，特别是数学模型的应用极大地提高了地图的科学性，这就是如前所述的地图作为客观世界模型的特征；地图不再只是二维的、静态的，还可以表示多维、动态信息，这就是前述的地图的多维动态特征；等等。这些都将推动人们对地图的认识有所前进。

据此，我们可以给出如下现代地图的定义：地图是根据由数学方法确定的构成地图数学基础的数学法则、构成地图语言基础的符号法则和构成地图内容地理基础的制图综合法则记录空间地理环境信息的载体，是传递空间地理环境信息的工具，它能反映各种自然和社会要素（现象）的多维信息、空间分布、组合、联系和制约及其在时空中的变化和发展。

这是一个更能反映地图的现代特征的地图定义。在这里，第一，指明了构成地图数学基础的数学法则、构成地图语言基础的符号法则和构成地图内容地理基础的制图综合法则，都是由数学方法特别是现代数学方法确定的；第二，强调地图是记录空间地理环境信息的载体和传递空间地理环境信息的工具，"记录"可以是符号形式，也可以是数字形式、多媒体形式，载体不一定是纸介质，也可以是磁介质或光介质，记载和传递的是信息，这有更广泛、更现代的意义；第三，强调地图能反映各种自然和社会现象的多维和动态特性，突破了二维平面地图和静态的局限性，突出了现象的时间序列变化预测和空间分布趋势。

当然，我们也应该指出，随着时间的推移，对上述现代地图的定义还需要进一步充实和完善。

二、地图的基本内容

地图的基本内容，也就是地图的基本构成要素。一般来说，地图由以下基本要素构成。

（一）数学要素

数学要素指数学基础在地图上的表现，是一切地图所必须具备的最基本的地图要素。这是因为，地图的精度首先是由地图的数学基础决定的。

地图的数学要素包括与地图投影有联系的坐标网、比例尺和测量控制点及地图定向。

1. 坐标网

地图投影的实质可以用地面点在旋转椭球面上的地理坐标（φ，λ）和它们在平面上的直角坐标（X，Y）之间的解析关系式[式（1-1）]来表达（见 1.1 节）。它们在地图上的表现形式则是坐标网（或制图网），分为平面直角坐标网和地理坐标网。

坐标网是制作地图时绘制地图内容图形的控制网，利用地图时可以根据它确定地面点的位置和进行各种量算。

平面直角坐标网亦称为方里网（或公里网），用于准确指示点位，根据地图传达命令，快速量测方向和计算距离。我国地形图采用高斯-克吕格投影（大于或等于 1∶50 万），图上的平面直角坐标网系根据高斯平面直角坐标系构成（图 1-1）。根据地图用途规定，仅在 1∶1 万—1∶25 万比例尺地形图上才绘制平面直角坐标网，不同比例尺地形图上的平面直角坐标网的格网大小（边长）都有相应规定。

地理坐标网又称为经纬线网，主要用于确定地面点的地理坐标，具有深刻的地理学含义。经线相应于南北方向，纬线相应于东西方向。这些方向在地面上可以确定，在野外使用地图时可用其判定方位。此外，各点的经差即表现为时差。

由于地图投影的不同，地图上的地理坐标网的构成形状是不一样的。在 1∶2.5 万—1∶5 万比例尺地形图上，内图廓线即是经纬线，图廓的四个角点注有经纬度数值；此外，在图廓的四周绘有间隔为1′的经纬线短线(分度带),将两对应边具有相同经纬度值的分点连接起来，即构成地理坐标网。在1∶25万—1∶100万比例尺地形图上，除内图廓为经纬线外，图内也必须按规定间隔（经差和纬差）绘制经纬线。此外，在内图廓线和图幅的经纬线上还应按规定间隔用短线等分经纬线（图1-2）。这样做的目的是要便于在纸介质地图上量测地面任意点的地理坐标。

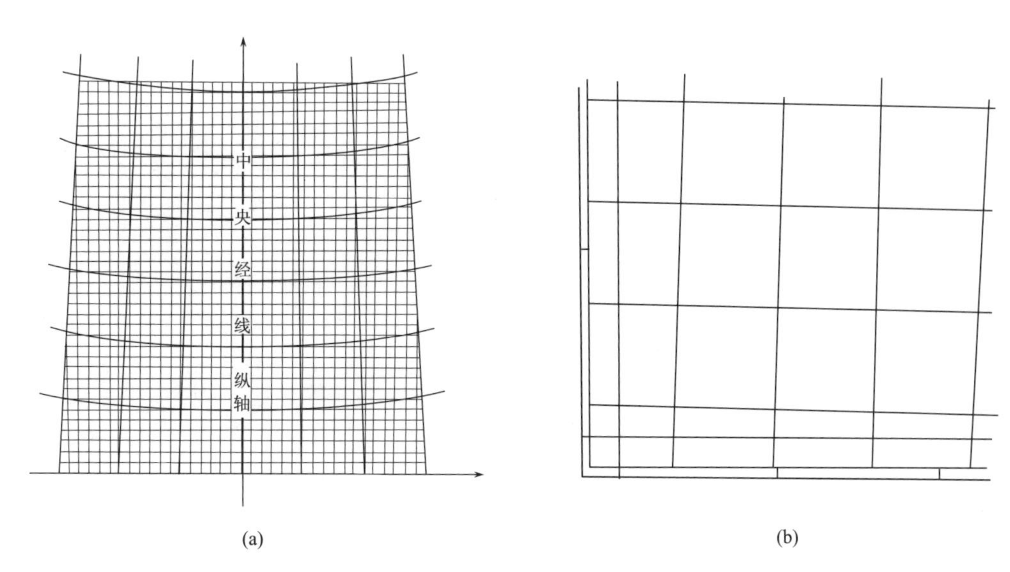

图1-1　平面直角坐标系的构成（a）及其在地形图（1∶5万）上的表示（b）

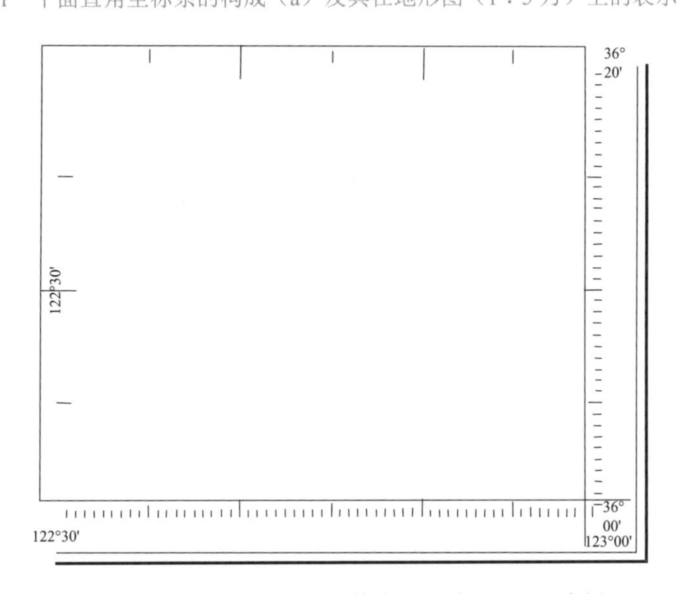

图1-2　地形图上地理坐标网的表示（以1∶50万为例）

地图上的经线方向是地图定位的基础，因为它是指向“真北”的。据此，可以将地图定向分为“北方定向”和“斜方位定向”两种。地图上的某条经线同图纸的南北方向保持一致的，称为“北方定向”；不一致的，称为“斜方位定向”。

我国地形图都是“北方定向”，即图幅中间的一条经线同图纸的南北方向是严格一致的，因此地图的正上方就是北方。一般情况下，小比例尺地图尽可能采用“北方定向”（图 1-3），即使图的中央经线同南北图轮廓垂直；但有时制图区域的形状比较特殊，如果采用“北方定向”将不利于有效利用标准纸张和印刷机的版面，所以也可以采用“斜方位定向”（图 1-4）。

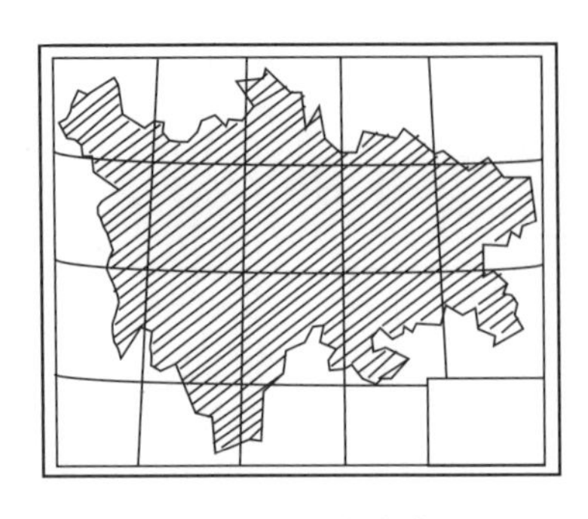

图 1-3　北方定向

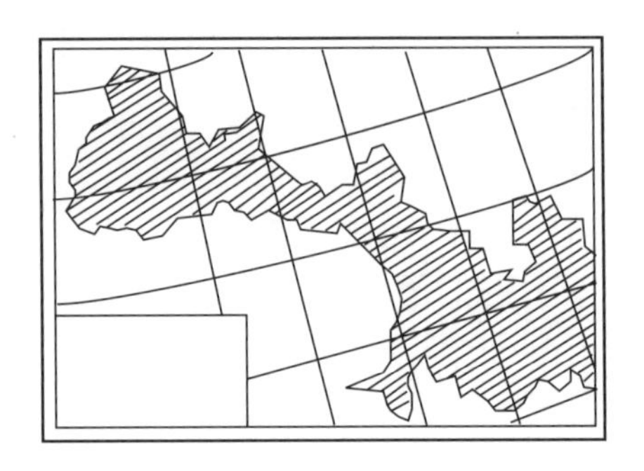

图 1-4　斜方位定向

2. 地图比例尺

地图比例尺是图上某线段与其在椭球面上之水平投影的长度之比。因为地图投影必然会产生变形，所以严格地说，地图上各点的比例尺（称为局部比例尺）都不相同，同一点的不同方向的比例尺也不一样（等角投影地图上，各点的比例尺不同，但同一点不同方向的比例尺相同），只是在平面图（地球表面有限地区的大比例尺地图）上的比例尺可以视为固定不变的，因为此时可以不考虑地球的曲率。在地图上，通常注出统一的比例尺数值，这就是主比例尺或一般比例尺，实际上是投影到平面上的地球椭球模型的比例尺。对于实际上投影变形很小的地形图及长度变形很小的小比例尺地图来说，注明地图的主比例尺就够了。而对于包括大区域及主比例尺与局部比例尺差别很大的地图，最好能指出保持主比例尺的一些经纬线网格点或线，这一般是在地图图廓外的辅助要素中给出。

3. 测量控制点

测量控制点是测图和制图的控制基础，它保证将地球的自然表面转换到地球椭球面，并进一步投影到平面上，使地图上的地理要素对坐标网具有正确位置。

测量控制点的位置和高程是用精密仪器测量计算的，现在可以依靠全球卫星定位系统利用终端设备直接测得，具有很高的精度。

测量控制点包括三角点、埋石点、水准点、独立天文点等。在大比例尺地形图上，分别以相应的符号表示；在 1∶25 万和 1∶50 万比例尺地形图上只表示三角点和独立天文点，其他按高程点表示；在更小比例尺地图上都按高程点表示。

三角点，包括国家等级的三角点及导线点；埋石点，系地形控制点、军用控制点和精度低于国家等级的三角点符号；独立天文点，是用天文测量方法测得天文经、纬度的控制点，测有大地坐标（大地经纬度）的天文点用三角点符号表示。

（二）地理要素

地理要素是任何一种地图的主要组成部分，包括地图上所表示的自然和社会经济现象及其分布、性质和联系，以及其变化和发展。

地理要素包括自然地理要素、社会经济要素及其他要素。

1. 自然地理要素

自然地理要素包括水系、地貌（含土质）、植被等。

（1）水系要素。水系要素是一切地图最基本的要素之一，它对地图内容的其他要素起着控制作用。

地图上表示的水系要素包括：海岸（海岸线、沿岸地带——后滨、潮浸地带——干出滩、沿海地带——前滨）、湖泊、水库及池塘、河流、运河及沟渠。

（2）地貌要素（含土质）。地貌是地图的基本要素之一。地图上表示的地貌要素包括陆地地貌和海底地貌。

陆地地貌，指陆地部分地面高低起伏变化和形态变化的特点。包括：地貌的基本形态（用等高线表示）；劣地形或微地形，如石灰岩溶斗、岩峰、崩崖、滑坡、冲沟、陡崖、梯田坎、露岩地、陡石山、水塔等冰川微地形、沙地地貌（用符号表示）等。

海底地貌，指海洋部分海底高低起伏的变化、形态特点和海底底质。

地图上表示的土质，主要指沼泽地、沙砾地、戈壁滩、石块地、小草丘地、残丘地、盐碱地、龟裂地等。

（3）植被要素。植被是地表植物覆盖层的简称。地图上表示的植被要素可以分为天然的和人工的两大类。天然植被，主要包括森林、矮林、幼林、疏林、竹林、灌木林和草本植被。人工植被，主要包括经济作物地、果园、苗圃、稻田和旱地。

2. 社会经济要素

社会经济要素包括居民地、交通运输网、境界及行政中心、经济标志等。

（1）居民地。居民地是人类居住和进行各种活动的中心场所，是地图的重要地理要素之一。

地图上应表示居民地的类型、形状、行政意义和人口数、交通状况和居民地内部建筑物的性质等，以反映出居民地所处的政治经济地位、军事价值和历史文化意义。

（2）交通运输网。交通运输是来往通达的各种运输事业的总称。地图上表示的交通运输网包括陆上交通、水路交通、空中交通和管线运输。陆上交通即通常所说的道路，包括铁路、公路和其他道路。水路交通分为内河航线和海洋航线。空中交通在地图上是通过机场符号体现的，一般不表示航线。管线运输包括高压输电线、石油及天然气管道等。

（3）境界及行政中心。地图上表示的境界分为政区境界和其他境界两类。

政区境界包括政治区划界和行政区划界。政治区划界主要指国家领土的范围，其界线即为国界；有些国家之间存在着争议地区，图上则有国界和未定国界之分；地区界也是一种政治区划界线，如巴拿马运河区界线。行政区划界是指国内行政区域的划分，其界线统称为行政区划界，我国的行政区划界分为省（自治区、直辖市）界、省辖市（自治州、盟）界、县（自治县、旗、市）界等。

其他境界主要指一些专门的界线，如停火线、禁区界、旅游和园林界等。

行政中心是与政治区划和行政区划相对应的。例如，我国的行政中心有首都、省（自治区、直辖市）府、省辖市（自治州、盟）府、县（自治县、旗、市）府等。

（4）经济标志。地图上表示的经济标志是反映地区经济发达程度的重要形式，主要包括各种工业（如工厂、发电厂、变电所、石油井、盐井、天然气井、矿井、露天矿、采掘场等）和农业（如水车、风车、水轮泵、饲养场、打谷场、储草场等）标志。

3. 其他要素

地图上除表示自然地理要素和社会经济要素外，还表示一些科学（如重要科学观测台站等）、文化（如学校等）、卫生（如医院等）、历史（如革命烈士纪念碑、牌坊、重要文物、长城等及其他）等标志。

（三）辅助要素（图廓外要素）

在地图的图廓外，除注明图名、图号（图幅编号），还配置有供读图用的大量工具性图表和说明性内容，统称为地图的辅助要素，分为读图工具和参考资料。

1. 读图工具

读图工具包括图例、图解比例尺、坡度尺、三北方向图、图幅接合表、政治行政区划略图等内容。

1）图例

即地图符号表和必要的说明，包括地图上用的全部符号。通过图例，可以了解地图上表示的各种地理要素。通常位于图边（我国地形图的图例位于东图廓外）或图廓内的空白处（小比例尺挂图、专题地图）。

2）图解比例尺

地图上除注出数字比例尺（如 1∶50000）或文字式比例尺（如百万分之一）外，还配置有图解比例尺。

图解比例尺是供图上量测距离用的，分为直线比例尺（地形图，图 1-5）和复式比例尺（小比例尺地图，图 1-6）。图解比例尺一般配置在地图的南图廓外（地形图）或图廓内的空白处（小比例尺地图，与图例等配置在一起）。

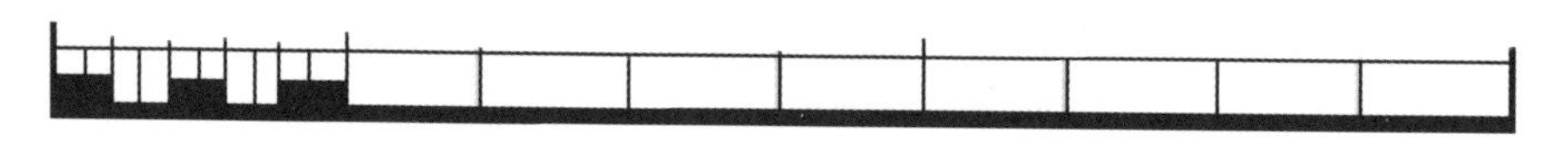

图 1-5 我国地形图上的图解比例尺

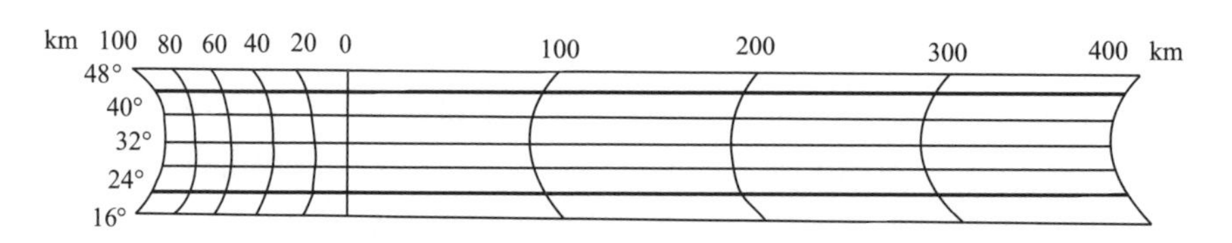

图 1-6 双标准纬线等角圆锥投影的纬线比例尺（变形随纬度变化而变化）

3）坡度尺

地图上的坡度尺供图上量测坡度之用。一般只在大比例尺地图上才配置坡度尺，用于量测一组等高线（两条或六条）之间的坡度大小（图 1-7）。

4）三北方向图

为了满足使用地图的要求，规定在大于 1∶10 万的各种比例尺地形图上绘出“三北”方向和三个偏角的图形。它们不仅便于确定图形在地图上的方位，而且还用于在实地使用罗盘标定地图的方位。

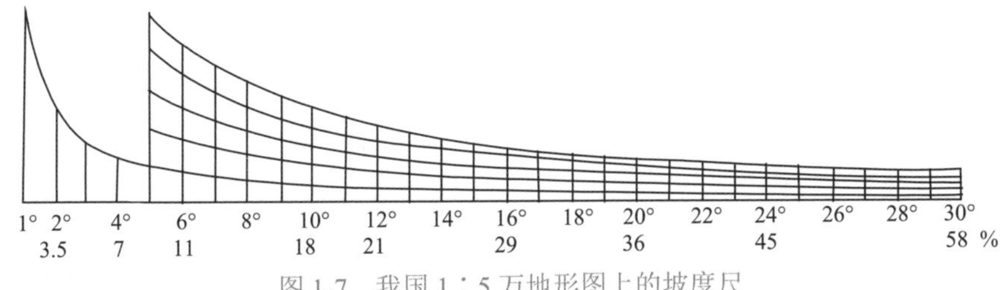

图 1-7　我国 1∶5 万地形图上的坡度尺

（1）真北方向线：过地面上任意一点，指向北极的方向，称为真北，其方向线称为真北方向线或真子午线。地形图上的东西内图廓线即为真子午线，其北方方向代表真北。对一幅地图而言，通常是把图幅的中央经线的北方方向作为该图幅的真北方向。

（2）坐标北方向线：图上方里网的纵线称为坐标纵线，它们平行于投影带的中央经线（投影带的平面直角坐标系统的纵坐标轴），纵坐标值递增的方向称为坐标北方向。大多数地图投影的坐标北和真北方向是不完全一致的。

（3）磁北方向线：实地上磁北针所指的方向称为磁北方向。它与指向北极的北方向并不一致，磁偏角相等的各点连线就是磁子午线，它们收敛于地球的磁极。严格说来，实地上每个点的磁北方向也是不一致的。地图上表示的磁北方向是本图幅范围内实地上若干点测量的平均值，地形图上用南北图廓点的 P 和 P′ 的连线表示该图幅的磁子午线，其上方即为该图幅的磁北方向。

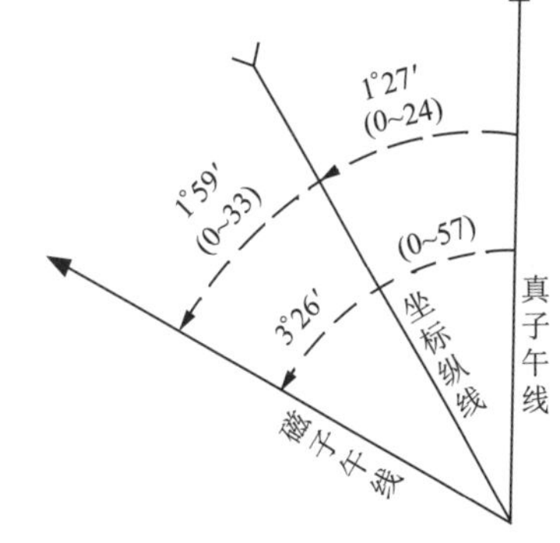

图 1-8　我国地形图上的“三北方向”图

我国大于 1∶10 万比例尺的地形图上，南图廓外附有偏角图。图形只表示三北方向的位置关系，其张角不是按角度的真值绘出的，角度的实际值通过注记表明（图 1-8）。

5）图幅接合表

凡分幅地图，都附有图幅接合表，以说明与该图幅相邻图幅的名称和编号。我国地形图的图幅接合表只标注邻图幅的图名，邻图幅的图号分别注记在外图廓线上（图 1-9）。

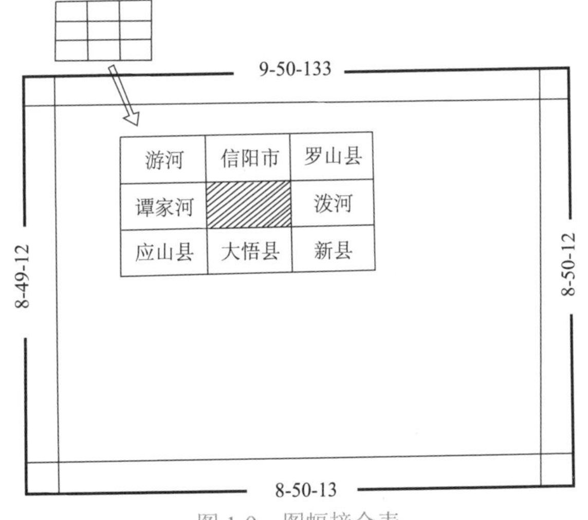

图 1-9　图幅接合表

6）政治行政区划略图

政治行政区划略图主要反映图幅所描绘地区的政治行政归属。我国地形图上一般用注记分别在内外图廓之间注出相应的国名或行政区划名称，只是在 1∶50 万或更小比例尺地形图上才附有政治行政区划略图（图 1-10）。

2. 参考资料

参考资料，是指一些说明性内容，如编图及出版单位、成图时间（编图及出版时间）、地图投影（小比例尺地图）、坐标系、高程系、资料说明和资料略图（图 1-11）等。

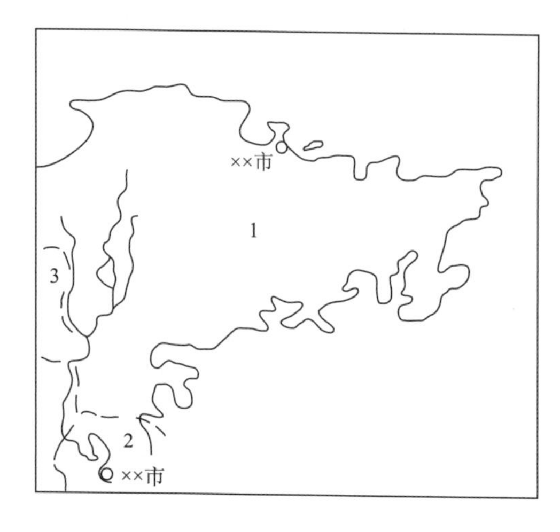

图 1-10 行政区划略图（图中阿拉伯数字为行政区划代号）

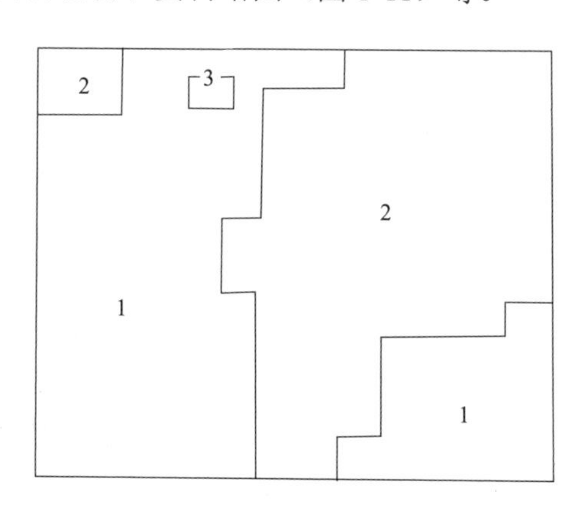

图 1-11 资料略图（图中阿拉伯数字为资料类别代号）

三、地图的分类

随着社会生产力的发展、国民经济和国防现代化建设需求的增强及人们认识客观世界的不断深入，地图的应用越来越普遍，地图的选题范围越来越广泛，地图的种类和数量越来越多。因此，有必要对种类繁多的地图加以分类。

科学的地图分类，应有利于研究各类地图的性质和特点，并发展地图的新品种；有利于有针对性地组织与合理安排地图的生产；有利于地图编目及其存储，便于地图的管理和使用；在地图应用服务中引用自动化手段后，地图分类对于处理和检索地图资料、地图的网上申领具有重要意义。

地图可以按照许多标志进行分类，如地图的主题（内容）、比例尺、制图区域和地图用途。

同任何科学的分类一样，地图的分类应遵循一系列逻辑原则。例如，必须按照由总概念（类）到局部概念（亚类、属和种）的次序，即由较广义的概念向较狭义的概念过渡；每一分类等级必须采用固定的分类标志，即一个分类等级不能同时采用两种或两种以上的分类标志；上一分类等级应包含下一分类等级的总和。

（一）地图按主题（内容）的分类

地图按主题（内容）首先分为普通地图和专题地图。

1. 普通地图

是以相对平衡的详细程度表示水系、地貌和土质、植被、居民地、交通运输网、境界等基本地理要素的地图。它比较全面地反映制图区域的自然环境、地区条件和社会经济的一般状况，也可以反映出自然、社会经济诸方面的相互联系的基本规律。

2. 专题地图

是根据专业方面的需要以一种或几种地理要素为主题的地图。作为地图主题的要素表示的很详细，而其他要素则视反映主题的需要，作为地理基础有选择的表示。作为专题地图主题的要素，可以是普通地图上表示的，也可以是普通地图上没有表示但属于专业部门特殊需要的内容。例如，行政区划图的主题是居民地的行政等级和境界，它们是普通地图上有的内容；工业经济图上表示的诸如工厂的生产能力、各种经济指标等则是普通地图上没有表示的内容。

3. 按主题（内容）分类的其他观点

关于地图按主题（内容）分类，还有几种观点是需要提及的。

有的人主张增加另一类地图即工程技术图，它包括工程勘测图、规划设计图、土地利用图、工程施工图、海洋和内河航行图、航空图、宇航图，等等。不过，此时地图分类的标志已不只是地图主题（内容），而多少趋向于按地图用途分类了，这就破坏了地图分类的逻辑原则。

有的人认为在地图按主题（内容）分类时应区分出“边缘作品”，即属于普通地图和专题地图之间的一类地图，如交通图等。这些地图一般都有专门性的名称，有确定的主题，但是它们在内容及其表示方法上和普通地图却很少有重大的差别。地图的这种区分，揭示了其过渡性的特点，对认识地图的性质和规律，发展新的地图品种具有一定意义。但是，从地图分类的角度看，它们仍可明确地属于普通地图或属于专题地图，因此没有必要单独区分出来。

还有的建议区分出一种中间类型的地图，即自然和经济地图，它综合反映自然和社会经济现象。实际上确实存在这类地图，但是作为一种分类方法会给地图分类的实际工作带来困难。例如，地质图属于自然现象地图，但是矿产图有时却具有工业资源的特征，显然属于经济地图，因此可以划归为社会经济地图。所以也没有必要再区分出中间类型的地图来，因为几乎所有的社会经济地图都表示这种或那种自然要素，特别是水系要素。

（二）地图按比例尺分类

地图按比例尺分类是一种习惯上的分类方法，它的意义在于地图比例尺影响着地图内容的详细程度和使用特点。因为比例尺不能直接体现地图的内容和特点，所以它不能单独作为地图分类的标志，一般作为按地图主题分类的辅助标志。就普通地图而言，在我国按比例尺可将其分为地形图与地理图。

1. 地形图

地形图是详细表示地面各基本要素的普通地图。它有规定的比例尺系列（1∶1 万、1∶2.5 万、1∶5 万、1∶10 万、1∶25 万、1∶50 万、1∶100 万），统一的测制编绘规范和图式，列入国家建设和国防建设计划，由国家和军队组织生产。

地形图按比例尺分为大比例尺地形图（大于或等于 1∶10 万）、中比例尺地形图（1∶25 万，1∶50 万）和小比例尺地形图（1∶100 万）。

2. 地理图

地理图是比例尺小于1∶100万的普通地图。它们的内容比较概略，但主要目标很突出，强调反映各要素的基本分布规律。地理图没有固定的比例尺系列（最常见的有1∶150万、1∶200万、1∶300万、1∶400万、1∶500万、1∶1000万等），也没有统一的规范和图式。

其他国家可能有另外的按比例尺分类的等级和术语。例如，苏联将地图分为地形图（大于1∶20万）、地形-一览图（1∶20万—1∶100万）、一览图（小于1∶100万）；而法国则分为甚大比例尺（大于1∶1千）、大比例尺（1∶1千—1∶2.5万）、中比例尺（1∶2.5万—1∶10万）、小比例尺（1∶10万—1∶50万）、甚小比例尺（小于1∶100万）等5种比例尺等级。

（三）地图按制图区域分类

地图按制图区域分类，就是按地图所包括的地域空间加以区别。根据地图分类的逻辑原则，地图按制图区域分类时，必须坚持由总体到局部的原则。据此，表示全球的地图属于第一类，其次是表示各大洲和各大洋的地图，洲地图首先按最大部分（即大陆）划分，在大陆之内地图可按政治行政区划或自然地理区划两种方法进一步划分。

地图按政治行政区划分类时，首先将地图按国家划分，然后每个国家按其一级行政区划区分，如果有必要再按较低一级的行政等级划分。在我国，首先是全国地图、省（自治区、直辖市）地图，然后是各省的市地图、县（市）图等。

地图按自然地理区划分类的情况不多，因为一般地图是按政治行政区划限定的制图区域编绘的。当然，按自然地理区划编绘地图的情况也是有的，如青藏高原地势图、黄河流域地图等。

大洋图依次按大洋、大洋海域、海、海湾和海峡划分。

（四）地图按其用途分类

地图的用途对地图的主题（内容）、比例尺和表示方法都有一定影响。地图按其用途分类，就是提供给一定范围的读者使用以及用于解决特定问题将地图区分为各种“专门地图”。按用途可将地图分为军用地图和民用地图。

1. 军用地图

军用地图可以进一步划分为战术图、战役图、战略图，或者分为军用地形图、协同图，以及各种军事专用地图（如航空图、航海图等）。

2. 民用地图

民用地图可以进一步分为国民经济与管理地图（如自然条件和资源调查与评价图、领航图和道路图等），教育、科学与文化地图（如教学地图、科学参考图、文化教育图、旅游地图等）。

一般来说，许多地图都具有多方面的用途（如地形图），因此地图按用途分类在实际上会受到一定限制，除非那些有明确用途的地图（如教学地图、旅游地图等）。

（五）地图按其他标志分类

地图除按上述主题（内容）、比例尺、制图区域和用途分类外，还可以按使用方式、出版方式、色数、存储介质等进行分类。按使用方式，地图可分为桌上用图、挂图、野外用图；按出版方式，地图可分为单幅图和地图集；按印刷色数可分为单色图和多色图；按存储介质可分为纸质地图、胶片地图、丝绸地图、数字地图、电子地图等。

四、地图的分幅与编号

（一）地图分幅与编号的作用和意义

对于一个确定的制图区域，如果要求内容比较概略，就可以采用较小的比例尺，有可能将整个制图区域绘制在一张图纸上；如果要求内容表示详细，就要采用较大的比例尺，这时就不可能将整个制图区域绘制在一张图纸上了，尤其是地形图，更不可能将辽阔的区域测绘在一张图上。为了不致重测、漏测，就需要将地面按一定的规律分成若干块，这就是地图的分幅。为了科学地反映各种比例尺地形图之间的关系和相同比例尺地图之间的拼接关系，能迅速查找到所需要的某地区某种比例尺的地图，便于平时和战时地图的发放、保管和使用，需要将地形图按一定规律进行编号。

（二）地图的分幅

地图有两种分幅方法，即矩形分幅和经纬线分幅。

1. 矩形分幅

采用此法进行地图分幅，每幅地图的图廓都是一个矩形，因此相邻图幅是以直线划分的。矩形大小一般根据纸张和印刷机的规格（全开、对开、四开、八开等）确定。

矩形分幅可分为拼接和不拼接两种。拼接使用的矩形分幅是指相邻图幅有共同的图廓线，使用时可按其共同边拼接起来，1949 年以前，我国 1∶5 万地形图曾采用这种方法分幅，现在的许多大型挂图也是采用这种方法分幅；不拼接的矩形分幅指图幅之间没有共用边，图幅之间不能拼接使用，地图集中的地图都是这样分幅的。

矩形分幅的主要优点是:相邻图幅之间接合紧密，便于拼接使用（不拼接的除外）；各图幅的印刷面积可以相对平衡，有利于充分利用纸张和印刷机的版面；等等。其缺点是图廓线没有明确的地理坐标，使图幅缺少准确的地理概念，而且整个制图区域只能一次投影。

2. 经纬线分幅

采用此法进行地图分幅，每幅地图的图廓线都由经线和纬线构成。我国的基本比例尺地形图就是按经纬线分幅的。

经纬线分幅的主要优点是:每幅图都有明确的地理位置概念，适用于很大的区域范围（全国、大洲、全球）的地图分幅。其缺点是:当经纬线是曲线时，图幅拼接不方便；随着纬度的升高，相同经差、纬差所包围的面积不断缩小，因而实际图幅不断变小，不利于有效地利用纸张和印刷机的版面，为了克服这一缺点，一般在高纬度地区采用“合幅”的方式。

（三）地图编号

所谓地图编号，就是对于分幅地图中的每幅地图用一个特定的号码来标记。常见的地图编号方法有行列式编号法和经纬度编号法两种。

1. 行列式编号法

它是将整个制图区域按分幅规定划分为若干行和列，并相应地按序数或字母顺序编上号码。行的编号可从左到右，也可从右到左；列的编号可自上而下，也可自下而上。图幅的编号则用“行号-列号”或“列号-行号”的形式标记。此法常用于大区域的分幅地图，我国 1∶100 万比例尺地图就是用行列式编号法进行编号的。

2. 经纬度编号法

此法适用于按经纬度分幅的地图。其编号方法是:以图幅右图廓的经度除以该图幅的经差得行号，上图廓的纬度除以该图幅的纬差得列号，取“行-列”作为图幅编号。采用这种编号方法，可以从图号准确地还原图幅的经纬度范围，具有定位意义。图 1-12 中 1∶5 万比例尺地图的编号 294104 就是这样计算得到的:

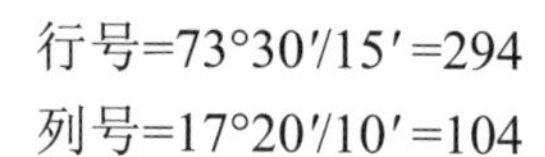

行号=73°30′/15′=294

列号=17°20′/10′=104

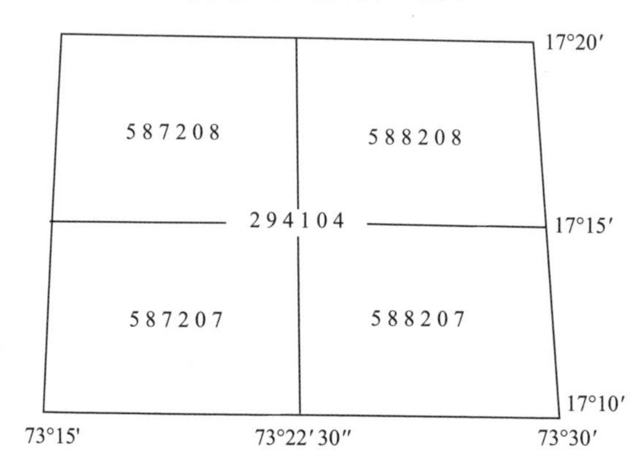

图 1-12 经纬度编号法示例

需要注意的是，当计算所得数字不是三位时，在前面用“0”补足。1∶2.5 万比例尺地图的编号采用同样的方法计算。

（四）我国地形图的分幅与编号

我国地形图是按经纬线分幅的，相邻比例尺地图的数量成简单的倍数关系（表 1-1）。各种比例尺地形图的编号都是在 1∶100 万比例尺地图编号的基础上进行的，但 20 世纪 90 年代以前和以后变化较大。

1. 旧地形图分幅编号（20 世纪 90 年代以前）

20 世纪 90 年代以前，1∶100 万比例尺地图采用列行式编号法（列号在前、行号在后），其他比例尺地形图的编号都是在 1∶100 万比例尺地图编号的基础上加自然序数，称为旧的地形图编号。其编号方法如图 1-13 所示。

表 1-1 地形图相邻比例尺地图的数量关系

比例尺		1∶100 万	1∶50 万	1∶25 万	1∶10 万	1∶5 万	1∶2.5 万	1∶1 万
图幅范围	经差	6°	3°	1°30′	30′	15′	7′30″	3′45″
	纬差	4°	2°	1°	20′	10′	5′	2′30″
图幅数量关系		1	4	16	144	576	2304	9216
			1	4	36	144	576	2304
				1	9	36	144	576
					1	4	16	64
						1	4	16
							1	1

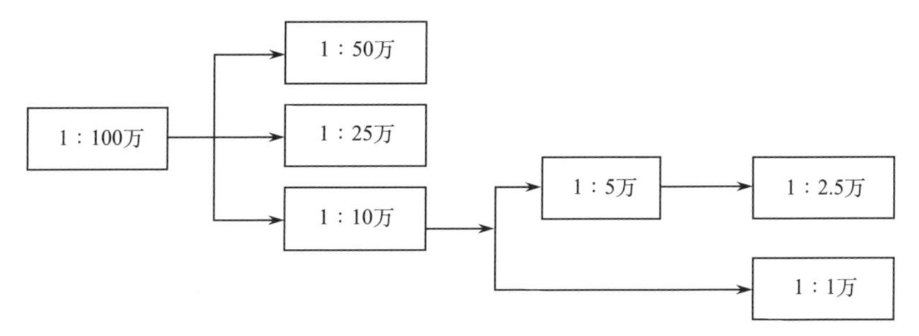

图 1-13　我国基本比例尺地形图的旧分幅编号系统

1）1∶100 万比例尺地形图分幅编号

国际 1∶100 万比例尺地图的标准分幅是经差 6°、纬差 4°。因为在高纬度地区地图面积迅速缩小，所以规定在纬度 60°至 70°度之间双幅合并，即每幅图包括经差 12°、纬差 4°；在纬度 76°至 88°之间由四幅合并，即每幅图包括经差 24°、纬差 4°；纬度 88° 以上单独为一幅。

我国 1∶100 万地图的分幅编号均按国际 1∶100 万地图的标准。具体编号方法是：从赤道起算，每隔纬差 4° 为一列，至南、北纬 88° ，各为 22 列，北半球的图幅在列号前冠以 N，南半球的图幅冠以 S，以下依次用英文字 A、B、C、D、…、V 表示相应的列号；从 180° 经线算起，自西向东每隔经差 6° 为一纵行，全球分为 60 行，依次用阿拉伯数字 1、2、3、4、…、60 表示行号。这样，每一幅 1∶100 万地图编号就可以取“列号–行号”来标记。例如，北京所在的 1∶100 万地图的编号为“NJ-50”，由于我国位于北半球，故编号前的“N”省略。图 1-14 是北半球 1∶100 万比例尺地图的分幅编号，图 1-15 是我国 1∶100 万比例尺地图的分幅编号。

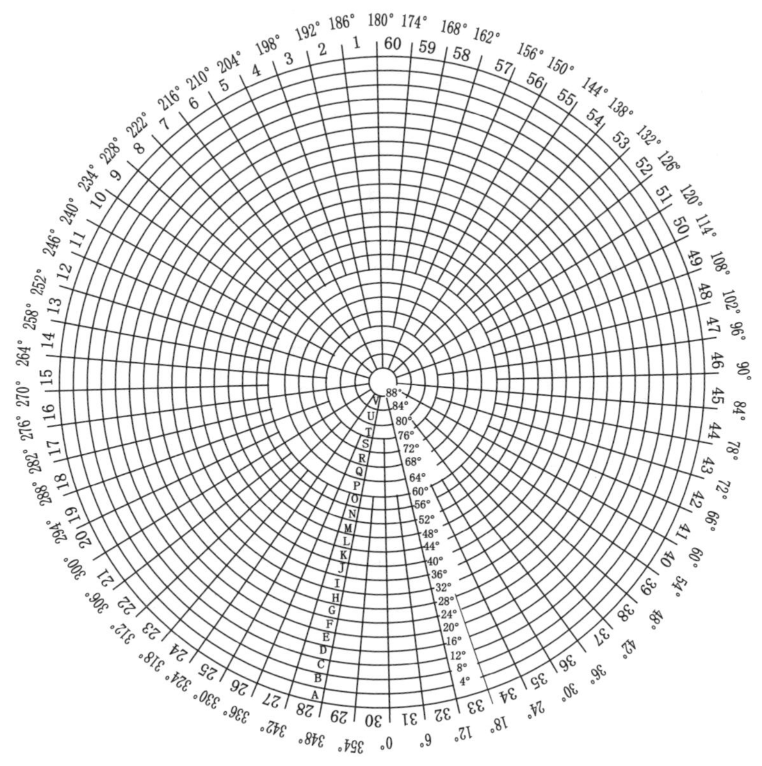

图 1-14　北半球 1∶100 万比例尺地图的分幅编号

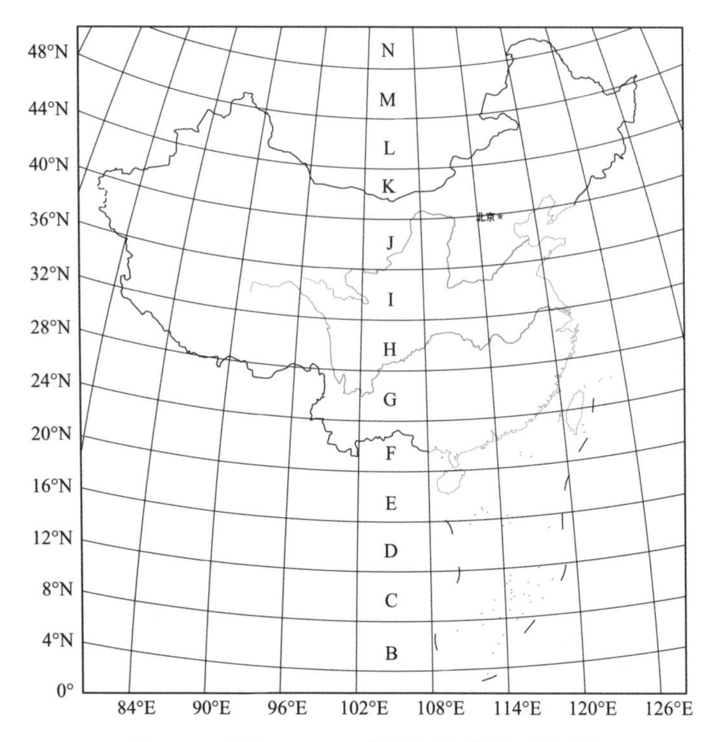

图 1-15 我国 1∶100 万比例尺地图的分幅编号

2）1∶50 万、1∶25 万、1∶10 万比例尺地形图的分幅编号

这三种比例尺地图的编号都是在 1∶100 万地图编号的后面分别加上本身的代号构成。这三种比例尺地图自身的代号都是自然序数编号。它们的编号由"列-行-代号"构成(图 1-16)。

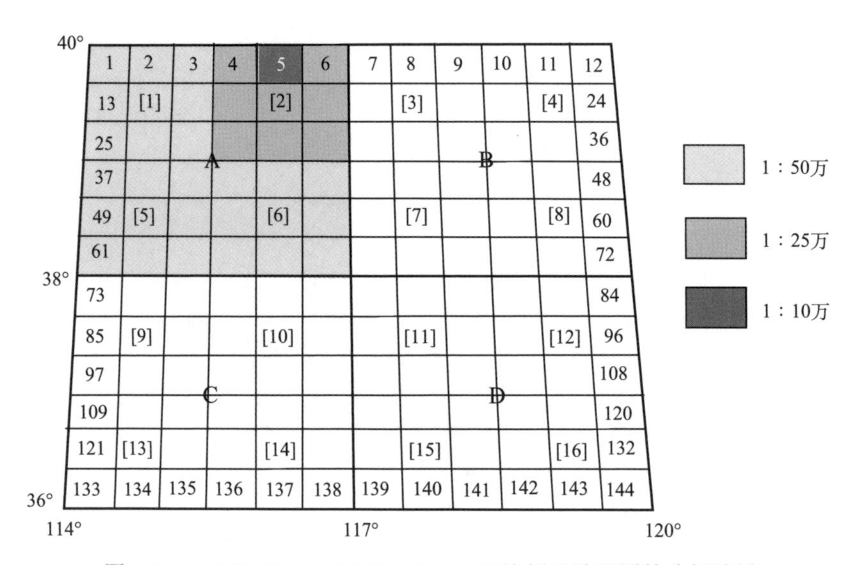

图 1-16 1∶50 万、1∶25 万、1∶10 万比例尺地形图的分幅编号

每幅 1∶100 万比例尺地图按经差 3°、纬差 2°分成 4 幅 1∶50 万比例尺地图，其代号分别用 A、B、C、D 表示，故 1∶50 万地图的编号是在 1∶100 万地图编号的后面加上各自的

代号，如 J-50-A。

每幅 1∶100 万比例尺地图按经差 1°30′、纬差 1°分成 16 幅（即 4 行 4 列）1∶25 万比例尺地图，其代号分别用[1]，[2]，[3]，…，[16]表示，其图幅编号是在 1∶100 万地图编号的后面加上各自的代号，如 J-50-[2]。

每幅 1∶100 万比例尺地图按经差 30′、纬差 20′分成 144 幅 1∶10 万比例尺地图，其代号分别用阿拉伯数字 1，2，3，…，144 表示，其图幅编号是在 1∶100 万地图编号的后面加上各自的代号，如 J-50-5。

3）1∶5 万、1∶2.5 万、1∶1 万比例尺地形图的分幅编号

这三种比例尺的编号都是在 1∶10 万比例尺地形图编号的基础上逐次派生出来的（图 1-17）。

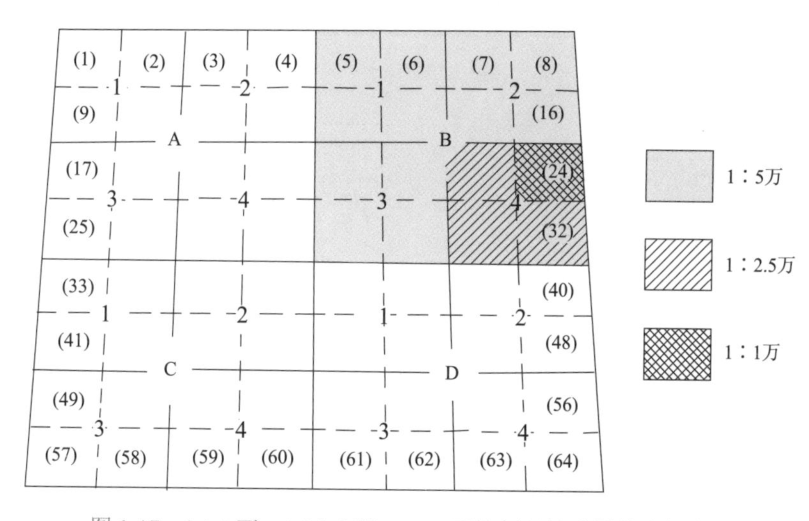

图 1-17　1∶5 万、1∶2.5 万、1∶1 万比例尺地形图的分幅编号

每幅 1∶10 万比例尺地形图按经差 15′、纬差 10′分成 4 幅 1∶5 万比例尺地形图，其代号分别用 A、B、C、D 表示，其图幅编号是在 1∶10 万地图编号的后面加上各自的代号，如 J-50-5-B。

每幅 1∶5 万比例尺地形图按经差 7′30″、纬差 5′分成 4 幅 1∶2.5 万比例尺地形图，其代号分别用 1，2，3，4 表示，其图幅编号是在 1∶5 万地图编号的后面加上各自的代号，如 J-50-5-B-4。

每幅 1∶10 万比例尺地形图按经差 3′45″、纬差 2′30″分成 64 幅 1∶1 万比例尺地形图（即 8 行 8 列），其代号分别用（1），（2），（3），…，（64）表示，其图幅编号是在 1∶10 万地图编号的后面加上各自的代号，如 J-50-5-（24）。

2. 新的地形图分幅编号（20 世纪 90 年代以后）

根据 1991 制定的《国家基本比例尺地形图分幅和编号》国家标准，新系统的地形图分幅没有任何改变，但图幅编号方法有较大变化。

1）1∶100 万比例尺地形图编号

新系统的 1∶100 万比例尺地形图编号并没有什么实质性的改变，只是列和行对换了，横向为行、纵向为列，且由“列-行”式变为“行列”式，即把行号放在前面，列号放在后面，

中间不用连接号。例如，北京所在的 1∶100 万比例尺地图的编号为“J50”。

2）1∶1 万—1∶50 万比例尺地形图编号

这 6 种比例尺地形图的图幅编号都是在 1∶100 万比例尺地形图的基础上进行的，它们的编号都由 10 个代码组成，其中前三位是所在的 1∶100 万地图的行号（1 位）和列号（2 位），第四位是比例尺代码，每种比例尺都有一个特殊的代码，如表 1-2 所示。后面六位分为两段，前三位是图幅的行号数字码，后三位是图幅的列号数字码。行号和列号数字码的编号方法是一致的，行号从上而下，列号从左到右顺序编排，不足三位时前面加“0”（图 1-18）。

表 1-2　地形图比例尺代码

比例尺	1∶50 万	1∶25 万	1∶10 万	1∶5 万	1∶2.5 万	1∶1 万
代码	B	C	D	E	F	G

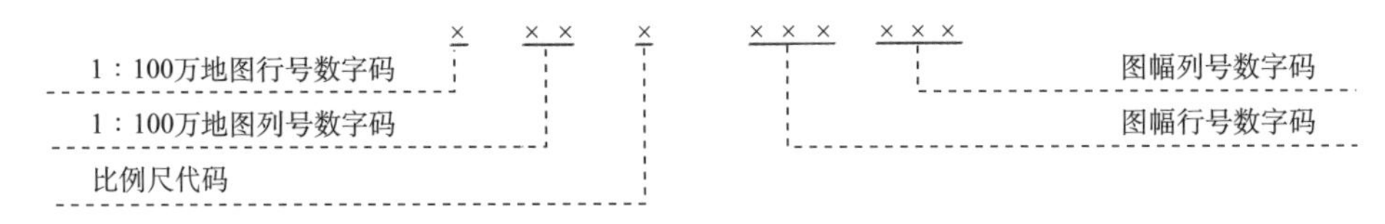

图 1-18　1∶1 万—1∶50 万比例尺地形图图幅编号的构成

五、地图的功能

地图具有自身的功能，特别是随着现代科学技术的发展，计算机技术与自动化技术的引进，信息论、模型论的应用，以及各门学科的渗透与交叉，地图的功能有了新的发展。

（一）地图“构建地理世界”的功能

人类对自身赖以生存的地球的认识是一个长期的演进过程，经历了对地球形状大小和非线性复杂地理环境认识的漫长历史。在长期的社会实践和科学实践中，人们探索到利用地图这种科学抽象的方法描述地球的形状大小和构建非线性复杂地理世界。正是因为如此，地图被誉为人类历史上最伟大的创新思维之一。

地图构建非线性复杂地理世界的核心是科学抽象。这种科学抽象主要表现在如前所述的方法：利用地图投影方法解决地图平面与地球曲面之间的矛盾，建立重构非线性复杂地理世界的数学基础法则；利用地图符号解决地图的抽象性与地理世界的复杂多样性之间的矛盾，建立重构非线性复杂地理世界的地图语言法则，利用制图综合解决地图的比例缩小引起的地图内容详细性与清晰易读性之间的矛盾，建立地图内容制图综合理论与方法体系。正是由于采用了如上所述方法，才实现了由“地理世界”到“地图世界”的科学抽象，才使地图具有抽象性、几何相似性、地理适应性、一览性和直观性等特性，是地图其他功能的基础。

（二）地图作为地理信息载体的功能

地图是地理空间信息的载体。用符号表示的模拟地图，具有定位特征的地图符号是地理空间信息的载体；以数字形式表示的数字地图，数字是地理空间信息的载体。

既然地图是地理空间信息的载体，自然就涉及地图信息量问题。由地图符号构成的模拟地图，其信息量由直接信息和间接信息两部分组成。直接信息是地图上图形符号所直接表示的信息，人们通过阅读地图很容易获得；间接信息往往需要进行思维活动，通过分析综合才能获得。

地图（图形符号形式）能容纳和储存的信息量是非常大的。根据不十分成熟的统计方法，一幅普通地图能容纳和储存 1 亿—2 亿个信息单元的信息量。如果考虑到目前的激光缩微技术，一幅地形图（50cm×60cm）可以缩小至几平方厘米，即意味着几平方厘米的缩微地图上可以容纳和载负 1 亿—2 亿个信息单元的信息量。这里所说的信息量还只是指直接信息量，间接信息量就更是无法估算。因此，由多幅地图汇编的地图集就有“地图信息库”和“大百科全书”之称。

数字地图的信息量可以通过其在磁介质上的存储空间来计量。

（三）地图的信息传递功能

地图的信息载负功能为地理空间信息的传递准备了充分的条件。信息论引入地图学以后，形成了以研究地图信息获取、传递、转换、储存和分析利用的地图信息论，地图也成为地理空间信息传递的工具。

地图信息的传递与一般信息的传递过程大体相似。捷克地图学家柯拉斯尼（Kolacny）于 1969 年首先提出了地图信息传递系统模型（图 1-19），用以描述地图信息传递的特征，阐明了作为一个完整过程的地图制作与地图使用两者之间的联系，揭示了地图信息的产生、含义和使用效果的传递系统，开拓了从信息论的角度来研究地图的新领域。

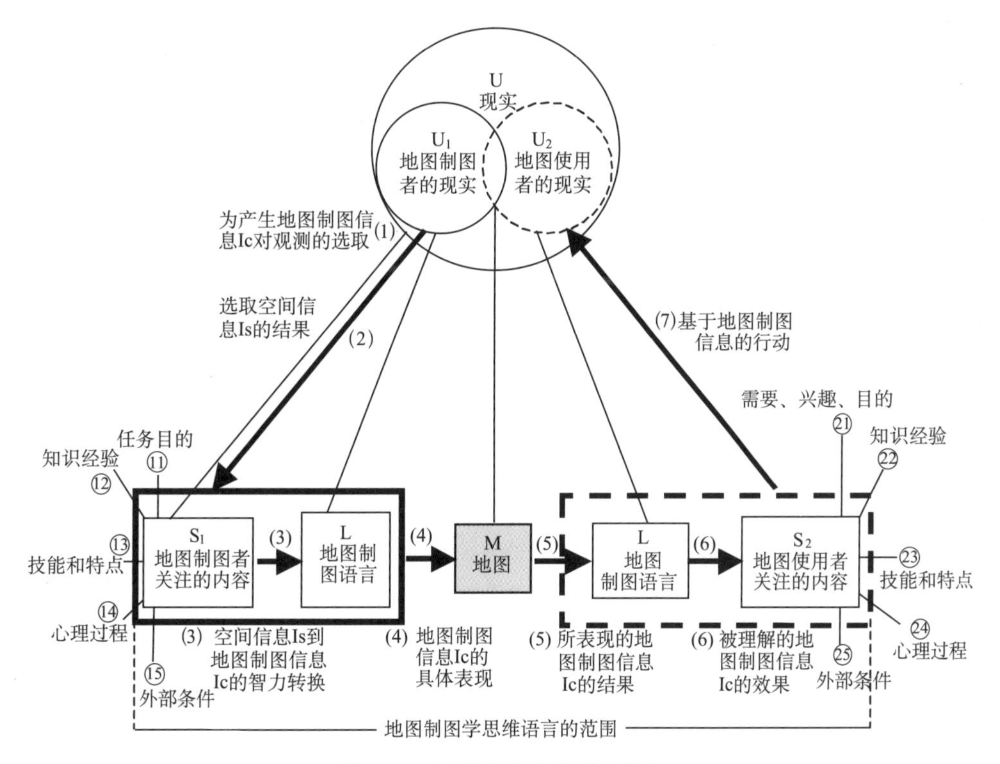

图 1-19　地图信息传递系统模型

地图信息传递的过程是：制图者（信息发送者）把对客观世界（制图对象）的认识加以选择、分类、简化等信息加工，经过符号化（编码）制成地图；通过地图（通道）将信息传递给用图者（信息接收者）；用图者经过符号识别（译码），同时通过对地图的分析和解译，形成对客观世界（制图对象）的认识，并用于指导行动。

（四）地图的空间认知功能

地图空间认知研究人们利用地图认识自身赖以生存的环境，包括其中的诸事物与现象的相关位置、数量与质量特征、依存关系以及它们的时空变化规律（高俊，1992）；是人们利用地图认知地理世界的基础，包括地图空间认知的感知过程、表象（心象）过程、记忆过程和思维过程（王家耀和陈毓芬，2001）。其中，感知过程，是研究地图图形（刺激物）作用于人的视感觉器官产生对地理世界的感觉和知觉过程；表象过程，是研究在地图知觉的基础上产生表象的过程，它通过回忆、联想使在知觉基础上产生的映像再现出来，具有一定的间接性和概括性；记忆过程，是人的大脑对过去经验中发生的事物的反映，即人的神经系统对地理环境信息的存储，将当前的反映和过去的反映联系起来，使反映更全面、更深入，分为感觉记忆、短时记忆和长时记忆；思维过程，是地图空间认知的高级阶段，提供关于地理世界客观事物的本质特征和空间关系的知识，实现“从现象到本质”的转化，包括逻辑思维（抽象思维）、形象思维和灵感思维。

地图不仅能直观地表示任何制图对象的质量特征、数量差别和动态变化，而且能反映各种现象的分布规律及相互联系，所以，地图不仅是区域性学科调查研究成果很好的表达形式，而且也是科学研究的重要手段，尤其是地学、地理学研究不可缺少的手段，因此有“地理学第二语言”之称。

应用地图的空间认知功能，可以在很多方面发挥地图的作用。例如，通过对地图各要素或各相关地图的比较分析，可以确定要素之间的相互联系和不同历史时期自然和社会现象的变迁、发展；通过地图上的各种量算（坐标、长度、深度、高度、面积、体积、坡度、密度、曲率等），可以更深入地认识客观世界；利用地图构建各种剖面、断面、块状图等，可以获得制图对象的空间立体分布特征；等等。总之，发挥地图的认知功能，可以帮助人们认清规律，进行综合评价、预测预报和规划设计，为国民经济和国防现代化建设服务。

以上所述地图重构地理世界的功能、作为地理信息载体的功能、地理信息传递功能和空间认知功能，是就可视化的模拟地图而言的。数字地图以数据作为信息的载体，其信息在网络上进行传输，而数字地图的模拟功能在当其可视化（输出纸质地图或电子地图显示）后得以实现，至于数字地图的认知功能，则是计算机地图模式识别、信息查询和空间分析的问题。这些问题还有待于进一步深入研究。

第二节　地图学的基本概念

一、地图学的基本特性和定义

（一）地图学的基本特性

地图学经过长期的发展，已经发生了许多变化。但是，地图学作为一门科学，仍然有其不变的本质的基本特性。这些基本特性是我们认识地图学的基础。

1. 地图学的科学特性

科学，指关于自然、社会和思维的知识体系。科学的任务是揭示客观规律，探求客观真理，作为人们改造世界的指南。地图学的主要任务是研究如何利用地图科学抽象的表达非线性复杂地理世界的自然要素（现象）和社会经济要素（现象）的数量与质量特征、空间结构、空间关系及其在时空中的发展变化规律。所以，地图学是重构非线性地理世界的科学。不仅可以表达自然要素（现象），还可以表达社会经济人文要素（现象），是跨越自然与人文的科学；不仅可以表达现在，而且可以表达过去（历史）和未来（规划、预测），不仅可以表达一个城市（或其局部），而且还可以表达一个国家、一个大洲（大洋）甚至整个世界，是一门跨越时间和空间的科学。所以，地图学是一门科学，是测绘科学与技术的组成部分，属于地球科学的范畴。

地图学之所以成为一门科学，主要在于：

第一，因为地图学采用了严密的数学方法。不仅在科学认知地球形状和大小的基础上，采用地图投影的方法，使地图具有了可量测性；而且在认知非线性复杂地理世界的基础上，采用数学方法表达自然要素（现象）和社会经济人文要素（现象）的空间结构、空间分布和空间关系及其在时空中的变化，为人们提供认知非线性复杂地理世界的科学工具。

第二，地图学采用了独特的科学语言——地图语言，即地图符号系统，具有语法、语义和语用规则，分别称为地图句法学、地图语义学和地图语用学。地图句法学，研究地图符号及地图符号系统的特性、地图符号的构图规则和地图符号系统的符号组合规则；地图语义学，研究地图符号与所表示的客体对象之间的对应关系；地图语用学，研究地图符号与地图使用者之间的关系。所以，地图成为国际上公认的三大通用语言（音乐、绘画、地图）之一，使地图学具有了科学的语言学基础。

第三，地图学采用科学抽象的制图综合方法，用模型、算法、知识及基于工作流思想的“综合链”过程控制，对地图的内容进行定额（定量）选取和结构选取（确定具体选取目标对象）、图形化简（内部结构和外部轮廓）、质量数量特征概括（分类分级）和图形关系处理，从而实现地图内容的空间尺度变换（由大比例尺地图编绘较小比例尺地图），并保证地图内容的详细性与清晰性的统一、准确性与关系正确性的统一，能进行多尺度空间图形的相似性测度，使地图学具有了科学的方法论基础。

第四，地图学具有自主的科学理论体系。进入信息时代，在地图投影、地图符号（语言）和制图综合三大理论的基础上，形成了以地图哲学作为核心理论，以地图信息传输论作为理论框架，以贯穿地图信息传输过程的地图空间认知论作为基础理论，集地图模型论、地图视觉感受论和地图符号学等于一体，构成了信息时代地图学的理论体系，说明地图学已经具备了作为一门科学的充要条件。

2. 地图学的技术特性

技术，泛指根据生产实践经验和自然科学原理而发展形成的各种操作方法与技能，其本质可以理解为对客观事物运动机理的理解和经过巧妙构思再加工，从而获得的“工具性”手段。地图学的技术特性十分明显，也容易为大家所接受。无论过去、现在或未来，都是以地图学的科学理论为指导，采用某种技术工艺流程和与之相适应的制图工具、仪器或设备，进行地图设计、地图编绘、地图印刷，并提供应用服务。

在地图学发展的历史长河中，制图技术发生过许多变化。在手工制图时代，地图学采用过“绘图法”和“刻图法”为主导的技术工艺流程，以及与这两种技术工艺流程相适应的“绘图”或“刻图”工具，以及坐标展点仪、复照仪、翻晒版机和印刷机等仪器或设备，完成地图设计、地图的编绘和地图印刷作业。虽然相比较而言，“刻图法”较之“绘图法”省去了“复照”（照相）和某些“分涂”“修版”作业，线划质量也相对较高，但总体而言仍然是技术工艺复杂、劳动强度大、生产周期长，基本上还是劳动密集型的手工作业。

进入信息化时代以后，计算机的诞生导致了地图学技术上的革命，计算机数字地图制图技术取代了手工模拟地图制图技术，数字地图制图与出版的一体化技术工艺取代了地图制图与出版相分离的传统技术工艺，相应地采用了计算机数字地图制图系统、地图电子编辑系统、分色胶片输出机，数字直接制版机和全色地图印刷机等软硬件集成系统，地图制图和出版采用的仪器和设备发生了根本性的变革，可以说是一个里程碑式的进步。但是，由于地图制图特别是其中作为地图重构非线性复杂地理世界的科学抽象方法的制图综合，长期以来都是与人的思维（抽象思维、形象思维和灵感思维）密切相关的创造性活动，加之地图类型多种多样，完全依靠计算机地图制图软件来完成具有创造性思维的地图制图作业过程是很难的，必须寻找新的技术途径。

当前，人工智能技术的广泛应用正在给人类社会带来巨大变革，地图学也不例外。人工智能，是研究用于模拟、延伸和扩展人的智能的理论、方法、技术及应用系统的一门新的综合性学科，涉及计算机、控制论、信息论、神经生理学、心理学、语言学众多领域，其核心是认知科学与技术，即计算机视觉、机器学习、自然语言处理、机器人、语音识别和图像识别等。它试图弄清智能的实质，并制造出一种新的、能以与人类智能相似的方式做出反应的智能机器。事实上，20 世纪 80—90 年代就曾经出现过人工智能技术用于地图制图的热潮，图内外都研制了一些基于知识推理的地图制图专家系统，只是接下来的 10 余年间这种热潮就不存在了，究其原因主要是“地图制图知识工程”瓶颈问题未解决，而近 10 年来地图学领域人工智能研究出现了新的局面，自适应地图可视化技术、智能化地图制图综合技术、基于“综合链”的自动制图综合过程智能化控制技术等方面，都获得了实质性进展。正在研究的进展表明，目前深度学习能利用时空大数据教会计算机通过不断学习获取地图制图知识和发现制图过程中利用知识的规律，有可能从根本上解决以往完全依赖于人的经验总结制图规则的“知识工程”瓶颈问题；类脑智能即模拟人脑的类脑计算机研究，让计算机制图人工智能与制图专家的智能深度融合，使面向地图制图的类脑计算模型和算法更加精确化；人工智能三要素即算法、大数据和计算能力（算力）综合运用技术的快速发展，完全能支持云计算环境下地图制图作业的分布（按制图区域或按地图内容要素进行任务分解）、并行（多节点上按“制图综合链”并行处理）和协同（算法调度、各要素关系处理和各“分解”任务的协同处理）的新模式（新的技术工作流程），彻底改变目前以图幅为单元的单人、单机、单系统的制图作业模式。

3. 地图学的工程特性

工程，是通过将自然科学原理应用到生产实践中所积累的技术经验而发展起来的，其本质可以理解为对相关技术进行选择、整合、协同而集成的相关技术群，并通过与相关基础经济要素的优化配置而构建的有结构、有功能、有效率地体现价值取向的技术集成系统。工程是围绕某类产品或系统的技术的集成应用过程，其目标是以最短时间和最少人力、物力，做出高效、可靠且对社会有用的东西。地图学中的工程，是将地图学理论、方法和技术应用到地图（系列地图、地图集等）的设计和生产实践中所积累的技术经验而发展起来的，其本质可以理解为对相关地图制图技术进行选择、整合、协同而集成的相关地图制图技术群，并通过与相关地图生产基本经济要素的优化配置而构建的有结构、有功能、有效率地体现价值取向的地图制图技术集成系统，具有工程的特性和本质。技术是工程的基本要素，工程是技术模块的优化集成。

作为地图工程活动的地图（系列地图、地图集）设计系统、地图制图系统、地图可视化系统、印前编辑系统、地图制版系统、地图印刷系统等，都是地图工程活动。作为国家系列比例尺地图的生产，还是标准化、可重复运作的地图学工程；电子地图教科系统、多媒体电子地图系统、网络电子地图系统、导航电子地图系统，特别是智能汽车用的高精度导航电子地图系统，也是标准化、可重复运作的地图学工程。高精度导航电子地图通过“定位与制图同步”（simultaneous localization and mapping,SLAM）方式制作，用于高度自主、完全自主驾驶，其生成途径为“云端高精度地图（地图底层数据）+车载传感器智能感知系统所获取的全部信息（三维实景、路面实况、路边实况……）+强大而先进的影像匹配、识别与处理功能软件和计算机处理能力，最终获得高精度导航电子地图，并实现实时、动态、自适应、自动云端地图更新。”可见，用于自主驾驶的高精度导航电子地图的生成，是一个利用动态智能感知、智能处理和智能服务的智能化地图学工程活动。

这里应该说明，作为地图学功能拓展和延伸的地理信息系统以及作为地图学新的增长点的虚拟地理环境等同样具有科学性、技术性和工程性特性，都可视为地图学科学性、技术性和工程性的范畴，这里不再详细介绍。

地图学的科学特性、技术特性和工程特性，既有区别又密切相关。地图学的科学理论对地图学技术起指导作用，地图学技术支持地图学科学理论，没有地图学理论指导的地图学技术是盲目的地图学技术，没有先进的地图学技术支撑的地图学理论是落后的地图学理论；地图学理论和技术不断推动地理学工程的发展进步，地图学工程活动又不断为地图学理论和技术提出新的需求，没有先进的地图学理论和技术指导的地图学工程是盲目的，没有与时俱进的先进的地图学工程的地图学理论和技术是落后的。地图学的科学特性、技术特性和工程特性为地理信息产业的可持续发展起着理论指导、技术支持和推动服务社会的地图学工程不断进步的作用。

（二）地图学的定义

基于前述关于地图学的基本特性的介绍和分析，可以对地图学给出如下定义：地图学（cartography），是研究以地图图形或数字化方式科学地、抽象概括地反映自然界和人类社会各种要素或现象的空间结构和空间关系及其在时空中的变化，并提供服务的理论、方法与技术的学科。

地图学以非线性复杂地理世界的数据场和信息流的获取、处理、表达、分析和应用作为研究对象，涉及自然科学、社会与人文科学、技术与工程科学等诸多领域。而且随着人类对地观测技术手段的进步和认知范围的扩大，地图学的研究对象正在向外层空间和地壳深部延伸。

对于上述地图学定义和研究对象的论述，要特别注意以下几个观点：

（1）地图学是以地图图形或数字化方式科学抽象地重构非线性复杂地理世界的空间结构与空间关系的科学，有自己的理论、方法与技术体系。

（2）地图学是跨越自然与人文的科学，不仅可以表达自然要素（现象），还可以表达社会经济人文要素（现象）；既是地理学的一种研究方法，又是地理学研究结果的可视化表达方法。

（3）地图学是跨越时间和空间的科学，不仅可以表达现在，而且可以表达过去（历史地图）和未来（规划地图、预测地图）；不仅可以表达一个城市（或其局部），而且可以表达一个国家、一个大洲（大洋）甚至整个世界；不仅可以表达地球表层，还可以表达外层空间和地壳深部；不仅可以表达物理空间，还可以表达网络空间。

随着包括地图学在内的科学技术的不断发展，人们对地图学的认识也还会不断深化。

二、地图学的学科体系和各主要学科的研究内容

（一）构建地图学学科体系的因素

每门学科都需要有一个科学的体系，信息时代的地图学需要一个符合系统科学特点的现代学科体系。

地图学的学科体系作为一个系统，除要考虑前述地图学的基本特性外，还要从系统科学的方法论出发考虑以下因素。

1. 学科体系的整体性

指地图学学科体系的各个部分是一个有机的整体。在这个整体中，一方面，各个部分都有自己的“目标”；另一方面，各个部分又在实现体系整体“目标”中充当着不可缺少的重要角色。地图学的科学体系作为一个系统，是在一定环境中为了实现其目标而相互联系、相互制约的几个部分的有机集合体。

2. 学科体系的层次性

指地图学科学体系内部由几个部分或分支学科组成，包括理论地图学、地图制图学和地图应用学；其外部包括3个“层次”，首先是与地图学所属测绘科学与技术和地理科学的分支学科之间的关系；向外是由与地图学有密切关系的认知科学、系统科学、信息科学、心理科学、语言学、数学和人工智能等组成的大的科学体系；再外部则是与地图学相关联的由自然科学、社会与人文科学、技术与工程科学、哲学等组成的更大的学科体系，从而构成地图学学科体系的层次性。

3. 学科体系的关联性

指构成地图学学科体系的各层次之间存在着密切的关联关系，这种“关联”构成了地图学学科体系的结构框架，同时也决定了整个地图学学科体系的关联机制。一般来说，这种“关联”在一定时间内处于相对稳定状态，但随着时间的推移，由于科学技术的发展，这种关联性会发生相应的变化。

4. 学科体系的开放性

地图学已经冲破长期延续下来的“封闭体系”，从而形成了“开放”的学科体系，并且随着科学技术的发展，地图学学科体系的开放性将更加凸显。一方面，是向哲学、自然科学、社会与人文科学、技术与工程科学这个巨科学体系的“开放”；另一方面，是向认知科学、系统科学、信息科学、心理科学、语言学、数学和人工智能这个大科学体系的“开放”；当然，在测绘科学与技术学科内部，主要是向由全球导航卫星系统（global navigation satellite system，GNSS），遥感（remote sense，RS）和地理信息系统（geographic information system，GIS）

组成的对地观测系统“开放”，其目的是不断探索地图学功能的扩展和延伸，进一步寻找地图学的新的生长点，充分发挥其地图重构非线性复杂地理世界、信息负载和信息传输、空间认知和决策支持等方面的作用。这三个方面的开放或结合，必将使地图学在一个越来越开放的环境中不断发展和提高。

（二）地图学学科体系框架

基于上述地图学学科体系的整体性、层次性、关联性和开放性思想，在总结和分析国内外学者提出的地图学学科体系模式的基础上，提出如图 1-20 所示的现代地图学学科体系框架。这个体系框架把地图学分为理论地图学、地图制图学、地图应用学三个部分，基本上体现了地图学的现代特征，是一个完整的学科体系。同时，地图学的学科体系同更高层次科学体系之间有着密切的联系。首先，地图学与同属测绘科学与技术学科的全球导航卫星系统（GNSS）、遥感（RS）、地理信息系统（GIS）有着十分密切的联系；向外，地图学学科体系与认知科学、系统科学、信息科学、心理科学、语言学、数学和人工智能等大学科体系有着密切的联系；再向外，与哲学、自然科学、社会与人文科学、技术与工程科学等巨科学体系同样有着密切的联系。

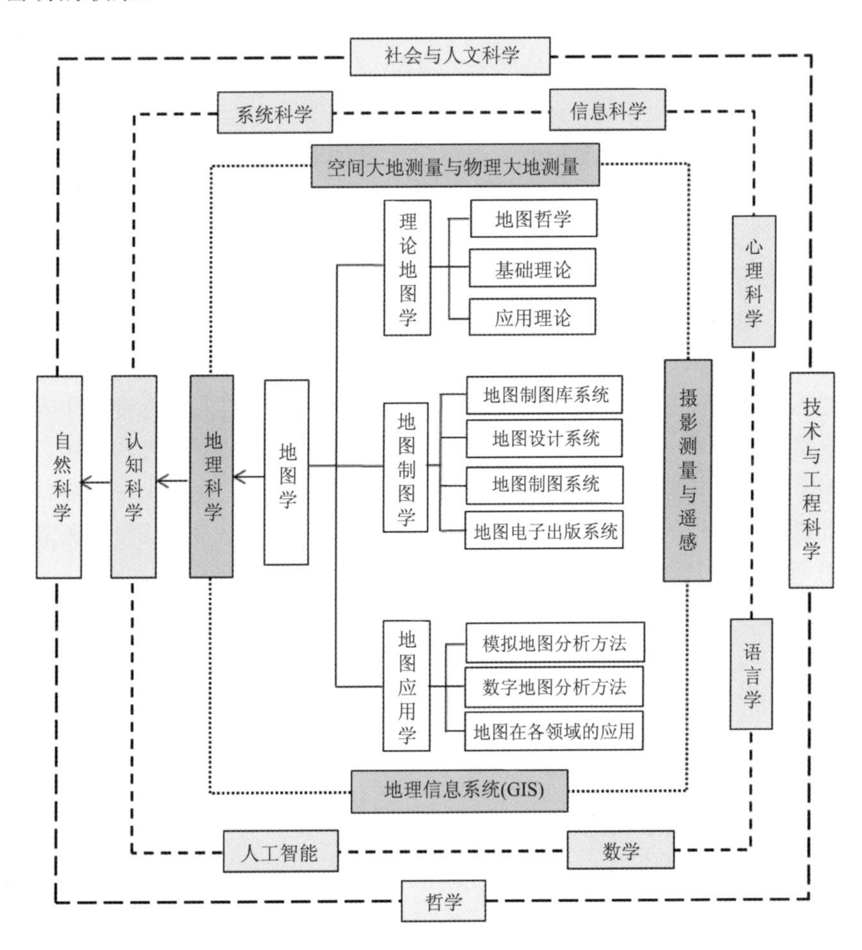

图 1-20　地图学学科体系框架

（三）地图学学科体系各部分的基本内容

1. 理论地图学

地图学学科体系的第一个层次，包括地图哲学、基础理论和应用理论，对地图制图学和地图应用学起理论指导作用。

地图哲学（map philosophy）是地图学与哲学的汇合，有着严密逻辑系统的地图学时空观，以地图学作为哲学分析和研究的对象，是关于地图同其表达对象，地图同制图者、地图同用图者、制图者同用图者、地图同地图之间的关系的总体思考，是关于地图设计、生产、应用与地图的过去、现在与未来的根本观点和基本规律，从整体上研究地图学的哲学思维、地图演化、地图史和地图文化等，属于科学技术哲学的范畴，对地图学的基础理论和应用理论起着引领和指导作用。

基础理论是有关地图学全局的理论，包括地图空间认知理论和地图信息传输理论。地图空间认知理论，是认知科学在地图学领域的应用，研究人们怎样利用地图来认识自身赖以生存的地理环境，是地图图形感知、映像（心象）、记忆和思维的过程，实际上是一个信息加工系统。地图信息传输理论，是信息传输理论在地图学领域的应用，它把地图作为地理空间信息传输的通道，制图者通过地图表达（发送）地理空间信息，用图者利用地图获取并利用地理空间信息，用于指导自己的工作。地图空间认知贯穿地图信息传输的全过程，地图信息传输的过程也是地图制图与地图应用的过程。所以，基础理论对应用理论起指导作用。

应用理论直接指导地图制图学和地图应用学，包括地图模型论、地图视觉感受理论和地图语言学。地图模型论，把地图作为模型来研究，分为数学模型和制图模型，前者如地球椭球面上的空间点位到平面转换的数学模型、地图内容制图综合的数学模型、地图内容分布特征的数学模型、地图图形空间关系的数学模型、地图数字模型等；后者，亦称地图模型，主要研究应用符号、图表、文字等描述地理环境特征和内在联系的抽象模型，具有比例模型、模拟模型和符号模型的特点，既能反映数学模型的计算结果，又能检验所用数学模型的优缺点。地图视觉感受理论，研究视觉变量用于地图构图时所引起的视觉感受效果对地图设计与生产、空间信息可视化和时空大数据可视化设计的视觉变量的扩展研究与应用，具有直接的理论指导作用。地图语言学，探讨和研究地图图形的构图规律，被视为一种特殊的地图制图语言，主要研究地图符号的语法学（符号与符号之间的关系）、语义学（符号与表达对象之间的关系）和语用学（符号与用图者之间的关系）特征。

2. 地图制图学

属于地图学学科体系的技术工程方面，以地图哲学、基础理论和应用理论为指导，采用系统工程的方法，研究地图（集）制图库系统、地图（集）设计系统、地图（集）制图系统和地图（集）电子出版系统的建立及其在地图制图工程活动中的技术集成应用，具有很强的技术工程特色。

地图（集）制图库系统，是现代计算机地图制图条件下的基础，包括地图制图数据库、地图符号库、地图制图模型算法库、地图制图知识库等。地图制图数据库（通常称为“地图数据库”），为地图设计系统和地图制图系统提供数据支撑；地图符号库直接支撑地图设计和制图结果的符号可视化；地图制图模型算法库、知识库是地图制图特别是制图综合过程中所必需的，地图制图过程中可实时调用，以适应地图制图特别是制图综合的智能化。

地图（集）设计系统，在地图制图库系统支持下进行，最能体现地图制图者的创新思维，也可以说地图（集）的水平在很大程度上取决于地图（集）的设计水平，特别是在进行地图集和大型高水平地图作品的设计时至关重要。地图（集）设计系统包括总体设计、数学基础设计、地图内容设计、表示方法（色彩、符号、图表等）设计、地图内容制图综合指标设计、结构编排设计（对于地图集）、图面配置设计（对于大型挂图），等等，用于指导地图制图系统和地图电子出版系统的具体实施。

地图制图系统，基于地图制图数据库，在地图（集）设计书的指导下，采用计算机数字地图方法，对多源多比例尺制图数据进行融合处理，用于数字地图制图综合、数字地图出版原图生成等。其中数字地图制图综合是核心，主要研究数字地图制图综合自动化与智能化。

地图电子出版系统，是在数字地图出版原图的基础上，进行地图印前编辑（如符号化）、地图出版（分色胶片制版、数字直接制版、数字直接印刷等）。目前，地图电子出版系统已经形成装备。

（四）地图应用学

是地图学学科体系的第三个层次，过去常被人忽视。其实，只有应用才能实现地图学的价值。地图应用学主要研究地图分析与应用，地图分析是地图应用的基础，没有地图分析就不可能有深层次的地图应用。地图学应用主要包括模拟（图形符号）地图分析、数字地图分析和地图在各领域的应用。

模拟（图形符号）地图分析，主要研究地图目视分析法（用图者通过视觉器官或人眼对地图进行分析）、地图图解分析法（如剖面图法、块状图法、图解加和图解减法等）和地图图解解析法（等值线表面分解的图解解析法、等值线表面形态特征的图解解析法）。

数字地图分析，主要研究利用数字地图进行基本的量算（高程、距离、面积、体积、坡度、坡向等的量算）和地形分析（通视分析、断面图分析、缓冲区分析、路径分析等）。

地图应用，主要研究地图在科学研究、国民经济建设、作战指挥和军事行动以及地图在人们工作、学习和生活等方面的应用。在科学研究方面，利用地图揭示地学规律（如大陆漂移）和研究地理要素（现象）的空间分布规律、相互联系和制约关系、动态变化、综合评价和预测预报等；在国民经济建设方面，利用地图进行区划、规划、资源勘察设计和开发、工程建设的勘察设计和施工、农业地籍管理、土地利用和土壤改良等；在作战指挥和军事行动方面，地图提供战区地形资料、兵要资料和数据、现地勘察的工具、国防工程规划设计和施工的地形基础、联合（合成）作战指挥的共同地形基础、军事标图和图上作业的底图等。数字地图是构建透明数字化战场的基础和现代化武器系统的重要组成部分。

地图是人们工作、学习和生活中不可或缺的工具，地图、天气图、地理信息系统、导航电子地图等是改变世界的智慧之作。地图是最古老也是最强大、最持久的创新思维之一，过去数千年，地图都成为东西方文明的中心。天气图是现代地理学和地图学最重大的发明之一，它是大气的快照，提供了全方位的可视化，使人们认识到气压、风和降水量之间的基本关系，向人们发出有关飓风、龙卷风、大风雪、冷空气、暴风雨的预报；地理信息系统被称为地理学的第三语言，地理信息系统（GIS）、遥感（RS）、全球导航卫星系统（GNSS）的“3S”集成，使地理信息在可得性、可靠性和价值方面发生了巨大变化，这种变化对人们如何表达和理解这个世界具有重要意义。导航电子地图，既可用于车辆导航定位，也可以用于人们旅游逛街行走导航定位，是人们工作、学习、生活不可缺少的工具。现在人们开车不用像过去那样“记路”，“导航定位系统+导航电子地图系统”可以随时告知你到达目的地的“路线”；人们外出探亲访友购物不用“问路”，只要打开手机就可以通过导航电子地图规划到达目的地的路线，按地图行进即可到达目的地。所以，导航电子地图使人们的出行发生了革命性变化。

三、地图学与其他学科的关系

地图学作为一门独立的学科，有自己独特的研究对象，但同时与测绘学科内部其他相邻学科之间、与测绘学科以外的相关学科之间都有着密切的关系，表现出多学科交叉的特点。

（一）地图学与学科内部其他相邻分支学科的关系

地图学与测绘学、地理学两个分别属于工科和理科的一级学科都有密切关系。测绘学是“测绘科学与技术”一级学科的简称，属工程科技类，它包含的二级学科中，除地图制图学与地理信息工程外，还有大地测量学与测量工程、摄影测量与遥感。地图学与大地测量学的关系由来已久。古代地图学的形成与人类认识和测量地球形状和大小（大地测量学）密切相关；近代地图学就是建立在基于大规模三角测量的地形图测绘基础上的；现代地图学与近代大地测量学有着密切关系，如用现代大地测量方法确定的地球形状和大小、时空基准（大地坐标系、高程系、深度基准）和大地控制网等，是地图学的空间数据基础框架，而地图学技术与工程所生成的数字地图（电子地图）与全球导航卫星系统（GNSS）集成，即可构成车船等移动平台所需的基于位置的地理信息服务系统，同时也是一种地图更新的技术方法。

地图学同摄影测量与遥感的关系是非常密切的。地图学的第一个难题是信息源，遥感对地观测所获取的信息是地图学的重要信息源之一；航空摄影测量和卫星摄影测量是生产大比例尺地形图的主要方法，卫星遥感技术与卫星导航定位技术集成获得的具有精确定位的遥感影像信息可满足大、中、小比例尺地图制图和更新的需要，摄影测量与地图电子出版系统相结合可出版大比例尺模拟（图形符号）地图；遥感影像制图是专题地图制图的主要方法。实际上，从地图（数字的、模拟的）生产的角度讲，摄影测量也是一种地图制图方法。

地图学与地理学的关系有着漫长的历史。在近代以前，主要研究人类生活的地理环境和对当时已知世界的地图绘制方法。埃拉托色尼（公元前276—前194年）两部科学著作之一的《地理学概论》，共三卷，其中第三卷论述世界地图的绘制，系统提出采用经纬度方法编绘世界地图，全面改绘了古老的爱奥尼亚地图；古希腊的数学家、天文学家、地理学家和地图学家托勒密（90—168年）的《地理学指南》被誉为古代地图学的一部巨著，既论述了经纬度地图制图理论和地图投影方法，又对当时已知地球的各个部分作了比较详细的论述；我国古代地图学家裴秀（224—273年）的《禹贡地域图十八篇·序》，以当时的《禹贡》为依据进行核查，从而创立了“制图六体”理论，内含了大量地形地理知识；我国航海家郑和（1371—1435年）拉开15世纪海上探险序幕到哥伦布（1451—1506年）、达·伽马（1469—1524年）和麦哲伦（1480—1521年）等的地理大发现，基本上奠定了世界地理和世界地图的海陆轮廓，大大丰富了当时世界地理的内容，其资料和数据也迅速反映在当时的地图、地图集和地球仪上。始于18世纪末和19世纪初的近代地理学，强调因果关系的研究，由于包括地理学在内的自然科学的进步和深化，出现了地质、气候、水文、地貌、土壤、植被等各类专题地图，凸显了地图学与地理学的关系。现代地图学与现代地理学的关系，在新的起点上，更加密切。现代地理学从静态的定性描述到动态的定量分析，特别是通过时序数据、大数据统计分析和卫星对地观测所获取的地面变化数据的分析与挖掘，开展时空变化和分布规律的原理和预测研究，并进一步探索把地球作为一个非线性复杂地理世界来研究，而地图学正是重构非线性复杂地理世界的科学。

（二）地图学与所属学科外部相关学科的关系

地图学与所属测绘学、地理学学科以外的许多学科都有着密切的关系，可以分为两个层次。

第一个层次，地图学与认知科学、系统科学、信息科学、心理学、语言学、数学和人工智能等学科的关系。地图空间认知，是认知科学研究的新领域，是地图学重要的基础理论之一，对地图（集）的设计、制图出版和地图应用具有重要指导意义；地图（集）是地理信息传输的通道，地图信息传输贯穿地图（集）设计、编绘出版与应用的全过程，信息时代的地图学具有信息获取、处理、服务一体化的信息科学特色；地图（集）的设计、编绘出版与应用是一个系统工程，是一个技术集成的地图学工程活动，需要以系统科学思想和系统工程方法为指导；地图学中的地图视觉感受理论，是地图学重要的应用理论之一，地图图形符号的视觉变量与视觉感受效果就是一个视觉心理学问题；作为地图学主阵地的地图（集）是国际公认的三大通用语言（音乐、绘画、地图）之一，需要根据语言学原理研究地图语言学，包括地图语法学、语义学和语用学；任何一种科学只有当其成功地运用数学时，才可能达到完善的进步，地图学经历长期发展过程，由定性到定量、由局部应用数学到全面应用数学，如今已达到成功运用数学的水平，成为一门严密的科学或精确的科学，数学方法已经渗透到地图学的方方面面。

第二个层次，地图学同自然科学、社会与人文科学、技术与工程科学、哲学的关系。地图学是研究重构包括自然、社会与人文等在内的非线性复杂地理世界的科学，是跨越自然与人文的科学，与自然科学、社会与人文科学的关系十分密切；地图既是认知地理环境的结果，又是进一步认知地理环境的工具。地图学具有技术特性与工程特性，地图学学科体系中的地图制图学与地图应用学，都具有明显的技术集成的工程活动特质。哲学，是理论化、系统化的世界观和方法论，是关于自然界、社会和人类思维及其发展的最一般的规律的学问。地图学与哲学相结合的地图哲学的兴起已有一百多年的历史，国外与地图哲学相关的研究始于符号学，国内与地图哲学相关的研究是在自然辩证法思想启示下开展的(吴忠性和杨启和，1989；王家耀，1991)。地图哲学是研究地图学及其发展过程中认识论和方法论问题的科学；有严密逻辑系统的地图学时空观，是关于地图与其表达对象、地图与制图者、地图与用图者、制图者与用图者、地图与地图之间的关系的总体思考，是关于地图设计、生产、应用及地图的过去、现在与未来的根本观点和基本规律。

第三节　地图学发展的历史与趋势

地图学是一门古老的科学，有着几乎和世界最早的文化同样悠久的历史；地图学又是一门充满生机与活力的科学，在长期的演进发展中逐渐充实和完善起来，如今已成为一门拥有相对完整的理论体系、现代化技术手段和地图应用的科学。研究地图学发展的历史轨迹，对于认识地图学发展的基本规律，理解当今地图学的发展趋势，把握地图科学前沿，具有现实而深远的意义。

一、地图学发展的历史

地图学在其漫长的发展进程中，经历了古代地图学的萌芽与发展、近代地图测绘与近代地图学的形成、地图学的技术革命与信息时代的地图学等三个时期。

（一）古代地图学的萌芽与发展

地图起源于上古代，它的产生和发展源于人类活动的实际需要。埃及尼罗河的季节性泛滥和我国黄河流域堤防与灌溉工程的兴建，诞生了农田水利测量即原始地图的测绘。在国外，已经发现的原始地图是古巴比伦人在陶片上绘制的美索不达米亚地区的巴比伦地图，迄今已有4500余年的历史；埃及东部沙漠地区的金矿山图，是古埃及人在公元前1330—前1317年间绘制的。在中国，地图的传说可以追溯到4000年前的夏代或更早的时期。记载于《左传》中的《九鼎图》和后来在《山海经》中绘有山、水、动植物及矿物的原始地图等，是当时史料中众多关于地图记述的代表。

随着原始社会的逐渐解体和奴隶制国家的建立，产生了行政统治和军事征战的需要，在客观上促进了地图的发展。3000年前，在西周初期绘制了我国地图学史上第一幅具有实际用途的城市建设图——《洛邑城址地图》。因为地图有明疆域田界的作用，所以从周朝开始，地图就被统治阶级作为封邦建国、管理土地必不可少的工具。这就是《周官》一书中所说的“地讼，以图正之”。《管子·地图篇》对当时地图的内容和地图在战争中的作用进行了较详细的论述，明确指出“凡兵主者，必先审之地图”，只有这样，才能“行军袭邑，举措知先后，不失地利”。《战国策》记载着荆轲为刺秦王而献督亢地图的故事，就是因为地图象征着国家主权和疆域土地，献地图就能接近秦王，可见封建统治阶级对地图的重视了。

无论是在西方还是在东方，古代地图学的发展都有光辉灿烂的一页。在西方，公元前6世纪至公元前4世纪，古希腊在自然科学方面有很大发展，尤其在数学、天文学、地理学、大地测量学、地图制图学等领域，涌现出了一批卓越的学者，他们提出了许多新概念。例如，米勒人阿那克西曼德（公元前610—前545年）提出了地球为椭圆形的假说；埃拉托斯芬（公元前276—前194年）由日影测算出地球的子午圈长为39700km，首先利用子午线弧长推算地球大小，第一次编制了把地球当作球体的地图；天文学家吉帕尔赫（公元前165—前125年）创立了透视投影法，利用天文测量方法测定地面点的经度和纬度，提出将地球圆周划分为360°；等等。在东方，地图经过春秋战国时期的广泛应用，在内容选取和表示方法上都积累了不少经验。秦始皇统一中国后，对地图的需求量进一步增大。从划分郡县，到实行行政和经济管理；从修筑长城，到建筑遍布全国的交通要道、兴修水利、开凿运河等大型工程，都离不开地图。尽管秦王朝的统治只有20多年，但到汉灭秦时，秦地图的数量已相当可观了。1973年湖南长沙马王堆三号汉墓出土的三幅地图（图1-21），为人们提供了研究汉代地图的珍贵实物资料。《地形图》、《驻军图》和《城邑图》均绘在帛上，为公元前168年以前的作品。《地形图》是一幅边长为98cm的正方形彩色普通地图，其范围为111°E—

112°19′E、23°N—36°N，相当于今湖南、广东、广西三省（区）交接地带；地图内容包括山脉、河流、聚落、道路等要素。图上绘有80多个居民点（中心较大城镇为“深平”），20多条道路，30多条河流，采用闭合曲线表示山体轮廓及其延伸方向，并绘以高低不等的9条柱状符号，以表示九嶷山9座不同高度的主要山峰。《驻军图》是一幅高98cm、宽78cm，用黑、朱红、田青三色彩绘的军用地图，在简化了的地理底图上，用朱红色突出表示9支驻军的名称、布防位置、防区界线、指挥城堡、军事要塞、烽燧点、防火水池等军事地形要素，与军事驻防有密切联系的居民地、道路也作为重点要素表示，还记载了居民户数、移民并村的情况等。《城邑图》高约40cm，宽约45cm，图上绘有城垣范围、城门堡、城墙上的楼阁、城区街道、宫殿建筑等。长沙马王堆汉墓地图的发现，给中外地图学史增添了光辉灿烂的一页。其时间之早，内容之丰富可靠，地图绘制原则和绘制水平及其应用价值，都处于当时世界领先地位。

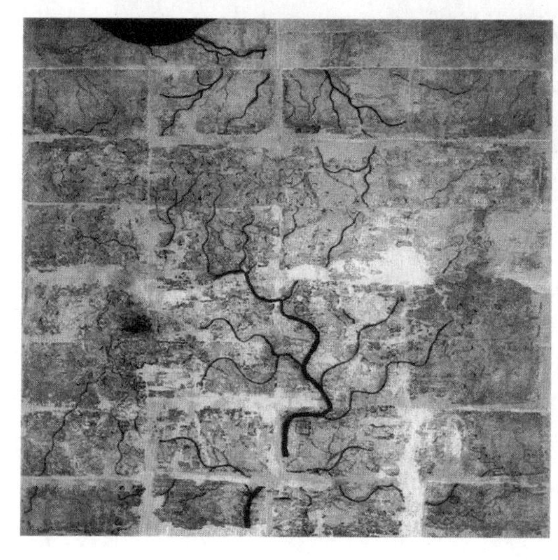

(a) 地形图

(b)驻军图

图1-21　1973年湖南长沙马王堆三号汉墓出土的地图

古希腊的托勒密（90—168年）和我国的裴秀（224—273年）好似两颗东西辉映的灿烂的明星。托勒密的《地理学指南》和裴秀的《禹贡地域图十八篇·序》标志着上古时代地图学的总结性成就，反映了东方和西方不同的发展特点，奠定了古代地图学的基石，对于后来的地图制图生产产生过长期而深远的影响。

托勒密是著名的数学家、天文学家、地理学家和地图制图学家，他的《地理学指南》是古代地图学的一部巨著，总共8卷。卷一的内容包括地图制图的理论、球面投影和普通圆锥投影的方法及说明文字；卷二至卷七为地名资料，用经纬度标明，地名包括城市、河源、河口、山脉、海角及半岛名称等约8000个，对当时已知地球的各个部分作了比较详细的叙述；卷八除少数文字说明外，有1幅世界地图和26幅分区地图，这是世界上最早的地图集雏形，其中世界地图采用圆锥投影，包括经度180°、纬度80°的地域（图1-22）。该图在西方古代地图学史上具有划时代的意义，一直被使用到16世纪。

图 1-22 托勒密《地理学指南》中的世界地图

裴秀担任过司空、地官，专管国家的户籍、土地、税收和地图。他以当时的《禹贡》为依据，进行核查，绘制了 18 幅《禹贡地域图》，并将《天下大图》绘制为《方丈图》。更为重要的是，裴秀总结了前人和自己的制图经验，创立了新的制图理论“制图六体”，即分率、准望、道里、高下、方邪、迂直。“分率”即比例尺；“准望”即方位；“道里”即距离；“高下”即相对高程；“方邪”即地面起伏坡度；“迂直”即实地的高低起伏距离与平面图上距离的换算。裴秀还反复阐述了“六体”之间的相互制约关系及其在制图中的重要性。他认为，绘制地图如果只有图形而没有比例尺（分率），便无法进行实地和图上距离的比较和量测；如果有比例尺而不考虑方位（准望），那么地图的一隅虽然可能达到足够的精度，但在地图的其他部分就一定会相差很远；有了方位而没有道路里程（道里），就不知道图上各地物的远近，居民地之间就如同山海阻隔，“不能相通”；有了“道里”而没有按“高下”“方邪”“迂直”来校正，那么道路的里程必然和实际的距离有差别，结果方位又会发生偏差。所以，“制图六体”在绘制地图时是缺一不可的六个方面。裴秀的《禹贡地域图十八篇·序》涉及地图制图学内容之广泛，概括之精辟，是我国古代制图理论书籍中少有的作品，特别是“制图六体”，不仅开我国地图编制理论之先河，而且在世界地图学史上也是一个重大发现，标志着我国古代地图学的辉煌成就，奠定了我国地图学的最初基础，裴秀因此被后人称为“中国地图学之父”。

托勒密的《地理学指南》和裴秀的《禹贡地域图十八篇·序》两部不朽的著作奠定了古代地图学的基石。但是，公元 300—1300 年间的中世纪，在地图学史上是一个漫长的黑暗年代。在这个时期，由于宗教占支配地位，地球是球形的概念遭到排斥，地图不再是反映地球的地理知识的表现形式，而成为神学著作中的插图。这类地图几乎千篇一律地把世界画成一个圆盘，既无经纬网格，又无比例尺，完全失去了科学和实用价值。这种状况一直持续到公元1000年，启蒙思想才开始在地图学和地理学领域表现出来。这主要表现在：阿拉伯人保存并翻译了托勒密的《地理学指南》，并在9世纪曾多次试图测定地球的大小；由于几次宗教战争，通过传教士和商人（如马可·波罗）的旅行及人们的迁移和商品流动的增长，开始唤起人们对外部世界的兴趣；13世纪出现的反映地中海和邻近海域航海活动成果的波尔托兰（Portolan）海图，一直被视为标准海图使用，直到17世纪初期用墨卡托投影绘制的海图得到应用为止，海图制图得到了继承和发展。

在中国，裴秀完成《禹贡地域图十八篇·序》以后的500年间，地图制图基本上停滞不前。只是在唐王朝统一中国后，国内形势比较安定，社会生产力发展迅速，科学文化得到进一步发展，地图学方面才也取得了一些值得称许的成就。裴秀倡导的地图编制原则和方法，得到了唐代著名地图学家贾耽（730—805年）等的继承和发展。贾耽通过对古今地图的对比分析和调查访问，编制了《关中陇右及山南九州图》一轴，树立了边疆险要地图的旗帜，形成了我国古代地图发展的一个重要分支；他的另一杰作《海内华夷图》一轴和说明该图的《古今郡国县道四夷述》四十卷，在制图方法上吸取了裴秀制图理论的优点，讲究“分率”（一寸折成百里），图上古郡县用黑墨注记，当代郡县用朱红色标明，进一步确立了传统的历史沿革地图的表示方法，对后世产生很大影响。宋朝统治中国近320年，随着科学技术的进步，地图制作也有很大发展。北宋统一不久便编绘出第一幅规模巨大的全国总舆图，即《淳化天下图》，系根据各地所贡地图400余幅编制而成，在著名的西安碑林中，保存有一块南宋绍兴七年（公元1137年）刻的石碑，碑的两面分别刻着《华夷图》和《禹迹图》。根据图名、绘法及图上的说明，《华夷图》可能是因袭唐代贾耽的《海内华夷图》制成的（制图时间约在1068—1085年）；《禹迹图》上刻有方格，是目前看到的最早的“计里画方”地图，地图图形更为准确，图上所绘水系，特别是黄河、长江的形状很接近现代地图。宋代有代表性的地图学家沈括（1031—1095年），在地图测绘方面也有许多贡献。例如，为疏通渠道作过840里的水准测量，发现地磁偏角的存在，改进了指南针的装置方法，使用二十四方位的划分等；他编绘了《宋令图》，即《天下州县图》，实际上是部地图集，地图制作方法与裴秀的主张大同小异。元、明在地图制作方面也有长足的进步。例如，郭守敬在测量史上第一个提出了“海拔高程”的概念，出现了我国第一个地球仪；特别是元朝朱思本（1273—1333年）《舆地图》的绘制成功，使唐宋以来的地图为之一振。受朱思本地图的影响，明代出现了罗洪先（1504—1564年）等著名地图制图学家，经过他们的努力，使我国古代地图制图学走上了成熟的阶段。特别值得一提的是，中国著名航海家郑和（1371—1435年）先后七次航行在南洋和印度洋上，历时20余年（1405—1431年），经过了30多个国家，远到非洲东海岸的木骨都束（今索马里首都摩加迪沙）和阿拉伯海、红海一带。郑和不仅拉开了15世纪海上探险的序幕，而且有许多不同于15世纪其他西方探险的特点：第一，规模之大，次数之多，时间之长，在当时都是史无前例的；第二，郑和是以和平使者的身份，跟海外各国建立外交关系，进行贸易，与当时西方探险队的掠夺动机是不同的；第三，郑和的同行者们留下四部重要地理著作，产生了我国第一部航海图集《郑和航海图集》，对我国地图学的发展做出了巨大贡献。

（二）近代地图测绘与近代地图学的形成

近代地图的发展是14世纪以后欧洲新兴资本主义时代的产物。这个时期地图学发展的主要历史事件是：15世纪末至17世纪中叶的地理大发现，奠定了世界地图的地理轮廓；16

世纪地图集的盛行，总结了 16 世纪以前东方和西方地图学的历史性成就；17 世纪以后的大规模三角测量和地形图测绘，奠定了近代地图测绘的基础；18 世纪以后专题地图的萌芽和发展，照相制版方法的出现和航空摄影测量技术的发明，使地图生产技术工艺发生了变革；19 世纪末和 20 世纪中，形成了系统而完整的关于地图制作的技术、方法、工艺和理论。

公元 15 世纪以后，欧洲各国封建社会内部的资本主义开始萌芽，历史进入文艺复兴、工业革命和地理大发现时期。这一时期，发现了全世界进入文明时代的各民族均前所未知的大片陆地和水域，开辟了若干前所未有、前所未知的重要航路和通道，把各大洋、各大洲、各地区直接联系起来，激起了人们对迅速扩展的世界的兴趣，地图编制和出版迅速发展了起来。意大利人哥伦布（1451—1506 年），在 1492—1504 年间四次远航，是横渡大西洋的第一人，发现了美洲加勒比海地区的全部岛屿和中美洲大陆的部分地区，并为发现西半球的两个大陆——北美洲和南美洲奠定了基础，基本上确定了大西洋东西两端的宽度。葡萄牙人达·伽马（1469—1524 年）于 1498 年率船队经过大西洋，绕过非洲，横渡印度洋，到达印度洋西南海岸的卡利库特，成功地开辟了从欧洲到东方的新航路，建立了欧洲和南亚之间的直接联系，同时把地中海世界和东南亚、东亚地区国家联系起来，他的远航基本上确定了非洲的形状和大小，确定了从非洲南端到印度的距离，并进一步证实了地球学说和海洋优势论。葡萄牙人麦哲伦（1480—1521 年），在 1519—1521 年间率西班牙船队一直向西，横渡大西洋，绕过南美洲，穿过麦哲伦海峡，横渡太平洋，经过菲律宾、印度尼西亚等地，横渡印度洋，经非洲南端重新进入大西洋，返航回国，完成了人类历史上第一次环球航行，证实了地球是球形的学说，证实了美洲和亚洲之间存在一个比大西洋大得多的大洋即太平洋，基本上确定了南美洲南、北两端的跨度，以及从美洲南端到菲律宾的距离和太平洋东西两端的宽度。

从我国郑和拉开 15 世纪海上探险的序幕，到哥伦布、达·伽马和麦哲伦等的地理大发现，基本上奠定了世界地图的地理轮廓。

在地图学历史上，16 世纪是地图集兴起和盛行的时期，以荷兰墨卡托的《世界地图集》和中国罗洪先的《广舆图》为代表，总结了 16 世纪以前东方和西方地图学的历史性成就。

墨卡托（1512—1594 年）是欧洲文艺复兴时期的地理学家和地图制图学家。他一生致力于地图制图工作。主要作品有：巴勒斯坦地图 1 幅（1537 年），世界地图 1 幅（1538 年），佛兰德地图 1 幅（1540 年），地球仪 1 个（1541 年），天球仪 1 个（1551 年），欧洲地图 15 幅（1554 年），不列颠群岛地图 8 幅（1564 年）。他创立了等角正轴圆柱投影，并于 1568 年用这种投影编制了著名的航海图。因为他是第一个把这种投影用于航海图编制的人，所以后人将此投影命名为墨卡托投影。在墨卡托投影的海图上，等角航线被表示成直线，航海作业十分方便，至今仍被各国广泛采用。1569 年开始出版他的《欧洲国家地图集》的第一部分；第二部分分别于 1585 年、1589 年出版；第三部分在他逝世后于 1595 年出版。全图集共 107 幅图。在图集的封面上有古希腊半人半神阿特拉斯（Atlas）研究天地万物的标记，从此“Atlas”一词便成为地图集的专称。

罗洪先（1504—1564 年）是明代一位杰出的地图学家，他通过“考图观史”，发现“天下图籍，虽极详尽，其疏密失准，远近错误，百篇而一，莫之能易也”。在访求调查的过程中，他偶得元人朱思本地图，并把朱思本地图与以前所见地图作比较，认为朱思本地图坚持我国传统的计里画方制图法，有较好的精度，各地物要素丰富。于是，罗洪先决定把朱思本地图作为绘制新地图的蓝本，扬朱思本地图之长，避朱思本地图之短。他认为朱思本地图“长广七尺，不便卷舒”。于是，他按计里画方的网格法加以分幅转绘，并把收集到的地理资料补入新图，积十年之寒暑而后成。因把朱思本地图“广其数十”幅，故取名为《广舆图》，它应是我国最早的综合性地图集。据考证，《广舆图》确实继承了《舆地图》的许多优点，克服了不足，从而把朱思本地图发展到一个新的高度。这主要表现在：按照一定的分幅方法改制成地图集的形式；除 16 幅分省图、11 幅九边图和 5 幅其他诸边图是根据朱思本地图改绘的外，其余地图均为罗洪先所增；创立地图符号 24 种，很多符号已抽象化、近代化，它对增强地图的科学性，丰富地图内容起到了重要作用，在我国地图学史上是一个重要的进步。正因为如此，《广舆图》成为明代有较大影响的地图之一，前后翻刻了六次，自明嘉靖直到清初的 250 多年间流传甚广，基本支配了这一时期地图的发展。

随着资本主义的发展，航海、贸易、军事及工程建设越来越需要精确、详细的更大比例尺地图。加之工业革命后，科学技术水平得到了提高，新的、高精度的测绘仪器相继发明，如平板仪及其他测量仪器，使测绘精度大为提高，三角测量成为大地测量的基本方法，很多国家进行了大规模全国性三角测量，为大比例尺地形测图奠定了基础。由于采用平板仪测绘地图，使地图内容更加丰富，表示地面物体的方法由原来的透视写景符号改为平面图形，地貌由原来用透视写景法改为晕滃法，进而改为用等高线法；编绘地图的方法得到了改进，地图印刷由原来的铜版雕刻改为平版印刷。到了 18 世纪，很多国家开始系统测制以军事为目的的大比例尺地形图。

19 世纪末，各资本主义国家出于对外寻找市场和掠夺殖民地的目的，迫切需要了解世界地理情况，因而产生了编制统一规格的世界详图的要求。1891 年在瑞士伯尔尼召开的百万分一地图国际会议上，讨论并通过了编制百万分一地图的决议；1909 年在伦敦召开的百万分一地图国际会议上，通过了百万分一地图的基本章程；1913 年在巴黎召开了第二次国际百万分一地图会议，拟定了编制百万分一地图的方法和规格。这些对以后各国国际百万分一地图的编制起了积极的推动作用。

西方科学制图方法在我国引起重视，是从清初康熙年间测绘《皇舆全览图》开始的。康熙聘请了德国、比利时、法国、意大利、葡萄牙等国的一批传教士，采用天文测量和三角测量相结合的方法，进行了全国性大规模地理经纬度和全国舆图的测绘。从康熙二十三年（公元 1684 年）开始，到康熙五十八年（公元 1719 年）结束，历时 35 年，测算了 630 个点的经纬度，奠定了中国近代地图测绘的基础。《皇舆全览图》从康熙四十七年正式开测，到康熙五十七年完工，历时 10 年。该图采用伪圆柱投影，按省分幅，共 41 幅，是我国首次全国性的实测地图，它对近代中国地图的发展有着极为重要的意义，开我国实测经纬度地图之先河。首先，规定以 200 里合地球经线上 1° 的弧长，来统一里程的标准，比法国 18 世纪按赤道长度规定米制标准的倡导要早；1702 年沿过北京的中央经线测定了由霸州（今河北省霸州市）到胶河的距离，1710 年又在东北实测了齐齐哈尔以南北纬 41°—47°之间的每度经线弧长，结果各不相同，证明“地球非球形而近椭圆体”，为牛顿的地球“扁圆说”提供了有力的证据，是世界测地史上一大贡献；同时，第一次对我国宝岛台湾省进行了实测。由于康熙时期新疆、西藏奴隶主贵族经常叛乱，测绘工作难以进行，因而造成了《皇舆全览图》所括中国领土不完整。乾隆继位后，平定了新疆和西藏的叛乱，先后对新疆和西藏进行了经纬度测量和地图测绘，于乾隆二十四年（公元 1759 年）完工，尔后在《皇舆全览图》基础上，编制成一部新地图集《乾隆十三排地图》（也称《乾隆内府地图》），使我国实测地图最终完成。这是一部当时世界上最完整的亚洲大陆全图，西至西经 90°以西，北至北纬 80°。

康熙、乾隆两朝实测地图的完成，把我国地图学的发展提高到了一个新的水平，并影响了各省区地图集的编制，各种版本的省区地图集不断涌现。在清朝中期，地图学的发展不快，地图内容没有新的改进。可是到了清朝末年，资本主义在中国有所发展，清政府重视开办工厂、矿山和兴修水利等事项，迫切需要测绘较详细的地图。于是，在清同治年间提出编制《大清会典舆图》，但真正开始工作是光绪十二年（公元 1886 年）在北京建立“会典馆”以后。“会典馆”负责组织《大清会典舆图》的编纂，各省用 3—5 年时间完成此项工作。清末这次省图集编绘在中国地图发展史上具有极为重要的意义，是中国传统古老的制图法向现代制图法转变的标志。其突出表现是：计里画方制图法与经纬网制图法混用，传统地图符号与现代地图符号混用。我国采用新法（经纬度制图法）绘制的第一部世界地图集，是清末地理学家魏源（1794—1859 年）编制的《海国图志》。在编制方法上，完全脱离了中国传统的计里画方法，采用经纬度制图法，统一起始经纬度；在地图投影的选择上，根据地图所括面积及区域所处地理位置，比较灵活地选用所需地图投影（如圆锥投影、彭纳投影、桑逊正弦曲线投影、墨卡托投影等）；由于要在同样大小的图纸上表示不同大小的国家，采用了各种不同的比例尺；地物符号的设计与现今的世界地图有类似之处，但大部分符号仍保持古地图的特征。虽然图集还存在不少缺点，但在一百多年前能编制出这样一部篇幅巨大、内容丰富、有图有文的世界地图集，仍是一个非常了不起的贡献，不愧为中国地图学史上一部关于世界地图集方面的开创性著作。

从 19 世纪开始，由于自然科学的进步与深化，普通地图已不能满足需要，于是产生了地质、气候、水文、地貌、土壤、植被等各种专题地图。其中，德国伯尔赫斯编制出版的《自然地图集》，巴康和海尔巴特逊编制出版的《巴特罗姆气候地图集》，俄国道库恰耶夫编制的《北半球土壤图》与《俄国欧洲部分土壤图》，等等，都对当时专题地图的发展起了一定的推动作用。20 世纪初出现飞机，很快研制成航空摄影机和立体测图仪，从此地图测绘开始采用航空摄影测量方法。同时，黑白航空像片成了专题地图制图的主要资料来源，加上照相和平版彩色胶印技术的应用，使地图特别是专题地图的科学内容、表现形式和印刷质量都提高到了一个新的水平。这主要表现在 20 世纪 50 年代前后编制出版了一大批专题地图集，如《苏联世界综合地图集》《意大利自然经济地理图集》《英国气候地图集》《苏联海洋地图集》，等等。我国专题地图的编制主要表现在历史地图方面，杨守敬（1839—1915 年）集前人之大成，经过 15 年的努力，编制了《历代舆地沿革险要图》70 幅，是我国历史沿革地图史上旷世绝学的一部历史沿革地图集。该图大体以水经注为依据，对郡县与山川相对位置进行了许多分析考证工作，上溯春秋，下讫明末，按朝分卷，以《乾隆内府地图》作为底图，采用经纬度制图法，对古今要素采用唐代贾耽朱墨两色表示法，木版套印。杨守敬的《历代舆地沿革险要图》的编撰刊行，为现代研究郡县变化、水道迁移等方面的科学问题提供了非常有用的资料，为我国历史地理学和历代沿革地图的发展做出了不可磨灭的贡献。

近代地图学的形成与建立在三角测量基础上的近代地图测绘是紧密联系的。经过两次世界大战以后，大约在 20 世纪 50 年代末和 60 年代初，地图学作为一门独立的科学已经形成。一方面，是由于与地图学有关的地理学、测量学、印刷学相继成为比较完整的理论学科和技术学科，为地图学的形成与发展提供了外部条件；另一方面，是由于地图学本身在漫长的地图生产过程中积累了丰富的经验，经过不同时期各国地图制图学家的总结和概括，形成了系统而完整的关于地图制作的技术、方法、工艺和理论，作为地图学分支学科的地图投影、地图编制、地图整饰和地图印刷等已趋于稳定。我们把这个时期的地图学称为近代地图学（过去常被称为“传统地图学”），它研究的对象是地图制作的理论、技术和工艺。在地图制图的理论方面，地图投影、制图综合、地图内容表示法和符号系统等是研究的核心；在地图制作技术方面，主要围绕地图生产过程研究编绘原图制作技术、出版原图制作技术和地图制版印刷技术；在地图制作的工艺方面，主要研究地图生产特别是地图印刷工艺。很明显，传统地图学是以地图制作和地图产品的输出作为目标的。在这种情况下，1964 年英国地图制图协会把传统地图学定义为“制作地图的艺术、科学和技术”是合适的。

近代地图学是 20 世纪 50 年代末和 60 年代初以前地图学成果的积累和科学的总结，又是现代地图学形成与发展的基石和起点。

（三）地图学的技术革命与信息时代的地图学

近代地图学是地图生产之本，长期以来成功地指导着地图的生产。但是，它存在三个明显缺陷：第一，以经验总结为主，忽视基本理论的建设与研究；第二，以联系对本学科有直接关系的学科为主，忽视同更高层次的学科之间的联系；第三，以地图制作为主，忽视地图应用的研究，尤其忽视地图制作者自身认识活动和地图使用者认识活动规律的研究。可以认为，近代地图学是一个比较封闭的体系。在这种情况下，地图学要获得实质性的进展是很困难的，甚至是不可能的。这就迫使地图学家们不得不思考走出地图学的这种“封闭体系”，向系统外部寻求地图学进一步发展的源泉。而这一切正好是发生在 20 世纪 50 年代信息论、控制论、系统论三大科学理论问世和电子计算机诞生之后，这不仅对现代工程技术的发展有着决定性意义，而且是继相对论和量子力学之后又一次“彻底改变了世界科学图景和当代科学家的思维方式”，无疑也为地图学的发展指明了方向。从此，地图学进入了新的发展时期。

当地图学家们在思想上认识到近代地图学的缺陷，并走出其“封闭体系”后，伴随而来的是地图制图技术上的革命和理论上的创新。

地图制图技术上的革命主要表现在：电子计算机技术和自动化技术为地图学的发展开辟了崭新的道路；遥感图像制图的兴起为地图信息的获取和处理提供了新的方法和手段；地图印刷新材料、新技术、新工艺为提高地图印刷质量创造了有利条件。20 世纪 50 年代开始的计算机辅助地图制图研究，经历了原理探讨、设备研制、软件设计，到 70 年代已由实验试用阶段发展到比较广泛的应用；进入 80 年代后，在计算机不断更新换代的同时，开始应用一些高速度、高精度新型机助制图设备，越来越重视机助制图软件的研究，纷纷着手建立地图数据库，在此基础上，由单一的或部门的机助制图系统发展为多功能、多用途和综合性地图信息系统。60 年代迅速发展起来的遥感技术已成为空中对地信息获取和采集的主要技术手段；进入 90 年代已拥有覆盖全国的航空像片和航测地形图、覆盖全国以至全球的卫星影像和数据，能满足较大比例尺地图制图的精度要求，遥感影像制图已成为专题地图制图的主要方法；全波段、全天候航天遥感影像的应用促进了专题地图制图的开拓和深化，遥感信息已成为地图学的重要信息源之一，而且所占比例越来越大。与此同时，全球导航卫星系统（GNSS）技术可以保证在获取遥感影像的同时，同步地获取相应瞬间卫星平台和地面的三维定位信息，利用 GNSS 广域差分技术能使单点实时定位精度达到 1—5m，利用相位差分技术可获得优于厘米级的定位精度，这些完全能满足大、中、小比例尺地图制图与更新。地图印刷材料和技术工艺等方面也发生了很大变化，特别是进入90年代以来，地图电子编辑出版系统相继问世，打破了长期以来传统地图制图与出版的分工界线，出现了以全数字地图制图与出版方式代替近代手工地图生产方式的新的转机，并研究数字环境下“地图设计—地图编绘—分色挂网胶片输出”的一体化数字制图与出版系统，生产了一批地图和地图集，进而研究直接数字地图制版、直接数字地图印刷新技术，这必然导致地图制图技术上的根本变革，地图生产已开始由手工方式向数字化、自动化方式转变。

地图制图技术的进步，必然对地图学理论提出新的要求，同时也支持地图学理论的研究。很长一个时期内，国内外地图学界的传统看法都是从生产和技术的观点来研究地图及其生产过程，把地图学称作研究地图编制技术和方法的科学，20世纪60年代以前国内外的地图学教科书都是这样描述的。60年代中期，有的地图学者开始提出把地图学分为“理论地图学”和“实用地图学”两部分。例如，1963年瑞士地图学家英霍夫主张“理论地图学”的研究范围包括地图的主题、地图的图形和结构、地图的评价和实验、地图的发展等，强调“理论地图学”应是联系技术和艺术、技术和有关地表现象研究的不同学科之间的桥梁；他称实用地图学是“高水平的手工劳动”“反映了对地图科学的了解和艺术技巧的应用”，把地图设计、编纂、绘图和地图印刷划归到“实用地图学”。把地图学分为“理论地图学”和“实用地图学”是将地图学探索的范围向前推进了一步。

地图制图技术和地图学理论是推动地图学不断前进的两个“轮子”。在这两个“轮子”的推动下，地图学进入了信息社会。作为信息时代的地图学，其主要标志是：地理信息系统的出现和发展，拓展和延伸了地图学的功能；空间信息可视化与虚拟现实技术的应用，已成为地图学新的生长点。

地理信息系统是信息时代人们认知地理环境并指导实践的现代化工具。在计算机出现之前，人们主要是利用地图（纸质）获得自己对地理环境的认识，在地图上进行各种量算和规划设计。然而，这种地图一旦制成，它所表示的内容就被“固化”了，它只是连续变化着的现实世界的瞬时记录，即把具有时间特征的连续变化的地理环境描述为存在于某一特定时间相对静止的状况，很难甚至不可能进行动态分析。电子计算机出现后，人们就试图构建一种工具来采集、存储、管理、利用地理环境信息。1956年奥地利首先利用计算机建立地籍数据库，并进一步发展为土地信息系统（land information system,LIS），用于地籍管理。1965年，加拿大测量学家汤姆林森首先提出“地理信息系统”这一术语，并建立世界上第一个地理信息系统——加拿大地理信息系统（Canada geographic information system，CGIS）。这可算作地理信息系统的起步。尽管当时的GIS带有更多的机助制图色彩，查询功能非常简单，分析功能基本没有，但是GIS的兴起确实引起了社会的强烈反响，许多国家的政府部门和私人公司对此表现出了极大的兴趣，相继建立了不少与GIS有关的组织机构，对传播GIS和发展GIS技术起了重要作用。进入20世纪70年代以后，随着计算机硬软件水平的提高，地理信息系统朝实用化方向迅速发展，一些经济发达国家先后建立了许多专题性的GIS，在自然资源管理和应用方面发挥了重要作用。80年代兴起的计算机网络技术，使GIS的传输时效得到了极大的提高，它的应用从基础信息管理与规划转向更复杂的区域开发和预测预报，与卫星遥感技术相结合用于全球监测，为宏观决策提供信息服务。在这一期间，GIS的系统软件和应用软件发展很快，促进了地理信息产业的形成，使之成为信息产业的重要组成部分。

以地理数据库为基础的地理信息系统，体现了包括地理空间信息快速获取、存储、转换、分析和利用在内的信息传输和信息反馈的完整过程，它是人们进行空间认知的最有效的方法。它的最大特点是摆脱了现象描述和静态分析的困境，获得了模拟与预测的自由。关于地理信息系统与地图学的关系，陈述彭院士在《空间技术应用与资源环境问题》一文中作了精辟的论述。他指出："地理信息系统事实上就是地图的一个延续，就是用地理信息系统扩展地图工作的内容"。把地理信息系统和地图学加以比较就可以看出，前者是后者的方法与功能在信息时代的扩展与延伸，两者是一脉相承的，它们都是空间信息处理的科学，只不过地图学强调的是图形信息传输，而地理信息系统则强调空间数据处理与分析。

把空间信息可视化与虚拟现实技术作为地图学的一个新的生长点，无疑有着重要的意义。地图本来就是可视的。不过，我们这里说的"可视化"（visualization），指的是运用计算机图形图像处理技术，将复杂的科学现象和自然景观甚至十分抽象的概念图形化，以便于理解现象、发现规律和传播知识。可视化理论与技术应用于地图学始于 1993 年初，国际地图学协会（ICA）于 1993 年在德国科隆召开的第 16 届学术讨论会上成立了一个"可视化委员会"，主要任务是定期交流可视化技术在地图学领域的发展状况和研究热点，并加强与计算机领域的协作。1996 年，该委员会与美国计算机协会图形学专业组进行了跨学科的协作，制订了一项称为"Cartoproject"的行动计划，旨在探索如何有效地将计算机图形学理论和技术应用于空间数据可视化，同时也探讨怎样从地图学的观点和方法来促进计算机图形学的发展。虚拟现实（virtual reality，VR）技术也称虚拟环境或人工现实，是一种由计算机生成的高级人机交互系统，即构成以视觉感受为主，也包括听觉、触觉、嗅觉的可感知环境，通过头盔式三维立体显示器、数据手套及立体声耳机等，能使人完全沉浸在计算机创造的图形世界里，演练者通过这些专门设备可在这个环境中进行观察、触摸、操作、检测等试验，有身临其境之感。

空间信息可视化与虚拟现实技术作为地图学新的生长点，对于拓宽学科领域和促进地图学理论与技术的进步必将产生深远的影响；同时，空间信息可视化与虚拟现实技术要想在地理环境领域获得成功应用，甚至在技术上有所发展，也离不开地图学基本原理和方法的支撑。

通过回顾地图学发展的历史，我们可以清楚地看出，地图学既是一门古老的科学，又是一门新兴的科学。地图学发展的全部历史表明，它是一门永远充满生机与活力的科学，自古以来就与社会生活息息相关，它的发展有着深厚的社会根基和肥沃土壤。由古代地图学的萌芽和发展，到近代地图测绘与近代地图学的形成，进而到地图学的现代革命与信息时代的地图学，这是一个漫长的历史进程。今天，地图学已经进入信息社会，属于空间信息科学的范畴。

二、地图学的发展趋势

地图学发展的现状、科技进步与社会需求是分析地图学发展趋势的重要依据。目前，地图学的理论创新正在深化和扩展；地图制图技术实现了历史性的跨越式发展，地图制图与出版的数字化与一体化已成为地图生产的基本技术和手段；国家基础地理信息数据库基本建成，智能化地图综合与多尺度级联更新关键技术及应用有了突破性进展；地理信息系统技术正在向地理信息服务方向推进，基于位置的多维时空信息可视化技术取得了实用性成果。在这样的基础上，随着科学技术进步的加快和社会需求的增强，地图学今后将向以下几个方面发展。

（一）创新的地图学理论体系将逐步建成

理论是技术的先导，没有先进理论指导的技术是盲目的技术。随着地图制图技术的迅速发展，对地图学理论研究的要求将越来越高。20 世纪 80 年代以来，地图制图技术的跨越式发展，从根本上说，首先是得益于 20 世纪 50—60 年代信息论、系统论和控制论三大理论的问世和电子计算机的诞生及其同地图学的结合，为地图学的发展开拓了新的思路。所以，我们要想实现 21 世纪地图学的进一步发展，就必须更加重视地图学理论体系的创新研究。首先，要更加认识到地图哲学是地图学的最高总结，对地图学的长期可持续发展具有重要而深远的引领作用和意义，必须重视地图哲学研究；同时，要实现地图学的“老三论”即地图投影、制图综合和地图符号等理论在新的条件下的深化和提升，以及人工智能技术背景下的地图学的基础理论（地图空间认知、地图信息传输）和应用理论（地图视觉感受、地图模型、空间信息语言学）等新理论在地图学理论体系中的地位和作用、相互联系、具体内容等的深层次研究，逐步形成新的地图学学科理论体系。

（二）创新的地图学技术体系将进一步提升

技术是理论的支持，没有先进技术支持的理论是落后的理论；技术是工程的支持，没有先进技术支持的工程是落后的工程。在过去的 20 多年里，地图制图技术已经实现了由手工制图到计算机制图的跨越式发展，作为地图学功能的扩展和延伸的地理信息系统已达到实用化程度，空间信息可视化与虚拟现实技术作为地图学的一个新的生长点已取得明显进展，站在人工智能时代的新起点上进行创新性研究并建立起新的地图学技术体系是必然的趋势。创新的地图学技术体系应包括以地图制图数据库、地图色彩库和地图符号库以及制图模型算法库和知识库作为支撑条件的智能化全数字地图制图与地图电子出版一体化系统，以电子地图信息系统和电子地图集信息系统为主的地图信息系统，以“网格”（grid）技术为支撑和以自主创新、三维和实时动态、服务化及实用化为目标的地理信息系统，以空间数据仓库和数据挖掘为支撑的空间决策支持系统，等等。

（三）创新的地图学应用服务体系将进一步充实和完善

地图与地理信息服务，始终是地图学赖以生存的基础，特别是在人工智能时代，社会发展与人类生活都对地图与地理信息服务提出了新的、更高的要求。

很长时间内，地图学主要以地图的形式提供服务，而且具有“封闭体系”的近代地图学是“以地图制作为主，忽视地图应用的研究”，地图服务处于一种“被动”服务的状况。在人工智能时代，随着类脑智能计算机技术、多媒体技术和网络技术的发展，地图与地理信息服务已成为决策支持的重要基础，已经并将继续出现一些新的变化，服务的形式更加多样化，服务的技术手段更加智能化，服务的质量更加高效化。创新的地图与地理信息应用服务体系，应包括地图应用服务体系和地理信息应用服务体系。地图应用服务体系包括常规地图应用服务、数字地图的分布式存储与网上分发、电子地图（集）服务等，地图服务的品种将更加多样化；地理信息应用服务体系，包括地理信息部门服务、移动位置服务、基于分布式计算模型的 GIS Web 服务、基于网络服务（web services）的空间信息共享与空间数据互操作服务、基于网格服务（grid services）的信息资源和协同解决问题（协同工作）服务，地理信息服务将更加智能实时、快速和高效。

思 考 题

1. 地图的三个基本特征是什么？怎样理解地图的定义？
2. 地图的四大功能是什么？从地图功能的角度如何理解地图概念？
3. 地图的构成要素包括哪三个部分？
4. 地图有几种分幅方法？各有何优缺点？
5. 地图按内容如何分类？什么是普通地图？什么是专题地图？
6. 地图学的基本特性是什么？怎样理解现代地图学的定义？
7. 现代地图学的学科体系是如何构成的？怎样理解地图学同其他相关学科的关系？
8. 怎样认识地图学的主要发展趋势？
9. 根据自己实际用图经验谈谈地图应用的体会。

第二章 地图数学基础

特殊的数学法则是现代地图的重要特性之一，它构成了地图的重要内容之一——数学基础。地图数学基础是地图具有严密的科学性和精确的可量测性的重要保证，与地图投影、比例尺和定向等有着密切的关系。其中，地图投影是解决地球椭球面与地图平面矛盾的数学法则，是地图数学基础的主要内容。本章主要介绍地球椭球体与大地测量控制、地图投影基本理论、常用的地图投影及其应用以及地图投影选择、地图投影变换等。

第一节 地球椭球体与坐标系统

一、地球椭球体

人类对地球形状和大小的认识经历了漫长的考察和研究，直至 15 世纪，地球为球形已没有人再怀疑了，但这一球形是就整体形状而言的。事实上，地球的自然表面是一个崎岖不平、极其复杂的不规则表面，在陆地、海洋，有许多崇山峻岭、巨泽沟壑。高耸于世界屋脊的珠穆朗玛峰，2020 年 12 月 8 日，中华人民共和国主席习近平同尼泊尔总统班达里共同宣布最新高程为 8848.86m，而太平洋底深邃的马里亚纳海沟则为–11034m，它们之间的高差几近 20km。复杂的地球物理表面，无法用数学公式来描述，它显然不能作为测量和制图的依据面。因此，必须寻求一种与地球自然表面非常接近的规则曲面。

从 17 世纪起，为了满足大比例尺精密测图的需要，开始了大地测量。在对地球的实际测量成果的计算与分析中，发现地球不是一个球体，其表面是接近于一个大地水准面的形状。所谓大地水准面是一个处于流体静平衡状态的海洋表面（无波浪、潮汐、水流和大气变化引起的扰动）延伸到大陆内部形成的一个连续封闭曲面。在大地水准面上重力位势是处处相等

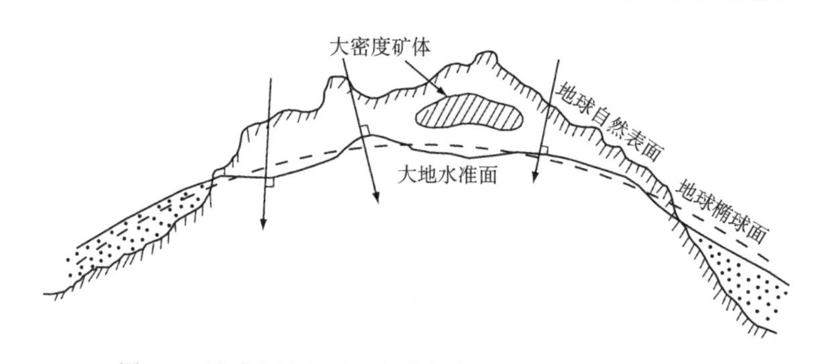

图 2-1　地球自然表面、大地水准面和地球椭球面的关系

的，并与其上铅垂线方向处处保持正交。由于地球表面起伏不平和地球内部物质分布不均匀，引起重力方向（铅垂线方向）发生局部变化，致使处处与重力方向正交的大地水准面也是具有微小起伏的不规则的曲面，如图 2-1 所示。大地水准面所包围的形体称为大地体，大地体已很接近于地球的真实形状，但到现在为止还找不到一种数学公式可以表达，当然也难以在此表面上实施运算。

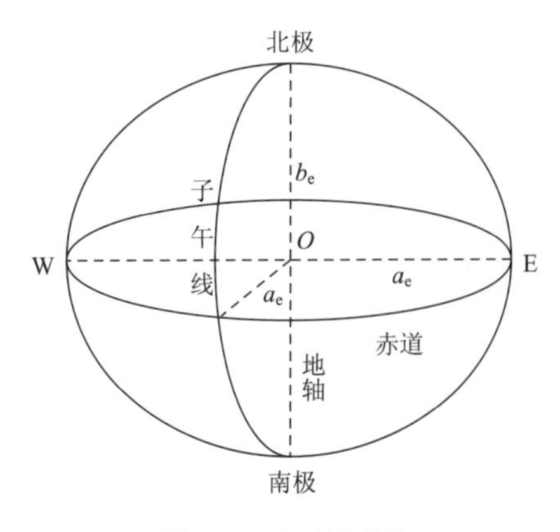

图 2-2　地球椭球体

近 200 年来，各种测量数据分析表明，地球形体很接近于旋转椭球体，它是由大地体绕短轴（地轴）旋转而形成的一个表面光滑的椭球体，既与地球的真实形状十分贴切，也便于用简单的数学公式来描述，称为地球椭球体，其表面被称为地球椭球面，如图 2-2 所示。

地球椭球面方程为

$$\frac{x^2}{a_e^2}+\frac{y^2}{a_e^2}+\frac{z^2}{b_e^2}=1 \tag{2-1}$$

表征地球椭球体的主要参数有椭球长半径 a_e、短半径 b_e、扁率 α_e、第一偏心率 e、第二偏心率 e'，统称为表征地球形状和大小的 5 元素，它们具有以下关系

$$\begin{cases} \alpha_e=\dfrac{a_e-b_e}{a_e} \\ e^2=\dfrac{a_e^2-b_e^2}{a_e^2} \\ e'^2=\dfrac{a_e^2-b_e^2}{b_e^2} \end{cases} \tag{2-2}$$

只有满足地球椭球体中心与地球质心重合，地球椭球体的短轴与地球的地轴重合，地球椭球体起始大地子午面与起始天文子午面重合，并在确定参数 a_e、α_e 时，在全球范围内的大地水准面差距的平方和为最小等条件时，地球椭球体才能和大地体最佳密合。

由于推算的年代、测量的技术与方法以及测定地区的不同，地球椭球体的参数并不一致。目前全球已定义了几百个用于描述地球的椭球体模型，常见的有 50 多个。常用的地球椭球体参数如表 2-1 所示。

表 2-1　常用地球椭球体参数

椭球体名称	年份	长半径/m	短半径/m	扁率	备注
白塞尔（Bessel）	1841	6377397	6356079	1∶299.15	波兰、罗马尼亚、捷克、斯洛伐克、瑞士、瑞典、智利、葡萄牙、日本等国家曾使用
克拉克（Clarke）	1880	6378249	6356515	1∶293.47	越南、罗马尼亚、法国、南非等国家曾使用

续表

椭球体名称	年份	长半径/m	短半径/m	扁率	备注
海福德（Hayford）	1910	6378388	6356912	1∶297.0	意大利、比利时、葡萄牙、保加利亚、罗马尼亚、丹麦、土耳其、芬兰、阿根廷、埃及、中国等国家曾使用
克拉索夫斯基（Krasovsky）	1940	6378245	6356863	1∶298.3	苏联、保加利亚、波兰、罗马尼亚、匈牙利、捷克、斯洛伐克、德意志民主共和国、中国等国家曾使用
1975 年 IUGG 椭球	1975	6378140	6356755	1∶298.257	1975 年国际第三个推荐值
1980 年国际椭球	1980	6378137	6356752	1∶298.257	1979 年国际第四个推荐值
WGS-84 椭球	1984	6378137	6356752	1∶298.257	GPS 采用

我国在 1952 年以前采用海福德椭球体，从 1953 年起改用克拉索夫斯基椭球体，1978 年决定采用 1975 年第十六届国际大地测量与地球物理联合会（International Union of Geodesy and Geophysics, IUGG）推荐的新的椭球体，称为 GRS（1975）。

二、地理坐标系

对地球椭球体而言，其围绕旋转的轴称为地轴。地轴的北端称为地球的北极，地轴的南端称为地球的南极；过地心与地轴垂直的平面与地球椭球面的交线是一个圆，这是地球的赤道；过地轴和英国格林尼治天文台旧址与地球椭球面的交线称为本初子午线（首子午线）。以地球的北极、南极、赤道以及本初子午线作为基本点和线，就构成了地理坐标系统，如图 2-3 所示。

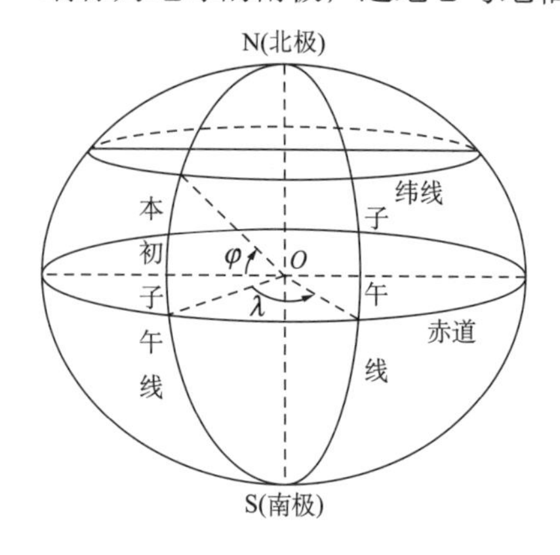

图 2-3　地理坐标系统

地理坐标系就是指用经度、纬度表示地面点位的椭球面坐标系统。在大地测量学中，对于地理坐标系中的经纬度有三种描述，即天文经纬度、大地经纬度和地心经纬度。

1. 天文经纬度

天文纬度 φ 即赤纬，为观测点的铅垂线方向与赤道平面间的夹角。由于铅垂线受重力异常的影响，它与观测点的椭球体法线有一个夹角，称为垂线偏差。垂线偏差正是天文大地测量和重力测量需要解决的问题；天文经度 λ 是过观测点的子午面与本初子午面所夹的二面角，通常应用天文测量和天文台授时的方法解决。

2. 大地经纬度

地面上任意点的位置，可以用大地经度 L、大地纬度 B 和大地高 H 表示。大地经度 L 指在参考椭球面上过观测点的大地子午面与本初子午面间的两面角，由本初子午面向东、向西各为 0°—180°量度，东经为正，西经为负；大地纬度 B 指参考椭球面上观测点的法线和赤道面的夹角，由赤道向南、北两极各为 0°—90°量度，北纬为正，南纬为负。

3. 地心经纬度

地心，即地球椭球体的质量中心。地心经纬度是随地球一起转动的非惯性坐标系统，根据其原点位置不同，分地心坐标系统和参心坐标系统。前者的原点与地球中心重合，后者的原点与参考椭球中心重合。地心经度等同于大地经度；地心纬度是指参考椭球面上的任意一点和椭球体中心连线与赤道面之间的夹角。

三种纬度的关系如图 2-4 所示，P 为观测点位置，PO 为地心纬度 φ''；P 点沿子午面的法线为大地纬度 B；天文纬度 φ' 可以与赤道面相交，但只能在天球上定义。

在地图学中常采用大地经纬度来定义地理坐标。在地学研究及小比例尺制图中，也常将地球椭球体当成球体看待，此时地理坐标均采用地心经纬度。

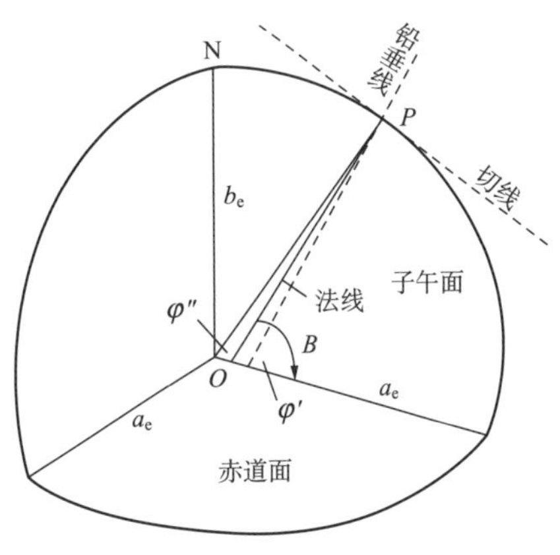

图 2-4 三种纬度的关系

三、大地坐标系

受地理区域位置、科技水平、经济发展等因素制约，以及由于历史的沿革和使用习惯，世界各个国家或地区大地坐标系统千差万别，即使是同一国家或地区在不同历史年代、同一时期的不同地区也可能采用不同的大地坐标系统。

长期以来，我国在地图或地理空间信息生产与应用中，曾经使用过 1954 北京坐标系、1980 国家大地坐标系，现在使用的是 2000 国家大地坐标系（CGCS2000）。

1. 1954 北京坐标系

1954 年，我国将苏联使用的克拉索夫斯基椭球、原点位于苏联普尔科沃的 1942 年普尔科沃坐标系，通过联测并经平差计算引伸到我国。该坐标系属于过渡性坐标系，椭球面与我国大地水准面存在着自西向东明显的系统性倾斜，椭球体在我国境内没有明确、严密的定向和定位，坐标轴指向也不明确，这对我国国民经济和空间技术发展极为不利。

2. 1980 国家大地坐标系

为适应我国经济建设和国防建设发展的需要，在 20 世纪 70 年代末期，利用丰富的天文大地测量资料经统一整体平差，建立了“1980 国家大地坐标系”，大地原点地处我国中部，位于陕西省西安市泾阳县永乐镇，简称“西安原点”，故此坐标系又称为“1980 西安大地坐标系”。这个坐标系采用 1975 年第十六届国际大地测量与地球物理联合会推荐的椭球体参数，主要优点在于：椭球体参数精度高；定位采用的椭球面与我国大地水准面吻合好；天文大地坐标网传算误差和天文重力水准路线传算误差都不大，而且天文大地坐标网坐标经过了全国性整体平差，精度优良，可以满足 1∶5000 甚至更大比例尺测图的要求。

3. 2000 国家大地坐标系

1954 北京坐标系、1980 国家大地坐标系均为参心坐标系，是一种区域性、二维、静态的地球坐标框架。面对空间信息技术的迅猛发展，在国家、区域、海洋与全球化的资源、环境、社会和信息等问题处理中，迫切需要一个以全球参考基准框架为背景的、与全球总体适配的地心坐标系统，如国际地球参考框架（ITRF）。自 2008 年 7 月起，我国全面启用 2000 国家大地坐标系（简称 CGCS2000）作为新一代大地基准，该坐标系为地心、动态、三维大地坐标系，坐标原点位于地球质心（包括海洋和大气的整个地球质量的中心），长度单位为引力相对论意义下的局部地球框架中的米，定向初始值由国际时间局（BIH）1984.0 的定向给定。Z 轴指向国际地球自转服务局（IERS）参考极方向，X 轴为 IERS 参考子午面与通过原点且同 Z 轴正交的赤道面的交线，Y 轴与 Z、X 轴构成右手正交坐标系。椭球参数长半轴 6378137m、扁率 1∶298.257222。

四、高程基准与深度基准

（一）高程基准

地面点除了用地理坐标来确定其平面位置外，同时还要测定其高程。

确定高程的量值必须先确定参考基准面，即高程基准。在经典大地测量学中，定义了大地水准面、似大地水准面和参考椭球面三种高程基准面，因此对应就有正高系统、正常高系统和大地高系统。我国高程采用正常高系统。

在实际测量中，世界上绝大多数国家和地区选取海水面起伏的平均位置作为基准面。确定平均海面的传统方法是在沿海合适的地点设立验潮站，通过对验潮站长期潮位观测，得出验潮站所在的海平面值，将其作为该地区或国家的高程基准。所以，高程也被称为海拔高。建立基于验潮站潮汐观测确定的高程基准，主要包括两个方面的工作，一是通过对选定的一个或多个长期验潮站的验潮数据进行全面分析和严密处理，确定一个平均海面值的位置；二是建立一个稳固的国家水准原点，并通过精密水准测量联测，确定国家水准原点的高程。

由于历史、地理、政治、经济和科技发展等诸多原因，新中国成立前，我国曾使用过坎门平均海水面、吴淞零点、废黄河零点和大沽零点等多个高程基准面，没有一个统一的国家高程基准，造成了高程测量成果互不衔接。新中国成立后，我国经历了从 20 世纪 50 年代建立的全国统一的“1954 年黄海平均海水面”基准、“1956 年黄海平均海水面”基准，再到 80 年代建立并启用的“1985 国家高程基准”几个阶段。统一高程基准面的确立，克服了新中国成立前我国高程基准面混乱以及不同省区的地图在高程系统上不能拼合的弊端。

在 1985 年前，采用以青岛验潮站 1950—1956 年 7 年间测定的黄海平均海水面作为统一的高程基准面，并在青岛观象山埋设了永久性的水准原点，其高程是以青岛验潮站平均海水面为零点，经过精密水准测量进行联测而得，该水准原点的高程为 72.289 m。凡由这个时期的黄海平均海水面建立起来的高程控制系统，都称为“1956 年黄海平均海水面”基准，也称为“1956 年黄海高程系”。

经过多年观测得到的数据显示，黄海平均海水面发生了微小的变化。根据青岛验潮站 1953—1979 年 27 年潮汐观测资料计算的平均海水面，计算出国家水准原点的高程值由原来的 72.289 m 变为 72.260 m，标志着高程基准面发生了变化，这种变化使高程控制点的高程也随之发生了微小变化。1988 年 1 月 1 日我国正式启用新的高程基准面，即“1985 国家高程基准”，新的高程基准比原基准上升了 0.029 m。

（二）深度基准

深度基准是计算水体深度的起算面，采用的是平均低潮面，即理论深度基准面。

就陆地测量和地形图使用而言，深度基准面最好也采用平均海水面，这样可以使陆地高程与水深的度量得以统一，避免地形图和海图的衔接在高程上出现差异。但作为航海用的海图来说，深度基准应有利于船只航行安全，所以海图编制中，常常采用低于平均海水面的参考面作为深度基准。

与高程基准相比，深度基准要复杂得多，没有统一的定义。不但各国基准不统一，而且同一个国家的不同海域也不统一，同一海域的不同时期也不一致。海图的深度基准以潮位面为依据，不但没有统一的起算面，而且随时间变化。

深度基准面要定得合理，不能过高或过低，通常遵循两个基本原则：一是要保证航行安全；二是要充分利用航道。作为一个深度基准面要有适当的保证率，所谓保证率是指全年水位变化时出现的高于与低于所采用的深度基准面的次数的百分比值。通常采用的深度基准面保证率应在 90%以上。

由于各地潮汐性质不同，采用的计算方法不同，各个国家和地区的深度基准面也不相同。有的采用理论深度基准面，有的采用平均低潮面、平均低低潮面、最低低潮面、平均大潮低潮面等。我国的深度基准面，1956 年前多采用略最低低潮面，1957 年后多采用理论最低低潮面，1976 年以后，统一采用理论深度基准面，基本上适合我国海域的潮汐性质，保证率在 95%以上。

五、大地控制网

我国幅员辽阔，在 960 万 km^2 的土地上进行测量工作，为了保证测量成果的精度符合统一要求，必须在全国范围内选取若干典型的、具有控制意义的点，然后精确测定其平面位置和高程，构成统一的大地控制网，并作为测制地图的基础。大地控制网由平面控制网和高程控制网组成。

（一）平面控制网

平面控制测量的主要目的是确定控制点的平面位置，即大地经度（L）和大地纬度（B），主要方法包括三角测量和导线测量。

三角测量。是在平面上选择一系列的控制点，并建立相互连接的三角形，组成三角锁或三角网，测量一段精确的距离作为起始边，在这个边的两端点，采用天文观测的方法确定其点位（经度、纬度和方位），精确测定各三角形的内角。根据以上已知条件，利用球面三角的原理，即可推算出各三角形边长和三角形顶点坐标，如图 2-5 所示。

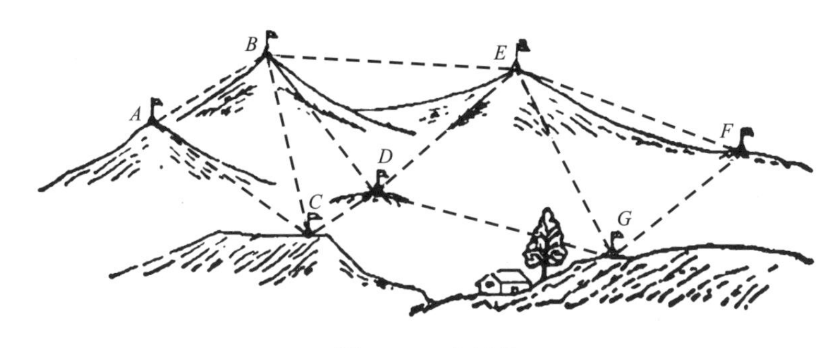

图 2-5　三角测量

为了达到三角测量能层层控制的目的，由国家测绘主管部门统一布设了一、二、三、四等三角网。一等三角网是全国平面控制的骨干，由边长 20—25km 近于等边的三角形构成，基本上沿经纬线方向布设；二等三角网是在一等三角网的基础上扩展，三角形平均边长约为 13km，以满足测制 1∶10 万、1∶5 万地形图要求；三等三角网是空间密度最大的控制网，三角形平均边长约为 8km，基本满足 1∶2.5 万地形图测制要求；四等三角网通常由测量单位自行布设，边长约为 4km，满足 1∶1 万地形图测制要求。

导线测量。是把各个控制点连接成连续的折线，然后测定这些折线的边长和转角，最后根据起算点的坐标及方位角推算其他各点的坐标。导线测量有两种形式：一种是闭合导线，即从一个高等级控制点开始测量，最后再测回到这个控制点，形成一个闭合多边形；另一种是附合导线，即从一个高等级控制点开始测量，最后附合到另一个高等级控制点。如图 2-6 所示。作为国家控制网的导线测量，亦分为一、二、三、四等，通常把一等和二等导线测量称为精密导线测量。

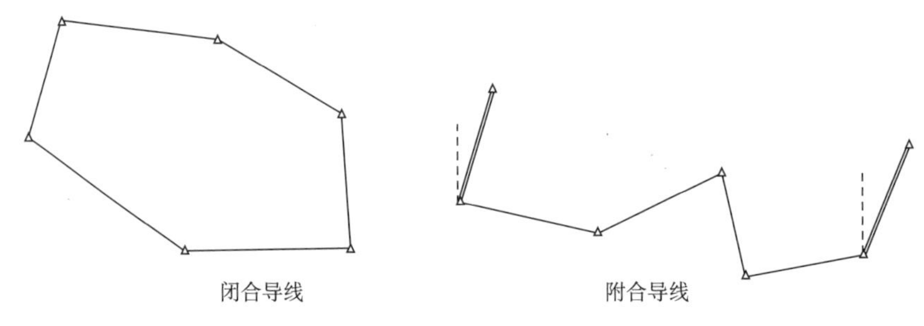

图 2-6　导线测量

（二）高程控制网

高程控制网是在全国范围内按照统一规范，由精确测定了高程的地面点所组成的控制网，是测定其他地面点高程的基础。建立高程控制网的目的是精确求算地面点到大地水准面的垂直高度，即高程。建立高程控制网的主要方法是水准测量，它借助水准仪提供的水平视线来测定两点之间的高差，如图 2-7 所示，采用水准测量测定的高程点称为水准点。

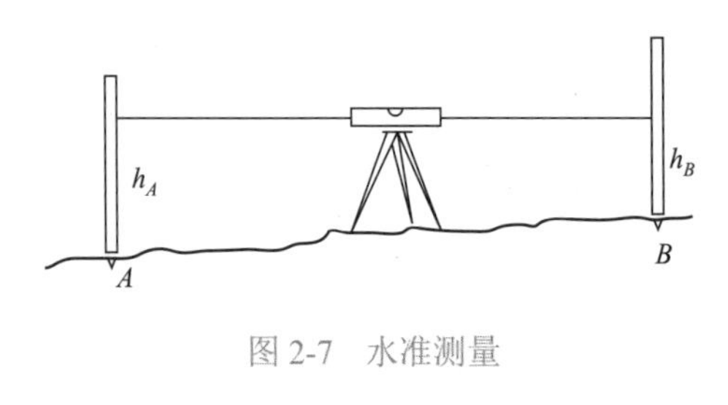

图 2-7　水准测量

我国根据统一确定的高程起算基准面，在全国布设了一、二、三、四等水准网，以此作为全国各地实施高程测量的控制基础。一等水准路线是国家高程控制骨干，一般沿地质基础稳定、交通不甚繁忙、路面坡度平缓的交通干线布设，并构成网状；二等水准路线，沿公路、铁路、河流布设，同样也构成网状，是高程控制的全面基础；三、四等水准路线，直接提供地面测量的高程控制点。

六、全球导航卫星系统

全球导航卫星系统（global navigation satellite system，GNSS），是以地球卫星为基础的无线电测时定位导航系统，可为航天、航空、陆地、海洋等方面的用户提供高精度、全天候、全球性在线或离线的空间定位数据。它与经典大地测量相比，具有明显优势，主要表现在：观测点之间无须通视，点位选择变得更为灵活；全天候作业，一般不受天气状况影响；观测时间短，不超过 20km 的基线定位只需要几分钟；提供三维坐标，在测定平面位置的同时测定观测点的大地高程；定位精度高，在小于 50km 基线上观测，其相对定位精度可达 10^{-6}。

目前，在轨运行的 GNSS 有 4 个，即美国的 GPS、俄罗斯的 GLONASS、欧盟的 GALILEO 和中国的北斗系统（BDS）。表 2-2 给出了目前在轨运行的 4 个 GNSS 的基本参数（曾庆化等，2011）。

表 2-2 四个主要 GNSS 的基本参数

参数＼系统	GPS	GLONASS	BDS（全球）	GALILEO
卫星数/颗	24	24	35	30
星座构成	24MEO	24MEO	27MEO+3IGSO+5GEO	30MEO
轨道面数	6	3	3（MEO）	3
轨道高度/km	20200	19100	21528（MEO） 35786（GEO，IGSO）	23616
轨道倾角/（°）	55	64.8	55（GEO，IGSO）	55
运行周期	11 小时 58 分	11 小时 15 分	12 小时 50 分	14 小时 22 分
调制方式	CDMA	FDMA	CDMA	CDMA
基准频率/MHz	10.23		2.046	10.23
载波频率/MHz	L1:1575.42 L2:1227.60 L5:1176.45	L1:1062～1615.5 L2:1246～1256.5	B1:1561.10 B2:1207.14 B3:1268.5	E1:1575.42 E5a:1176.45 E5b:1207.14 E6:1278.75
时间系统	GPST	GLONASST	BDT	GST
坐标系统	WGS-84	PZ-90	CGCS2000	ITRF-96

注：MEO 指中高度圆轨道；IGSO 指倾斜地球同步轨道；GEO 指地球静止轨道。

第二节 地图投影基本理论

一、地图投影的定义和研究对象

（一）地图投影的定义

地球表面是不可展的曲面，而地图通常是连续的二维平面。因此，用地图表示地球表面的一部分或全部，就产生了一种不可克服的矛盾——球面与平面的矛盾，如强行将地球表面展成平面，那就如同将橘子皮剥下铺成平面一样，不可避免地要产生不规则的裂口和褶皱，而且其分布又毫无规律可循。欲将不可展球面上的图形变换到一个连续的地图平面上，必须采用“地图投影”方法。

用地图投影来解决球面与平面矛盾，最初是用几何透视方法，这种方法是建立在几何透视学原理基础之上的。即假设地球按比例尺缩小成一个透明的地球仪那样的球体，在其中心安放一个点光源（几何透视学称为视点），接通电源把地球表面上的经线、纬线连同控制点及

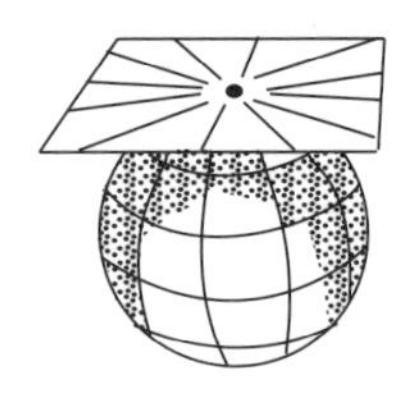
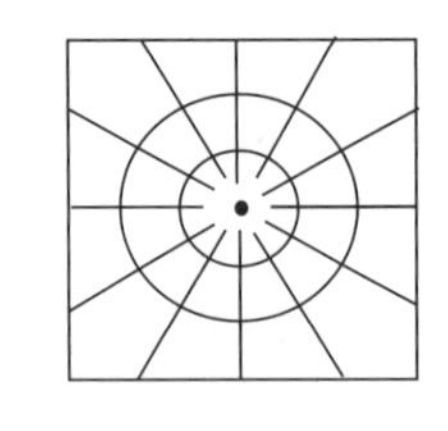

图 2-8 透视方位投影

地形、地物图形，投影到与地球表面构成相切关系的平面上，如图 2-8 所示，这是最简单、也最容易理解的地图投影几何透视法，这种投影称为球心透视方位投影。

除此之外，我们还可以用圆锥面或圆柱面作为投影面，使圆锥面或圆柱面与地球面上某一位置相切或相割，仍用几何透视方法，将地球面上的经线和纬线投影到圆锥面或圆柱面上，再沿着圆锥面或圆柱面的某处母线切开展成平面，即得到圆锥投影或圆柱投影，如图 2-9 和图 2-10 所示。

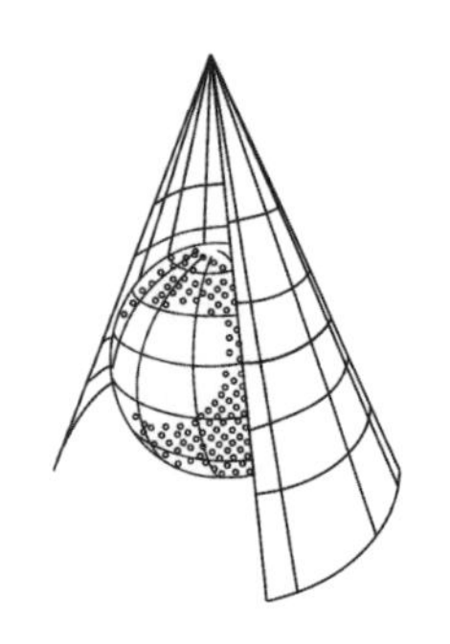
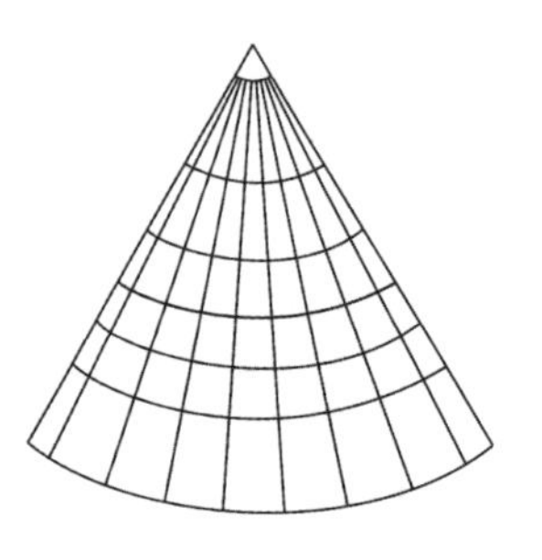

图 2-9 透视圆锥投影

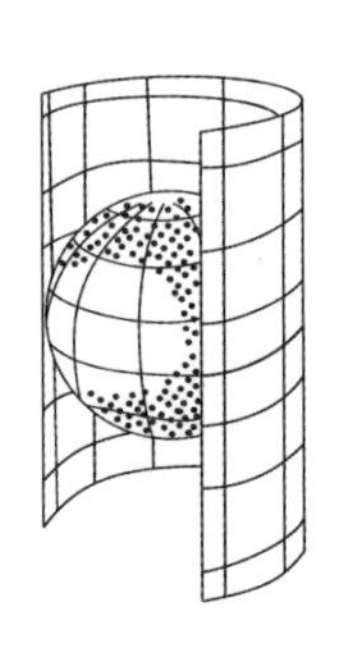
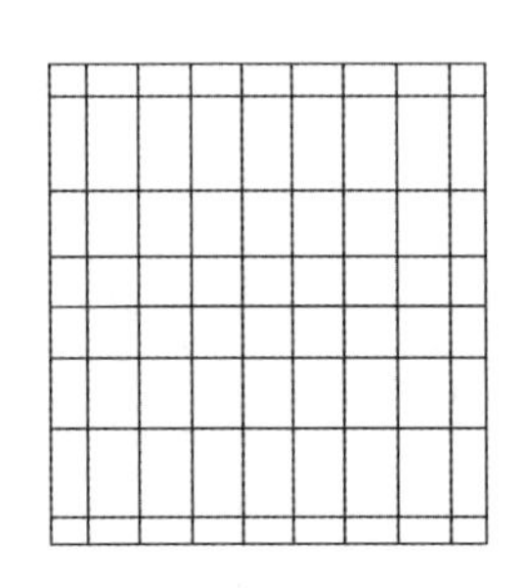

图 2-10 透视圆柱投影

几何透视法只能解决一些简单的由球面到平面的变换问题，具有很大的局限性。随着数学分析这一分支学科的出现，人们普遍采用数学分析方法来解决地图投影问题，即通过数学分析方法来建立地球椭球面与投影平面上的点、线、面的一一对应的关系式，即

$$\begin{cases} x = f_1(B, L) \\ y = f_2(B, L) \end{cases} \tag{2-3}$$

式（2-3）就是地图投影的一般方程，当给定不同的具体条件时，就可以得到不同种类的投影公式。不论是几何透视法，还是数学分析法，其实质都是建立地球面上点的地理坐标（B, L）与地图平面上点的直角坐标（x, y）之间一一对应的函数关系。

实际上，目前很少有投影是采用几何透视学原理，绝大多数都是用数学方法来解决地球表面到平面的变换问题，所以，地图投影学又称数学制图学。“地图投影”这一名词，严格从字面理解，它只包含几何透视法，但这一名词沿用已久，并不妨碍它的发展。随着学科的发展，它又被赋予了新的更广泛的内涵。

（二）地图投影的研究对象

采用地图投影方法，虽然解决了球面与平面之间的矛盾，但在平面上完全无变形的表示地球各个部分是不可能的。总体来讲，共有三种变形：一是长度变形，即投影后的长度与原面上对应的长度不相同了；二是面积变形，即投影后的面积与原面上对应的面积不相等了；三是角度变形，即投影前后任意两个对应方向的夹角不相等了。哪一种地图投影都不是万能的，均有其优缺点，也并非变形越小越好，我们应根据某种地图的用途要求和制图区域的形状及所处位置来选择需要的地图投影。

因此，地图投影主要研究将地球椭球面（或球面）描写到地图平面上的理论、方法及应用，地图投影的变形规律，以及不同地图投影之间的转换和图上量算等问题。

从常规制图实践来说，实现地球表面到地图平面的转换，并不需要将所有地面点都按式（2-3）逐点变换，而只需要将地球表面上的一些主要点，如大地控制点、图廓点、经纬线交点等变换到平面上，并连接经纬线交点得到经纬线，形成制图网，构成地图内容的控制骨架，使地图具有严格的数学基础。在数字制图环境下，则按式（2-3）逐点实现数学基础和地图内容要素的转换。因此，地图投影的任务是建立地图的数学基础，包括把地球表面上的地理坐标系转化成地图上的平面直角坐标系，建立制图网——经纬线在平面上的表象。

地图投影是地图数学基础的主要内容，正是地图投影才使得地图具有严密的科学性和精确的可量测性，这也是地图有别于照片、风景画等的重要特征之一。广义上讲，地图投影是实现空间信息定位和可视化的基础，是地球空间数据的基础框架。信息技术的不断发展与应用，使地图学呈现许多现代特征，地图数据库技术、数字地图制图技术、地理信息工程技术等推动着地图投影理论、方法与应用的不断拓展和深化，这也是学科发展的必然趋势。

二、地图投影变形

地球椭球面或球面与平面之间的矛盾，通过地图投影的方法得以解决。然而，不论采用何种地图投影方法，都不可避免地产生变形。如图 2-11 所示，黑色表示的三个格网是在地球表面上由相同间隔的经差和纬差构成，在地球表面上应具有相同的形状和大小，但在投影平面即地图上（以下简称投影面），却产生了明显差异，这就是投影变形所致。

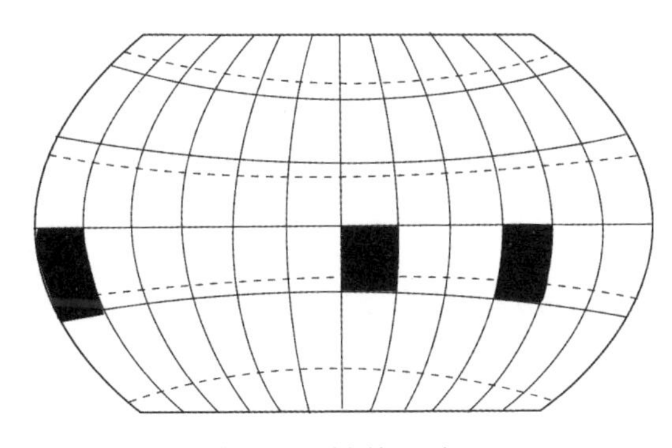

图 2-11　地图投影变形

前已述及，地图投影变形有三种，即长度变形、面积变形和角度变形。

（一）长度比与长度变形

如图 2-12 所示，$ABCD$ 是地球面（以下简称原面）上的一微分图形，$A'B'C'D'$ 是投影面上的对应图形。

投影面上某一方向上无穷小线段 $A'C'$ 长为 $\mathrm{d}s'$，原面上对应的无穷小线段 AC 长为 $\mathrm{d}s$，则长度比 μ 为

$$\mu = \frac{\mathrm{d}s'}{\mathrm{d}s} \tag{2-4}$$

长度比与 1 之差叫作长度相对变形，简称长度变形，用 v_μ 表示，则

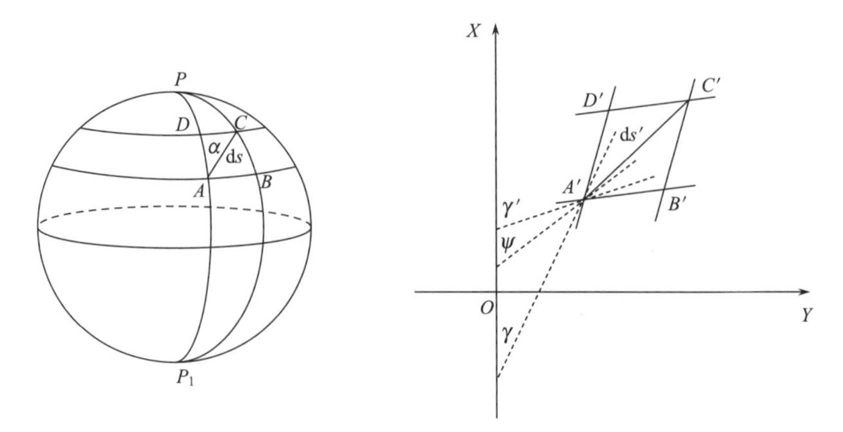

图 2-12 原面与投影面上微分图形对应关系

$$\nu_\mu = \mu - 1 = \frac{\mathrm{d}s' - \mathrm{d}s}{\mathrm{d}s} \tag{2-5}$$

令 x_B、x_L、y_B、y_L 为式（2-3）决定的偏导数 $\frac{\partial x}{\partial B}$、$\frac{\partial x}{\partial L}$、$\frac{\partial y}{\partial B}$、$\frac{\partial y}{\partial L}$ 的缩写，并引入以下符号

$$\begin{cases} E = {x_B}^2 + {y_B}^2 \\ F = x_B x_L + y_B y_L \\ G = {x_L}^2 + {y_L}^2 \\ H = x_B y_L - y_B x_L \end{cases} \tag{2-6}$$

根据式（2-4），得到方位角为 α 方向上的长度比计算公式为

$$\mu^2 = \frac{E}{M^2}\cos^2\alpha + \frac{F}{Mr}\sin 2\alpha + \frac{G}{r^2}\sin^2\alpha \tag{2-7}$$

式中，M 为子午圈曲率半径；r 为纬线圈半径，且 $r = N\cos B$，N 为卯酉圈曲率半径。

在式（2-7）中，令 $\alpha = 0°$ 或 $\alpha = 90°$，分别得到沿经线方向长度比 m、沿纬线方向长度比 n，即

$$m = \frac{\sqrt{E}}{M} \tag{2-8}$$

$$n = \frac{\sqrt{G}}{r} \tag{2-9}$$

长度比是一个变量，不仅随点位不同而变化，而且在同一点上随方向变化而变化。任何一种投影都存在长度变形。没有长度变形就意味着地球表面可以无变形地描写在投影平面上，这是不可能的。

（二）角度变形

投影面上任意两方向线所夹之角（u'）与原面上对应之角（u）之差叫作角度变形，用 Δu 表示，则有

$$\Delta u = u' - u \tag{2-10}$$

在图 2-12 中，设投影面上经线 $A'D'$和纬线 $A'B'$的夹角为 θ，则有

$$\tan\theta = \frac{H}{F} \tag{2-11}$$

并由上式可得到 $\sin\theta = \frac{H}{\sqrt{EG}}$、$\cos\theta = \frac{F}{\sqrt{EG}}$ 等表示形式。

在研究角度变形时，通常是计算两个最大方向角变形线所夹之角，即最大角度变形 ω。设投影面上某点的极大长度比为 a、极小长度比为 b，则有

$$\sin\frac{\omega}{2} = \frac{a-b}{a+b} \tag{2-12}$$

并由式（2-12）可得到 $\cos\frac{\omega}{2} = \frac{2\sqrt{ab}}{a+b}$、$\tan\frac{\omega}{2} = \frac{a-b}{2\sqrt{ab}}$ 或 $\tan(45° + \frac{\omega}{4}) = \sqrt{\frac{a}{b}}$ 等表示形式。

角度变形也是一个变量，它随着点位和方向的变化而变化。

（三）面积比与面积变形

如图 2-12 所示，$ABCD$ 和 $A'B'C'D'$ 两微分图形的面积分别为 $\mathrm{d}F$、$\mathrm{d}F'$。投影面上某区域无穷小面积和相应原面上无穷小面积之比叫作面积比，用 P 表示，则有

$$P = \frac{\mathrm{d}F'}{\mathrm{d}F} \tag{2-13}$$

面积比与 1 之差叫作面积相对变形，简称面积变形，用 v_P 表示，则

$$v_P = P - 1 = \frac{\mathrm{d}F' - \mathrm{d}F}{\mathrm{d}F} \tag{2-14}$$

而 $\mathrm{d}F = AD \cdot AB = Mr\mathrm{d}B\mathrm{d}L$，$\mathrm{d}F' = A'D' \cdot A'B' \cdot \sin\theta = mnMr\sin\theta\mathrm{d}B\mathrm{d}L$，由式（2-13）可得到面积比 P 为

$$P = \frac{\mathrm{d}F'}{\mathrm{d}F} = mn\sin\theta \tag{2-15}$$

变换式（2-15）则可得到

$$P = \frac{H}{Mr} \tag{2-16}$$

面积比或面积变形也是一个变量，它随点位的变化而变化。

地图投影不可避免地产生变形，这是不以人们的意志为转移的客观规律。但是，地图投影可以保持个别点和线段投影在平面上不产生任何变形。如图 2-13 所示，在图（a）中，投影平面切在地球某点，该点既在地球面上，也在投影平面上，这样的点投影后不产生任何变形。在图（b）和图（c）中，圆锥与地球某纬线圈相切，圆柱在赤道上与地球相切，这些相切的纬线投影后均无变形。在地图投影中不变形的纬线称为标准纬线。

研究投影变形的目的在于掌握各种地图投影变形大小及其分布规律，以便正确控制投影变形。在计算地图投影或制作地图时，首先要将地球椭球面或球面按一定的比率缩小，然后再投影到平面上，这个小于 1 的常数比率称为地图的主比例尺，或称普通比例尺。因投影变形引起的局部变化的比例尺称为局部比例尺，它取决于投影类型、性质，并且随着线段的方向和位置而变化。

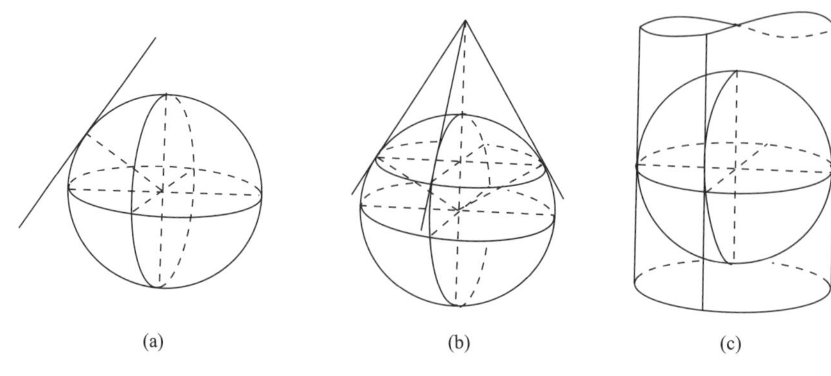

图 2-13　地图投影标准纬线

三、地图投影条件

地图投影一般可以同时存在长度变形、面积变形和角度变形，但在某种条件下，可以使某一种变形不发生，如投影后角度不变形，或面积不变形，或使某一特定方向投影后不产生长度变形。

（一）等角投影条件

地球面上任意点的任意两方向所夹之角投影后仍保持原夹角大小不变的投影，叫作等角投影（conformal projection）。为了保持等角，就必须使投影面上任意点的角度最大变形为零，即 $\omega=0$，由式（2-12）求得等角投影条件为

$$a=b \tag{2-17}$$

等角投影的长度比不随方向变化，在同一点上各方向长度比为一定值。在等角投影中，在无穷小区域内，原面和投影面上的图形对应角相等，对应边成比例，因此，两个面上对应微分图形相似。所以等角投影又称为相似投影，或正形投影。

（二）等面积投影条件

等面积投影（equivalent projection）是指投影面上的面积与原面上相应面积相等的投影，其条件是面积比 P=1，由式（2-15）和式（2-16）求得等面积投影条件为

$$mn\sin\theta=1 \text{或} H=M\cdot r$$

在等面积投影中，地球面上无穷小圆投影在平面上一般为面积相等的椭圆，在无变形的点上投影为面积相等的圆。

等面积投影不仅保持无穷小面积投影后相等，而且也能使总体面积投影后也相等。

（三）等距离投影条件

某一组特定方向投影后不产生长度变形的投影，叫作等距离投影（equidistant projection）。在经纬线正交的投影中，等距离投影只存在于方位投影、圆柱投影和圆锥投影之中。等距离投影规定经线长度比等于 1，即

$$m=1 \text{或} \frac{\sqrt{E}}{M}=1$$

对于横轴投影和斜轴投影，等距离投影条件是使垂直圈投影后长度比为1。

四、地图投影分类

地图投影是一门古老的科学，在长期的地图生产实践中，已经提出了几百种投影。把具有共同特征的或具有共同属性的投影集合在一起，进行分类，是一个很复杂的问题，迄今为止尚无定论。地图投影通常按变形性质和正轴投影经纬线形状来分类。

（一）按地图投影变形性质分类

按地图投影变形性质，可将地图投影分为以下三类。

1. 等角投影

满足等角条件的投影，这种投影没有角度变形，但长度变形和面积变形是无法避免的。在等角投影地图上，图上方位与实地方位保持一致，便于量测方向。所以，地形图、航空图、航海图等要求方位和形状不变的地图都用此类投影来构建地图数学基础。

2. 等面积投影

满足等面积条件的投影，这种投影能保持面积大小不变，但角度变形大，因而投影后的轮廓形状有较大改变。需要保持正确的面积对比关系的一些专题图，如政区图、经济图等，常用此类投影构建地图数学基础。

3. 任意投影

既不是等角又不是等面积的投影叫作任意投影，这种投影的三种变形同时存在，地球面上的微分圆投影后为大小不等、形状各异的变形椭圆。任意投影中有一种叫作等距离投影，它满足等距离条件，这种投影的角度变形比等面积投影的小，面积变形比等角投影的小，即三种变形都有，但比较适中。

任意投影因条件可以任意给定，所以这类投影种类多、用途广，可用于各种区域地图。

（二）按正轴投影经纬线形状分类

1. 方位投影

以平面作为投影面，平面与地球面构成相切或相割的位置关系，将经纬线投影到平面上。方位投影有正方位、横方位和斜方位几种不同位置的投影（图2-14）。

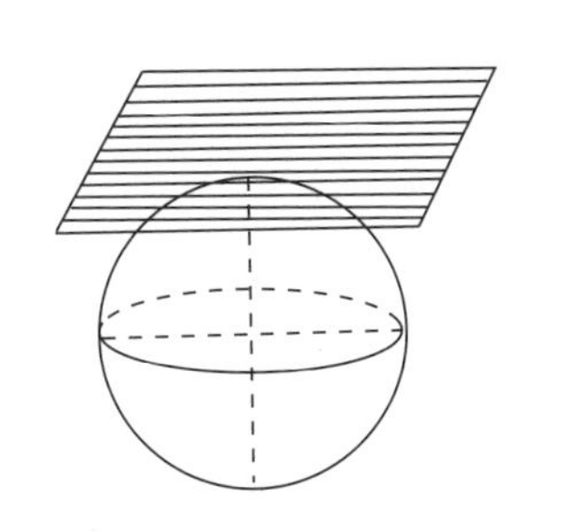
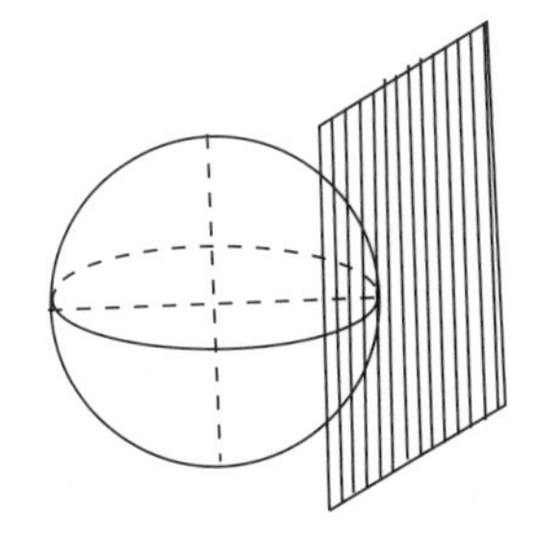
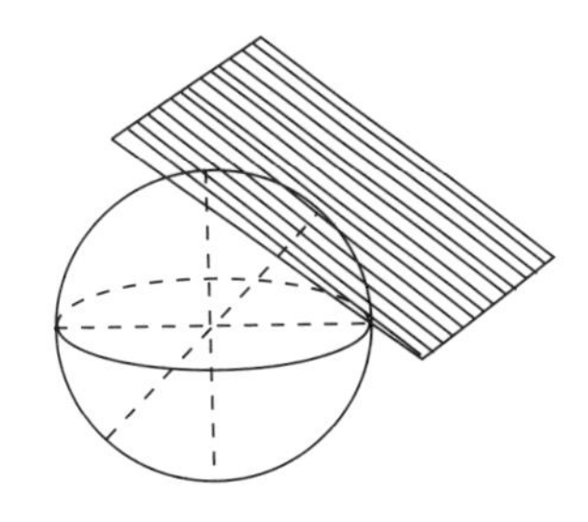

图2-14　正方位、横方位和斜方位投影

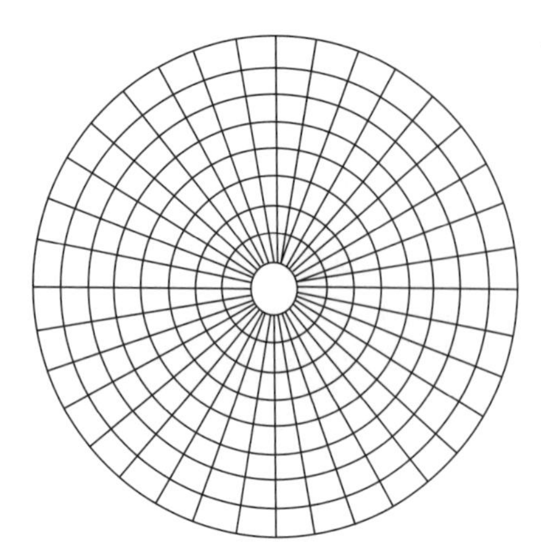

图 2-15　正方位投影经纬线形状

在正方位投影中，纬线为同心圆，经线为交于纬线共同中心的一束直线，两经线间的夹角与相应经差相等（图 2-15）。

2. 圆柱投影

圆柱投影以圆柱面作为投影面，将经纬线投影到圆柱面上，然后将圆柱面展成平面而成。圆柱面可与地球相切或相割，有正圆柱、横圆柱和斜圆柱三种不同的投影（图 2-16）。

在正圆柱投影中，纬线为一组平行直线，经线为垂直于纬线的另一组平行直线，两经线的间隔与相应经差成正比（图 2-17）。

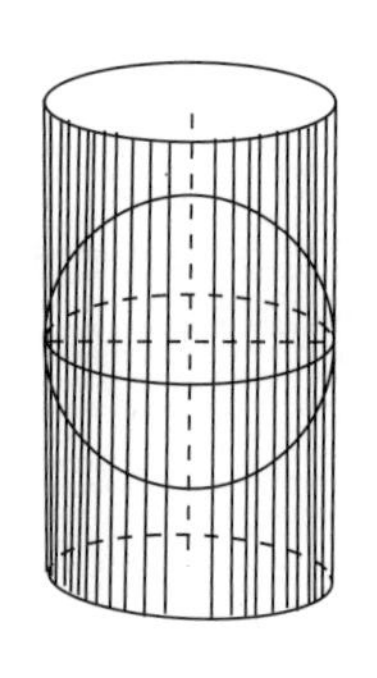

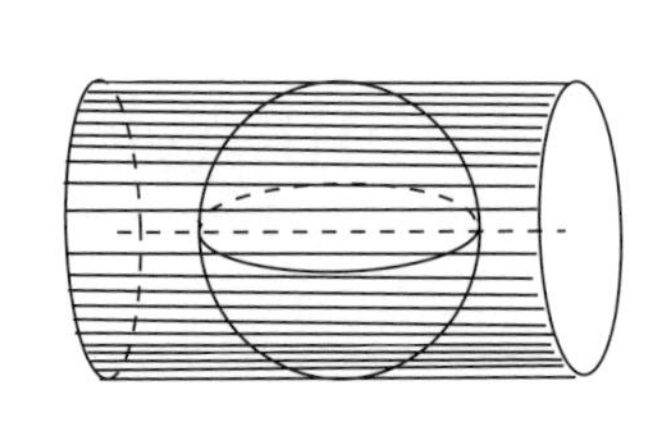

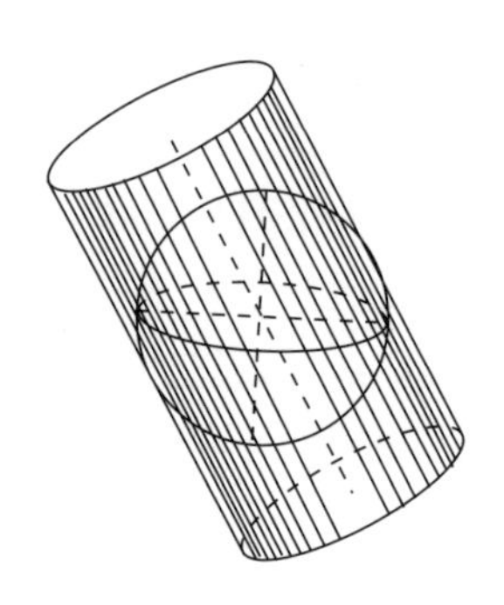

图 2-16　正圆柱、横圆柱和斜圆柱投影

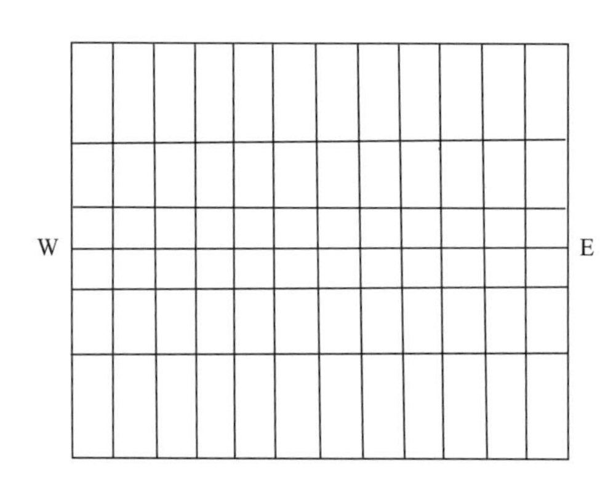

图 2-17　正圆柱投影经纬线形状

3. 圆锥投影

圆锥投影以圆锥面作为投影面，将圆锥面与地球相切或相割，将经纬线投影到圆锥面上，然后把圆锥面展开成平面而成。按圆锥面与地球面的位置关系有正圆锥、横圆锥和斜圆锥三种不同的投影（图 2-18）。

在正圆锥投影中，纬线为同心圆弧，经线为同心圆弧的半径，两经线间的夹角与经差成正比（图 2-19）。

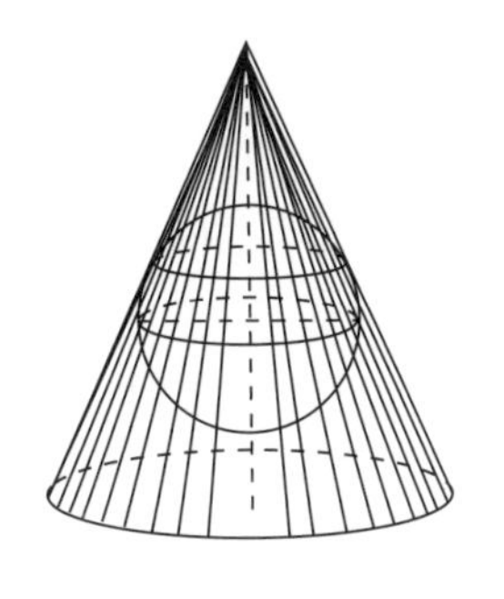
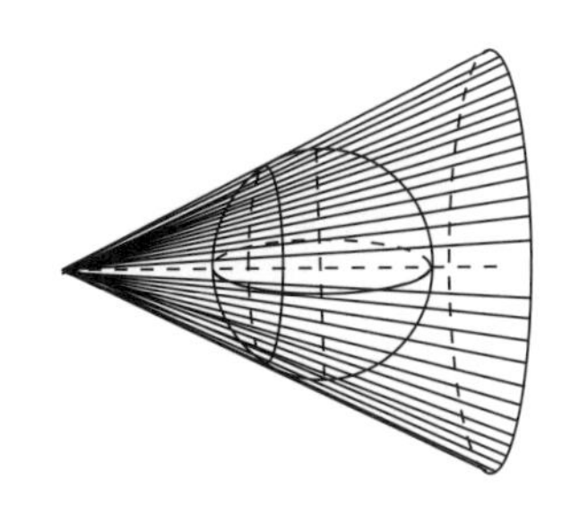
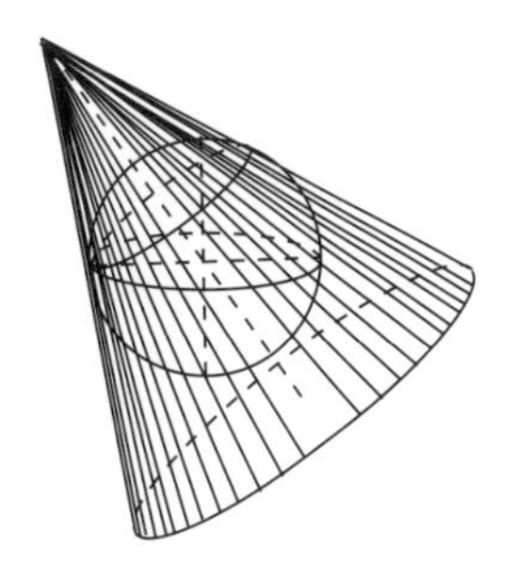

图 2-18 正圆锥、横圆锥和斜圆锥投影

此外，还有伪方位、伪圆柱、伪圆锥和多圆锥等不同类型的投影。

对于一种地图投影，完整的命名应考虑以下几个方面：地图投影性质（等角、等面积、任意，等距离投影属于任意性质投影）；地球椭球体（球体）面与投影面的相对位置（正轴、横轴、斜轴）；地球椭球体（球体）面与投影面的相互关系（相切、相割）；投影面的类型（方位、圆柱、圆锥）。例如，斜轴等面积方位投影、正轴等距离圆柱投影等。习惯上，也经常以该投影的发明者的名字来命名，如墨卡托投影、高斯-克吕格投影等。

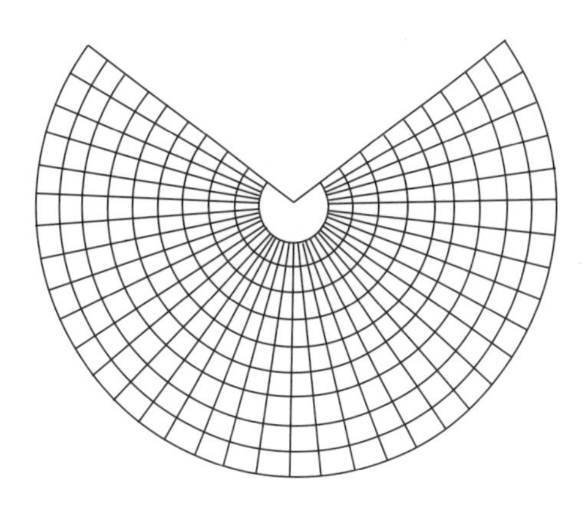

图 2-19 正圆锥投影经纬线形状

第三节 常用地图投影及其应用

一、方位投影及其应用

（一）球面坐标系

在地球面上确定点的位置除了用地理坐标外，还可以视地球为球体，用球面坐标系来确定点的位置。

如图 2-20 所示。设 Q 点为球面坐标系的极，通过 Q 点的直径称为新轴，新轴的另一端点为 Q_1。通过新轴 QQ_1 的平面与地球相交所截大圆叫作垂直圈，而垂直于新轴 QQ_1 的平面与地球相交截得到大小不等的圆叫作等高圈。由垂直圈和等高圈两组正交的曲线构成球面坐标网。垂直圈即相当于地理坐标系的经线圈，等高圈即相当于地理坐标系的纬线圈。

当地图投影为斜轴投影或横轴投影时，应用球面坐标系，类似地理坐标系推求正轴投影公式，则可以简化求得斜轴或横轴投影公式。

如图 2-21 所示，Q 点为新极点，地理坐标为（φ_0，λ_0）。地面上有一点 A，地理坐标为（φ，λ），过 A 点作垂直圈 QA，大圆 QA 所对的中心角为 Z，QP、QA 弧之夹角为 α，由（Z、α）即可决定 A 点在球面坐标系中的位置。

QA 之长 Z 称为极距，取值为 0—π，在同一条等高圈上其极距 Z 都相等。α 角叫作方位角，从新极点 Q 的子午线起算，顺时针方向为正，逆时针方向为负，取值为 0—2π，同一条垂直圈上其方位角 α 为常数。

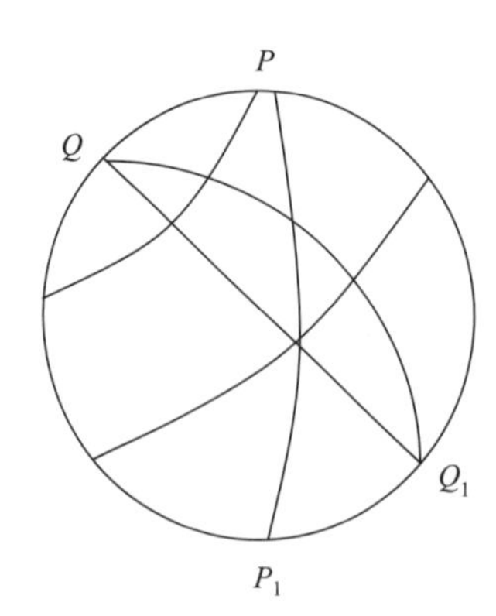

图 2-20 球面坐标网

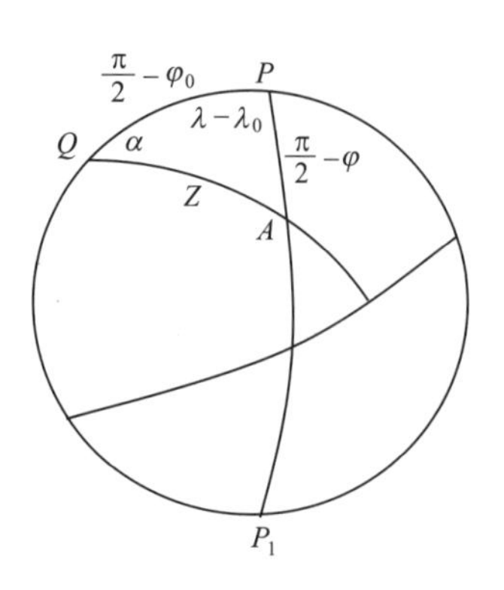

图 2-21 球面坐标系

根据球面三角形的边角关系，A 点之球面坐标（Z，α）与该点的地理坐标（φ，λ）的关系式为

$$\begin{cases}\cos Z = \sin\varphi\sin\varphi_0 + \cos\varphi\cos\varphi_0\cos(\lambda-\lambda_0) \\ \tan\alpha = \dfrac{\cos\varphi\sin(\lambda-\lambda_0)}{\sin\varphi\cos\varphi_0 - \cos\varphi\sin\varphi_0\cos(\lambda-\lambda_0)}\end{cases} \tag{2-18}$$

（二）方位投影的概念及一般公式

方位投影的几何概念是假想用一平面切（割）地球，然后按一定的数学方法将地球面投影在平面上，即得到方位投影。

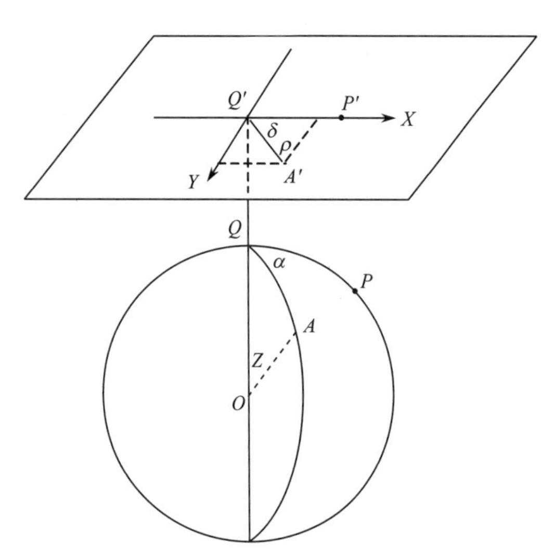

图 2-22 方位投影示意图

根据投影面与地球面的相关位置，方位投影有正轴、横轴、斜轴三种情况，进一步还可分为切、割方位投影，正轴方位投影与横轴方位投影都是斜轴方位投影的特例。方位投影多用于制作小比例尺地图，因而通常视地球为以 R 为半径的球体。在制图实践中，广泛应用斜轴方位投影。

方位投影所有等高圈投影为同心圆，圆心位于投影中心点上，垂直圈投影后为通过投影中心的直线，并且任意两条垂直圈的夹角投影后与实地相等。如图 2-22 所示，Q 为球面坐标极，地理坐标为 (φ_0,λ_0)，P 为地理坐标极，PQ 为过新极点的子午圈。地球面上一点 A，其地理坐标为 (φ,λ)，在球面坐标系中的球面坐标为 (Z,α)，投影在平面上为 A'，其平面极坐标为 (ρ,δ)。

根据方位投影的定义，其坐标及变形计算的一般公式为

$$\begin{cases}\rho = f(Z)\\ \delta = \alpha\\ x = \rho\cos\delta\\ y = \rho\sin\delta\\ \mu_1 = \dfrac{\mathrm{d}\rho}{R\mathrm{d}Z}\\ \mu_2 = \dfrac{\rho}{R\sin Z}\\ P = \dfrac{\rho\mathrm{d}\rho}{R^2\sin Z\mathrm{d}Z}\\ \sin\dfrac{\omega}{2} = \left|\dfrac{\mu_2-\mu_1}{\mu_2+\mu_1}\right|\end{cases} \tag{2-19}$$

式中，ρ 为等高圈（纬线圈）投影半径，δ 为两垂直圈（经线圈）投影后的夹角，μ_1、μ_2 为沿垂直圈、等高圈方向的长度比。

由式（2-19）可以看出，所有方位投影的投影中心到任何一点的方位角保持与实地相等。方位投影取决于 $\rho = f(Z)$ 的函数形式，由于确定 ρ 的条件有多种，故方位投影也有很多种。通常 ρ 按照几何透视方法或按投影条件方法来确定。

方位投影的等变形线形状是与等高圈一致的同心圆弧，所以，方位投影适合制作圆形区域的地图。正轴方位投影可制作两极地区地图；横轴方位投影可制作赤道附近圆形区域地图；斜轴方位投影可制作中纬度地区圆形区域地图。应用方位投影编制地图，其范围一般不超过半球，所以南、北半球图一般用正方位投影，东、西半球图一般用横方位投影。

（三）透视方位投影及其应用

透视方位投影设想有一平面切（割）在地球上某一点（或一小圆圈）位置上，过地球中心作一直线垂直于切（割）平面，有一视点在此直线上，用直线透视的道理，将地球面上的垂直圈、等高圈投影在这个平面上，函数 $\rho = f(Z)$ 用几何透视的方法来确定。

如图 2-23 所示，T 是切于投影中心点 Q 的投影平面，S 为视点，SQ 是过地球中心的透视轴，地球面上任一点 A，其球面坐标为 Z、α 。

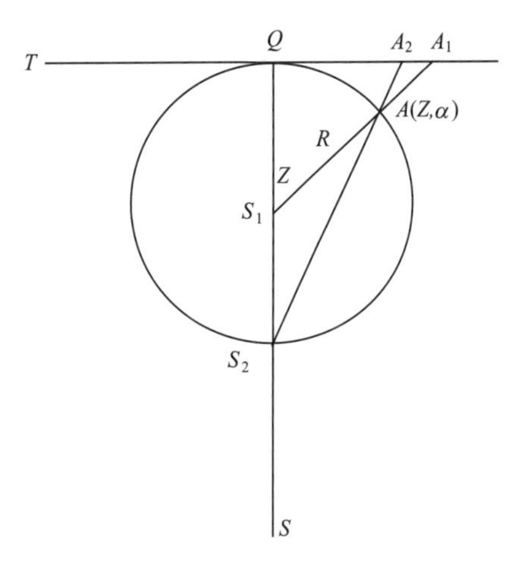

图 2-23　透视方位投影

1. 球心投影

球心投影是视点位于地球中心 S_1 的透视方位投影，球心投影又称为日晷投影。此时，A 点在平面 T 上的投影为 A_1，所以 $\rho = QA_1 = R\tan Z$，代入式（2-19）得到球心投影的公式为

$$\begin{cases}\rho = R\tan Z \\ \delta = \alpha \\ x = \rho\cos\delta = R\tan Z\cos\alpha \\ y = \rho\sin\delta = R\tan Z\sin\alpha \\ \mu_1 = \sec^2 Z \\ \mu_2 = \sec Z \\ P = \sec^3 Z \\ \sin\dfrac{\omega}{2} = \tan^2\dfrac{Z}{2}\end{cases} \tag{2-20}$$

球心投影属任意性质的投影，除中心点无变形外，其他地区的变形都很大，离中心点越远，变形增长越快，到 Z=90°处，长度变形、面积变形为无穷大。因此，该投影不可能用来制作半球图，也不适合制作一般用途的地图。

球心投影有一个重要特性：球面上的任一大圆在球心投影地图上为一直线。故球心投影常用来制作航海图，并与等角投影图配合使用。在军事上，球心投影常用来制作无线电定位图。

2. 球面投影

球面投影是视点位于球面上 S_2 的透视方位投影，如图 2-23 所示，此时，A 点在平面 T 上的投影为 A_2，所以 $\rho = QA_2 = 2R\tan\dfrac{Z}{2}$，代入式（2-19）得到球面投影的公式为

$$\begin{cases}\rho = 2R\tan\dfrac{Z}{2} \\ \delta = \alpha \\ x = \rho\cos\delta = 2R\tan\dfrac{Z}{2}\cos\alpha \\ y = \rho\sin\delta = 2R\tan\dfrac{Z}{2}\sin\alpha \\ \mu_1 = \sec^2\dfrac{Z}{2} \\ \mu_2 = \sec^2\dfrac{Z}{2} \\ P = \sec^4\dfrac{Z}{2} \\ \omega = 0\end{cases} \tag{2-21}$$

球面投影没有角度变形，因此，球面投影就是等角方位投影。球面投影亦具有一个重要特性，即球面上的任何大、小圆投影后仍为圆。球面投影常用于制作较大区域的地图，如中华人民共和国全图。有的国家还用该投影作地形图，如美国规定在纬度±79° 30′ 以上地区用该投影作地形图，取名通用极球面投影（也称 UPS 投影），其投影系数 $u_0 = 0.994$ 。此外，有的国家还用该投影编制航空图或星体图。利用球面投影这一特性可制作某些专题图，如广播卫星覆盖地域图、武器射程半径图等，另外在天文、航海方面也有一定应用价值。

（四）等角方位投影及其应用

等角方位投影根据等角条件来确定 $\rho = f(Z)$ 的函数形式。在方位投影中，垂直圈和等高圈投影后互相垂直，其主方向上具有极值长度比，此时，等角方位投影的条件为 $\mu_1 = \mu_2$，由此得 $\rho = 2R\cos^2\frac{Z_0}{2}\tan\frac{Z}{2}$，代入式（2-19）得到等角方位投影公式为

$$
\begin{cases}
\rho = 2R\cos^2\dfrac{Z_0}{2}\tan\dfrac{Z}{2} \\
\delta = \alpha \\
x = \rho\cos\delta = 2R\cos^2\dfrac{Z_0}{2}\tan\dfrac{Z}{2}\cos\alpha \\
y = \rho\sin\delta = 2R\cos^2\dfrac{Z_0}{2}\tan\dfrac{Z}{2}\sin\alpha \\
\mu = \mu_1 = \mu_2 = \cos^2\dfrac{Z_0}{2}\sec^2\dfrac{Z}{2} \\
P = \cos^4\dfrac{Z_0}{2}\sec^4\dfrac{Z}{2} \\
\omega = 0
\end{cases}
\tag{2-22}
$$

式（2-22）中，Z_0 是投影平面与地球相割所得等高圈的极距，当 $Z_0=0$ 时，则为等角切方位投影。等角方位投影也就是前面所述的球面投影。

（五）等面积和等距离方位投影及其应用

等面积方位投影保持投影前后的面积相等，即满足等面积条件 $\mu_1\mu_2 = 1$，此时，$\rho = 2R\sin\frac{Z}{2}$。等距离方位投影是从投影中心至地球表面上任一点的距离投影后不变形的方位投影，其投影条件使垂直圈长度比 μ_1 为 1，由此得 $\rho = RZ$。分别代入式（2-19）可以得到等面积方位投影和等距离方位投影的公式。

等面积方位投影适合制作要求保持面积正确的近似圆形地区的区域地图，如普通地图、行政区划图、政治形势图等。等面积正方位投影用于制作极区地图和南北半球图；等面积横方位投影用于制作赤道附近圆形区域地图，如非洲图、东西半球图；等面积斜方位投影用于制作中纬度近似圆形区域的地图，如亚洲图、欧亚大陆图、美洲图、中国全图、水陆半球图等。

等距离方位投影的应用比较广泛，适合制作圆形区域地图。由于各种变形适中，常用于制作普通地图、政区图、自然地理图等，大多数世界地图集中的南北极区图也采用正轴等距离方位投影。横轴等距离方位投影用来编制东西半球图；斜轴等距离方位投影在制图实践中应用也较多，如东南亚地区图及中华人民共和国全图。因为该投影从投影中心至区域内任意点的距离和方位保持准确，所以该投影可用来制作具有特殊用途要求的专题地图，例如，以某飞行基地为中心的飞行半径图、以导弹发射井为中心的打击目标图、以地震观测站为中心的地震图等。

二、圆柱投影及其应用

（一）圆柱投影的概念及一般公式

从几何意义上看，圆柱投影是以圆柱面为投影面，按某种投影条件，将地球面上的经纬线网投影于圆柱面上，然后，沿圆柱面的某一母线切开展成平面的一种投影。在制图实践中，广泛应用正圆柱投影。

在正圆柱投影中，纬线投影为平行直线，经线投影为与纬线正交的另一组平行直线，两经线间的间隔与相应经差成正比。如图 2-24 所示，设区域中央经线的投影作为 X 轴，赤道投影作为 Y 轴，建立投影坐标系。

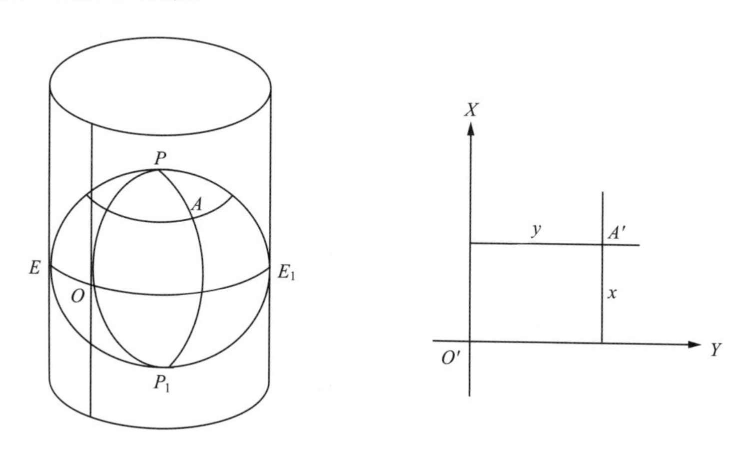

图 2-24　正圆柱投影坐标系建立

根据定义，正圆柱投影的坐标及变形计算一般公式为

$$\begin{cases} x = f(B) \\ y = c \cdot l \\ m = \dfrac{\mathrm{d}x}{M\mathrm{d}B} \\ n = \dfrac{c}{r} \\ P = mn \\ \sin\dfrac{\omega}{2} = \left|\dfrac{m-n}{m+n}\right| \end{cases} \tag{2-23}$$

式中，B 为纬度，l 为经差，c 为常数。当圆柱与地球相切时，c 为赤道半径，即 $c = a_e$；当圆柱与地球相割时，c 为标准纬线半径，即 $c = r_0 = N_0 \cos B_0$。

由式（2-23）可知，确定某一具体的圆柱投影，实质就是确定 $x = f(B)$ 的具体函数形式，而这一函数形式只取决于投影性质，而与投影切、割的位置无关。

正圆柱投影的各种变形均只是纬度 B 的函数，与经差 l 无关，等变形线形状与纬线相一致。所以，正圆柱投影适合制作赤道附近沿纬线延伸地区的地图。

（二）等角正圆柱投影及其应用

等角正圆柱投影是 16 世纪荷兰制图学家墨卡托创制并用于海图编制，故通常又称为墨卡托投影。

因为该投影的经纬线正交，所以等角投影条件为$m=n$，于是得到$x=c\ln U$，代入式（2-23），得到等角正圆柱投影公式为

$$\begin{cases} x = c\ln U \\ y = c \cdot l \\ \mu = m = n = \dfrac{c}{r} \\ P = \mu^2 \\ \omega = 0 \end{cases} \tag{2-24}$$

式中，$U=\tan\left(\dfrac{\pi}{4}+\dfrac{B}{2}\right)\left(\dfrac{1-e\sin B}{1+e\sin B}\right)^{\frac{e}{2}}$，$e$为地球椭球体第一偏心率。

分析式（2-24）可知，在等角正切圆柱投影中，赤道没有变形，随着纬度升高，变形迅速增大。在等角正割圆柱投影中，两标准纬线上无变形，两标准纬线之间是负向变形，两标准纬线以外是正向变形，且离标准纬线越远变形越大。无论是切还是割投影，赤道上的长度比为最小，两极的长度比为无穷大。面积比是长度比的平方，所以，高纬度地区的面积变形很大。

墨卡托投影虽然在长度和面积方面的变形很大，但几个世纪以来，世界各国一直用它制作海图，这主要是由于等角航线投影成直线这一特性，便于在海图上进行航迹绘算。

等角航线是地球面上一条与所有经线相交成等方位角的曲线，又名恒向线、斜航线。地球面上的等角航线在墨卡托投影图上描写为直线，这一特性使领航十分简便。在墨卡托投影图上，连接起、终点的直线就是等角航线，量出它与经线的夹角即是航向角，保持此航向角航行就能到达终点。但是，在地球面上，任意两点间的最短距离是大圆航线，而不是等角航线，如图 2-25 所示，从 A 点到 B 点，大圆航线为 5450 海里，等角航线为 6020 海里。因此，在远洋航行时，通常把等角航线和大圆航线结合起来使用。

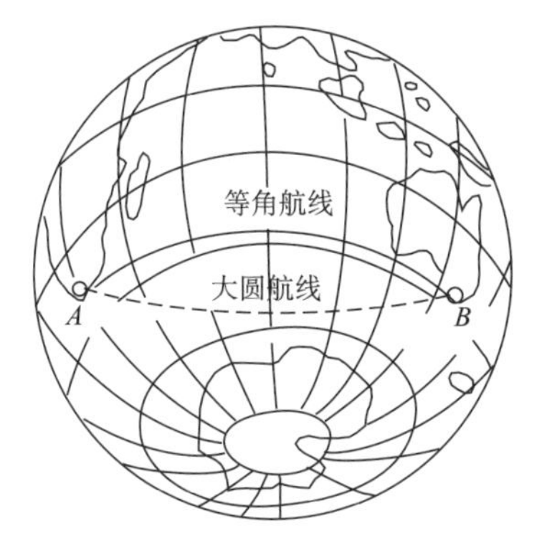

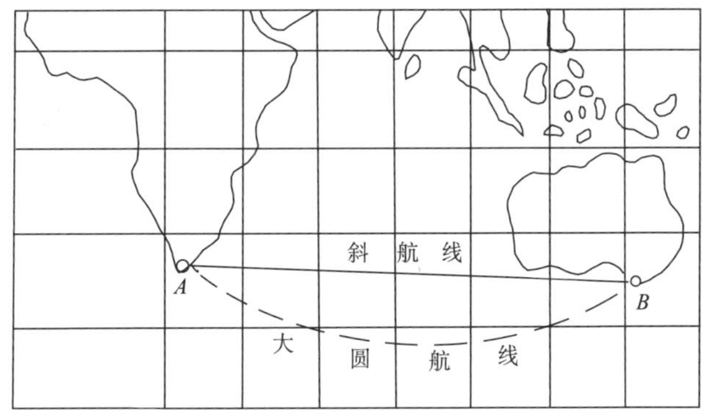

图 2-25 等角航线与大圆航线示意图

同时，墨卡托投影又是等角投影，能保持方位正确，图上作业十分便利；经纬线为正交的平行直线，计算简单，绘制方便。

在海图应用中，标准纬线又称为基准纬线。我国海图基准纬线选择总的原则是使变形尽可能小，分布均匀，图幅便于拼接使用。海湾图的基准纬线选择在本港湾或本地区的中纬线上；1∶5 万海岸图按海区分别采用统一规定的基准纬线；1∶10 万和更小比例尺的成套海图，全区域统一采用北纬 30° 为基准纬线。

墨卡托投影除了编制海图外，在赤道附近，如印度尼西亚、非洲、南美洲等地区，也用来编制各种比例尺地图。我国 1973 年出版的 1∶1000 万《世界形势图》采用墨卡托投影。有些专题地图也经常采用墨卡托投影，如世界交通图、卫星轨迹图等。此外，在国外地图集中也经常能看到用墨卡托投影编制的地图，例如，法国《国际政治与经济地图集》中的新旧大陆自然图、新旧大陆航空路线图；英国《泰晤士地图集》中的太平洋、大西洋图等。

（三）等面积和等距离正圆柱投影

在式（2-23）中，根据等面积投影条件 $m\cdot n=1$，得到 $x=\frac{1}{c}F_e$，代入式（2-23）得到等面积正圆柱投影公式为

$$\begin{cases} x=\dfrac{1}{c}F_e \\ y=c\cdot l \\ m=\dfrac{r}{c} \\ n=\dfrac{c}{r} \\ P=1 \\ \tan\left(\dfrac{\pi}{4}+\dfrac{\omega}{4}\right)=\dfrac{c}{r} \end{cases} \tag{2-25}$$

同理，根据等距离投影条件 m=1，得到 $x=S_m$，代入式（2-23）得到等距离正圆柱投影公式为

$$\begin{cases} x=S_m \\ y=c\cdot l \\ m=1 \\ n=\dfrac{c}{r} \\ P=\dfrac{c}{r} \\ \sin\dfrac{\omega}{2}=\left|\dfrac{r-c}{r+c}\right| \end{cases} \tag{2-26}$$

在式（2-25）和式（2-26）中，$S_m=\int_0^B M\mathrm{d}B$，即纬度从 0° 到 B 的椭球面上经线弧长；

$F_e = \int_0^B Mr\mathrm{d}B$，即经差 1 弧度、纬度从 0° 到 B 的椭球面上的梯形面积。

三、圆锥投影及其应用

（一）圆锥投影的概念及一般公式

从几何上讲，圆锥投影是以圆锥面作为投影面，按一定条件，将地球椭球面上的经纬线投影于圆锥面上，然后沿着某一条母线展开成平面的一种投影。

圆锥面与地球椭球面相切时称为切圆锥投影、相割时称为割圆锥投影。根据圆锥面与地球椭球面所处的相对位置，可分为正圆锥、横圆锥、斜圆锥投影。在制图实践中，广泛应用各种不同性质的正轴圆锥投影。

在正圆锥投影中，纬线投影为同心圆弧，经线投影为同心圆弧的半径，两条经线间的夹角与经差成正比。如图 2-26 所示，将区域中央经线投影作为 X 轴，区域最低纬线与中央经线交点为原点，建立投影坐标系。

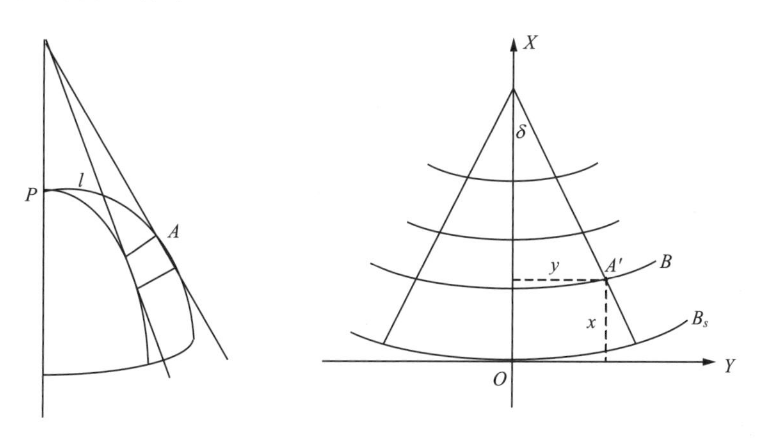

图 2-26　正圆锥投影坐标系建立

根据定义，正圆锥投影的坐标及变形计算一般公式为

$$\begin{cases} \rho = f(B) \\ \delta = \alpha_c \cdot l \\ x = \rho_s - \rho\cos\delta \\ y = \rho\sin\delta \\ m = -\dfrac{\mathrm{d}\rho}{M\mathrm{d}B} \\ n = \dfrac{\alpha_c \rho}{r} \\ P = mn \\ \sin\dfrac{\omega}{2} = \left|\dfrac{m-n}{m+n}\right| \end{cases} \tag{2-27}$$

式中，ρ 为纬线圈投影半径；δ 为两经线在投影平面上的夹角；α_c 为比例常数，$0 < \alpha_c < 1$；

ρ_s 为区域最低纬线 B_s 的投影半径。

分析式（2-27）可知，正圆锥投影的各种变形均只是纬度 B 的函数，与经差 l 无关，也就是说，在同一条纬线上各点的变形相等，故等变形线的形状是与纬线一致的同心圆弧。所以，正圆锥投影适合制作沿纬线方向延伸的中纬度地区的地图。因为地球上广大陆地位于中纬度地区，加之该投影的经纬线形状简单，便于地图使用中的量算、比较。所以，正圆锥投影广泛应用于编制各种比例尺的地图。

圆锥投影主要取决于 ρ 的函数形式，不同圆锥投影的区别在于 ρ 的函数形式的不同。α_c 的变化与圆锥面的切、割和切、割的位置有关。

（二）等角正圆锥投影

等角正圆锥投影是按等角条件决定 $\rho = f(B)$ 函数形式的一种圆锥投影。在等角正圆锥投影中，经纬线是正交的，其等角条件为 $m = n$，此时 $\rho = \dfrac{C}{U^{\alpha_c}}$，代入式（2-27）得到等角正圆锥投影公式为

$$\begin{cases} \rho = \dfrac{C}{U^{\alpha_c}} \\ \delta = \alpha_c \cdot l \\ x = \rho_s - \rho\cos\delta \\ y = \rho\sin\delta \\ \mu = m = n = \dfrac{\alpha_c C}{rU^{\alpha_c}} \\ P = mn = \left(\dfrac{\alpha_c C}{rU^{\alpha_c}}\right)^2 \\ \omega = 0 \end{cases} \tag{2-28}$$

式中，C 为另一常数。确定常数 α_c、C 是圆锥投影计算的关键，其实质是确定标准纬线。等角正圆锥投影有切与割两种情况，也被称为单标准纬线等角圆锥投影和双标准纬线等角圆锥投影。

1. 等角切圆锥投影

等角切圆锥投影就是保持制图区域内一条纬线长度不变形。当指定制图区域内某一条纬线 B_0 或沿着制图区域中部的一条纬线 B_0 上无长度变形时，$\alpha_c = \sin B_0$，$C = N_0 \cot B_0 U_0^{\alpha_c}$。

当按区域边纬线长度比相等确定单标准纬线 B_0 时，设制图区域南北边纬线的纬度分别为 B_S、B_N，则有 $\alpha_c = \dfrac{\ln r_S - \ln r_N}{\ln U_N - \ln U_S}$，$B_0 = \arcsin\alpha_c$，$C = N_0 \cot B_0 U_0^{\alpha_c}$。

2. 等角割圆锥投影

等角割圆锥投影是保持制图区域内两条纬线长度不变形，即圆锥面与地球椭球面上某两条纬线相割，也称双标准纬线等角圆锥投影。

当指定制图区域内某两条纬线 B_1、B_2 或分布在制图区域中部的两条纬线 B_1、B_2 上无长度变形时，则有 $\alpha_c = \dfrac{\ln r_1 - \ln r_2}{\ln U_2 - \ln U_1}$，$C = \dfrac{r_1 U_1^{\alpha_c}}{\alpha_c} = \dfrac{r_2 U_2^{\alpha_c}}{\alpha_c}$。

当采用按投影区域边纬线与中纬线长度变形绝对值相等的方法时，在投影区域内，中纬线的纬度为 $B_M = \frac{1}{2}(B_S + B_N)$，则有 $\alpha_c = \frac{\ln r_S - \ln r_N}{\ln U_N - \ln U_S}$，$C = \frac{1}{\alpha_c}\sqrt{r_N r_M U_N^{\alpha_c} U_M^{\alpha_c}}$ $= \frac{1}{\alpha_c}\sqrt{r_S r_M U_S^{\alpha_c} U_M^{\alpha_c}}$。

计算表明，在等角切圆锥投影中，标准纬线上没有变形；标准纬线以外，变形逐渐增大。在离标准纬线纬差相等的情况下，其变形变化不均匀，标准纬线以北的变形比以南的变形增长要快些；在等角割圆锥投影中，标准纬线上没有变形，离标准纬线越远变形越大。在两条标准纬线之间为负向变形，两条标准纬线以外是正向变形。

与等角切圆锥投影相比，等角割圆锥投影能减小制图区域长度变形，有效改善变形分布。所以，在制图实践中，等角割圆锥投影应用较广。

（三）等角圆锥投影的应用

1962 年联合国在德国波恩举行的世界百万分一国际地图技术会议上，建议用等角圆锥投影替代改良多圆锥投影作为百万分一地图的数学基础。对于全球而言，百万分一地图采用两种投影，即 80° S 至 84° N 之间采用等角圆锥投影；极区附近，即 80° S 至南极、84° N 至北极，采用极球面投影。

自 1978 年以来，我国决定采用等角圆锥投影作为 1∶100 万地形图的数学基础，其分幅与国际百万分一地图分幅完全相同。我国处于北纬 60° 以下的北半球，因此本土的地形图都采用双标准纬线正等角圆锥投影。从赤道起算，纬差每 4° 一幅作为一个投影带，单独进行投影，常数 α_c、C 由边纬与中纬长度变形绝对值相等的条件求得。

在每个投影带内，长度变形最大值为±0.3‰，面积变形最大值为±0.6‰。每个投影带的两条标准纬线近似位于边纬线内侧 35′ 处，即

$$\begin{cases} B_1 \approx B_S + 35' \\ B_2 \approx B_N - 35' \end{cases} \tag{2-29}$$

因为经线是辐射状直线，同纬度的相邻图幅在同一个投影带内，所以东西相邻图幅可以完全拼接。但上下相邻图幅拼接时，因拼接纬线在不同的投影带投影后，其曲率不同，致使其不能完全吻合，拼接会有裂隙，裂隙大小随纬度的增加而减小。相邻带两幅图以中央经线为准拼接时，裂隙在赤道附近约为 0.6mm，在中纬度地区约为 0.3—0.4mm。

在地形图方面，许多国家，如德国、比利时、西班牙、智利、印度，以及北非和中东地区的国家的地形图现在正用或曾用过等角圆锥投影作为地形图的数学基础。在航空图方面，各国 1∶100 万、1∶200 万、1∶400 万的航空图都采用该投影作为数学基础，我国也使用该投影来编制 1∶100 万和 1∶200 万航空图。在区域图方面，圆锥投影适宜于作沿纬线延伸地区的区域图。等角圆锥投影广泛用作编制省（自治区、直辖市）图的数学基础，例如，《中华人民共和国普通地图集》《自然地图集》中的省（自治区、直辖市）图，都采用等角圆锥投影。

（四）等面积和等距离正圆锥投影

等面积圆锥投影是按等面积条件决定 $\rho = f(B)$ 函数形式的一种圆锥投影，其等面积条件为 $m \cdot n = 1$，此时，$\rho^2 = \frac{2}{\alpha_c}(C - F_e)$，代入式（2-27）得等面积圆锥投影公式为

$$\begin{cases} \rho^2 = \dfrac{2}{\alpha_c}(C - F_e) \\ \delta = \alpha_c \cdot l \\ x = \rho_s - \rho\cos\delta \\ y = \rho\sin\delta \\ n^2 = \dfrac{2\alpha_c(C - F_e)}{r^2} \\ m = \dfrac{1}{n} \\ P = 1 \\ \sin\dfrac{\omega}{2} = \left|\dfrac{m-n}{m+n}\right| \end{cases} \tag{2-30}$$

在等距离正圆锥投影中，其等距离条件为$m=1$，此时，$\rho = C - S_m$，代入式（2-27）得到等距离圆锥投影公式为

$$\begin{cases} \rho = C - S_m \\ \delta = \alpha_c \cdot l \\ x = \rho_s - \rho\cos\delta \\ y = \rho\sin\delta \\ m = 1 \\ n = \dfrac{\alpha_c(C - S_m)}{r} \\ P = \dfrac{\alpha_c(C - S_m)}{r} \\ \sin\dfrac{\omega}{2} = \left|\dfrac{n-1}{n+1}\right| \end{cases} \tag{2-31}$$

在等面积和等距离圆锥投影中，同样有两个常数α_c、C待定，其方法类似于等角圆锥投影中常数α_c、C的确定。

四、高斯-克吕格投影及其应用

（一）高斯-克吕格投影的概念和公式

高斯-克吕格（Gauss-Krüger）投影也称等角横切椭圆柱投影。该投影是设想一个椭圆柱横切于地球椭球面上某一经线（称中央经线），根据等角条件，用数学分析方法将地球椭球面上的经纬线投影到椭圆柱面上，展开后得到的一种投影，如图 2-27 所示。

该投影最初是由高斯拟定的，后经克吕格补充、完善，故名高斯-克吕格投影。高斯-克吕格投影是沿经线分带的一种等角投影，其投影条件是：中央经线和赤道投影为平面直角坐标系的 X、Y 轴，投影后无角度变形，中央经线投影后保持长度不变。根据这些条件，得到高斯-克吕格投影坐标公式为

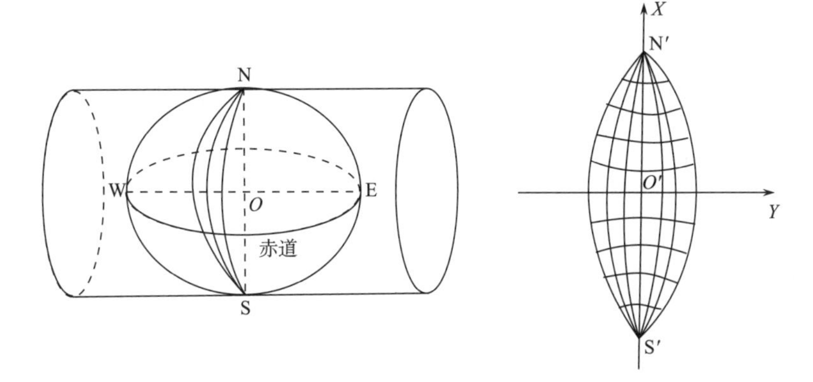

图 2-27　高斯-克吕格投影

$$
\begin{cases}
x = S_m + \frac{1}{2}Nt\cos^2 Bl^2 + \frac{1}{24}Nt(5-t^2+9\eta^2+4\eta^4)\cos^4 Bl^4 \\
\quad + \frac{1}{720}Nt(61-58t^2+t^4+270\eta^2-330t^2\eta^2)\cos^6 Bl^6 + \cdots \\
y = N\cos Bl + \frac{1}{6}N(1-t^2+\eta^2)\cos^3 Bl^3 + \frac{1}{120}N(5-18t^2+t^4 \\
\quad +14\eta^2-58t^2\eta^2)\cos^5 Bl^5 + \cdots
\end{cases}
\tag{2-32}
$$

式中，$\eta = e'\cos B$；$t = \tan B$；e' 为椭球体第二偏心率。

在高斯-克吕格投影中，任意点的长度比与方向无关，其长度比公式为

$$
\mu = 1 + \frac{1}{2}l^2\cos^2 B(1+\eta^2) + \cdots \tag{2-33}
$$

通过式（2-33）分析与计算表明，高斯-克吕格投影变形均为正向，中央经线投影后不变形；在同一纬线上，长度比随经差增大而增大；在同一经线上，长度比随着纬度减小而增大，赤道处为最大；长度比主要取决于经差；长度等变形线是近似平行于中央经线的直线。

在高斯-克吕格投影面上，过 P 点的经线 PN 与过该点的纵坐标线 PG 间的夹角 γ，称为 P 点的平面子午线收敛角，如图 2-28 所示。

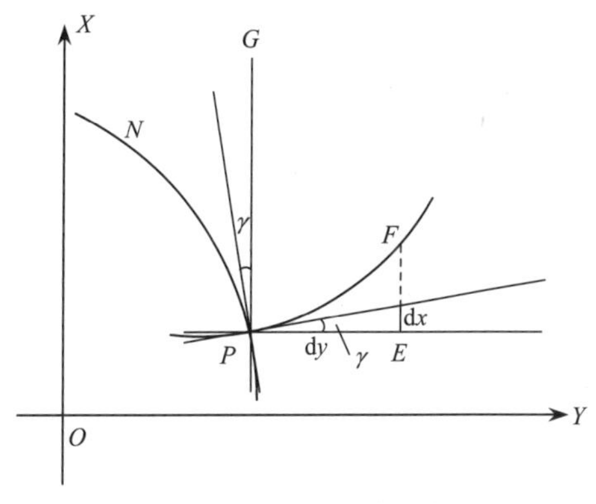

图 2-28　子午线收敛角

子午线收敛角的计算公式为

$$
\gamma = l\sin B + \cdots \tag{2-34}
$$

子午线收敛角随经差的增大而增大，随纬度的增高而增高，其值有正有负，即中央经线以东为正，称东偏；以西为负，称西偏。

（二）高斯-克吕格投影在地形图中的应用

我国现行的大于 1∶50 万比例尺的各种地形图（含协同图）等都采用高斯-克吕格投影。

1. 分带规定

高斯-克吕格投影没有角度变形，但有长度变形，且为正。面积变形是长度变形的平方，影响变形的主要因素是经差l。为了保证地形图应有的精度，就要限制经差，即限制高斯-克吕格投影的东西宽度。为此，将全球分为若干条带，每个条带单独按高斯-克吕格投影进行计算，采取分带投影法。我国 1∶50 万—1∶2.5 万的系列比例尺地形图均采用 6° 分带投影，如图 2-29 所示。

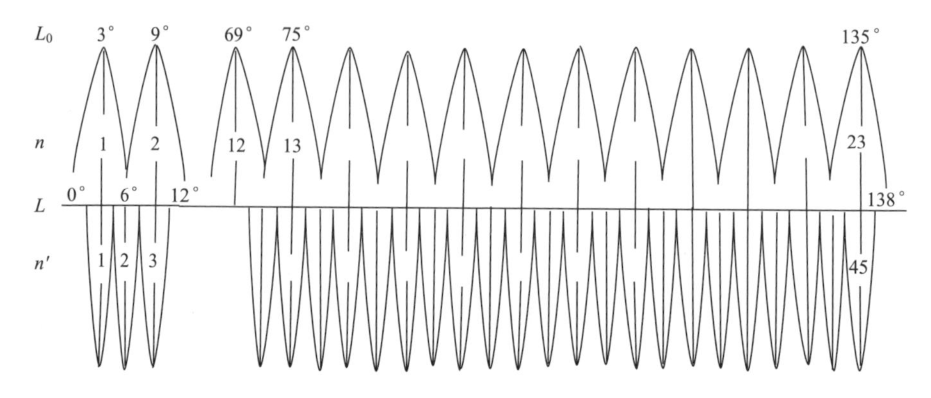

图 2-29　6°分带和 3°分带

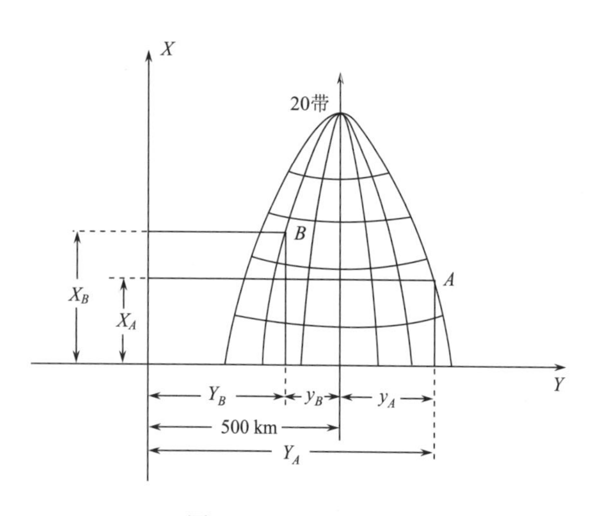

图 2-30　纵坐标轴西移

自零子午线起，由西向东每隔经差 6°为一个投影带，全球就被分成 60 个投影带。每带依次以自然数 1、2、3、…、60 编号，即从东经 0°—6°为第 1 带，中央经线经度为 3°；6°—12°为第 2 带，其中央经线经度为 9°；依次类推。各投影带的带号n与其中央经线经度L_0满足$L_0 = 6n - 3$关系。

1∶1 万及更大比例尺的地图，为进一步提高精度，采用 3°分带法，并规定 6°带的中央经线仍为 3°带的中央经线。从东经 1°30′起算，每隔 3°为一个投影带，即东经 1°30′—4°30′为第 1 带，其中央经线为 3°；4°30′—7°30′为第 2 带，其中央经线为 6°；依次类推，全球分为 120 个带。3°带的带号n'与其中央经线L_0满足$L_0 = 3n'$关系。

2. 坐标规定

高斯-克吕格投影是以中央经线投影为纵轴X，赤道投影为横轴Y，其交点为原点而建立平面直角坐标系的。因此，x坐标在赤道以北为正，以南为负。y坐标在中央经线以东为正，以西为负。我国位于北半球，故x坐标恒为正，但y坐标有正有负。为了使用方便，避免y坐标出现负值，规定将投影带的坐标纵轴西移 500km（图 2-30）。因此，移轴后的横坐标值应为$Y = y + 500000$（m）。

又由于是按经差 6° 进行分带投影，各带内具有相同纬度和经差的点，其投影的坐标值 x、y 完全相同，这样对于一组（x, y）值，能找到 60 个对应点。为区别某点所属的投影带，规定在已加 500km 的 Y 值前面再冠以投影带号，构成通用坐标。

3. 方里网和经纬线网规定

为了便于在图上指示目标、量测距离和方位，规定在 1∶1 万、1∶2.5 万、1∶5 万、1∶10 万和 1∶25 万比例尺地形图上，按一定的整公里数绘出平行于直角坐标轴的纵横网线，这些网线被称为方里网，也叫公里网，如表 2-3 所示。

表 2-3 方里网间隔

地形图比例尺	方里网图上间隔/cm	相应实地距离/km
1∶1 万	10	1
1∶2.5 万	4	1
1∶5 万	2	1
1∶10 万	2	2
1∶25 万	4	10

图式规范规定，1∶25 万和 1∶50 万地形图应在图幅内绘经纬线网，经纬线网又称地理坐标网，如表 2-4 所示。

表 2-4 经纬线网间隔

地形图比例尺	图幅经差	图幅纬差	经纬线间隔
1∶25 万	1° 30′	1°	15′ ×10′
1∶50 万	3°	2°	30′ ×20′

4. 方里网重叠规定

因为高斯-克吕格投影应用于地形图中采用分带投影方法，各带具有独立的坐标系，所以，相邻图幅方里网是互不联系的。当处于相邻两带的相邻图幅沿经线拼接使用时，两幅图上的方里网就不能统一相接（图 2-31），给使用带来困难。

为解决这一问题，规定在一定的范围内把邻带坐标延伸到本带图幅上，也就是在投影带边缘的图幅上加绘邻带的方里网。这样，在带边缘的图幅上，既有本带的方里网，也有邻带延伸过来的方里网（图 2-32），所以称为方里网重叠。

图式规范规定，每个投影带的西边缘经差 30′ 以内以及东边缘经差 7.5′（1∶2.5 万）、15′（1∶5 万）以内的各图幅，加绘邻带坐标网。

5. 图廓点数的规定

在高斯-克吕格投影中，理论上只有中央经线和赤道投影成直线，其余经纬线均投影成曲线。但实际上，在一幅地形图范围内，经线曲率很小，不论在何种比例尺地形图中，经线均可当成直线。纬线则不能以直线来描绘，而以若干折线段来代替曲线段，我们称折线的顶点为图廓点。图幅的一条纬线需用几段折线来代替，也就需要若干个图廓点。根据传统的手工制图作业精度要求，规定曲线和用以代替它的直线（弦）间的最大距离（称为矢长）为 0.1mm

时，就可以用直线代替曲线了。这样，既能保证制图精度，又使绘制方便。表 2-5 是不同比例尺地形图中一条图幅纬线的图廓点数的规定。

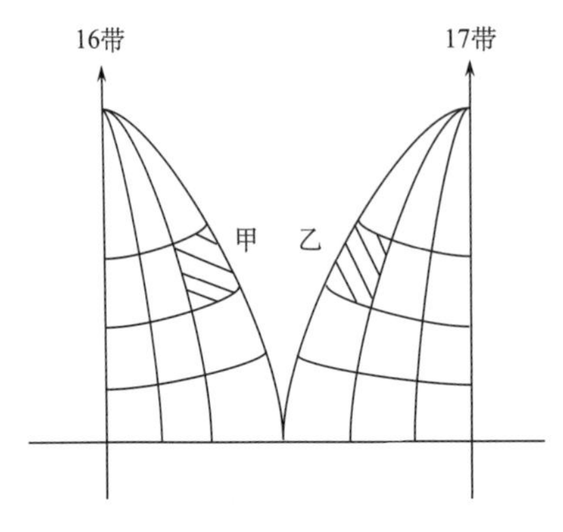

图 2-31 相邻带图幅拼接

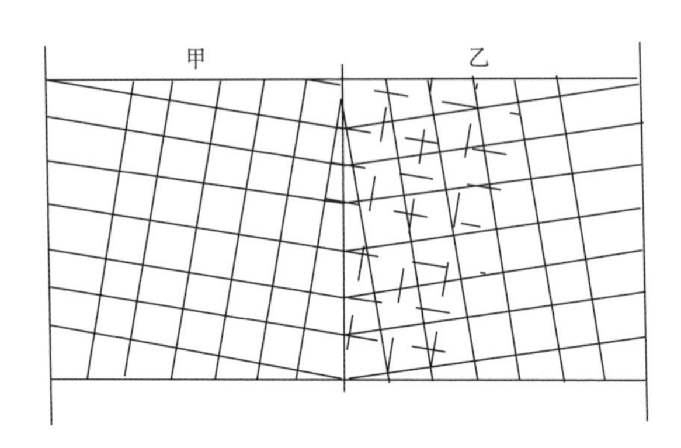

图 2-32 方里网重叠

表 2-5 图廓点数规定

地形图比例尺	图幅范围		纬线最大矢长/mm	图廓点数
	经差	纬差		
1∶2.5 万	7′30″	5′	0.08	2
1∶5 万	15′	10′	0.15	2
1∶10 万	30′	20′	0.31	3
1∶25 万	1°30′	1°	1.08	7
1∶50 万	3°	2°	2.19	7

目前，地图生产方式已实现数字化，在全数字制图环境下，图廓点数的规定已无实际意义。

（三）通用横墨卡托投影及其应用

高斯-克吕格投影亦称横墨卡托投影（transverse Mercator projection，TM），几何上可理解为等角横切椭圆柱投影。

通用横墨卡托投影（universal transverse Mercator projection，UTM），几何上理解为横轴等角割圆柱投影，投影后两条割线上没有变形，中央经线上长度比将小于 1，如图 2-33 所示。

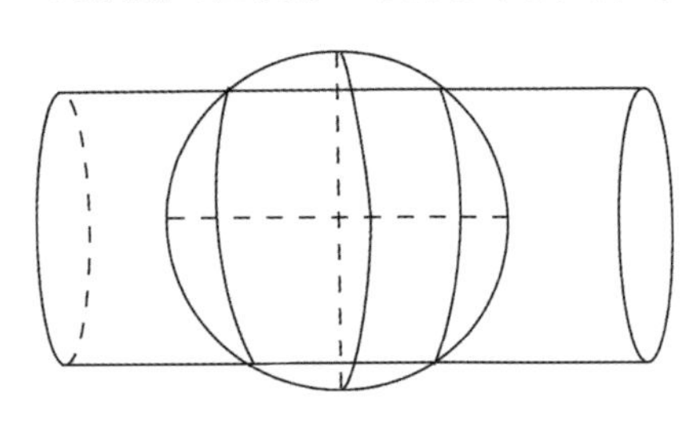

图 2-33 UTM 投影

UTM 投影与高斯-克吕格投影之间没有实质性的差别，其投影条件与高斯-克吕格投影相比，除中央经线长度比 m_0 为 0.9996 以外，其他条件相同。所以，UTM 投影的坐标、长度比均是高斯-克吕格投影坐标、长度比的 0.9996 倍。UTM 投影与高斯-克吕格投影具有相似关系。UTM 投影改善了高斯-克吕格投影在低纬度地区的变形，世界上许多国家的地形图都采用 UTM 投影作为数学基础。

第四节　地图投影选择

一、影响地图投影选择的因素

地图上的经纬线网是构成地图数学基础的主要数学要素，而地图投影的基本任务就是研究如何将椭球面（或球面）上的经纬线网描写于地图平面上的理论和方法。所以制作地图的首要任务是选择好地图投影。地图投影的选择受多种因素相互制约影响。

1. 地图的用途与使用特点

不同用途的地图，对地图投影有不同的要求。一般来说，考虑地图用途时，大多按变形性质选择投影。例如，军用地图，要求方位准确、保持图形与实地相似，通常采用等角投影；民用地图，要求局部面积或各要素轮廓面积有正确的对比关系，一般采用等面积投影；教学用地图，为了给学生以同等重要的要素和完整的地理概念，常采用各种变形都不大的任意性质投影；国家系列比例尺地形图，由于其通用性，一般都采用等角投影，多数国家为高斯-克吕格投影或通用横墨卡托投影；等等。

使用地图的方式对投影选择的影响，是指图上量算或估算的精度要求。如桌上用图要求有较高的精度，以满足量测需要，要求投影的长度和面积变形在±0.5%、角度变形在 0.5°以内；近似量测或目估测定的地图，投影的长度变形和面积变形在±5%、角度变形在 5° 以内；不作量测用的地图，只需保持视觉上相对正确即可。

2. 制图区域的空间特征

制图区域的空间特征，是指它的形状、大小和在地球椭球体上的位置。依据制图区域的形状和位置选择投影，大多按经纬线形状的分类来确定采用哪一类投影，使投影的等变形线基本上符合制图区域的轮廓，以减少图上的变形。如区域形状接近圆形的区域，在两极地区宜采用正轴方位投影，在中纬度地区宜采用斜轴方位投影，在赤道附近地区宜采用横轴方位投影；沿纬线东西方向延伸的横长形地区，在中纬度地区宜选用正轴圆锥投影，在低纬度地区多采用正轴圆柱投影；沿任意斜方向延伸的长形地区，多采用斜轴圆柱投影或斜圆锥投影。

制图区域的空间特征对选择地图投影的影响，是就主区范围而言，主区范围其形状、大小和位置有所不同，投影选择也就有所差别。例如，设计中国全图时，若南海诸岛作为附图，可选择等角正圆锥投影或等面积正圆锥投影，若南海诸岛不作附图，这样主区范围变了，则应改为等角斜方位投影、等面积斜方位投影、伪方位投影等。

3. 地图对投影的特殊要求

在进行地图数学基础设计时，有些地图对投影有特殊要求，它会使投影选择限制在某些范围内。例如，在经纬线形状方面，教学地图中的世界全图或半球地图，一般要求经纬线对称于赤道，极地投影成点状，表现出球状感，这可在伪圆柱投影或正轴（横轴）方位投影中选择；如果把极地投影成一条直线或曲线，则可选择等差分纬线多圆锥投影等；大区域的透视鸟瞰图，因为要求在球体形状的经纬线格网上显示出球形地面的一部分，所以可选择斜轴方位投影等。

地图上的某些特殊线段投影后的形状，也常成为选择投影的因素之一。例如，航空图上，要求把地面上距离最近的大圆航线投影成直线，以方便空中领航，则要选择改良多圆锥投影或等角正圆锥投影等；航海图上，要求投影后等角航线表象为直线，以方便航迹绘算，世界各国都普遍选用墨卡托投影。

二、我国编制地图常用的地图投影

（一）世界地图常用投影

我国编制世界地图采用的投影，按大类分主要有多圆锥投影、正圆柱投影和伪圆柱投影。

多圆锥投影中目前使用的投影方案有等差分纬线多圆锥投影（1963 年方案）和正切差分纬线多圆锥投影（1976 年方案）。正圆柱投影通常采用等角或等距正割圆柱投影。伪圆柱投影有等面积和任意性质两种，世界地图常用等面积伪圆柱投影，例如，桑逊（Sanson）投影、爱凯特（Eckert）投影、莫尔韦德（Mollweide）投影、哈默-爱托夫（Hammer-Aitoff）投影等。

（二）各大洲地图常用投影

1. 亚洲地图

亚洲地图常用的投影有等面积斜方位投影（投影中心：40° N，90° E 或 40° N，85° E）、等距离斜方位投影（投影中心：40° N，90° E）、彭纳（Bonne）投影（等面积伪圆锥投影，标准纬线 40° N，中央经线 80° E）。

2. 欧洲地图

欧洲地图常用的投影有等面积斜方位投影（投影中心：54° N，20° E）、等角圆锥投影（标准纬线：40° N，66° N）、等距离圆锥投影（标准纬线：40° N，66° N）。

3. 北美洲地图

北美洲地图常用的投影有等面积斜方位投影（投影中心：45° N，100° W）、等距离斜方位投影（投影中心：45° N，100° W）、彭纳（Bonne）投影（等面积伪圆锥投影，标准纬线 45° N，中央经线 100° W）。

4. 其他洲地图

南美洲地图常用等面积斜方位投影（投影中心：5° S，70° W）。非洲地图常用等面积斜方位投影（投影中心：0°，20° E）。大洋洲地图常用等面积斜方位投影（投影中心：5° S，170° W）。

（三）大洋图、半球图和极区图常用投影

太平洋和印度洋地图常用乌尔马耶夫等面积伪圆柱投影。大西洋地图常用伪方位投影（等变形线为椭圆形，投影中心：25° N，30° W）。

东半球图常用投影有等角横方位投影（投影中心：0°，70° E）、等面积横方位投影（投影中心：0°，70° E）。西半球图常用投影有等角横方位投影（投影中心：0°，110° W）、等面积横方位投影（投影中心：0°，110° W）。

南、北极区图都采用不同性质的正方位投影。

（四）中国全图及分省（区）地图的常用投影

中国全图常用的投影有等角斜方位投影（投影中心：30° N，105° E）、等面积斜方位投影（投影中心：30° N，105° E）、等距离斜方位投影（投影中心：30° N，105° E）以及等变形线为三瓣形的伪方位投影（投影中心：30° N，105° E）。当南海诸岛作插图处理时，常

用等角正割圆锥投影或等面积正割圆锥投影，曾采用的标准纬线为24° N、47° N或25° N、47° N。

中国分省（自治区、直辖市）地图基本采用等角正割圆锥投影。在编制一省（自治区、直辖市）或几省（自治区、直辖市）单幅地图时，可单独选择标准纬线；在编制地图集时，大区选择统一的标准纬线，分省（自治区、直辖市）不再另行投影，便于区内图幅数学基础统一和可比。

第五节　地图投影变换

一、基本概念

地图投影变换（map projection transformation）是随着计算机技术的发展而发展起来的地图投影学的一个新的研究领域，是数学制图学的一个分支学科。

在传统的手工模拟制图作业中，对制图资料的需求比较单一，只包括相应比例尺的纸质地图、控制测量成果及其他文献档案等，且都是模拟资料。为了将基本制图资料转绘到新编图的经纬网中，通常用照相拼贴法、网格转绘法或纠正仪转绘法等实现地图投影的变换。这种变换的难易程度、点位精度与两种投影之间的差异程度密切相关，在两种投影差异较大时，这种变换几乎不可能，且精度无法保证。

地图生产走上全数字化成图方式后，伴随着现代测量技术的发展，制图资料呈现出多样性和复杂性，模拟资料基本被数据资料所代替，因此，必须提供不同数据源的投影坐标与新编地图投影坐标之间的相互关系，地图投影变换理论和方法的研究显得日益重要和迫切。此外，地理信息系统（GIS）的开发与应用、地理空间数据库建设、卫星遥感图像处理等领域，都对地图投影变换的理论和方法提出了新要求。

地图投影变换，广义地理解为研究空间数据处理、空间点位和平面点位间变换及应用的理论和方法；狭义理解为建立两个平面场之间点的一一对应函数关系。地图投影变换的一般方程为

$$X = F_1(x, y),\quad Y = F_2(x, y) \tag{2-35}$$

实现由一种地图投影点的坐标变换为另一种地图投影点的坐标，通常有解析变换法、数值变换法等。

二、解析变换法

解析变换法是求出两投影间坐标变换的解析计算公式，有反解变换和正解变换两种方式。

（一）反解变换法

反解变换法是通过中间过渡的方法，反解出原地图投影点的地理坐标（φ, λ），代入新编地图投影公式求得其坐标。以等角斜切方位投影的反解变换为例，由式（2-22）得到

$$\rho = \sqrt{x^2 + y^2},\quad \delta = \arctan\frac{y}{x} \tag{2-36}$$

于是有

$$Z = 2\arctan(\frac{\sqrt{x^2 + y^2}}{2R}), \quad \alpha = \arctan\frac{y}{x} \tag{2-37}$$

根据球面坐标到地理坐标的变换公式，有

$$\begin{cases} \sin\varphi = \sin\varphi_0 \cos Z + \cos\varphi_0 \sin Z \cos\alpha \\ \tan(\lambda - \lambda_0) = \dfrac{\sin Z \sin\alpha}{\cos\varphi_0 \cos Z - \sin\varphi_0 \sin Z \cos\alpha} \end{cases}$$

即可求得地理坐标（φ, λ），代入式（2-3）便可实现两个投影之间的坐标变换。

（二）正解变换法

正解变换法不要求反解出原地图投影点的地理坐标（φ, λ），而直接求出两种投影间点的直角坐标关系式。以墨卡托投影到等角圆锥投影的正解变换为例，由式（2-24）得到

$$U = e^{\frac{x_M}{r_0}}, \quad l = \frac{y_M}{r_0} \tag{2-38}$$

将式（2-38）代入式（2-28），得到墨卡托投影到等角圆锥投影的正解变换关系式为

$$\begin{cases} x_c = \rho_s - \dfrac{C}{e^{\frac{\alpha_c x_M}{r_0}}} \cos(\dfrac{\alpha_c y_M}{r_0}) \\ y_c = \dfrac{C}{e^{\frac{\alpha_c x_M}{r_0}}} \sin(\dfrac{\alpha_c y_M}{r_0}) \end{cases} \tag{2-39}$$

三、数值变换法

在原投影解析式不知道，投影常数难以判定时，或不易求得两个投影间的解析式的情况下，通常采用地图投影数值变换方法，其实质是利用两个投影平面间互相对应的若干离散点（亦称共同点）(x_i, y_i) 和 (X_i, Y_i)，根据数值逼近的理论和方法来建立两个投影间的关系式，从而实现地图数学基础的变换。

对于地图投影变换方程式（2-35），数值变换方法的一般提法是，给定了被逼近曲面或函数 $F = F(x, y)$，或是给定了 $F(x, y)$ 的一组离散近似值 F_{ij}，构造一个比较简单的函数 $f(x, y)$ 去逼近函数 $F(x, y)$ 或离散近似值 F_{ij}，只要近似满足就行。

数值变换常用的多项式有二元 n 次多项式和乘积型插值多项式。以二元三次多项式为例，其方程为

$$\begin{cases} X = a_{00} + a_{10}x + a_{01}y + a_{20}x^2 + a_{11}xy + a_{02}y^2 + a_{30}x^3 \\ \quad + a_{21}x^2y + a_{12}xy^2 + a_{03}y^3 \\ Y = b_{00} + b_{10}x + b_{01}y + b_{20}x^2 + b_{11}xy + b_{02}y^2 + b_{30}x^3 \\ \quad + b_{21}x^2y + b_{12}xy^2 + b_{03}y^3 \end{cases} \tag{2-40}$$

选取两个投影平面场 10 对共同点坐标 (x_i, y_i) 和 (X_i, Y_i)，代入式（2-40），构建两个 10 阶线性方程组，求解方程组并得出系数 a_{ij}、b_{ij}。将系数 a_{ij}、b_{ij} 代入式（2-40），即构成两个投影之间的数值变换方程式。

为了使两个投影之间在变换区域内实现最佳平方逼近，则可选取共同点数 $m>10$，根据最小二乘原理，组成最小二乘条件式为

$$\begin{cases} \varepsilon_x = \sum_{k=1}^{m}(X_k - X_k')^2 = \min \\ \varepsilon_y = \sum_{k=1}^{m}(Y_k - Y_k')^2 = \min \end{cases} \tag{2-41}$$

根据极值原理，在式（2-41）中，分别令 $\frac{\partial \varepsilon_x}{\partial a_{ij}} = 0$、$\frac{\partial \varepsilon_y}{\partial b_{ij}} = 0$，构建二组 N 阶线性方程组，并求解系数 a_{ij}，b_{ij}。

地图投影数值变换属二元函数的逼近范畴，面临一系列的理论与实际问题，其核心是数值变换的精度和稳定性。影响数值变换精度和稳定性的因素有很多，而且这些因素互相关联，具有不确定性，其中，逼近多项式的构造及幂次、变换区域大小、共同点分布状况、线性方程组求解方法等是影响地图投影数值变换精度和稳定性的主要因素。

思　考　题

1. 描述地球椭球体形状与大小的元素有哪些？
2. 大地经纬度、天文经纬度和地心经纬度之间有何关系？
3. 地图投影的主要方法有哪些？地图投影的研究对象及主要任务是什么？
4. 地图投影的一般方程是什么？地图投影的实质是什么？
5. 地图投影的变形有哪些？是如何定义的？
6. 写出球心方位投影、等角方位投影的坐标及变形计算公式。
7. 墨卡托投影的几何名称是什么？又有何特性？为什么海图广泛应用墨卡托投影作为数学基础？
8. 分析等角正圆锥投影在百万分一地形图中的应用情况。
9. 高斯-克吕格投影、UTM 投影的几何名称分别是什么？两者有何关系？简要分析高斯-克吕格投影的变形分布规律及其在地形图中应用的有关规定。

第三章 地图符号

任何一门科学，都有自己的特殊语言，称为“科学语言”。地图作为地图学的语言，已经成为国际上公认的三大通用语言（地图、绘画、音乐）之一，能跨越自然语言和文化而被广泛接受。地图通过地图语言，主要包括地图符号及其系统、地图色彩和地图注记，来表现非线性复杂地理世界的自然或社会现象，提供制图对象的信息，同时反映其空间结构及其变化规律。用图者通过地图语言的语义、语法和语用规则，就能够快速、准确、方便地建立地图符号与所表示的地图内容之间的对应关系，并且保证地图符号系统的特性和空间关系构成是正确的。本章主要内容包括：地图符号与其表达的地理要素的关系、地图符号的实质和功能、地图符号构图的基本理论、地图色彩、地图注记和地图符号系统。

第一节 地图符号与其表达的地理要素的关系

一、地图符号的基本概念

我们所熟知的符号的种类很多，有语言的、文字的、数学的以及地图上的符号等。地图符号是指在地图上表示制图对象空间分布、属性、时间特征及其发展变化规律的线划图形、色彩和注记的总和。它既包括地图上的点、线、面、体等图形符号，还包括地图色彩和地图注记。

地图符号作为符号的一个子类和语言一样具有语义、语法和语用规则。地图语言的语义就是地图上各种地图符号所代表的地图信息含义，即地图符号与所表示的客观对象之间的对应关系，通常通过地图的图例表现出来；地图语言的语法就是地图上各种地图符号之间的关系，即地图符号系统的特性和空间关系构成的规则；地图语言的语用就是地图符号系统的实用性，即地图符号与用图者之间的关系，保证地图语言能够快速、准确、方便地被用图者理解。地图语言与自然语言的区别在于：地图语言是二维甚至三维的，而自然语言是一维的；地图语言具有空间配置特征，是空间信息的载体和传输工具，而自然语言是采用线性配置，具有上下文特点；地图语言是地图的图解语言，是客观世界的模拟符号模型，是具有空间特征的一种视觉符号，它比自然语言文字更直观、形象、简洁、易于理解。

二、地理要素的特征

地理要素是地图符号表达的对象。地图符号主要表示地理要素的空间结构特征、空间分布特征、属性特征、时间特征及其发展变化规律等。

（一）地理要素的空间分布特征

地理要素按其空间分布特征可以分为三类，即呈点状分布的地理要素、呈线状分布的地理要素和呈面状分布的地理要素。

1. 点状要素

地面上真正呈点状分布的地物很少，一般都占有一定的范围，只是大小不同罢了。在地图上，点状要素，是指那些实地面积较小，不能依地图比例尺表示，又要按点定位的小面积地物（如气象站、庙宇、圈形居民地等）和实际的点状地物（如控制点等），用点状符号表示。

点状地物的分布是多种多样的，大致可概括为三种：集群式分布、沿特定方向分布、散列式分布。集群式分布，是指点状地物集中分布于某一区域范围内，如石灰岩地区的溶斗群、大规模冰川表面的冰塔群等；沿特定方向分布，是指沿某一线状地物分布，如独立房屋沿河流、沟渠分布等；散列式分布，是指点状地物的分布没有明显的规律，如各种独立地物的分布。

2. 线状要素

地面上呈线状分布的物体或现象很多，如海岸线、河流、交通线、境界等。在地图上，线状要素，是指一种表达线状延伸分布的地物的图形符号，即线状符号。这些符号可以保持地物线状延伸的相似性，对其宽度往往都夸大表示。线状符号的中心线（轴线）代表线状地物的实际位置，线状符号的轮廓表示制图物体的空间位置，反映它们的类型特征。例如，根据海岸（湖岸）线的轮廓图形可以推断海岸的类型和成因，根据河流的轮廓图形可以推断河流的类型和发育阶段，根据道路的轮廓图形可以推断道路与地形的关系。线状符号的形状和颜色表示制图物体的质量特征。例如，黑白相间的线状符号表示铁路，红色实线表示公路，蓝色等粗的细实线表示岸线，蓝色由细到粗的渐变线表示河流。线状符号的宽度表示制图物体的数量或等级特征，如主要和次要公路、不同行政等级的境界等。

3. 面状要素

地面上呈面状分布的地物很多，其分布状态各不相同。植被、湖泊、岛屿、居民地等是呈面状分布的制图物体，它们的分布是不连续的。而地表的起伏是连续、布满整个区域的。在地图上，面状要素，是指一种能按地图比例尺表达地物轮廓形状的图形符号，即面状符号。通常这种地物的轮廓能按真实形态表达出来，并在其中填绘符号和注记，以说明其质量和数量特征。其中，范围固定的，用封闭实线表示；范围不固定的，用虚线表示。采用这种方法能使用图者直接从图上获得地物位置、轮廓形状、面积大小及质量和数量特征等方面的概念。对于连续分布的地物，在地图上，是用等值线（等高线、等深线、等温线等）来表达的。

（二）地理要素的属性特征

属性特征是指地图内容要素的质量特征和数量特征，如类型、等级等。属性特征通过属性数据来描述。属性数据是与地理空间实体相联系的、具有地理意义的数据或变量，用于表达实体的本质特征和对实体的语义定义，又称为非空间数据。

属性数据主要用来描述制图物体或现象的各种类别、等级等属性特征，通常分为定性和定量两种类型。定性数据主要区分不同要素之间的差别，如居民地、交通、水系等，或者区分同类要素不同等级之间差别，如交通要素中的高速公路与普通公路。定量数据主要区分要素的数量和等级特征，如人口数（数量）、中等城市（等级）等。属性数据在地图数据库中都是以属性编码的方式存在。

（三）地理要素的时间特征

事物会随时间发生变化，静态地图通常只表示某一时刻、某一段时间或某些周期性现象的变化情况；动态地图可以表示某些事物或现象随时间延续的发展变化规律。

时间特征是确定对象性质或数量的时点或时段标志，反映对象的发展变化及趋势特点。时间特征是通过时间特征数据来描述的。

时间特征数据是描述地理空间实体之间随时间而变化的数据。例如，河流通行时间、气温随时间变化周期、行进路线变化时间节点、政区的沿革变化、人口迁移等。

三、地理要素数据的量表方法

（一）量表方法的概念

对地理实体和现象进行定量或定性的描述，需要借助心理物理学中常用的量表方法（scaling method）。量表方法是一种测量的尺度，广义上来说，是一切定量化表示的基本方法，在心理物理学中被广泛地用于定量描述感觉经验。地图可视化的基本目的是通过视觉传输地理信息，因此也广泛地运用了量表技术。

（二）量表方法的类型

量表方法有四种类型：定名量表、顺序量表、间距量表和比率量表。

1. *定名量表*

定名量表（nominal scaling）是最简单的一种量表方法，用数字、字母、名称或任何记号对不同现象加以区分，实际上是一种定性的区分。在这一量表水平上，无法对两类现象之间进行任何数学处理，只能确认类别，如图 3-1 所示。

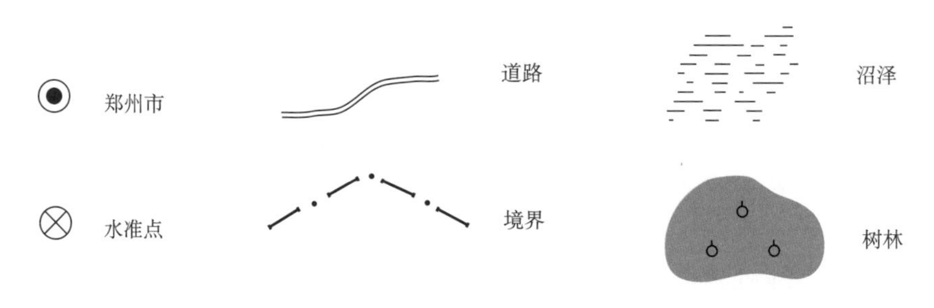

图 3-1 定名量表举例

从图 3-1 中可以看出，定名量表的一个点、线或面，仅仅说明它是一个城市或者一个测量控制点，一条道路或一块树林，不能看出城市的大小、等级，也不能看出道路或树林的等级、质量等信息。这就是定名量表的特点。它一般用于区划图或类型图上制图现象的分类表示，例如，在我国行政区划图上，可以用定名量表的方法区分出河南省、河北省、山东省，等等；在土地类型图上，可以区分出草地、耕地、林地，等等。

2. *顺序量表*

顺序量表（ordinal scaling）把对象按某种标志的差别排出顺序，但既无单位也无起始点，只是一个相对次序。在这类量表水平上，只能区分出现象的大小、主次、前后等相对等级，既可定性也可定量（图 3-2）。

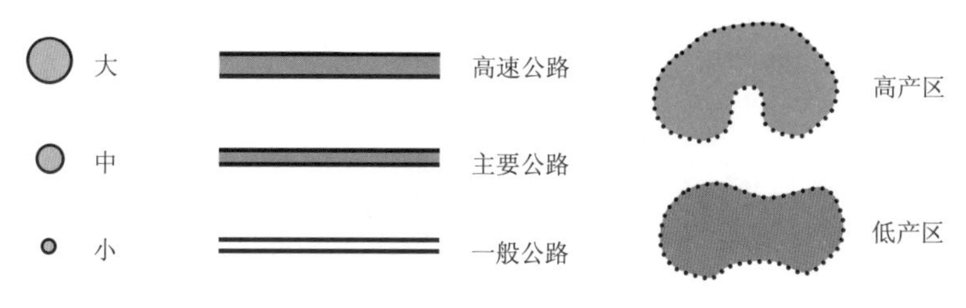

图 3-2　顺序量表举例

从图 3-2 中可以看出，顺序量表的一个点、线或面，不仅说明它是一个城市或者一个测量控制点，一条道路或一片粮食作物区，同时还能看出城市的大小、等级，看出道路或粮食作物区的高低等级信息。这就是顺序量表的特点。它一般用于地图上制图现象的分类分级表示，例如，在我国交通图上，可以用顺序量表的方法，分出主要公路、一般公路；在粮食产量图上可以分出高产区和低产区，等等。

3. 间距量表

间距量表（interval scaling）不仅把对象按某一标志的差别排出顺序，而且要知道差别的大小。因此，在构成间距量表之前，需要先提供测量的标准或确定单位（图 3-3）。从图 3-3 可以看出，间距量表的一个点、线或面，不仅说明它是一个城市，而且还能表达出这个城市的大小、等级以及该城市与其他城市具体人口数的等级差别；不仅看出是一组等高线，而且通过等高距可以得到它们之间的高程差信息。这就是间距量表的特点。它一般用于地图上制图现象的分类、分级和数量差别的表示，例如，在我国粮食产量分布图上，可以用间距量表的方法分出不同地区小麦、玉米或大豆的产量差别等。

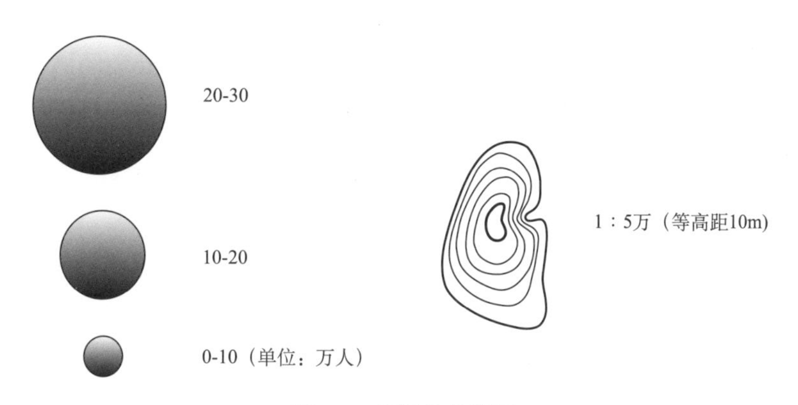

图 3-3　间距量表举例

4. 比率量表

比率量表（ratio scaling）不仅把对象按某一标志的差别排出顺序、知道其差别的大小，而且有原始零起点。因此，在构成比率量表时，要知道两个现象之间的差别及其比率（图 3-4）。

从图 3-4 中可以看出，比率量表的一个点、线或面，不仅说明它是一个城市，而且还能表达出这个城市的大小、等级，该城市与其他城市具体人口数的等级差别以及具体的人口数量是多少；不仅可看出是一组等高线，而且通过高度表可以得到它们之间的高低情况、高程差以及高程的具体数量值信息。这就是比率量表的特点。它一般用于地图上制图现象的分类、分级和具体数量的表示，例如，在我国地形图上，可以用比率量表的方法，表达不同地区（陆地与海洋）的具体高程，某个城市具体的人口数是多少等。

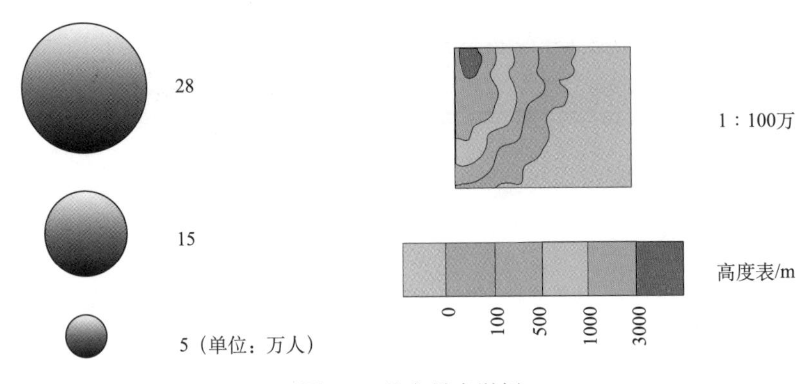

图 3-4 比率量表举例

第二节 地图符号的实质和功能

一、地图符号的实质

地图符号是符号的子集，具有可视性，以一种易于理解和便于记忆的形式把制图对象的抽象概念呈现在地图上，从而使人们产生深刻的印象。地图符号作为符号的子类，与其他符号的区别包括以下三点。

1. 地图符号是空间信息和视觉形象复合体

地图符号是一种专用的图解符号，它采用便于空间定位的形式来表示各种物体与现象的性质和相互关系。地图符号用于记录、转换和传递各种自然和社会现象的知识，在地图上形成客观实际的空间形象。因此，地图符号可以用来表示实际的和抽象的目标，并以可视的形象表现出来。

2. 地图符号的约定性

地图符号本身可以说是用一种物质的对象（图形）来代指一个抽象的概念，并且这种代指是以约定关系为基础的。这是地图符号的本质特点。地图符号化的过程就是建立地图符号与抽象概念之间的对应关系的过程即约定过程。在约定过程中，可以选择不同的图形去代指一个抽象的概念。而当这种选择确定下来之后，这些图形就成了地图符号，因而具有法定性和规定性。例如，在一幅图内，用三角形符号表示控制点后，其他的内容就不能再采用三角形符号表示。

3. 地图符号的等价性

在地图符号代指概念的约定过程中，不同形式的符号存在等价关系，多个符号可以代指同一概念。例如，在不同的图幅中用圆形、方形甚至文字等符号都可以作为等价符号表示一个城市。这是地图设计和地图符号设计中内在的本质规律。它使地图设计者可以根据制图对象的特征、地图用途、比例尺、周围环境及设计者水平等因素，选择合适的地图符号，设计

出最佳的试样来，而这又是合理的。这样，我们就把符号自身的本性同符号的实际应用、把地图设计中的内部作用规律和外部作用规律区别开来了。

地图符号的实质，决定了我们可以将空间数据通过分类、分级、简化后，根据其基本的空间分布特征、相对重要性和相关位置，用地图符号表达出来，使空间数据成为视觉可见的图形。在这个过程中，地图内容要素的空间分布特征与表达它的地图符号之间有着密切的关系。

二、地图符号的功能

（一）地图符号的地理空间信息载体和传递功能

地图作为“客观世界的模型”，并非真实地理世界，而是经过认识地理世界，有选择、有区别地表现地理世界的过程和结果。显然，地图符号及其组合具有揭示客观地理世界的空间结构、空间分布和相互关系的功能。人们在认知地理环境时，不可能直接接触所要了解的一切对象，很多时候都是通过阅读和解译地图符号即通过地图模型了解客观地理世界，获取其空间信息的。所以，地图符号是地理空间信息的载体。同时地图符号是一种“图形”即形象的符号模型，它具有一种特殊的、区别于并在很多方面优于自然语言的视觉感受效果，所以地图符号可以形象、直观、生动的表达和传递空间信息。如图 3-5 所示，人们很容易从这些符号联想到相应的客观实体，如烟囱、水塔，获得控制点的位置信息或者人口流动的方向；另外，从河流与道路符号的组合可以获取两要素的位置信息以及它们之间的关系信息等。

图 3-5 地图符号表达空间信息示例

（二）地图符号对非线性复杂地理世界的科学抽象功能

地图符号构成的符号模型，可以对非线性复杂地理世界进行不同程度的抽象、概括和简化，并不受比例尺的限制，使可视化结果清晰易读。地图上的一个点可以表达为如图 3-6 所示的很多意义。例如，它可以表示某些实体的位置，像高程点、机场的位置；可以表示现象的空间变化，像人口的空间分布变化；可以表示某些空间现象，像沙地、沙丘；可以表示时空变化，像人口随时间变化的特征；可以表示现象的数量差异，像工业产值等的数量特征；可以表示某种质量概念，像甲方、乙方；等等。线状和面状符号也是如此，它们都是对空间现象的抽象表达，并且不受比例尺的限制。

（三）地图符号的可视化表达功能

地图符号不仅可以表达具体的、抽象的、过去的、现存的、预期的、运动的事物，还可以表现事物的外形和内部特征等。如图 3-7 所示，它可以表示具体的事物，如一个居民地、一棵树；可以表示抽象的事物，如基督教、佛教、天主教的分布等；可以表示历史上存在的事物，如古迹；可以表示现存的事物，如房屋、山脉；可以表示预期的事物，如计划修建的道路；还可以表示事物的外形和内部特征，如湖泊的轮廓形状、海滩的内部特征（淤泥、沙滩等）。

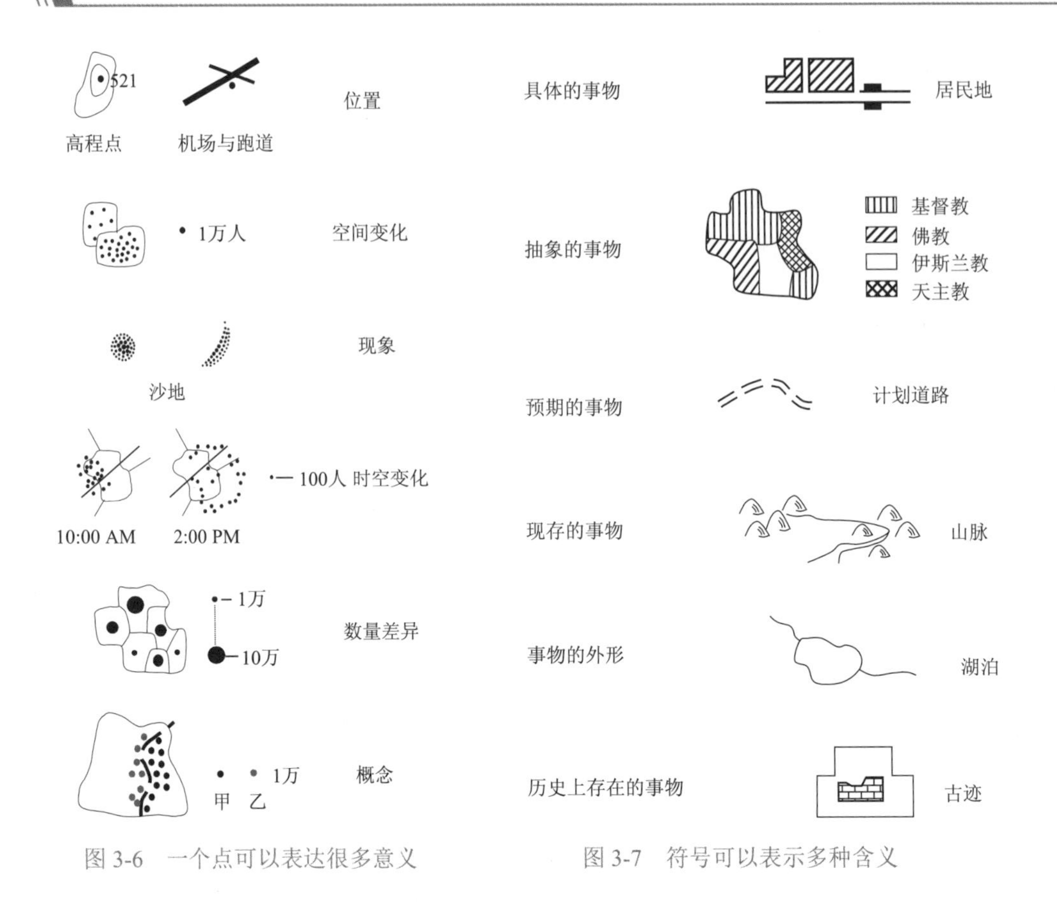

图 3-6 一个点可以表达很多意义

图 3-7 符号可以表示多种含义

（四）地图符号再现客体空间模型的功能

地图符号能再现客体的空间模型，或者给难以表达的现象建立构想模型，例如，等高线、等深线、等温线可以构成立体模型，或构成 DTM 模型、趋势面模型等。在符号和这些模型上都可以进行相关的数量分析，如图 3-8 所示，在等高线图上可进行高度带和坡度分析。

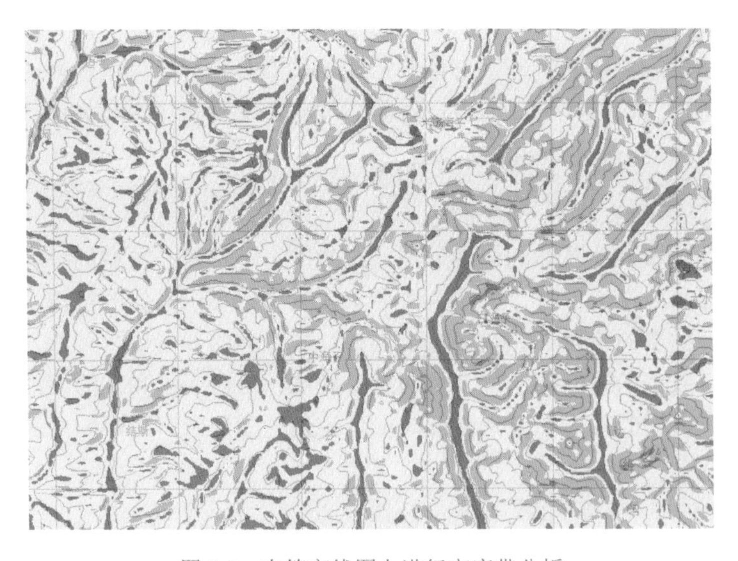

图 3-8 在等高线图上进行高度带分析

地图符号的这些功能，使得地图内容要素（地理空间信息）得以形象、直观、准确地表达。

第三节 地图符号构图的基本理论

一、地图符号的类型

地理要素（现象）按其空间分布特征可以分为点、线、面三种类型。针对这三种地理现象进行分类分级之后就可以运用视觉变量来设计符号，对地图内容要素加以表示。也就是说，地图内容要素必须通过对应的地图符号表示出来，才能让人阅读和使用。地图上常用的二维符号主要分为三类：点状符号、线状符号和面状符号。

（一）点状符号

当一个地图符号所代表的概念在抽象的意义下可认为是定位于几何上的点时，称为点状符号。这时，符号的大小与地图的比例尺无关且具有定位特征，而且采用的图形符号都是具有定位点的个体图形符号，如图 3-9 所示。

图 3-9 地图上的点状符号示例

点状符号的作用主要是说明物体的含义、位置及重要性。物体的含义是通过点状符号的形状或颜色的色相来表示的；物体的位置是通过符号的定位来表示的；物体的重要性等级或数量值是通过符号的尺寸来表示的。

在普通地图上点状符号的几何中心与地物实际位置是一致的。例如，测量控制点、独立地物、不依比例尺表示的居民地符号和窑洞符号等；在专题地图上，点状符号的位置只要求合理，并不一定在数据的中心位置上，而且如果点状符号代表的是一个区域的数据，通常定位在这个区域的重心位置上。

（二）线状符号

当一个符号所代表的概念在抽象的意义下可认为是定位于几何上的线时，称为线状符号，这时符号沿着某一方向延伸且其长度与地图比例尺有关系。例如，河流、沟渠、道路、境界等符号（图 3-10）。而有一些等值线符号，如等人口密度线、等气温线、等降水量线，等等，尽管几何特征是线状的，但并不是线状符号。

线状符号的作用主要是说明物体的类别、位置特征及物体等级。物体的类别是通过线状符号的形状或颜色的色相来表示的，物体的位置是通过符号的中心线来表示的，物体的等级是通过符号的尺寸（线的粗细）或颜色的亮度变化来表示的。

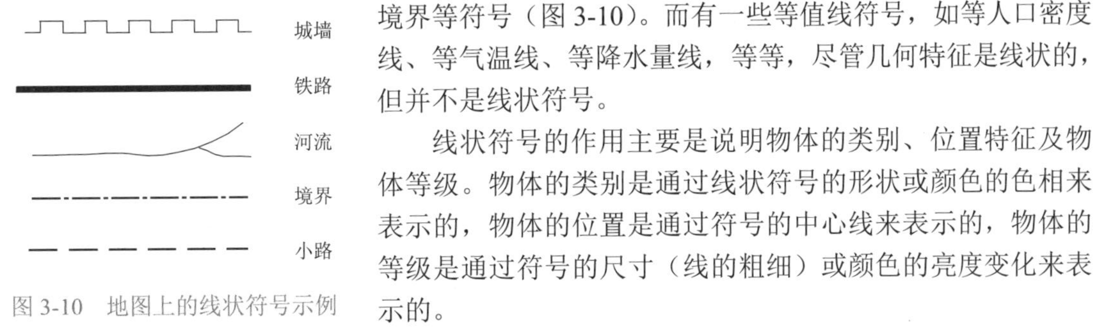

图 3-10 地图上的线状符号示例

在地图上线状符号的几何中心与地物实际位置一致，例如，道路、河流、境界等。在特殊的专题地图上，表示某些现象的动态流动方向时，线状符号的位置只要求合理，并不要求一定在数据的中心位置上。例如，在拓扑地图上，表示石油输入、输出的流量和状态时，线状符号的中心线就不是真正的数据中心位置（图 3-11）。

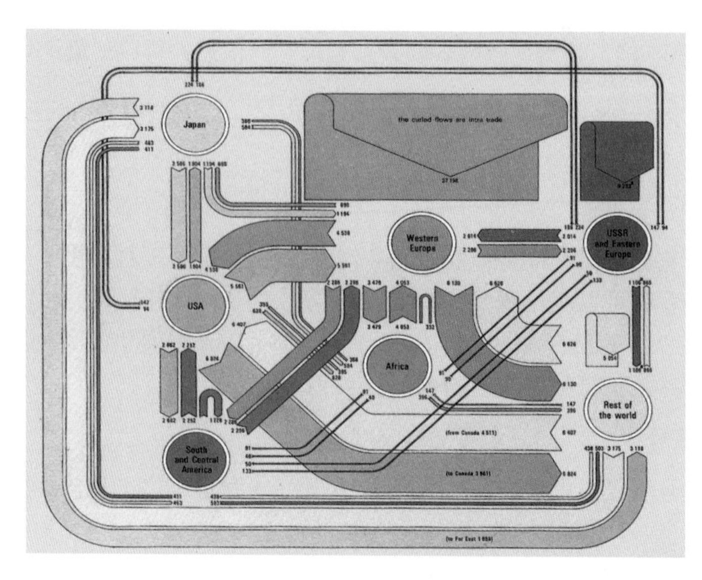

图 3-11 拓扑地图上的特殊线状符号示例

(三)面状符号

当一个地图符号所代表的概念在抽象的意义下可认为是定位于几何上的面时，称为面状符号。这时，符号所处的范围同地图比例尺有关系，且不论这种范围是明显的还是隐喻的，是精确的还是模糊的。用这种地图符号表示的有水域范围、森林范围、各种区划范围、动植物和矿藏分布范围等，如图 3-12 所示的沼泽、树林和湖泊等面状符号。

面状符号的作用主要是说明物体（现象）的性质和分布范围。物体的性质是通过面状符号内部颜色的色相、亮度、饱和度或者是网纹的变化或者是内部点状符号的形状变化来表示的；物体的分布范围是通过面状符号的外围轮廓线来表示的。面状符号都是依比例尺变化的，所以分布范围就是它的实际位置。当其面积小于一定尺寸时就转化为点状符号。

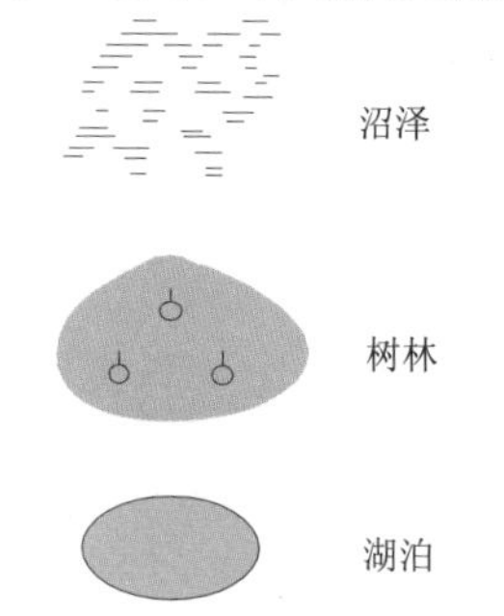

图 3-12 地图上的面状符号示例

特殊地，对于一些体现象，像地貌（陆地、海底）、降雨量、人口密度等，在二维地图上，通常用线状符号和面状符号的组合加以表示。例如，地貌用等高线（或等深线）加分层设色来表示；人口密度用等值线加等值区域法来表示；等等。

不论是点状符号、线状符号，还是面状符号，都可以用不同的形状、不同的尺寸、不同的方向、不同的亮度、不同的密度和不同的色彩来区分表示各种不同事物的分布、数量、质量等特征，使地图符号的表现力得到极大的扩充。

二、地图符号的视觉变量与感受效果

(一)地图符号的视觉变量

1. 视觉变量的概念

视觉变量也称图形变量，是引起视觉的生理现象差异的图形因素。这种视觉上可以察觉到的差别不仅包含于认识的初级阶段——感觉阶段，同时也受认识的因素和人的心理现象的影响。在对图形的辨别水平上存在一个关于图形的广度、强度和持续时间的基本变量，但因为人们对变量的认识不尽相同，所以就出现了形形色色的视觉变量体系。在二维图形视觉变量研究方面，由法国图形学家 Bertin 提出的六个基本视觉变量较为完整（图 3-13），被广泛采纳。三维图形视觉变量的研究目前正处于起步阶段，尚无成熟的研究结果，因此这里仅讨论二维图形视觉变量。

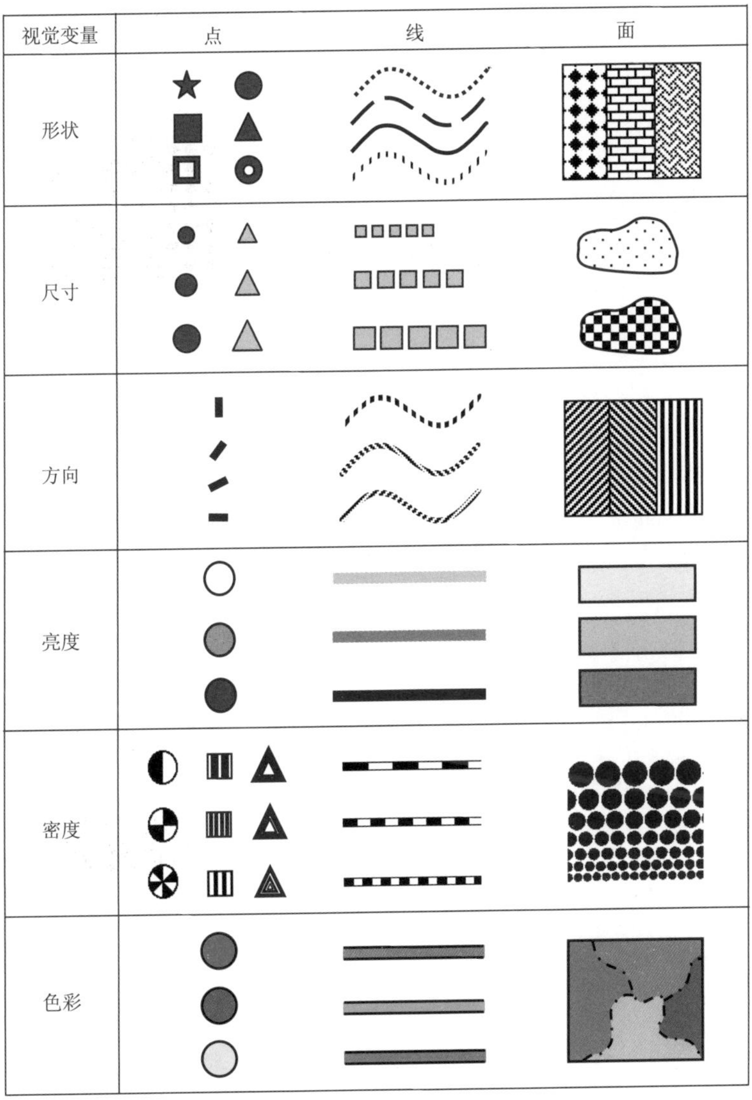

视觉变量	点	线	面
形状			
尺寸			
方向			
亮度			
密度			
色彩			

图 3-13　Bertin 提出的六个视觉变量

2. 地图符号的视觉变量的具体内容

视觉变量的研究对地图符号的科学性、系统性、规范性、可视性具有重要作用。因此，视觉变量理论引起了许多地图学家的兴趣，并根据地图符号的特点，提出了构成地图符号的视觉变量。但是，因为人们的理解和认识不同，所以给出的内容也不完全相同。目前普遍采用的地图符号视觉变量是法国图形学家 Bertin 提出的形状、尺寸、方向、亮度、密度、色彩六个基本视觉变量，它们分别包括点、线、面三种形式。

1）形状变量

形状变量是点状符号与线状符号最重要的构图因素。对点状符号来说，形状变量就是符号本身图形的变化，它可以是规则的或不规则的，从简单几何图形如圆形、三角形、方形到任何复杂的图形。对于线状符号来说，形状变量指的是组成线状符号的图形构成形式，如双线、单线、虚线、点线以及这些线划形状的组合与变化。直线与曲线的变化不属于形状的变化，只是一种制图现象本身的变化。面状符号无形状变量，因为面状符号的轮廓差异是由制图现象本身所决定的，与符号设计无关。如图 3-14 所示。

图 3-14　形状变量

2）尺寸变量

尺寸变量对于点状符号，指的是符号图形大小的变化；对于线状和面状符号，指的是组成线状符号和面状符号的那些“点（或称像素）”的尺寸变化。对于线状符号，指组成单线符号线的粗细，双线符号的线粗与间隔，以及点线符号的点子大小、点与点之间的间隔，虚线符号的线粗、短线的长度与间隔等。但面状符号轮廓所占面积大小不是尺寸变量，因为面状符号的范围大小由制图现象来决定。如图 3-15 所示。

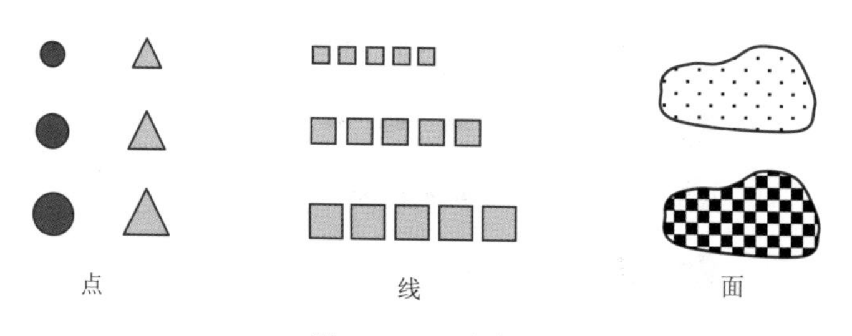

图 3-15　尺寸变量

3）方向变量

方向变量是指符号方向的变化。对于线状和面状符号来讲，指的是组成线或面状符号的点的方向的改变（图 3-16）。并不是所有符号都含有方向的因素，例如，圆形符号就无方向之分，方形符号也不易区分其方向，并在某一角度上会产生菱形的印象从而和形状变量相混淆。

4）亮度变量

亮度不同可以引起人眼的视觉差别，利用它作为基本变量指的是点、线、面符号所包含的内部区域亮度的变化。当点状符号与线状符号本身尺寸很小时，很难体现出亮度上的差别，这时可以看作无亮度变量。面状符号的亮度变量，指的是面状符号的亮度变化，或说是印刷网线的线数变化。如图 3-17 所示。

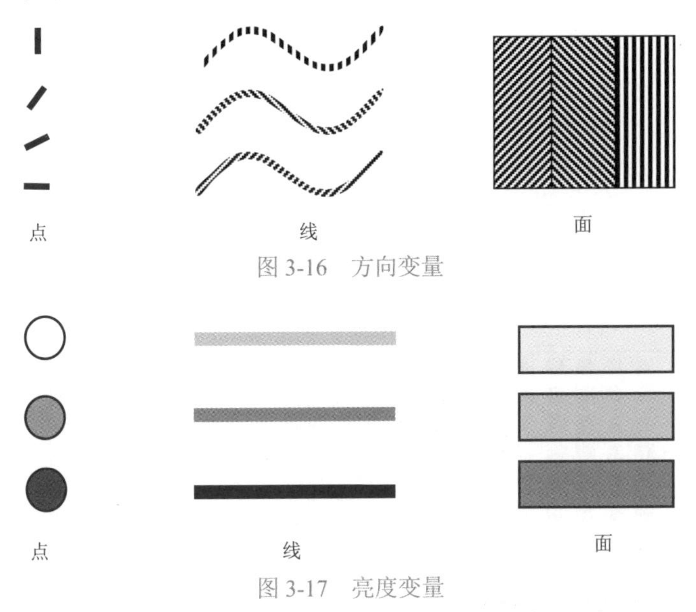

图 3-16　方向变量

图 3-17　亮度变量

5）密度变量

密度作为视觉变量是指保持亮度不变即黑白对比不变的情况下改变像素的尺寸及数量，这可以通过放大或缩小符号的图形来实现。对于全白或全黑的图形无法体现密度变量的差别，因为它无法按定义体现这种视觉变量。如图 3-18 所示。

图 3-18　密度变量

6）色彩变量

色彩变量对于点状符号和线状符号来说，主要体现在色相的变化上（图 3-19）。对于面状符号，色彩变量指的是色相与饱和度。色彩可以单独构成面状符号，当点状符号与线状符号用于表示定量制图要素时，其色彩的含义与面状符号的色彩含义相同。

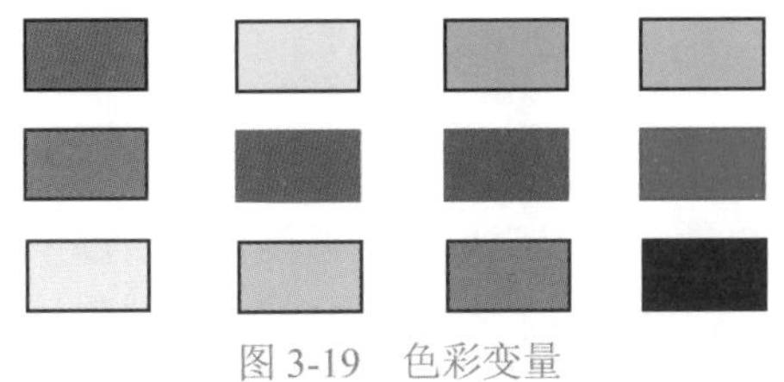

图 3-19　色彩变量

（二）视觉变量的视觉感受效果

视觉变量能够产生多种视觉感受效果。地图符号正是靠视觉变量的不同组合所产生的视觉感受效果达到有效传输地理空间信息的目的。视觉变量产生的视觉效果主要包括整体感、等级感、数量感、质量感、动态感、立体感。下面分别加以叙述。

1. 整体感

指由不同像素组成的一个图形，看上去在整体上没有哪一种像素特别突出，如图 3-20 所示。形状、方向、色彩中的近似色等视觉变量都可产生整体感，但整体感效果的好坏，取决于形状、方向、色彩的差别大小和相应的外围环境。亮度、尺寸和密度等视觉变量由于本身的差别较大，整体感的效果不好。

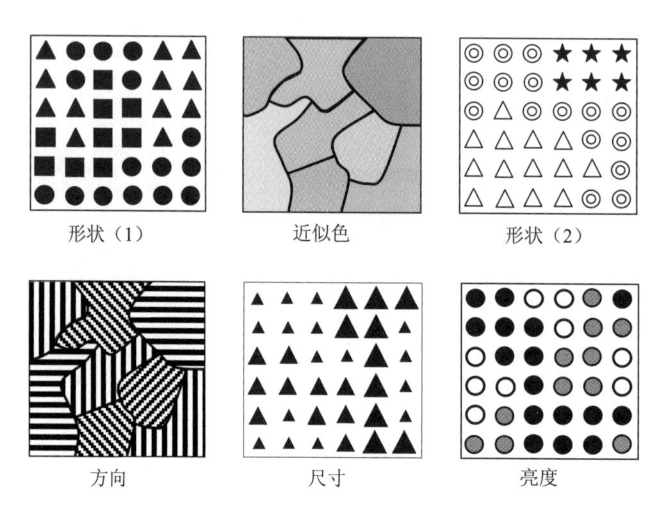

图 3-20 产生整体感的视觉变量

2. 等级感

指从图形上能迅速而明显地区分出几个等级的感受效果，如图 3-21 所示。尺寸、亮度和密度都能产生等级感。消色的亮度显示是灰度尺，即从白到黑可以排列出符号的顺序。尺寸的大小、密度的黑白对比都可产生等级的变化。

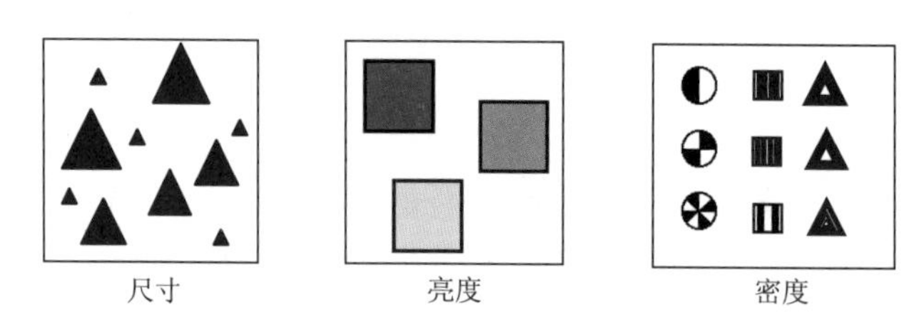

图 3-21 产生等级感的视觉变量

3. 数量感

指从图形中能直接获得绝对数值的感受效果。只有二维平面上的尺寸变量可以表达这种效果，如图 3-22 所示。因为数量感要求变量的可量度性，所以采用抽象的几何图形作为变量的形态较好，如圆形、三角形、方形等。图形越简单，判别数量的准确性越强；反之，图形越复杂，判别数量的准确性越差。

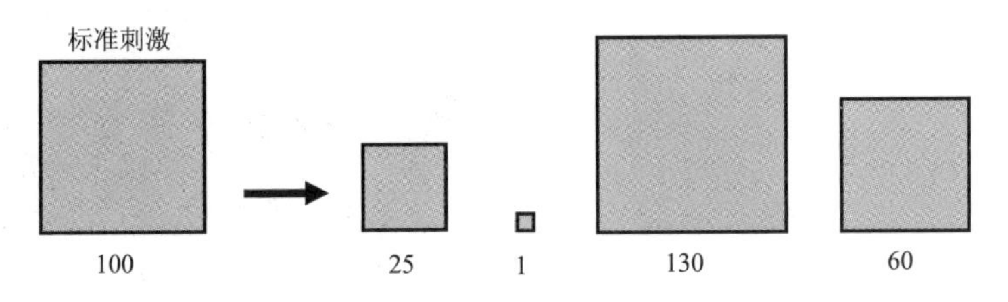

图 3-22　由尺寸变量产生数量感的例子

4. 质量感

指将观察对象区分出几个类别的感受效果，如图 3-23 所示。形状和色彩是产生质量感的两个变量。色彩主要表达不同性质的面状现象，而表达不同地物分布特点的点状现象，一般用形状变量并配合色彩来表达其质量差别。

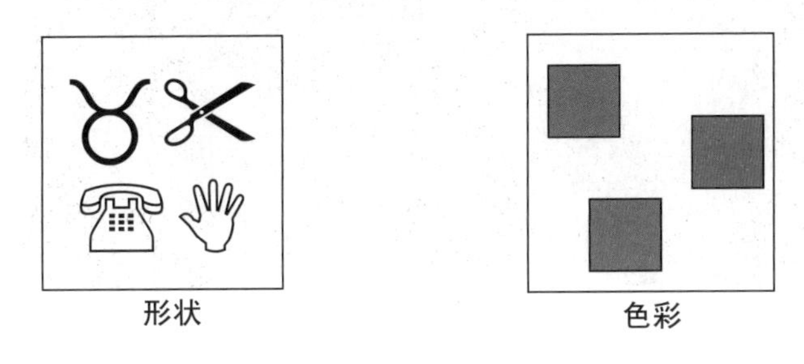

图 3-23　产生质量感的视觉变量

5. 动态感

指从构图上给读者一种运动的视觉效果，如图 3-24 所示。单一的视觉变量一般不能产生动态感，但是有些视觉变量的有序排列可以产生动态感。例如，同样形状的符号在尺寸上有规律地变化与排列、亮度的渐变都可以产生动态感。另外，箭头符号是产生动态感的有效方法。

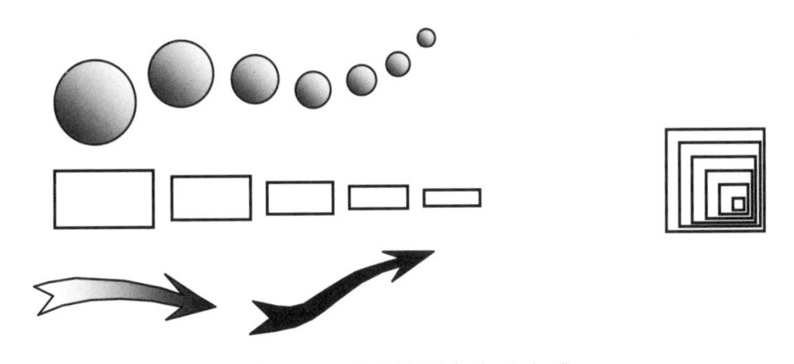

图 3-24　通过构图产生动态感

6. 立体感

指通过变量组合使读者在二维平面地图上产生三维立体视觉的感受效果，如图 3-25 所示。尺寸变化、亮度变化、纹理梯度、空气透视、光影变化等都能产生立体感。

图 3-25　尺寸变化、空气透视、光影变化等产生的立体感

通过以上讨论，我们可将视觉变量能够产生的最佳感受效果列成一张表（表 3-1）。

表 3-1　视觉变量产生的感受效果表

	整体感	等级感	数量感	质量感	动态感	立体感
尺寸		●	●		● 渐变	● 有规律
亮度		●			● 渐变	● 有规律
密度		●				
色彩	● 近似色			●	● 渐变	● 有规律
方向	● 角度相近					
形状	● 简单几何			●		

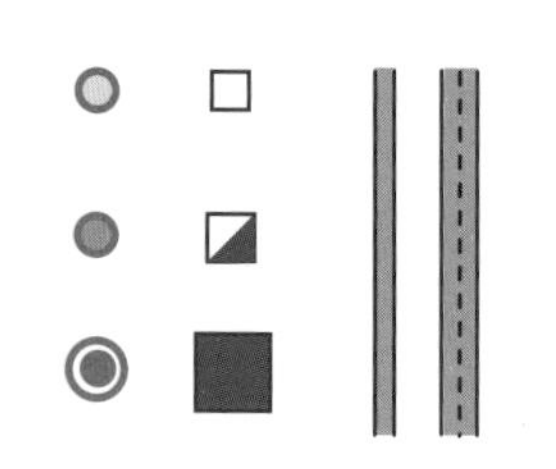

图 3-26　视觉变量的联合应用

在地图符号设计中，我们可以参照表 3-1 来选择视觉变量，使制作的地图达到最佳的视觉效果。另外，为了增加符号间的差别与联系，一个符号往往使用两个或更多的视觉变量。例如，一个符号不但用形状变量，而且用色彩变量与其他符号建立联系或区别，这就是视觉变量的联合应用，如尺寸、亮度、形状的联合应用（图 3-26）。Bertin 在他的视觉变量理论中，提出了任何两种视觉变量相加其感受效果总是增强的观点。但实际上，视觉变量的相加并不都是增强的。因为每一种视觉变量都有其

最适宜的感受效果，所以在它们联合应用时必须注意，如果它们的最佳效果是一致的，则联合后总效果会增强，否则反而会减弱。例如，为了反映现象的质量差别，用尺寸和亮度的组合效果不好，但若是反映现象的数量等级差别，则它们的组合却是最好的。另外，还应注意组合时每个变量的变化方向，如递增的尺寸变量系列与递减的亮度变量系列的联合，效果是减弱的。

三、地图符号与视觉变量的关系

地图符号的外貌由构成符号的视觉变量所决定，通过视觉变量的不同组合，使符号之间既有联系又有差别，从而表示地图内容的联系与差别。视觉变量的理论为地图内容的符号化提供了理论依据（王家耀等，2000）。

不同的视觉变量构成不同的地图符号，按照表达制图对象的属性特征可以分为定性符号、定量符号和等级符号三类，它们分别表达不同类型的地图要素。如果能根据地图要素类型的差异，处理好地图符号与视觉变量的关系，就能使地图符号科学合理地表达相应的地理要素的数量、质量特征和变化规律。

（一）定性符号与视觉变量的关系

定性符号主要表示制图对象的名义尺度，即质量上的差别。在地图上，通过定性符号的类别，可以获取制图对象的质量差异。表达制图对象质量特征的最佳视觉变量是色彩和形状，其中色彩主要表达不同性质的面状现象，而形状变量主要表达点状现象的质量差别。例如，地图上用点状符号的色彩或形状表示观测站、水塔、工厂等不同点状要素的类别；用不同色彩和形状的实线或虚线来表达道路、河流、管线的质量特征；用不同色彩的面状符号来表达街区、水域、沙地等面状要素的类别。

（二）定量符号与视觉变量的关系

定量符号主要表示制图对象的定量尺度，即数量上的差别。在地图上，通过定量符号的绝对比率或相对比率关系，可以获取制图对象的数量值。表达制图对象数量特征的最佳视觉变量是尺寸。一般用点状符号的半径或直径的尺寸大小表示点状要素的数量差异，例如，用点状符号的半径（或直径）的尺寸大小表示城市人口的数量差异，半径（或直径）与人口数值成绝对或相对比率关系；用线状符号的宽度（粗细）尺寸大小表示线状要素的数量差异，例如，用线状符号的宽度尺寸表示通信设施流量的数值大小，线宽与数值成一定比例。为了使定量符号的尺寸变量具有较好的可量度性，提高判别数量的准确性，符号多采用简单的抽象几何图形，如圆形、三角形、方形等。

（三）等级符号与视觉变量的关系

等级符号主要表示制图对象的顺序尺度，即等级上的差别。在地图上，通过符号大小，可以获取制图对象的等级。表达制图对象等级差别的最佳视觉变量有尺寸、亮度和密度。其中点状现象的不同顺序和等级关系主要用尺寸变量来表达，线状现象的不同顺序和等级关系主要用尺寸或密度变量来表达，面状现象的不同顺序和等级关系主要用亮度和密度变量来表达。例如，用点状符号的尺寸变化，能够快速而明显地区分出点状居民地、港口的等级；用线状符号的尺寸或密度的变化，表达道路的等级高低、通信设施的能力等级、国家贸易流量的顺序等级；用面状符号的亮度或密度的变化，表达人口密度、森林覆盖率等具有区域范围的地理现象的等级特征。对于特殊的体状现象，例如，地貌要素的高程或气温的变化等，是用面状符号的色相亮度的层次变化，即分层设色来表示高程带的等级。

地图符号既可以表示定量要素，也可以表示定性要素，但视觉变量同时适用于表达定量或定性要素的不多。因此，地图符号设计时，必须考虑地图视觉变量与所表达的地图内容要素的类型相一致，这样才能使地图符号的功能与所表达的制图对象的特征相对应。

四、地图符号构图的基本规则

（一）地图符号的基本尺寸规则

1. 地图符号与比例尺关系

地图，特别是地形图上，不同比例尺地图符号的尺寸与实地物体的大小、长短、面积等信息密切相关。因此，地图符号的尺寸必须与地图比例尺成比例。但由于地面物体的平面轮廓有大有小，它们依照比例尺缩小到地图平面上后，有的符号图形轮廓仍然可以显示物体特征，有的缩小成一个点。因而，符号按其与地图比例尺的关系分为依比例符号、半依比例符号和不依比例符号三种。

1）依比例符号

依比例符号指能够保持物体平面轮廓图形的符号，又称真形符号或轮廓符号。依比例符号所表示的物体在实地占有相当大的面积，因而按比例缩小后仍能清晰地显示出平面轮廓形状，两者具有相似性，且位置准确，即符号的大小和形状与地图比例尺之间有准确的对应关系，如地图上的街区、湖泊、森林等符号（图 3-27）。

依比例符号由外围轮廓和其内部填充标志组成。外围轮廓表示物体的真实位置与形状，有实线、虚线和点线之分；填充标志包括符号、注记、纹理和颜色，这里的符号仅仅是配置符号，它和纹理、颜色一样起到说明物体性质的作用，注记用于辅助说明物体数量和质量特征。

2）半依比例符号

半依比例符号指只能保持物体平面轮廓的长度，而不能保持其宽度的符号，一般多是线状符号。半依比例符号所表示的物体在实地上是狭长的线状物体，按比例缩小到图上后，长度依比例表示，而宽度却不能依比例表示。例如，一条宽为 6m 的公路，在 1∶10 万比例尺图上，若依比例表示，只能用 0.06mm 的线显示，显然人眼很难辨认，因此地图上采用半依比例符号表示它。半依比例符号只能供量测其位置和长度，不能量测其宽度，如地图上的道路符号、境界符号等（图 3-28）。

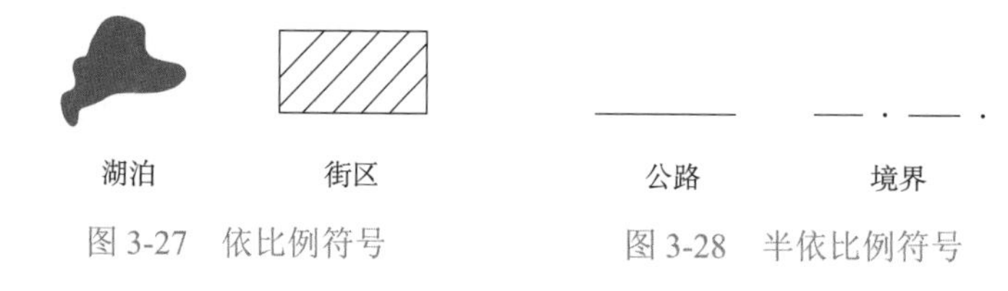

图 3-27 依比例符号　　图 3-28 半依比例符号

3）不依比例符号

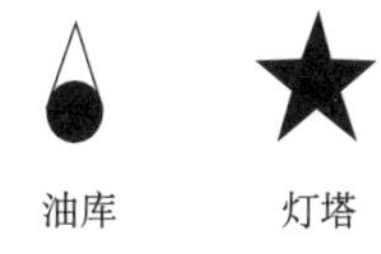

图 3-29　不依比例符号

不依比例符号指不能保持物体平面轮廓形状的符号，又称记号性符号。不依比例符号所表示的物体在实地上占有很小的面积，一般为较小的独立物体，按比例缩小到图上后只能呈现为一个小点子，根本不能显示其平面轮廓，但因为其重要而要求表示它，所以采用不依比例符号表示。不依比例符号只能显示物体的位置和意义，不能用来量测物体的面积和高度（但可以通过说明注记辅助表示），如地图上的油库符号、灯塔符号、三角点符号等（图 3-29）。

地面物体究竟是采用依比例符号、半依比例符号还是不依比例符号表示，这不是绝对的，随物体大小的差异和地图比例尺的变化而变化。原来依比例表示的物体，随着比例尺缩小，可能就会变成半依比例符号甚至不依比例符号。

2. 地图符号的尺寸与图形大小应协调

凡是互相联系的图形，在尺寸上应互相配合。例如，主要街道（居民地用平面图形表示时）与公路宽度，路宽与桥宽，道路宽度与居民地圈形符号的直径，这些互有联系的符号尺寸应有正确的配合，才能获得较好的符号组合效果，如图 3-30 所示。

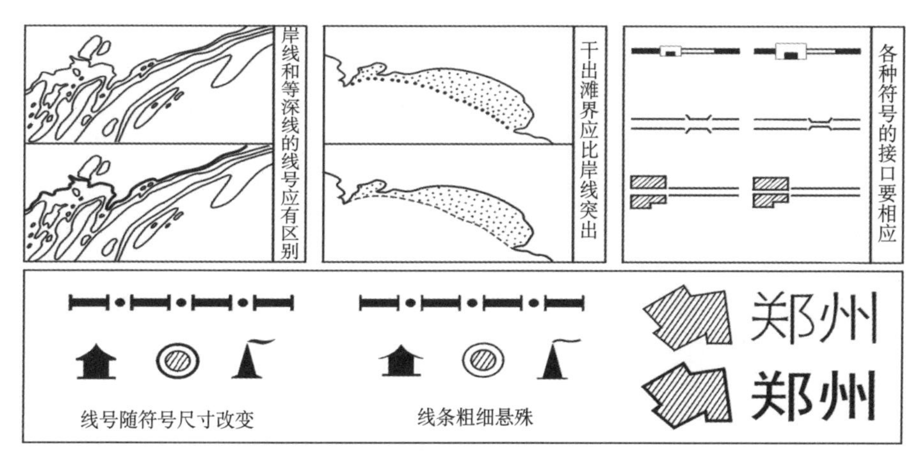

图 3-30　符号尺寸的配合示例

符号本身也有一个尺寸的配合问题。例如，随着符号尺寸的加大，构图的线号也应适当加粗。宽大的符号使用很细的线号，就会使图形变得软弱无力，这就和大尺寸的名称注记不能用细线体字的道理相同。

（二）地图符号的定位与定向

地图符号在地图上的位置通常代表着实地物体的真实位置，从而使地图具有准确的可量测性。特别是在地形图上，符号的定位问题是地图准确性的核心。因为符号与实地物体的比例关系不同，所以它们在依比例缩小后的地形图上的定位方法也不同，如依比例符号的定位就体现在符号的轮廓线位置上；不依比例符号定位于符号的“主点”上；半依比例符号通过“主线”和相应实地物体正射投影后的“线位”相重合来进行定位。

普通地图上符号放置的方向有的代表一定的实际意义，有的基于地图的艺术性和人的读图习惯，因此符号在图上并不是随意放置的。通常，依比例符号和半依比例符号都不存在定向问题，只有记号性的不依比例符号才存在定向问题，如固定方向、非固定方向、依光照定向、依风向定向，如图 3-31 所示。

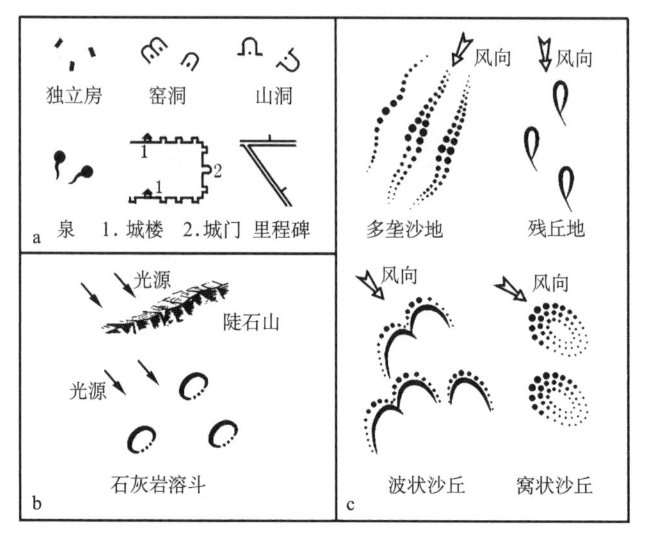

图 3-31 符号的定向示例

第四节 地图色彩

一、色彩的基本知识

颜色（color）产生于物理能，而人们对颜色的感受涉及人的视觉生理机制和心理机能，因此不同的学科对颜色的认识与应用也不同。

（一）光与色

光是一种电磁波，是通过波长与频率来描述的。太阳光线是由其多极的不同波长的电磁波组成的。电磁波波长范围很广，最长的交流电，波长可达数千千米；最短的宇宙射线，波长仅有千兆兆分之几米。人眼只能看见电磁波中 400～800nm（通常是 380～780nm）波长的光线，因此将这段范围的波长所构成的光谱叫作可见光谱（图 3-32）。

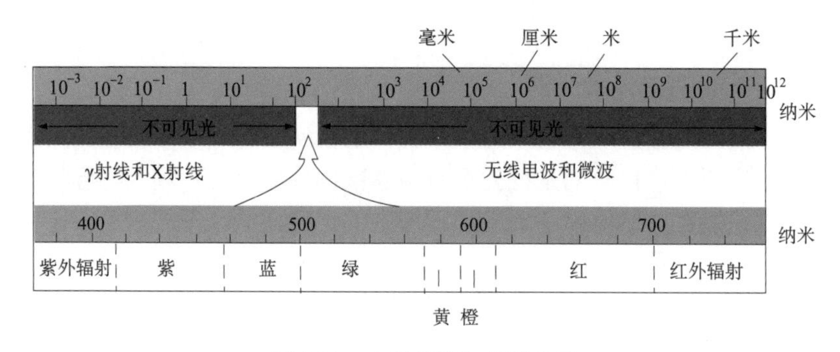

图 3-32 电磁波谱与可见光谱

可见光谱（visible spectrum）是一个连续的波谱，牛顿将其分为红、橙、黄、绿、青、蓝、紫七个谱段。其中波长最长的是红色光，居于此可视光谱的一端；最短的是紫色光，居于可视光谱的另一端。它们和其他各色光的波长大体如下：红色光 630—750nm，橙色光 600—630nm，黄色光 570—600nm，绿色光 490—570nm，青色光 460—490nm，蓝色光 430—460nm，紫色光 380—430nm（图 3-33）。

图 3-33　可见光谱的波长与颜色分布

（二）物体的色

物体的色是人的视觉器官受光后在大脑的一种反映。物体的色取决于物体对各种波长光线的吸收、反射和透视能力。物体分消色物体和有色物体。

1. 消色物体的色

消色物体指黑、白、灰色物体，它对照明光线具有非选择性吸收的特性，即光线照射到消色物体上时，被吸收的入射光中的各种波长的色光是等量的；被反射或透射的光线，其光谱成分也与入射光的光谱成分相同。当白光照射到消色物体上时，反光率在 75%以上，即呈白色；反光率在 10%以下，即呈黑色；反光率介于两者之间，就呈深浅不同的灰色。

2. 有色物体的色

有色物体对照明光线具有选择性吸收的特性，即光线照射到有色物体上时，入射光中被吸收的各种波长的色光是不等量的，有的被多吸收，有的被少吸收。白光照射到有色物体上，其反射或透射的光线与入射光线相比，不仅亮度有所减弱，光谱成分也改变了，因而呈现出各种不同的颜色。

3. 光源的光谱成分对物体颜色的影响

当有色光照射到消色物体时，物体反射光颜色与入射光颜色相同。两种以上有色光同时照射到消色物体上时，物体颜色呈加色法效应，如红光和绿光同时照射白色物体，该物体就呈黄色。

当有色光照射到有色物体上时，物体的颜色呈减色法效应，如黄色物体在品红光照射下呈现红色，在青色光照射下呈现绿色，在蓝色光照射下呈现灰色或黑色。

（三）原色与补色

1. 色光三原色

在颜色光学中，把红光、绿光、蓝光称为色光三原色光。等量的红光、绿光、蓝光相加即产生白光。

2. 色光补色

任何两种色光相加后如能产生白光，这两种色光就互称为补色光。红、绿、蓝三原色光的补色光分别为青、品红、黄色光。红光与青光、绿光与品红光、蓝光与黄光互为补色光。

原色光和补色光的关系见图 3-34。

3. 色料三原色

在色料的调和中（如印刷过程），黄色、青色和品红色称为色料三原色。理论上，等量的黄色、品红色和青色相加即产生黑色。但实际上，颜料的颜色难以达到理想的纯度，因此，通常由三原色混合出来的颜色呈深灰色。也正因为如此，在原色印刷中，常常用黑色来替代三原色等量叠加的部分，所以，人们将这种印刷机制称为“四色印刷”。

4. 色料的补色

任何两种色料相混后如能产生黑色，这两种色料就互为补色。色料的三原色及其补色见图 3-35。

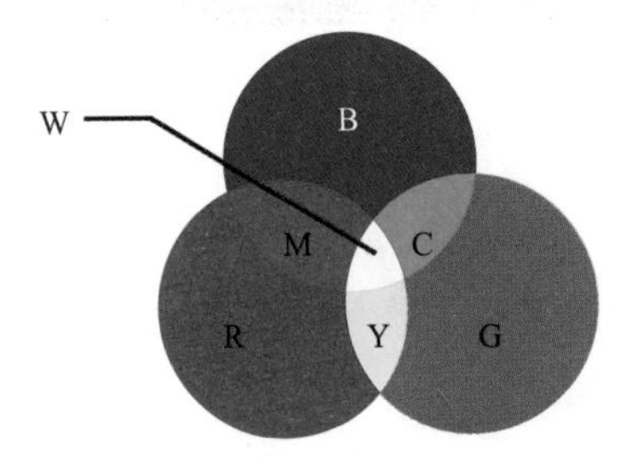

图 3-34 色光三原色及其补色

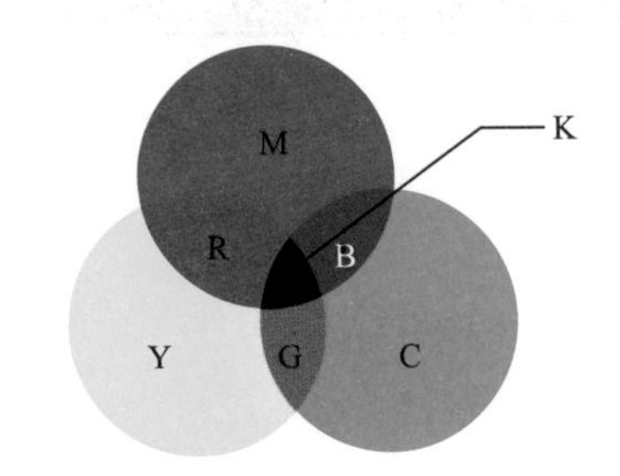

图 3-35 色料三原色及其补色

（四）加色过程和减色过程

色光相加后，光亮度增加，即越加越亮，因此，把色光的相加过程称为“加色过程”；色料相加后，亮度降低，即越加越暗，因此，把色料的相加过程称为“减色过程”。

（五）颜色的三要素

颜色的三要素是色相、明度和饱和度，它们是评价颜色的主要依据。

1. 色相

也称色别，是指色与色的区别，色别是颜色最基本的特征，它是由光的光谱成分决定的。因为不同波长的色光给人以不同的色觉，所以，可以用单色光的波长来表示光的色别。

2. 明度

指颜色的明暗、深浅，通常用反光率表示明度大小。同一色别会因受光强弱的不同而产生不同的明度，同一色别之间也存在明度的异同。人眼对不同颜色的视觉灵敏度不同，不同色别在反光率相同时，也会产生不同的明度感受。

3. 饱和度

饱和度是指色的纯度，也称色的鲜艳程度。饱和度取决于某种颜色中含原色成分与消色成分的比例。含原色成分越大，饱和度就越大；含消色成分越大，饱和度就越小。物体的表面结构和照明光线性质也影响饱和度，相对来说，光滑面的饱和度大于粗糙面的饱和度；直射光照明的饱和度大于散射光照明的饱和度。

色的明度改变，饱和度也随之变化。明度适中时饱和度最大；明度增大时，颜色中的白光增加，色纯度减小，饱和度也就降低；明度减小时，颜色很暗，说明颜色中的灰色增加，色纯度也减小，饱和度也就降低。当明度太大或太小时，颜色会接近白色或黑色，饱和度也就极小了。

二、地图上常用的两个颜色体系

（一）颜色的度量

为什么不同光谱分布的光可以产生相同的颜色视觉？看上去相同的颜色其光谱分布一定相同吗？1854 年，格拉斯曼（Grassman）在不同的观测条件下做了大量的实验，总结出三原色光混合匹配颜色的定量关系，称为格拉斯曼定律。

1. 格拉斯曼定律的内容

格拉斯曼定律的内容包括：

（1）人的视觉只能分辨颜色的三种变化：色相（hue）、明度（lightness）和纯度（saturation）。

（2）在两个色光的混合匹配中，如果其中一个色光连续变化，则混合色的外貌也会连续变化。

（3）外貌相同的色光（具有相同的色相、明度、纯度），不管它们的光谱组成是否一样，在颜色混合中都具有相同的效果。换言之，凡在视觉效果上相同的颜色都是等效的。

（4）混合色光的总亮度等于组成混合色的各颜色光亮度的总和，这一定律称为亮度相加定律。

2. 格拉斯曼定律与颜色的度量

在色光混合匹配方面，格拉斯曼用下列数学公式加以表达：

如果色光 $$A=B, C=D$$

则有 $$A+C=B+D$$

又如果 $$A+B=C, X+Y=B$$

则有 $$A+(X+Y)=C$$

该定律称为代替律（law of substitution）。根据这个定律，凡是视觉上相同的色光便可以互相代替，所得的视觉效果是相同的。因此可以利用颜色混合方法来产生或代替各种所需的颜色。该定律非常重要，它是现代色度学的基础定律。在计算机显示系统中，图形图像的描述与显示也是基于这个原理。

如果色光 $$A+B=C+D$$

则有 $$A+B+E=C+D+E$$

或 $$A+B-E=C+D-E$$

亦即等式两边同加（减）某一色光，结果相等。

如果色光 $$A+B=C+D$$

则有 $$K(A+B)=K(C+D)$$

亦即等式两边同时被某一数相乘，结果相同。这表明两个相同外貌的色光，如果其光的强度同时增加或减少相同的量，其混合色匹配保持不变。

（二）颜色的色系

从 20 世纪初至今，已经出现了多种颜色命名标准，这些标准称为表色系（color system）或颜色空间（color space）（因为描述一个颜色需要三个独立变量，由此构成一个立体空间）。

在实际应用中，不同的行业采用不同的颜色空间，例如，物理学领域常常采用 CIE（国际照明委员会）推荐的标准表色系；心理学和艺术领域则采用色相（H）、明度（L）和饱和度（S）三个感觉变量；在印刷工业领域，对颜色的描述落实到油墨的密度、墨量配比或网目配比上；在彩色电视机、计算机显示终端的制作与应用中，则采用由荧光粉激发的红（R）、绿（G）、蓝（B）色光的混合比来描述颜色。关于颜色的体系很多，主要有牛顿色环与色立体、孟赛尔色彩体系、奥斯特瓦尔德色彩体系、CIE 表色彩体系、PCCS 色彩体系等。这里，主要讨论下面两种在视觉设计中常用的表色系：孟赛尔表色系和奥斯特瓦尔德表色系。

1. 孟赛尔表色系

孟赛尔（Munsell, 1858—1918 年，美国色彩、美术教育家）1905 年设计了表色系，该色谱构成一个颜色立体（图 3-36）。该表色系经过美国光学会多次反复测定和修订，于 1943 年发表“修正孟赛尔色彩体系”，成为国际上通用的色彩系，被作为颜色标定和分类的标准。

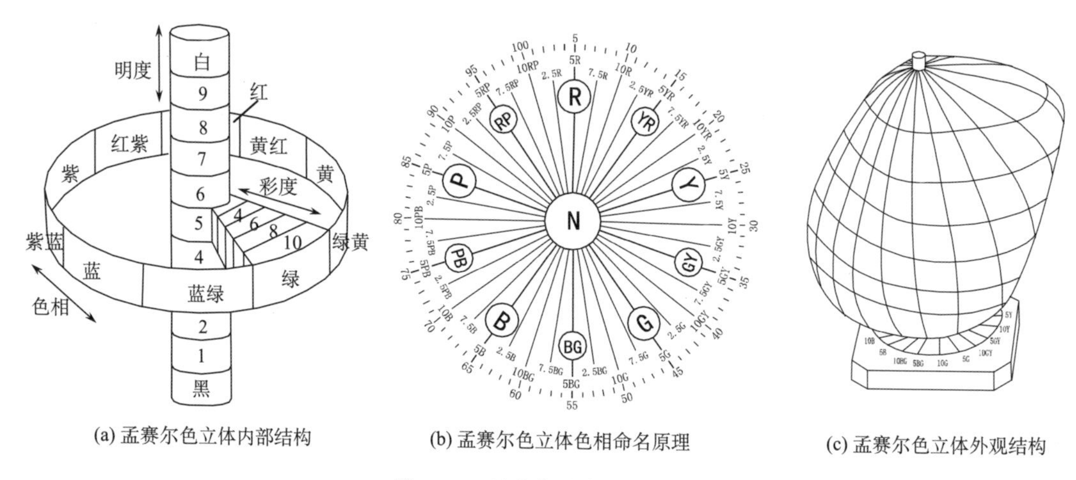

(a) 孟赛尔色立体内部结构　(b) 孟赛尔色立体色相命名原理　(c) 孟赛尔色立体外观结构

图 3-36　孟赛尔表色系的构成

1）孟赛尔表色系的构成

孟赛尔表色系由色相、明度和饱和度构成。即用一个三维空间坐标系统来表示色彩的三属性：中心轴表示明度的变化；以垂直于中心轴的圆环表示色相；以横轴表示纯度的变化。

色相：分成 100 个等级，构成色相环，实际使用 40 个等级。

明度：分为 11 级，由黑到白的变化在视觉上等间距，称为等值灰度尺。

纯度：用偶数表示，2、4、6、8、10、12、14、16。不同的色相，其最大的纯度值不同。

2）孟赛尔表色系对颜色的标识

孟赛尔表色系对一个颜色的标识是：HL/C＝ 色相 • 明度 /纯度。

2. 奥斯特瓦尔德表色系

奥斯特瓦尔德（Ostwald，1853—1932 年，德国化学家，诺贝尔奖获得者）1921 年创立了色彩体系（图 3-37）。奥斯特瓦尔德色立体以 8 个主要色相为基础，各主色再 3 等分，形成 24 色相环。色立体中心轴由无彩色构成，从白到黑划分为 8 个明度，分别用 a，c，e，g，i，l，n，p 表示，各自含白量见图 3-37（d）中括号内的数值。色立体中心轴也称中性灰色尺度，它是一个心理灰尺度，其灰度间距或百分比以等视量灰度为依据。用中性灰色尺度作为垂直轴，做以明度系列为边长的三角形，并把它分割成 28 个菱形，构成 28 个中性色调的单色三角形，并用字母加以标记，如 la，ng 等，前面字母标示含白量，后面字母标示含黑量，如图 3-37（c）所示。

奥斯特瓦尔德表色系根据色相、黑度和白度来构成，其标识方法是：色相号·含白量·含黑量。例如，13ga 表示色相为 13 的颜色，g 为含白量，a 为含黑量。

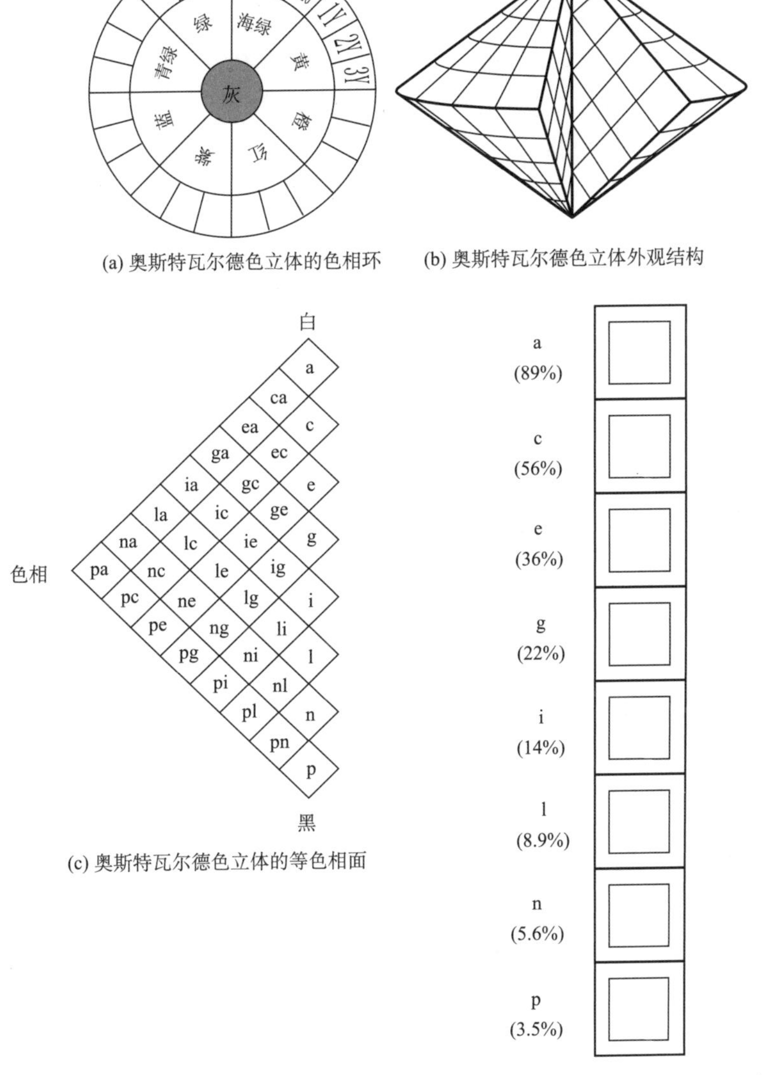

(a) 奥斯特瓦尔德色立体的色相环　(b) 奥斯特瓦尔德色立体外观结构

(c) 奥斯特瓦尔德色立体的等色相面

(d) 奥斯特瓦尔德色立体的灰度尺(括号中为含白量)

图 3-37　奥斯特瓦尔德表色系的构成

三、地图色彩的视觉心理反应

（一）膨胀感与收缩感——暖色和冷色

暖色具有膨胀感，冷色具有收缩感（黄国松，2001）。暖色指波长较长的色（红、橙、黄），给人以温暖感，习惯上称红色系列为暖色系列。冷色指波长较短的色（紫、蓝、绿），给人以寒冷感，习惯上称蓝色系列为冷色系列。

（二）前进感与后退感——前进色和后退色

对色相而言，暖色有前进感，冷色有后退感；对亮度而言，亮度大有前进感，亮度小有后退感；对饱和度而言，饱和度高有前进感，饱和度低有后退感。色彩的进退感是加强地图图形与背景效果的有效措施，前进色用来表示图形。利用进退感有效排列，一定程度上可表现地貌的立体感。色彩的冷暖感如表 3-2 所示。

表 3-2　色彩的冷暖感

色彩	温度感	刺激作用	色彩	温度感	刺激作用
红	暖	有刺激	蓝绿	微寒	微平静
橙	暖	有刺激	蓝	寒	沉静
黄	微暖	有微刺激	蓝紫	微寒	微沉静
黄绿	中性	平静	紫	中性	平静
绿	中性	平静			

（三）色彩的感情含义

人们对色彩的感情反应不尽相同，但仍有一些可供参考的规律（表 3-3）。

表 3-3　人们对色彩的感情反应

色彩	含义
红色	紧张、兴奋、热情、活泼、勇敢、暴力、危险等
橙色	快乐、欢乐、积极、健壮、收获、富裕等
黄色	光明、向上、愉快、明快、乐观等
绿色	安稳、平静、随和、纯真、和平、自然、年轻等
蓝色	沉静、冷淡、沉着、纯洁、浮沉等
紫色	优美、高贵、问候、神秘、优雅、尊严等
白色	清洁、纯洁、病态等
灰色	平静、沉默、压抑、素净等
黑色	神秘、消极、沉闷、哀悼等

（四）色彩的偏爱性

来自心理学和广告业的研究表明：4—5 岁的幼儿喜欢暖色，红色、橙色最受欢迎，蓝绿色次之；少年也喜欢高饱和度的颜色，但是六年级后，此倾向减弱；成年人偏爱不一致，通常喜欢波长较短的色，受多种因素的影响。

（五）色彩的组合感受

色彩的组合感受一般是指图形与背景的色彩感受。最满意的组合是具有较大的亮度差别。理想的图形色应是从绿到蓝的任何色相，或包含大量灰色的色相。表 3-4 是适合于建立图形与背景的色彩组合。

表 3-4 适合于建立图形与背景的色彩组合

图形	最佳背景色	最糟背景色	图形	最佳背景色	最糟背景色
中红	墨绿	艳紫红	中蓝绿	黑	中绿
棕橙	墨绿	艳紫红	中绿蓝	艳黄	中绿
浅草黄	墨绿	艳红	极淡蓝	黑红	强黄绿
强淡绿	墨绿	中绿	棕紫红	黑	艳橙
中绿	淡灰红	灰蓝	中灰	淡红	灰蓝

四、地图色彩的作用

（一）色彩能提高地图的视觉感受和传输效果

色彩是一个很重要的地图视觉变量，可以产生多种视觉效果。因此色彩的应用可以使地图图面层次分明、重点突出、符号清晰易读，能有效增强地图阅读的视觉感受效果。例如，利用色相可以表达制图对象视觉层次和类别，利用亮度可以表达制图对象定量特征，利用色彩的空间感即色彩远近感表示制图对象的变化和层次。

同时，色彩还可以丰富地图表达的内容，使得单色图无法多重表达的内容可以叠置在一起表示，不仅能描述各自的直接信息，还可以表达出相互之间深层次的关联关系，增大了地图的信息载负量，使读图者获得更多的信息和知识。

另外，色彩的合理配置也是增强地图传输效果的有效途径。例如，对比色的配合可以区分图形与背景的层次，突出主题内容；同种色的配合容易获得协调的图面效果，增强地图的整体感，达到最佳的传输效果。

（二）色彩具有使图形符号简化和要素清晰的功能

地图表示的内容十分丰富，运用的点、线、面符号非常多。在单色地图上，不同的点状制图对象只能依靠符号的形状和纹理来区别；不同的线状制图对象只能依靠符号的形状、粗细、结构以及添加纹理来区别，有时分类分级过多时还难以区分；不同的面状制图对象只能依靠在面状范围内叠加不同形状和纹理的点或线符号来区别。这样就使得原本已经较复杂的地图符号系统更为庞大和复杂，甚至导致许多内容无法表示。色彩的使用大大简化了符号系统，例如，在地图上同是一条细实线，黑色表示铁路、红色表示公路、蓝色表示岸线、棕色表示等高线等；同是一个三角形，红色表示铁矿、黄色表示金矿、白色表示银矿等；同是一个多边形区域，红色表示大豆区、黄色表示玉米区、蓝色表示小麦区等。简单的符号加不同的色彩就能很好地区别不同的制图对象，并且使各要素内容区分明显，清晰易读。

（三）色彩可以提高地图的艺术价值

地图是科学与艺术的结合。当色彩设计既能正确表达地图内容，又能给人一种和谐的审美感受时，它才是一幅真正成功的地图作品。色彩配合协调美观的地图，可以使人阅读时得到美的享受和熏陶，更重要的是它可以吸引读者的注意力，主动地去看、去读、去认识和理解地图内容，从中很容易直观地感受到地图内容的主次、要素质量的差异、要素数量等级的变化等，最终获取相关的地理信息和知识。这也是地图的科学与艺术相结合的价值的真正体现，而其中色彩的作用是无法替代的。

第五节 地图注记

地图注记是地图内容不可或缺的重要组成部分，地图注记与地图符号相结合才能完整地表达地图内容。地图注记设计及其在地图上的配置，直接影响地图阅读和信息传输的效果。这里主要介绍地图注记的分类与作用、地图注记字体的设计、地名注记的配置要求、地名的解译和译名，等等。

一、地图注记的概念

地图注记是指用于说明各种地图内容要素的名称、种类、性质、数量的文字和数字的统称。地图注记主要包括名称注记和说明注记两大类，通过地图注记的字体、字大、字色、字形、字间隔、字排列等特征变化，区分地图内容要素的数量、质量特征及差异。

二、地图注记的作用和种类

（一）地图注记的作用

地图符号用于显示地图物体（现象）的空间位置和大小，地图注记用来说明各要素的名称、种类、性质和数量，等等。地图注记的主要作用是标识各种制图对象、指示制图对象的属性、说明地图符号的含义。

1. 标识各种制图对象的地理名称

地图用符号表示地表现象，同时用注记说明各种制图对象的名称，使注记与符号相配合，准确的标识制图对象的位置和类型。例如，北京、南极、38 度（北纬）、大西洋等各种地理名称。

2. 指示制图对象的属性

各种说明注记可用于指示制图对象的某些属性（质量和数量）。常用文字注记指示制图对象的质量特征，例如，森林符号中的说明注记“松”，补充说明森林的性质以松树为主；用数字注记说明制图对象的数量特征，如河宽、水深、各种比高等。

3. 说明地图符号的含义

通过各种图例、图名的文字说明，使地图符号表达的内容更加容易被理解和接受。

（二）地图注记的种类

地图上的注记可分为名称注记和说明注记。

1）名称注记

是用文字注明制图对象专有名称的注记。如图 3-38 所示的居民地名称注记“岳家屯”“双龙台”等。

2）说明注记

说明注记分为文字说明注记和数字说明注记两类。

文字说明注记是用文字说明制图对象的种类、性质或特征的注记，以补充符号的不足，当用符号还不足以区分具体内容时才使用。例如，说明海滩性质的注记“泥、沙、珊瑚”等。

数字说明注记是用数字说明制图对象数量特征的注记，如经纬度、地面高程、水深、路宽、桥长等。如图 3-38 所示的 9（12）表示道路路面宽度为 9m，铺面宽度为 12m；$\dfrac{24-12}{13}$ 表示桥的长度为 24m、宽度为 12m、载重量为 13t。

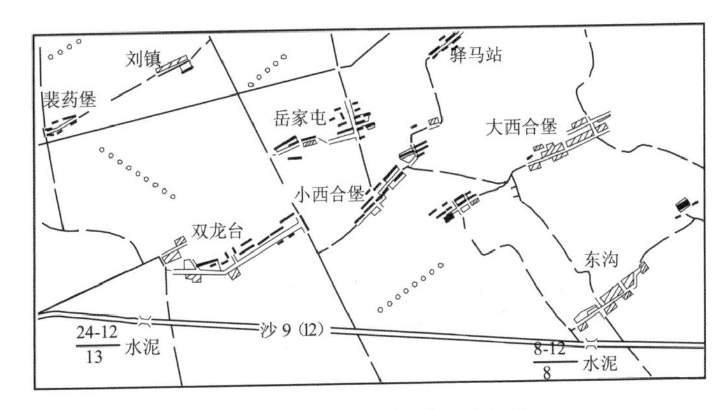

图 3-38　名称和说明注记示例

三、地图注记的构成要素

地图内容要素的类型、形状、大小以及分布形态不同，地图注记的字体、大小、颜色、排列方式等也不同，它们按照一定的原则与规律组合成地图注记。描述地图注记特征的这些要素称为地图注记的构成要素，主要包括字体、字大、字色、字形、字隔、字列。

（一）字体

字体是指地图注记所用文字的字型（不同形体），常用于区分地图要素的质量类别或级别。所以，地图注记字体的选择与使用，应该与地图要素的分类分级相适应，而且尽量使用常用字体，便于读者快速认知各种地图要素。地图注记常用的字体主要有等线体及变形体、宋体及变形体和仿宋体，以及行书、隶书、魏体和带有各种装饰效果的美术字体等，如图 3-39 所示。

等线体是地图注记中应用最多的字体，其中粗等线常用于图名和高等级居民地名称注记，中等线体主要用于中等级居民地名称注记，细等线体主要用于低等级居民地名称注记和各种说明注记。等线体的变形字体耸肩等线主要用于山脉名称注记，长等线主要用于山峰、山隘名称注记，扁等线主要用于区域名称注记，长等线和扁等线也用于地图的图名和图外注记等。

<table>
<tr><th colspan="2">字体</th><th>式样</th><th>用途</th></tr>
<tr><td rowspan="4">宋体</td><td>正宋</td><td>成 都</td><td>居民地名称</td></tr>
<tr><td rowspan="3">宋变</td><td>鄱阳湖 长 江</td><td>水系名称</td></tr>
<tr><td>山 西 太 原</td><td rowspan="2">图名、区划名</td></tr>
<tr><td>浙江 杭州</td></tr>
<tr><td rowspan="4">等线体</td><td>粗
中
细</td><td>北京 开封 青州</td><td>居民地名称</td></tr>
<tr><td rowspan="3">等变</td><td>太行山脉</td><td>山脉名称</td></tr>
<tr><td>珠穆朗玛峰</td><td>山峰名称</td></tr>
<tr><td>北京市</td><td>区域名称</td></tr>
<tr><td colspan="2">仿宋体</td><td>信阳市 官渡镇</td><td>居民地名称</td></tr>
<tr><td colspan="2">隶体</td><td>中华人民共和国政区图</td><td rowspan="2">图名、区域名</td></tr>
<tr><td colspan="2">新魏体</td><td>粤港澳大湾区</td></tr>
<tr><td colspan="2">美术体</td><td>台湾省图</td><td>名称</td></tr>
</table>

图 3-39 地图注记的字体

宋体主要用于较低级（村庄）居民地名称注记和部分说明注记，其变形体左斜宋体主要用于各种水系名称注记；仿宋体主要用于较低级居民地名称注记；行书、隶书、魏体主要用于各种专题地图、地图集、挂图的图名注记以及行政区域的表面注记；美术体多用于图名注记。

（二）字大

字大也称字号，是指地图注记字的大小，常用于区分地图要素的重要性和数量等级。因此地图注记的字大选择，应该与制图对象的重要性和层级相适应，制图对象越重要或等级越高，地图注记的字越大，反之越小，如图 3-40 所示。

地图注记字大的单位有“磅”“点”（point）“mm”“像素”等，数值越大字越大。我国地图上注记字大一般采用“mm”为单位。

地图注记的最大、最小字大，以及字大之间的级差，通常是根据制图对象的分类分级层次和阅读距离来决定的，不同幅面大小的地图，如挂图和桌面图，地图注记的字大差别很大。为了更好地区分制图对象的等级差别，相邻两级的字大极差不应小于 2 级，或将字大与字体特征结合起来使用。

首都	北京
省、自治区、直辖市政府驻地	长春
市、自治州政府、地区行署、盟驻地	锦州
县、市、旗、自治县政府驻地	中牟
乡、镇政府驻地	角美镇

图 3-40 地图注记的字大

（三）字色

字色指地图注记所用的颜色，常用于区分地图要素的质量差别和等级。普通地图上，字色的选择与所表达制图对象的符号用色相一致，例如，水系使用蓝色注记，地貌用棕色注记，居民地等人文地理要素用黑色注记等，如图 3-39 所示。专题地图上，字色的选择主要与专题要素的质量等级相适应，主题要素注记字色要突出、明显，并且与地理底图的背景颜色形成鲜明的对比。

（四）字形

字形主要指字体的形状。地图注记的字形主要包括正体和斜体两大类，如图 3-39 所示。

正体字也称直立体。根据字模高度和宽度之间的比例关系，可以分为正方体和长方体两种。前者如正等线体、正宋等，后者如长等线体、扁等线体、长宋体、扁宋体等。斜体字也称倾斜体字，向左倾斜称左斜体，向右倾斜称右斜体。斜体字主要用于表示水系、地貌等要素的不同名称或属性。另外，耸肩体也是斜体字的一种，我国地图上习惯用耸肩等线体标注山脉、山岭的名称注记。

（五）字隔

字隔是指注记中字与字的间隔距离。地图注记的字隔一般是按照所注对象的空间分布特征（点、线、面分布）和视觉阅读的可行性来确定的。

最小的字隔一般是以视觉能区分不同字为标准，最大的可为字大的若干倍（通常最大为字大的 4—5 倍），间隔过大则不便于联结起来阅读。

地图上点状地物的注记（如居民点等），一般都使用最小字隔，指示明确，阅读方便；线状地物的注记（如河流、道路等），是沿线状地物分布方向，一般采用较大字隔注出，当线状地物很长时，需分段重复注记；面状地物的注记，是依据其所注地物面积的大小，灵活变更其字隔，当所注地物面积较大时，应分区重复注记。如图 3-41 所示。

（六）字列

字列指的是同一注记的排列方式。地图注记的字列一般是按照所注对象的空间整体分布趋势（水平、垂直、雁行等）和注记位置指示的合理性来确定的。

地图注记的字列主要有水平、垂直、雁行和屈曲字列四种形式。水平、垂直和雁行排列的注记的字向大多朝向正北方向或图廓上方。水平字列的注记平行上下内图廓线，注记从左向右依次排列；垂直字列的注记垂直于上下内图廓线，注记从上到下依次排列；雁行字列的注记排列方式主要根据所标注的制图对象的分布特征进行灵活排列。屈曲字列注记的字向依所注地物注记线而改变，字向与注记线垂直或平行。如图3-42所示。

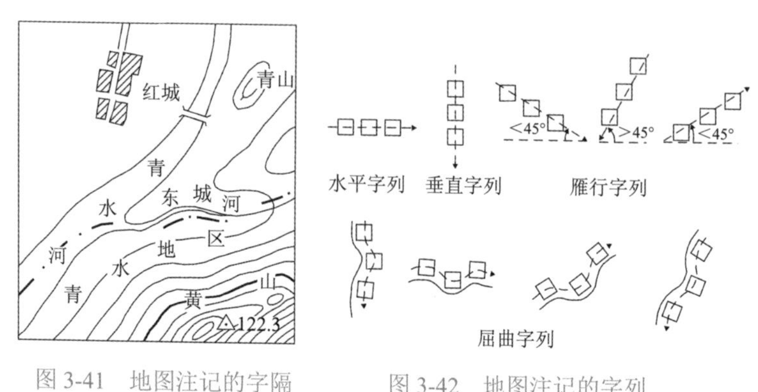

图3-41 地图注记的字隔　　图3-42 地图注记的字列

四、地图注记的配置原则和方法

（一）地图注记配置的原则

地图注记的配置就是选择注记的位置，一般应遵循的原则是：注记位置应能明确说明所显示的对象，不产生异义；注记的配置应能反映所显示对象的空间分布特征（集群式、散列式、沿特定方向）；地图注记不应压盖地图要素的重要特征处。

1. 点状要素注记配置原则

对于点状物体或不依比例表示的面积很小的地物（如小湖泊、小岛等），多用水平字列无间隔排列。配置注记的最佳位置是符号的右上方、右下方，最好不要将注记放在符号的左边。位于河流或境界线一侧的点状地物的名称应配置在同一侧。海洋和其他大水域岸线上的点状地物，一般应将地名完全水平配置，不要压盖岸线。如图3-43中居民地名称“北郭丹”“万安”采用水平无间隔排列方式。

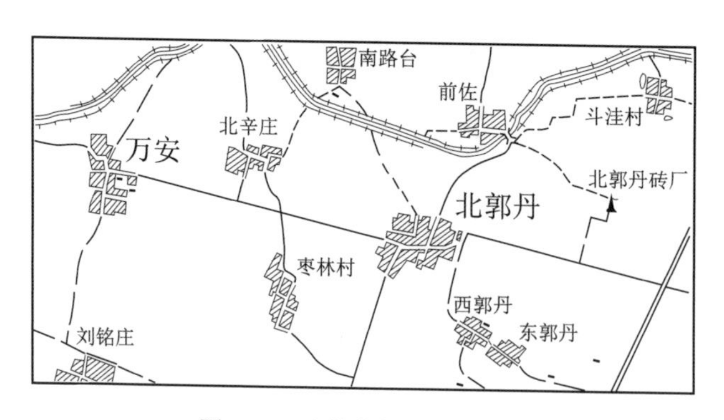

图3-43 点状物体注记的配置

2. 线状要素注记配置原则

对于线状的和伸长的地物（如河流、考察路线、海峡、山脉等），多用雁形字列或屈曲字列，其注记与符号平行或沿其轴线配置。如果线状要素很长时，可沿要素多处重复注记，以便辨认。线状要素注记的理想位置是要素的上方，最好能沿水平方向展开。不要使注记挤在要素中间，如果可能，河流注记的倾斜方向最好与河流流向一致。如图 3-44 所示。

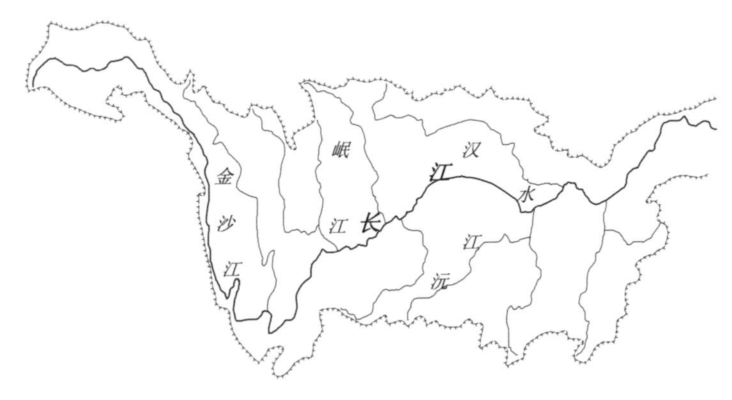

图 3-44　线状地物注记的配置

3. 面状要素注记配置原则

对于面状地物或在地图上占据很大面积的制图对象，其注记（如面状岛屿、行政区域等的名称）配置在相应的面积内，沿该轮廓的主轴线配置，成雁形或屈曲字列；注记配置的空间要能使要素的范围一目了然，如图 3-45 所示。

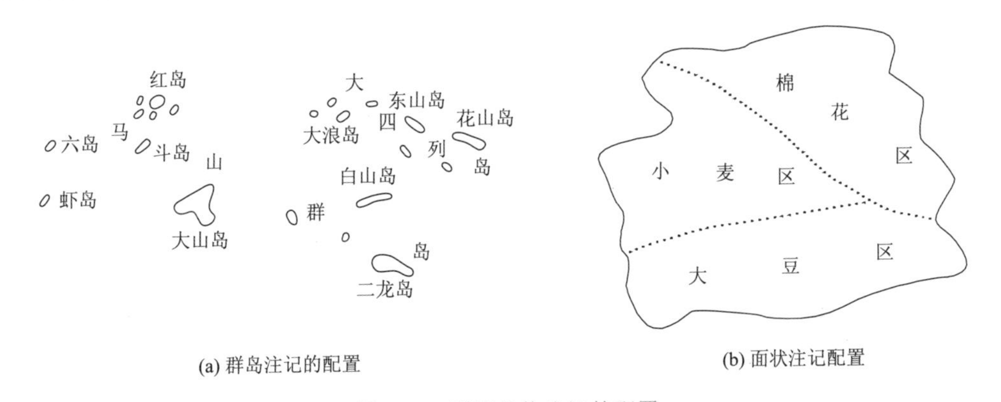

图 3-45　面状地物注记的配置

（二）地图注记配置的方法

目前在数字制图过程中，地图注记配置的方法包括自动注记和交互式注记两种。自动注记的难点在于注记的自动定位，常遇到的问题是注记速度慢、注记效果不理想。因此，目前自动注记的算法都是希望在尽量短的时间内，得到尽可能好的注记效果。这里主要对地图自动注记需要考虑的因素以及点、线、面要素注记自动配置和交互式配置常用的方法加以介绍。

1. 地图注记自动配置需要考虑的因素

1）根据几何特征类型分层处理

在进行注记时，由于地物几何特征的不同，自动处理的算法、思路、数据的存储结果会有很大的不同，这意味着不同特征类型的要素有完全不同的处理方法。例如，点状要素的注记通常环绕点位进行，主要考虑与注记点结合的紧密程度，与其他注记是否冲突、压盖；而线状要素的注记则以沿线状要素形状配置为宜，当然也要考虑与其他注记冲突和与其他要素压盖的问题；面状要素又可以分为面团状（如居民地）、小面积面状、大面积面状和条形面状。各种情况要进行不同的处理，面团状要求沿着外轮廓线注记；小面积面状宜作点状要素处理；大面积面状需要沿主骨架线注记；条形面状宜沿条状的外缘形状注记。因此注记配置原则应考虑分为点、线、面三种不同的几何类型分别进行处理。

2）点、线、面注记的优先级

在地图注记中，因为涉及多种特征类型的多种要素，所以有一个综合平衡和优先考虑的问题。一般的顺序是先点、后线、再面。根据不同的输出要求，可能有不同的优先级顺序。

3）冲突避让优先级

理想的注记位置是所有居民的注记都配置在居民地的右上方，所有线状地物注记（如河流）都配置在河流右侧或居中且均匀分布，面状地物注记配置在面状地物范围轮廓线内。当无法在理想位置配置时，必须通过调整其位置来解决注记冲突问题。冲突避让的优先级，一般由地物本身的等级属性来决定。因此，在进行自动注记之前，需要根据用图要求，对冲突避让优先级先给出一个综合的考虑。

4）压盖避让优先级

编图时注记完全不压盖地物符号是不可能的，如居民地的注记可能压盖河流或道路等。因此，与处理冲突避让优先级一样，必须根据用图要求，对压盖避让优先级，在编图前要先给出一个综合的考虑。

5）屏幕显示与图纸输出

对于图纸输出，应按相应的规范或规定确定注记参数。对于屏幕显示，因为计算机屏幕显示可以方便地进行缩放、漫游，所以注记参数可以更为灵活处理，在给出系统缺省值的情况下，再提供方便的交互式手段让用户可以根据自己的需要进行设定和改变。

2. 地图注记自动配置的方法

根据地图注记的配置原则，由计算机自动判断注记的字体、字大、字色等参数，确定注记的定位点。然后按照优先级顺序依次对优先方向作出判断，看是否压盖其他重要地物（境界的关键点、河流转折点、重要方位物等）、是否与其他注记产生矛盾、是否与颜色相同的要素重叠等，直至找到合适的注记配置位置为止。

1）点状要素注记自动配置方法

目前，在自动注记的研究中，点状要素的注记配置是研究得最多的，这是因为一般地图上点状要素最多，实现起来也比线状、面状要素容易。而且点状要素注记配置的研究也可用于线状和面状要素。点状要素注记通常有矢量和栅格两种处理方式，解决冲突和压盖的方法很多，这里主要介绍贪心法、回溯法和神经元网络法。

贪心法的过程是：首先，对于每一个正在注记的点状要素，依次检查四个候选位置（右、上、左、下），计算若选择此候选位置目标函数（目标函数是各注记所选择的候选位置权值之和加上所有注记压盖的权值之和）的值；然后，选择一个使目标函数最小的候选位置作为注记位置。

回溯法的过程是：首先， 根据压盖情况，选取注记点位；然后，进行冲突检测，进行回溯，解决冲突。

神经元网络法的过程是：首先，考虑压盖的冲突情况，选择全局较优点位；然后，进行冲突与压盖检测，解决冲突，减少压盖。

2）线状要素注记自动配置方法

线状要素的注记也有基于矢量和栅格两种数据结构的注记配置方法。虽然线状要素注记之间不存在彼此冲突的问题，但要考虑线状要素注记与已有点状要素注记的冲突问题，以及与其他地物的压盖问题。前者因为线状注记位置的允许空间比较大，一般容易解决；后者通过设立压盖优先级可以解决。线状要素注记配置要解决的主要难点在于提高平行线生成的精确性，以及加快处理冲突和压盖时的搜索速度。线状要素（以河流为例）注记配置方法的一般过程是：

第一步，提取河流空间点位及相应注记的参数数据。

第二步，计算河流长度，对河流进行分段。

第三步，为河流的各段求取左、右（或上、下）平行线。

第四步，沿着平行线搜索第一组可选位置。

第五步，检测该组位置是否与已有注记发生冲突，如有，则该组位置作废，转到第四步，否则转到下一步。

第六步，记录该组位置及与已有地物的压盖情况。

第七步，选出 N 组位置，转到下一步，否则转到第四步。

第八步，比较已经选出各组位置的压盖情况，选取最佳位置，结束。

3）面状要素注记自动配置方法

面状要素注记的自动配置问题可以归并为点状要素或线状要素的注记。

对于团状居民地的注记，在提取外轮廓线后，按点状要素注记方法实施；对于小的湖泊、面状水库等，根据其形状和大小，按点状或线状要素注记方法实施。

对于双线河流和狭窄而细长的湖泊、水库等，按线状要素注记方法实施。

对于大的面状湖泊、行政区域等，在提取骨架线后，沿着骨架线，按线状要素注记方法实施；面积太小、主骨架线太短、容纳不下注记时按点状要素注记方法实施。

3. 地图注记的交互式配置方法

当注记不能自动配置时，可以采用人-机交互的方式进行。其基本方法是，通过对注记的字大、字体、字的颜色和字的间隔等参数进行人工设置，然后用计算机鼠标将注记移动到相应的位置，同时记录相关参数和注记定位点坐标。这种方法的关键是设计好人机交互界面，便于用户灵活、方便地选择字体、字大等参数并可进行快速、准确的注记定位。它适合任意地图比例尺点状、线状、面状要素的注记配置。

第六节 地图符号系统

一、地图符号系统的概念

地图符号按照其含义、关系、可用性构成的一个完整系统称为地图符号系统，包括地图符号、地图注记和地图色彩三部分，从语言学角度也称为地图语言。在地图符号系统中，每个地图符号作为其元素，依据特定的符号语法、语义和语用规则相互组合，综合表达地图内容要素地理名称、位置和属性特征及其变化状态和规律。

最先较完整提出图形符号系统的是法国地图学家 Bertin，其核心是总结地图符号构图的逻辑规律，把构成一切符号的基本因素抽象出来，定义了六种视觉变量，为地图符号设计和表示提供了理论依据。虽然 Bertin 的符号系统只是从地图符号的语法角度，部分地应用了“符号关系”的若干规则，而没考虑符号的内容和含义，但却是把符号论引入地图学的最初的尝试。随后地图符号的研究不断深入和完善，形成了地图符号学，由地图符号句法学、语义学和语用学三部分构成。关于地图符号学相关内容有专门的书籍可以参考，这里不再阐述。下面介绍地图符号系统的特点和构成。

二、地图符号系统的特点

1. 地图符号系统的完整性

主要指地图符号类（级）别的完整性和地图符号含义的完整性。地图符号系统的符号类（级）别必须含盖地图上所有图形、色彩和文字标记的各类各级制图对象，并对每个制图对象做出定义或必要解释。不同领域制图对象的分类分级规则是不同的。地图符号系统必须采用不同的图形符号、地图注记和地图色彩，系统完整地表达每种类型和每种等级制图对象的时空、属性、变化特征和关系信息，即地图符号系统与地图内容要素分类分级对应关系应完备且正确合理。

地图符号系统中每个地图符号的含义应完整准确。地图符号的形状、色彩、尺寸等视觉变量和注记的字体、字大及字向等要素，必须与制图对象所表达的内容含义一致，而且符号含义要明确，不同的符号不能有相同的解释，即符号构图、用色、注记与制图对象之间特征和关系相互映射，不能出现模糊和歧义。

2. 地图符号系统的逻辑性

地图符号系统中的各个符号都不是孤立的，它是按照地图的用途、地图比例尺、地图内容要素的特征，形成的具有自身内在逻辑结构和规律性的一个完整系统。地图符号系统的逻辑性主要指符号系统组织的逻辑性和符号构图的逻辑性。

地图符号系统的组织编排逻辑和制图对象分类分级的逻辑结构一致：保持分类分级的合理性、内部结构的连续性及图案序列的逻辑性。地图符号系统的构图，必须保持不同类符号具有质的差别便于区分，同类符号有一定的延续性和通用性，在符号的图形与符号的含义之间建立起有机的逻辑联系，并达到图面表示的层次性和协调性的效果。

3. 地图符号系统的时空性

地图符号系统与一般文字语言的最大区别在于地图符号系统是空间信息的载体和传输工具，是具有空间特征的一种视觉符号系统。它采用便于空间定位的形式来表示各种物体与现象的性质和相互关系。地图符号系统用于记录、转换和传递各种自然和社会现象的知识，在地图上形成客观实际的空间形象。因此，地图符号系统作为一种特殊的地图语言，具有揭示客观地理世界的结构、分布特征和相关关系的功能，表达地图内容要素的空间分布状态及其随时间变化的趋势，而且直观、形象、简洁和易于理解。

4. 地图符号系统的动态重组性

地图符号系统不但可以事先规定好符号的组织结构，还可以根据应用需求实时构建新的符号。符号系统根据实际需要可自动扩展，根据不同领域制图对象的特征和空间分布规律，组合形成不同领域的地图符号系统。同类地图符号通过符号的组合和派生构成新的符号系统，例如，用齿线和线条的组合，就可以组成凸出地面的路堤；不同类地图符号，根据制图对象的逻辑关系，动态组合形成新的符号系统，例如，专题地图集中图幅符号系统根据图幅间的逻辑关系组合成新的图组符号系统，图组符号系统根据图组间的逻辑关系组合成新的图集符号系统等。

三、地图符号系统的构成及层次结构

地图符号系统是根据符号所表征的地理要素概念之间的关系进行组织的，组织模式上是一种树状语义结构（田江鹏，2016）。从符号的语义关系角度看，符号系统以“上下义”关系为主，个体符号以“部分—整体”关系为主，构成了一个符号的层次组织结构。例如，国家基本比例尺地形图符号系统，是按照一定的分类分级方式进行组织的，可以将其内在的组织逻辑概括为一种树状的语义组织结构，如图 3-46 所示。语义树的各个节点则表达了相应类别的符号概念，可以是一个具体的地理要素，如“土堆上的三角点”，也可以是代表一类地物抽象的概念，如“测量控制点”。

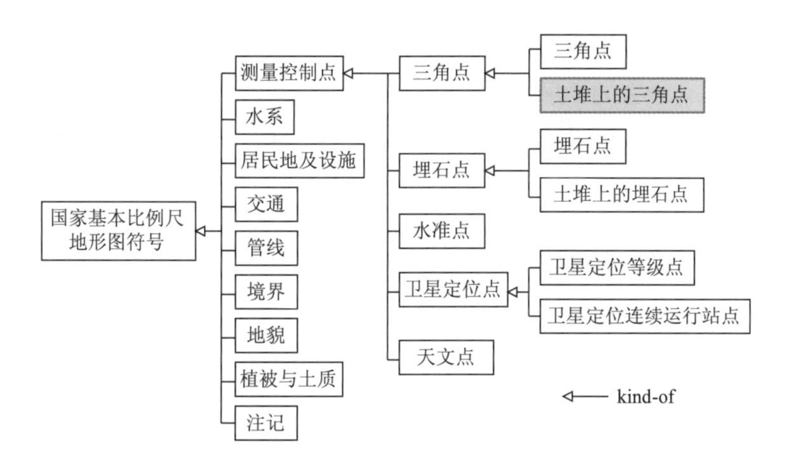

图 3-46 按照树状语义结构组织的符号系统示例

借鉴自然语言的原理，参照相关文献，地图符号系统的构成及层次结构可以归纳为四层，即地图、符号、语素、图形变量层（田江鹏，2016），如图 3-47 所示。

在横向上区分为图形域和语义域两个方面。图形域和语义域体现了地图符号的图形和语义两个特征。图形域关注的是图形（图形视觉变量→基本几何图元→语素→符号→地图）中的图形组织和构图规律。核心问题是下一层次图形单元是上一层次图形单元的图形组织和构图规律的基础。例如，基于图形视觉变量的语素设计、基于语素组织符号、基于符号构成更高层次的符号系统。语义域关注的是地理要素概念的语义特征，形成对符号个体层次的语义结构描述，且在符号系统层次构成对符号体系的语义描述。核心问题是语义特征、符号语义描述以及地图语义场描述及其语义规则。这里更强调将图形和语义统一纳入语法的框架下进行讨论，即通过语义规则控制图形几何组合运算，使具有共性的构图对象和构图算子能够与具体地理语义相关联，从而弥补单纯的图形构图规则在地图信息构造上的不足。

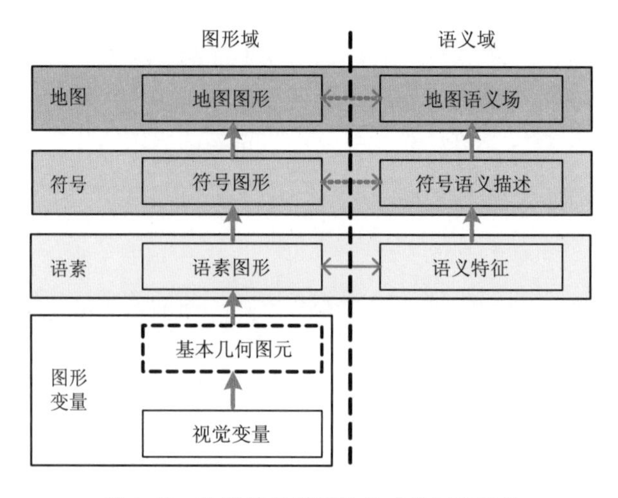

图 3-47　地图符号系统的构成及层次结构

在纵向上区分为“语素→符号→地图”的语法层次，每一层次都是由相应层次的语义组织和图形表现形式相映射，即语义域和图形域在自下而上的各语法层次中均形成映射，体现了地图符号的构造具有语言的“层次性”特征。语法层次的核心问题包括：首先，基于视觉变量和基本几何图元，设计语义特征对应的语素图形形式，即构成语素这一语法层次中“图形—语义特征”相映射的最小单位，是形成图形—语义这一映射的直接纽带。其次，根据符号的语义描述结构组织语素构造符号，是语法模型的核心问题。最后，在统一语义树架构下，组织符号并构成符号库。语法层次中使用图形和语义相互映射的方式，使得个体符号的图形构造可以用语义结构进行解释，同时也使得以语义关系为内在逻辑的符号系统具备更好的体系性和规律性。

思 考 题

1. 地图内容要素的特征有哪些？
2. 地图符号与一般符号相比，有何特点？
3. 什么是量表方法？量表方法有哪几种类型？
4. 地图符号的功能有哪些？
5. 地图符号的基本视觉变量有哪些？
6. 色彩的三属性是什么？色彩的视觉心理反应有哪些？
7. 地图色彩的作用是什么？
8. 地图注记类型有哪几种？地图注记配置的基本原则和方法是什么？
9. 地图符号系统有哪些特性？

第四章 制图综合

制图综合是地图学最具挑战和创新性的研究领域，是地图编制过程中的关键环节，因为地图作为构建非线性复杂地理世界的模型，其本身就是经过对客观现实进行抽象、概括和模型化产生的，而且从较大比例尺地图到较小比例尺地图，也必须进行制图综合。也就是说，只要制作地图，就必须进行抽象概括。本章主要介绍制图综合的概念、影响制图综合的因素、制图综合的方法等。

第一节 制图综合的基本概念

一、制图综合的实质

已于前述（第一章第一节），制图综合是解决缩小简化了的地图模型与复杂地理世界或较大比例尺地图模型之间的矛盾的科学抽象方法。作为模型，在对复杂地理世界进行科学抽象的过程中，除采用地图符号系统外，还要运用科学抽象方法对客观存在进行简化和概括。它们都包含着人的主观因素，因为任何地图都是在人对客观地理环境进行认识的基础上制作的。任何地理要素（现象）都有数不清的特征，有无数个层次，大量的因素交织在一起，大量的表面现象掩盖着必然性的规律和本质。地图制作者必须进行思维加工，抽取地理要素（现象）内在的、本质的特征与联系，这就是制图综合，是制作地图不可缺少的科学抽象过程。

制图综合的这一过程不仅仅表现在缩小、简化了的地图模型与实地复杂的地理世界之间，而且还表现在将较大比例尺地图转换为较小比例尺地图的过程中。也就是说，利用较大比例尺地图编绘较小比例尺地图时，必须从资料图上选取一部分与地图用途有关且地图比例尺允许表达的内容，以概括的分类分级代替资料图上详细的分类分级，并化简被选取的物体的图形。在数字地图条件下，对于单纯的地图数据的综合就是要用有效的算法、最大的数据压缩量、最小的存储空间来降低地图内容的复杂性，保持数据的空间精度、属性精度、逻辑一致性和规则使用的连贯性。当然无论是地图内容的选取、图形的化简以及数据的综合，势必造成地图内容的详细性和客观实体的几何精确性的降低，而且比例尺越小地图内容越概略，地物的精度相对越低；反之，地图比例尺越大，地图内容越详细，地物的精度越高。这是必然的，也是必须的。

用制图综合方法解决缩小、简化了的地图模型与实地复杂的地理世界之间的矛盾，实现资料地图内容到新编地图内容之间的转换，就是要实现地图内容的详细性与清晰性的对立统一和几何精确性与地理适应性的对立统一。这就是制图综合的实质。

既详细又清晰，是我们对地图的基本要求之一。如果我们能够把地面上的物体全部表示到地图上，或者将较大比例尺地图上的一切细部特征全部表示到较小比例尺地图上，那当然是再好不过的了。可是，实际上这是做不到的。如果硬要这样做，势必使地图不清晰，甚至无法阅读，这样的详细性也就失去其意义了。所以，详细性与清晰性是矛盾的两个方面。但是，也必须看到，详细性与清晰性都不是绝对的，而是相对的。在地图用途和比例尺一定的条件下，详细性与清晰性是能够统一的。因为我们所要求的详细性，是在比例尺允许的条件下尽可能多的表示一些内容；而我们所要求的清晰性，则是在满足用途要求的前提下，做到层次分明，清晰易读。所以，详细性与清晰性统一的条件就是地图用途和比例尺，统一的方法就是制图综合。

地图的几何精确性与地理适应性之间的对立统一也是对地图的基本要求之一。在地图用途和比例尺一定的条件下，地图的几何精确性与地理适应性是能够统一的。

在地图用途、比例尺和制图区域地理特点一定的条件下，缩小、简化了的地图模型与实地复杂现实之间的矛盾得到了暂时的解决，而条件一旦改变，就会产生新的矛盾，就要研究新的条件下的制图综合理论和方法。这种矛盾对立统一的过程，推动了制图综合理论和方法的发展。

二、制图综合的定义

综上所述，我们可以给制图综合下这样的定义："制图综合是在地图用途、比例尺和制图区域地理特点等条件下，通过对地图内容的选取、化简、概括和关系协调，建立能反映区域地理规律和特点的新的地图模型的一种制图方法"（王家耀和邹建华，1992）。据此不难看出，制图综合是地图制图的一种科学方法，是一项创造性的劳动。它的科学性在于制图综合具有科学的认识论和方法论特点，它要求制图人员对制图对象的认识和在地图上再现它们的方法都必须是正确的。只有这样，地图才能起到揭示区域地理环境各要素的地理分布及其相互联系与制约的规律性的作用。它的创造性在于编制任何一幅地图都并非各种制图资料的堆积，也不是"照相式"的机械取舍，它需要制图人员的智慧、经验和判断力，运用有关科学知识进行抽象思维活动。

关于什么是制图综合的问题，不同时期有不同的说法，这里列举几种有代表性的加以说明。《地图制图学概论》中提到，制图综合是为了在地图上只保持实际上或理论上的重要现象，集中注意力于较重要的有决定意义的特点和典型特征的表达，以便能在地图上区别主次，找出同一类地物的共性等，也就是说制图综合是抽象和认识的工具。《制图综合》中提到在地图制图中，图形和内容的化简与合并、选取和强调主要内容，舍去和压缩次要内容等方式，均可理解为制图综合，利用综合措施可将有差别、详细的地面情况概括地表示到地图上。制图综合措施的种类和适用范围，视地图的用途和比例尺而定。《测绘词典》2008 中提到，制图综合就是在有限的面积上表示出制图区域的基本特征和制图现象的主要特点；通常表现为对制图现象的选取、形状化简以及制图现象的数量和质量概括。《地图编制》中提到，制图综合就是在地图用途和比例尺条件下，通过对地图内容的选取、化简和概括，建立新的地面要素组成及其地理分布和相互联系的地图表象的一种制图方法。《中国大百科全书·测绘学分册》中提到，制图综合是在编制地图过程中，根据编图的目的，对编图资料和制图对象进行选取和概括，用以反映制图对象的基本特征和典型特点及其内在联系的方法。《军事百科全书·军事测绘分册》中提到，制图综合是在地图制作过程中，对制图对象（地理环境综合体）进行选取和概括，以反映制图区域的基本特征及其内在联系的理论和方法。王家耀等在《数字地图自动综合原理与方法》一书中提到，自动地图综合是在数字地图环境下，根据地图用途、地图比例尺和制图区域地理特点的要求，由计算机通过编程的模型、算法和规则等，对数字化了的制图要素与现象进行选取、化简、概括和位移等操作的数据处理方法。

上述对制图综合的定义，在说法上略有不同，但实质上都反映了制图综合的本质，即以缩小的地图图形（地图数据）来反映客观实体时，都必须对客观实体（现象）进行抽象概括——制图综合。这个过程受到地图用途、比例尺、制图区域特点、空间数据质量、符号尺寸等多种因素的影响，必须据此对地图或数据内容进行选取、质量和数量概括、图形关系处理，最终突出制图对象的类型特征，抽象出基本规律，更好地运用地图图形向读者传递地理空间信息。另外，随着地理信息系统环境下制图综合应用领域的拓展，制图综合不再仅仅局限于为适应比例尺缩小后的图形表达的需要，而且还包括基于地图数据库的数据集成、数据表达、数据分析和数据库派生的数据综合（包含属性数据和几何数据的抽象概括和表达），更侧重 GIS 环境下空间数据的多尺度表达和显示问题。因此，随着制图综合研究的进一步深入，在理论和技术上将会对制图综合概念的理解产生深刻的影响。

第二节 影响制图综合的因素

一、地图用途

满足地图用途要求是地图制图的根本宗旨，是编图时运用制图综合方法首先要考虑的条件，也称目的综合，在整个制图综合过程中起主导作用，决定制图综合的方向和倾向。它作用于制图综合的全过程，包括制图综合的地图编辑设计过程和编绘过程。在编辑设计过程中，确定地图的主体，制定制图综合细则等，都要考虑地图的用途要求。离开了服务于地图用途这个根本宗旨，制图综合的编辑设计过程是肯定做不好的。地图用途在编绘过程中的作用是很容易被忽视的，不少人认为制图综合的编绘过程是根据制图综合细则进行的，是执行地图编辑设计人员的意图，因此可以不必研究地图的用途要求，实际上编绘过程中的分析、评价、判断和实施，最终都是以地图的用途要求为依据的。

编制任何一幅地图，从确定地图内容的主题、重点及其表示方法到编图时选取、化简、概括地图内容的倾向和程度，都受到地图用途的制约。例如，我们常见的同一地区、相同比例尺的政区图和地势图、地形图和航空图由于用途不同，则制图综合时选取的内容、表达的重点是不同的。政区图为了突出反映各个地区行政区划的分布范围界线，所以重点表示境界和行政区划及各级行政中心，一般采用分区设色的方法强调区划的概念，其他要素基本不表示；而地势图为了突出反映地形的起伏形态，在等高线或 DTM 数据的基础上采用分层设色加晕渲的方法强调表示地貌要素，其他要素概略或基本不表示。

地图用途对制图综合的影响不仅表现在不同用途的地图上，有时还表现在同一幅地图上，由于我们关心的主题区域不一样，制图综合的程度也不一样。例如，在《中国全图》上，主题区域（国内部分）的居民地和道路表示得非常详细，而非主体区域（国外部分）则表示得非常概略。因此，地图用途作用于编图的全过程，从确定地图内容的主题、重点及其表示方法到编图时选取、化简、概括地图内容的倾向和程度等，都受到地图用途的影响。

二、地图比例尺

地图比例尺是编图时运用制图综合方法必须考虑的一个重要条件，也称比例综合。地图比例尺标志着地图对地面的缩小程度（图 4-1），直接影响着地图内容表示的可能性，即选取、化简和概括地图内容的详细程度；决定着地图表达的空间范围，影响着对制图物体（现象）重要性的评价；决定着地图的几何精度，影响要素相互关系处理的难度。

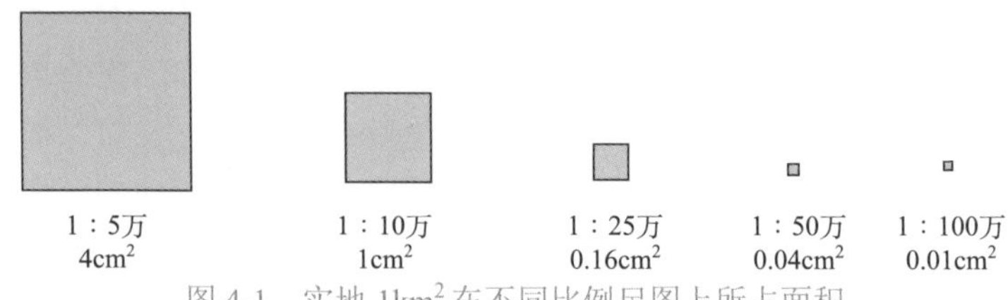

图 4-1 实地 $1km^2$ 在不同比例尺图上所占面积

例如，以某市在 1∶5 万、1∶10 万、1∶25 万、1∶50 万和 1∶100 万比例尺地图上的表示为例。在 1∶5 万地图上，可以详细而准确的表示居民地内部的主次街道及其与外围道路的联系，着重表示建筑物的轮廓图形特征，详细反映经济、文化标志和突出建筑物。随着比例尺缩小，在 1∶10 万图上，只能着重表示街区规划特点和街网的几何图形特征，保持主要道路及其交叉口的准确位置，反映居民地内部通行状况，主要街道过密时可以降级表示，选取居民地内部的主要方位物；在 1∶25 万地图上，着重进行街区的合并，显示街道网平面图形的主要结构特征，选取突出的、重要的方位物；在 1∶50 万地图上，街区大量合并，只能表示一些主要街道；在 1∶100 万地图上，则只能显示其总的轮廓了。如图 4-2 所示。

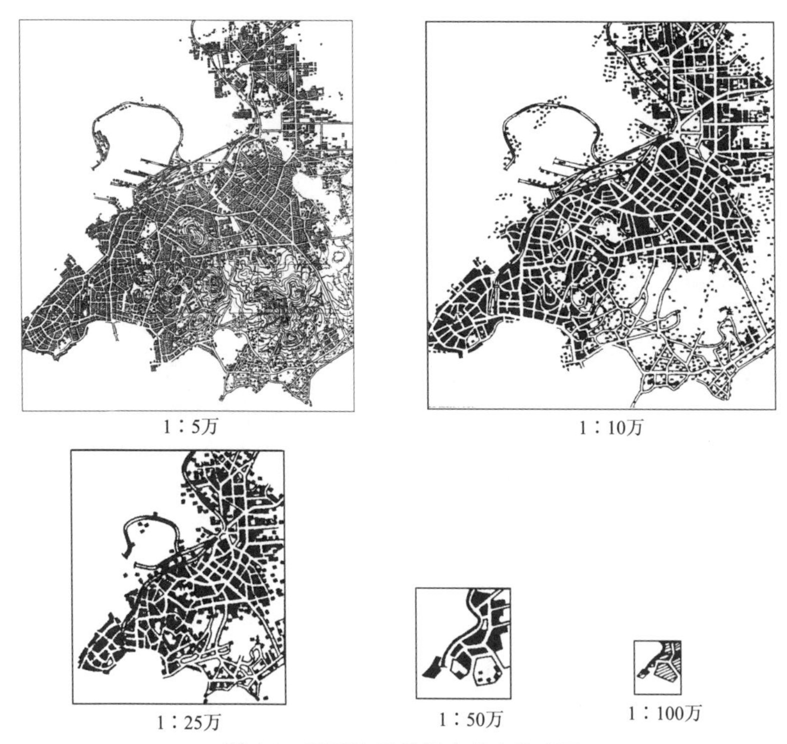

图 4-2 不同比例尺图上某市的表示

三、制图区域特点

制图区域地理特点作为制图综合的条件之一，意味着制图综合原则和方法都必须和具体的地理特点结合起来，是决定制图综合的客观依据。制图区域地理特点的客观性，要求经过制图综合的地图模型具有与实际事物（区域特点）的相似性。因此，一切选取、化简和概括方法的运用，制图综合各种数字指标的确定，对制图物体（现象）重要性的评价等，都必须受到制图区域地理特点的制约。

制图区域的地理特点是客观存在的。由于各种条件的差异，不同制图区域其地面要素的组成、地理分布及其相互联系与制约的特点是有差别的。例如，我国江浙水网区，地面要素主要是纵横交错而密集的河流、沟渠和分散式居民地，且后者沿前者分布排列，在总体上有明显的方向性，如图 4-3 所示；而在西北干旱区，组成地面要素的基础是沙漠、戈壁滩，居民地循水源分布的规律十分明显，水的存在及其利用在很大程度上制约着居民地的分布，居民地通常沿水源丰富的洪积扇边缘，河流、沟渠、湖泊沿岸，或沿井、泉周围分布，如图 4-4 所示。

总之，一幅地图最终是全面或是从某个侧面反映制图区域地理特点。因此，显示制图区域特点，既是一切制图综合方法的基本出发点，也是一切制图综合方法的基本归宿。制图者必须认真研究制图区域的地理特点，只有这样，才能针对不同区域地理特点的差异，正确运用制图综合方法。

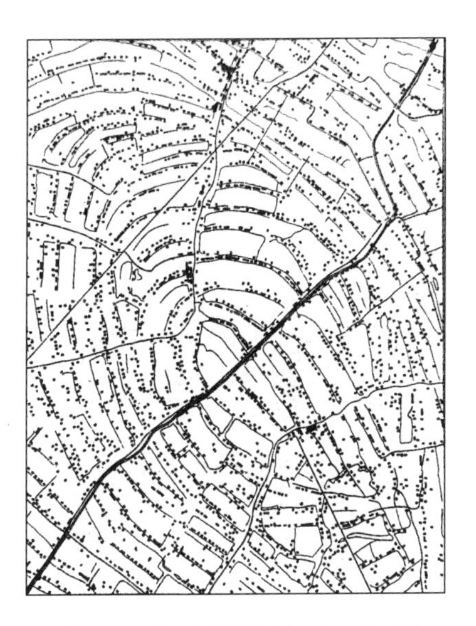

图 4-3　水网地区居民地分布示例

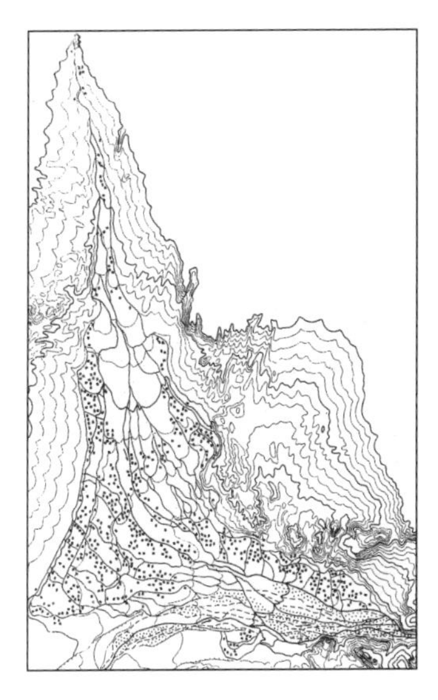

图 4-4　干燥地区居民地分布示例

四、影响制图综合的其他因素

（一）地图资料的质量

制图综合是以底图资料（空间数据）为基础的，因此资料质量的好坏直接影响制图综合的质量。编图资料内容的完备性、现实性和精确性，直接影响到地图内容分类分级的详细和准确程度，影响内容表达的概括程度，等等；同时，还影响到后续较小比例尺编图时地图资料的精度。对于空间数据来说，数据的类别（影像数据、图表、文字资料等）、数据采集的精度、数据转换过程的误差等，也对制图综合有很大的影响。

（二）符号最小尺寸

制图综合的目的就是为了图形显示的需要。在阅读地图时，人眼观察和分辨符号图形的能力受人视觉能力的限制，存在一个恰可察觉差（人眼辨别两种符号差别的最小值）。因此在对地图图形进行化简、概括和关系处理时，为了突出某些特征点或特殊部位，就必须使其保持最小的符号尺寸，便于地图的阅读。

（三）地图表示方法

受地图载负量的限制，不同的表示方法直接影响制图综合时地图内容表示的详细程度。例如，以单色表示的地图就无法像彩色表示的地图那样表示更多的内容。单纯以等高线表示地貌时，等高线表示的地貌形态可以非常详细；而以等高线加分层设色表示地貌时，等高线图形就要进行化简；以等高线加分层设色加晕渲表示地貌时，等高线图形表示的更概略；如果只用晕渲法表示地貌时，等高线这个要素就可以不表示了。

第三节　制图综合的基本方法

制图综合是通过对地图内容要素的选取、化简、概括和位移四种基本方法进行的。

一、选取

选取，是制图综合的最重要和最基本的方法。选取可以是对地图内容而言，也可以是对同类制图物体（现象）而言。对地图内容，选取表现为地图内容在制图物体（现象）种类上的取舍，其结果是减少地图内容的种类；对同类制图物体（现象），选取表现为对同类地物进行取舍，其结果是减少地物符号的数量。

（一）选取解决的问题

对地图内容的选取主要解决三个问题：选取多少；选取哪些；怎样选取。第一个问题是选取中的主要问题，因为不解决选取数量问题，地图就不可能有适当的载负量；第二个问题是确定具体选取对象问题，它是选取过程的具体化；第三个问题是选取程序问题，即在选取中应能保证重要地物首先被选取，然后在几乎同等重要的地物之间进行选取，直到符合规定的选取数量。

（二）选取的基本方法

1. 按分界尺度（最小尺寸）选取

分界尺度是编图时决定制图物体取与舍的数量标准。确定分界尺度的主要依据是地图的用途要求、比例尺和制图区域地理特点。分界尺度的种类包括线性地图分界尺度、面积地图分界尺度、实地分界尺度、线性地图分界尺度与实地分界尺度相配合四种。

（1）按线性地图分界尺度选取。是利用地物在图上的长度或相邻地物间的距离作为选取地物的尺度标准，一般适用于线状地物的选取，如河流、冲沟、沟渠、陡岸等都是按线性地

图分界尺度选取的。

（2）按面积地图分界尺度选取。是利用地物在图上的面积作为选取地物的尺度标准，适用于轮廓线不规则的呈面状分布的地物，如湖泊、岛屿、土质与植被等都是按面积地图分界尺度选取的。

（3）按实地分界尺度选取。是利用地物的实地高度、长度或宽度作为选取地物的尺度标准，一般对于不能确定地图分界尺度或利用分界尺度不足以表示其实际意义的地物，采用实地分界尺度，如梯田、冰塔、桥梁、河宽等都是按实地分界尺度选取的。

（4）按线性地图分界尺度与实地分界尺度相配合选取。是指有些地物的选取，不能只考虑单一的选取标志，既不能只考虑其线性地图分界尺度，也不能只考虑其实地分界尺度，必须同时考虑线性地图分界尺度和实地分界尺度，例如，1∶5 万地图上长 5cm、比高 3m 以上的路堑选取，就是两种分界尺度配合选取的。

按分界尺度选取的方法，分为按分界尺度“无条件”选取和按分界尺度“有条件”选取两种方法。按分界尺度“无条件”选取，是指大于或等于分界尺度的地物全部选取，小于分界尺度的地物全部舍去；按分界尺度“有条件”选取，是指大于或等于分界尺度的地物全部选取后，对小于分界尺度的地物，则根据地图的用途要求和反映制图区域特征的需要，有目的地选取部分小于分界尺度的地物，并按最小尺寸描绘。“条件”是指地物本身所具有的政治、经济意义，该地物所处的地理位置的重要程度，地物的类型，以及分布特征和密度差异等。如图 4-5 所示。

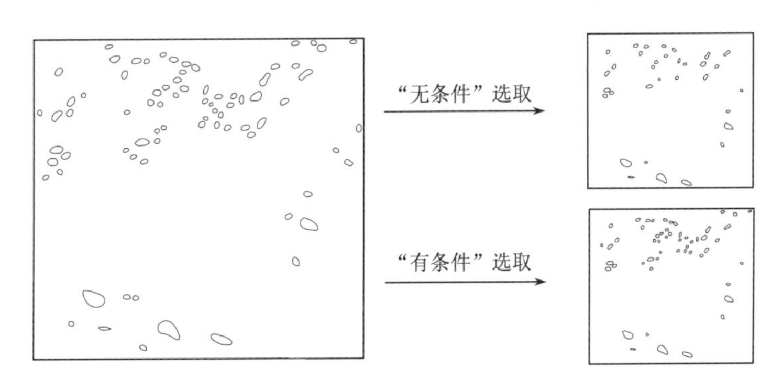

图 4-5　按分界尺度选取实例（部分样图）

2. 按定额指标选取

定额指标是指地图上单位面积内选取地物的数量。定额指标可以用回归模型、开方根选取规律公式、适宜面积载负量等方法计算。该方法主要用于居民地、湖泊群、岛屿群、建筑物符号群等的选取。图 4-6 所示为由 1∶10 万地图编制 1∶20 万地图，按开方根选取规律公式计算居民地“定额指标”进行选取的结果的实例。

3. 按地物综合区选取

地物综合区，指将制图区域或图幅范围按物体的分布密度划分成的小区域，作为选取的基本单元，选取时在每一个综合区内按统一的定额指标进行选取。综合区的形状根据不同要素的特点可任意划分，一般比例尺大，综合区小些；反之大些。图 4-7 是按照地物综合区进行居住区选取的实例（1∶5 万编 1∶10 万图），这是两个建筑物密度不同的居住区，可以视为两个综合区（a 区和 b 区），如表 4-1 所示。

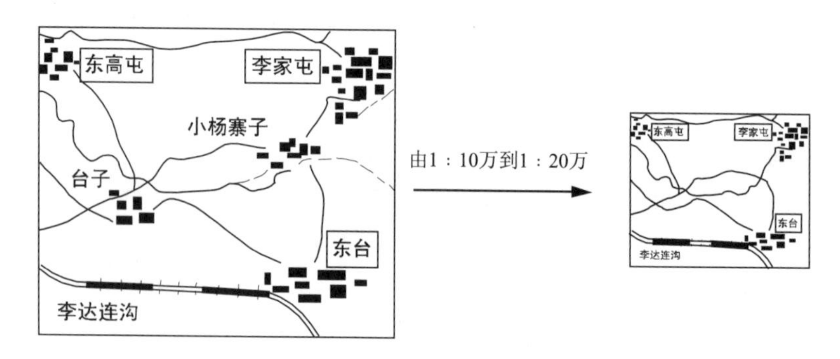

图 4-6　按定额指标选取示例（部分样图）

表 4-1　按地物综合区的选取指标

综合区	1∶5 万图上的选取密度 N_a	1∶10 万图上的选取数	
		出版图	按选取规律公式计算
a	5	5	5（x=0）
b	37	19	19（x=1）

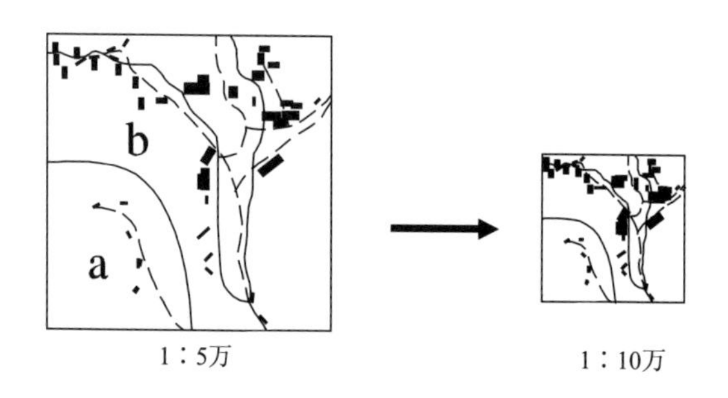

图 4-7　按地物综合区选取示例

4. 按地物等级选取

将制图物体按照某些标志分成等级，然后按等级的高低进行选取。划分地物等级时必须考虑到影响物体重要性的多种标志，即全面评价制图物体。

（三）选取方法的组合形式

在制图综合中，为了弥补单独一种选取方法的不足，常常采用选取方法的组合形式。主要有两种形式，即定额指标和分界尺度组合的选取、定额指标和地物等级组合的选取（图 4-8）。

1. 定额指标和分界尺度组合的选取

可以采用两种选取方式：一是先计算选取定额指标，后按地物分界尺度选取；二是先按地物分界尺度选取，剩余部分按定额指标选取。

这里以湖泊的选取为例（1∶10 万至 1∶25 万），说明定额指标和分界尺度组合选取的过程。

第一步：构成地物综合区，统计制图物体的实地或资料图上湖泊的密度值 N_a。本例中基本资料为 1∶10 万地形图，其湖泊数 N_a=319 个，如图 4-9（a）所示。

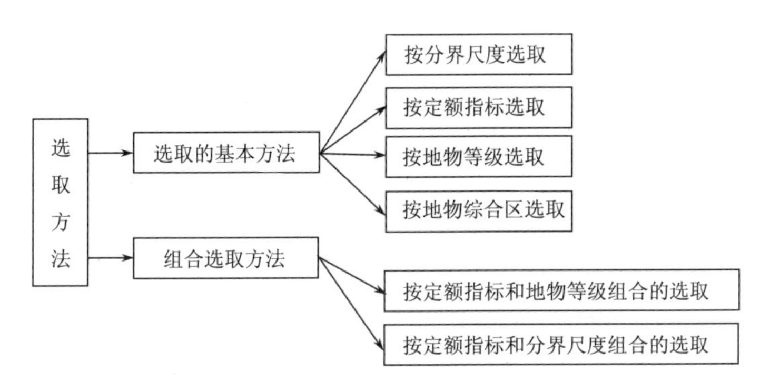

图 4-8　选取的基本方法和组合方法

第二步：利用有关公式计算新编图上的定额选取指标 N_b。本例按照开方根选取规律公式计算（$N_b = N_a\sqrt{(M_a/M_b)^x}$，按 x=2，即第二选取级选取），得到新编图上应选湖泊数 N_b=127 个。

第三步：选取大于分界尺度的全部地物，记为 N_b'，在 N_b 中减去此数，得综合区内尚需选取的小于分界尺度的地物数 $N_b''=N_b-N_b'$。本例中，在 1∶25 万地形图上，湖泊选取的面积分界尺度 P=1mm^2。在资料图上统计后，得到大于分界尺度的湖泊数 N_b'=95 个，同时按上述公式算得 N_b''=32 个。

第四步：采用按分界尺度“有条件”选取的方法，从小于分界尺度的地物中选取 N_b'' 个，使之满足 $N_b=N_b'+N_b''$。本例中 N_2''=32 个，因此需要按条件选取 32 个小于分解尺度的湖泊，这样才能反映湖泊群的分布特征。最终由资料图得到新编图的选取结果，如图 4-9（b）所示。

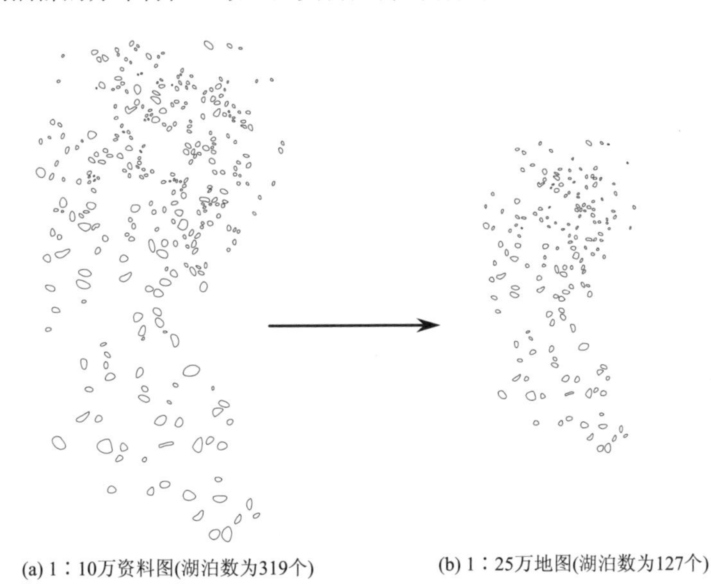

图 4-9　湖泊选取结果

2. 定额指标和地物等级组合的选取

这里以居民地的选取为例（1∶25 万至 1∶50 万），说明定额指标和地物等级组合选取的过程。

第一步：构成地物综合区，统计制图物体的实地或资料图上的密度值 N_a。本例基本资料为 1∶25 万地形图，居民地的密度分区属于极密区，如图 4-10 所示。

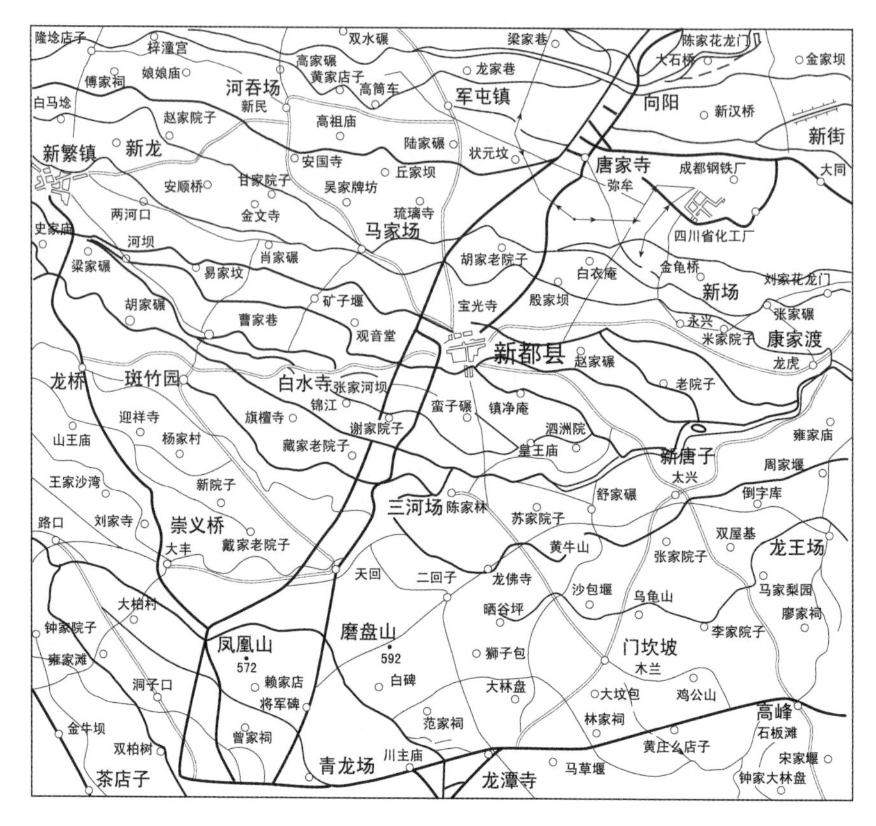

图 4-10　1∶25 万资料图上局部地区居民地

第二步：利用有关公式计算新编图上的定额选取指标 N_b。本例中新编图的比例尺为 1∶50 万，在 1∶50 万地形图编绘规范中规定，该密度区定额选取指标为 160～180 个/dm^2，根据面积计算得到应选取数 N_b。

第三步：按地物等级高低逐级选取，直至达到定额指标。本例选取结果如图 4-11 所示（注：该图符号和注记大小比地形图有所放大，便于看清楚）。

逐级选取时，一般存在以下三种情况：①某些级的地物全部选取，即必取的；②某些级的地物全部舍去，即必舍的；③某级的地物有取有舍，即部分选取。

部分选取地物数量的计算方法如下：

设由高级到低级逐级选取 n 级地物的总和数量为 $\sum_{i-1}^{n} N_i$，使之满足不等式：

$$\sum_{i=1}^{n} N_i < N_b < \sum_{i=1}^{n+1} N_i$$

也就是说，前 n 级选取后还没有达到定额指标，但如果选取前 n+1 级则超过了定额指标。这就意味着第 n+1 级地物必须部分选取，选取数量为

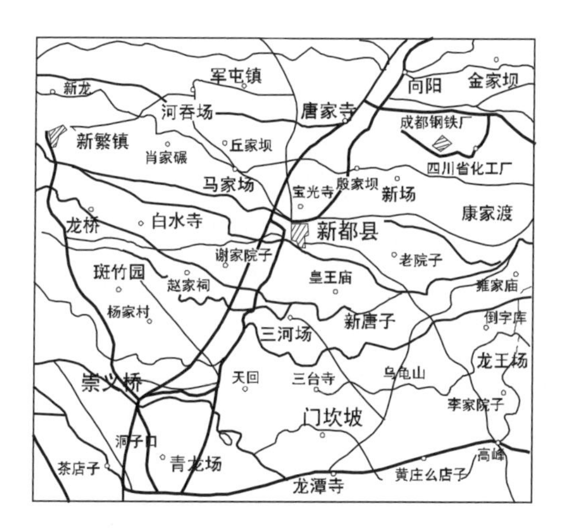

图 4-11　1∶50 万地图上居民地选取结果

$$N_b'' = N_b - \sum_{i=1}^{n} N_i$$

式中，$\sum_{i=1}^{n} N_i$ 为必取地物数。

在第 $n+1$ 级地物中，按条件选取 N_b'' 个，使之满足：

$$N_b = \sum_{i=1}^{n} N_i + N_b''$$

图 4-12 和图 4-13 是地图上要素选取的两个示例。

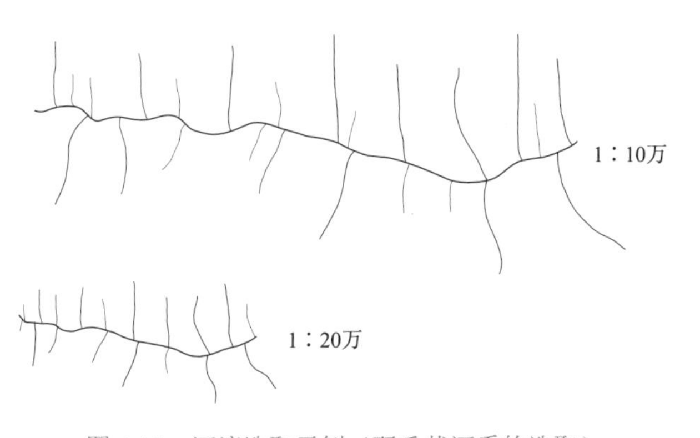

图 4-12　河流选取示例（羽毛状河系的选取）

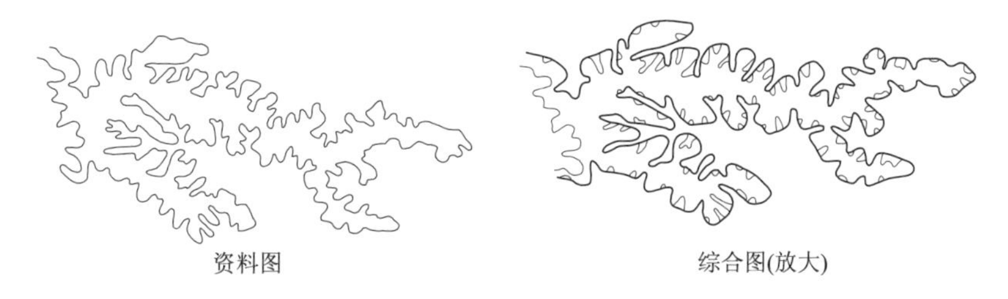

图 4-13　谷地选取示例（选取构成鞍部的对应谷，显示山脊走向）

二、化简

化简方法，是针对制图物体的形状而言的。制图物体的形状包括外部轮廓和内部结构，所以形状化简包括外部轮廓的化简和内部结构的化简两个方面。形状化简方法用于线状地物（如单线河、沟渠、岸线、道路、等高线等），主要是减少弯曲；对于面状地物（如用平面图形表示的居民地），则既要化简其外部轮廓，又要化简其内部结构。

（一）形状化简的基本方法

制图物体形状化简的基本方法包括删除、夸大、合并和分割。

1. 删除

删除就是减少弯曲的数目，使线状物体趋于平滑、面状物体轮廓清晰，如图 4-14 至图 4-16 所示。

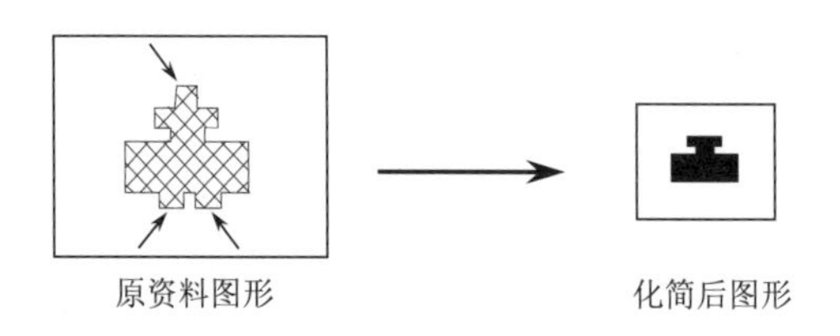

图 4-14　居民地轮廓图形凸出部分的删除

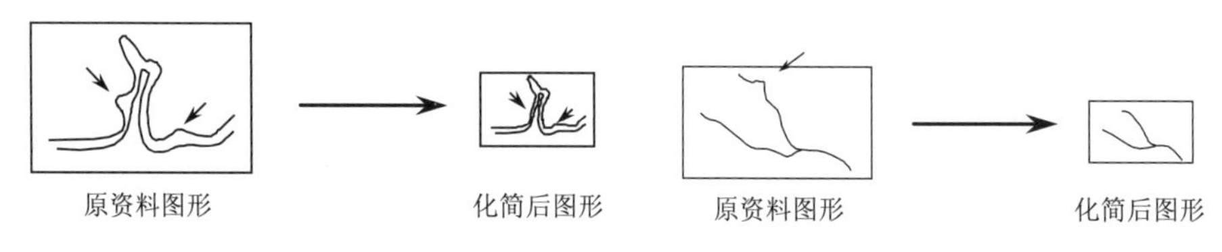

图 4-15　等高线上小弯曲的删除　　图 4-16　河流上小弯曲的删除

2. 夸大

为了显示和强调制图物体形状的某些特征，需要放大表示一些按分界尺度应该删除的碎部，如居民地、河流、岸线、公路、等高线的特征小弯曲等，如图 4-17 至图 4-19 所示。

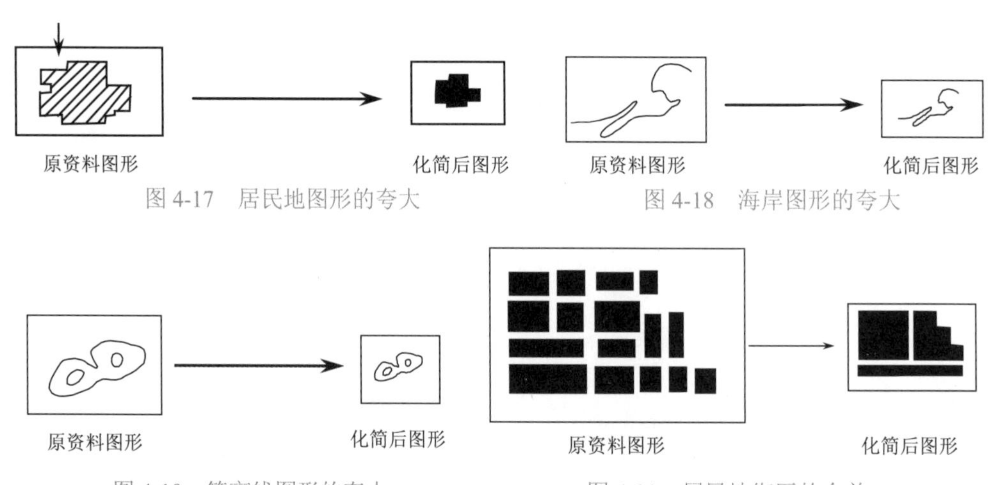

图 4-17　居民地图形的夸大　　图 4-18　海岸图形的夸大

图 4-19　等高线图形的夸大　　图 4-20　居民地街区的合并

3. 合并

比例尺缩小后，某些物体的图形面积或间隔小于分界尺度时，可采用合并同类物体的碎部，以反映制图物体的主要特征。例如，化简城市居民地时，采用舍去次要街道，合并街区，以反映居民地的主要特征，如图 4-20 所示。

4. 分割

当采用合并方法不能反映图形特征或者会歪曲其图形特征时，用分割的方法。居民地街区的分割示例如图 4-21 所示。

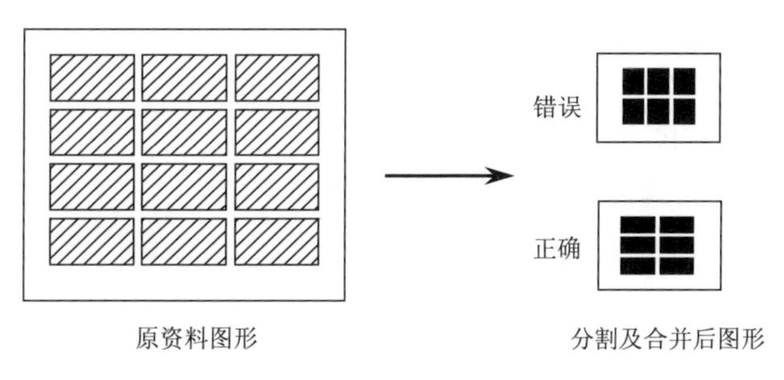

图 4-21　居民地街区的分割

（二）外部轮廓形状的化简

1. 外部轮廓形状的化简要求

（1）保持弯曲形状或轮廓图形的基本特征，如图 4-22 所示。

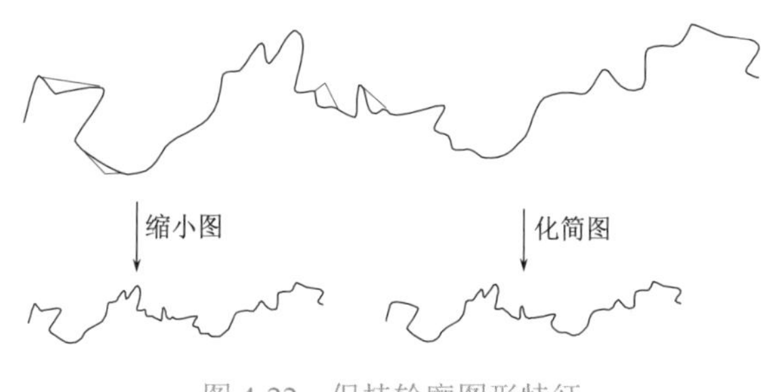

图 4-22　保持轮廓图形特征

（2）保持弯曲特征转折点的精确性，如图 4-23 所示。

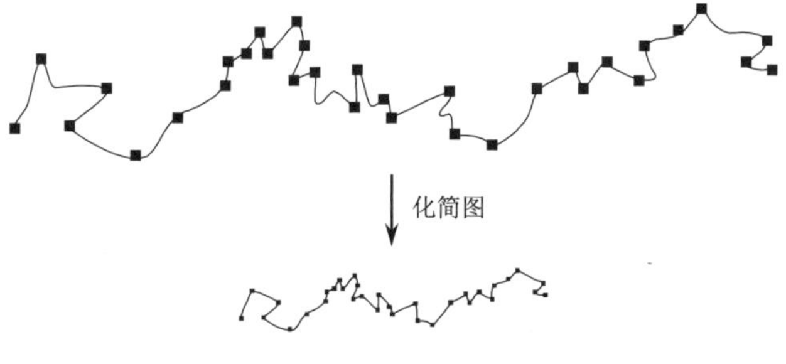

图 4-23　保持特征点的精度

（3）保持不同地段弯曲程度的对比，如图 4-24 所示。

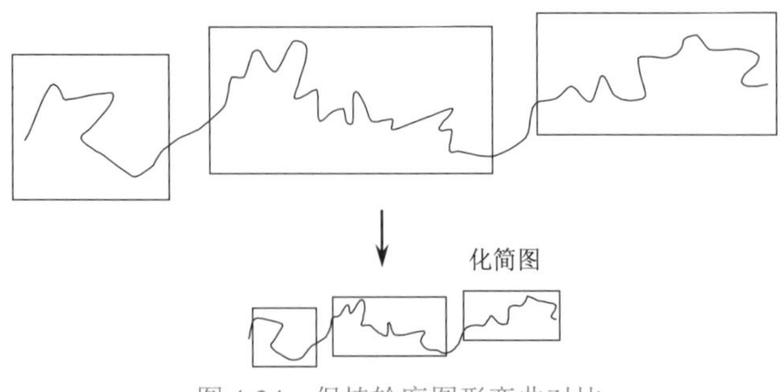

图 4-24　保持轮廓图形弯曲对比

2. 外部轮廓形状的化简方法

1）按分界尺度化简形状

用这种方法化简形状，需要规定取舍弯曲的分界尺度，以分界尺度作标准，判断弯曲的取舍。化简形状（即取舍弯曲），必须有两个分界尺度，即弯曲的宽度（d）和弯曲的深度（t），如图 4-25 所示。

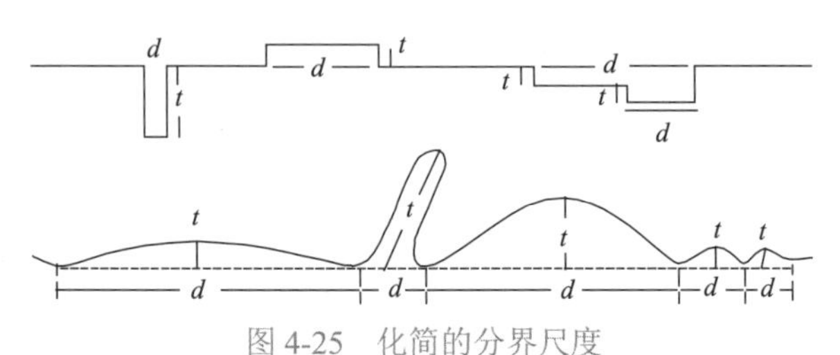

图 4-25　化简的分界尺度

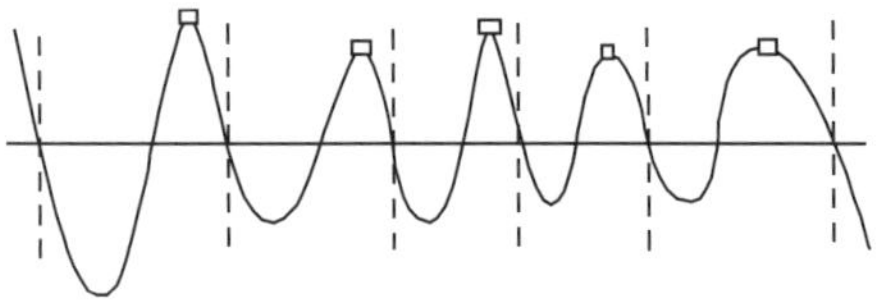

图 4-26　线状地物弯曲数的确定

2）按选取规律公式化简形状

线状地物或面状地物的外部轮廓都是由许多弯曲组成的，我们可以把轮廓线的弯曲数视为地物数，按选取指标进行选取。线状地物的“弯曲数”是以曲线主轴（或中线）一侧的弯曲顶点数计算的，如图 4-26 的小方框所示。

（三）内部结构的化简

内部结构是指制图物体平面图形内部或某一具有显著特征的景观单元内部各组成部分的分布和相互联系的格局。化简内部结构的基本方法是合并相邻的各组成部分，必要时辅以其他化简方法。

图 4-27 和图 4-28 是地图上居民地和人工池塘平面图形内部结构化简的两个示例。

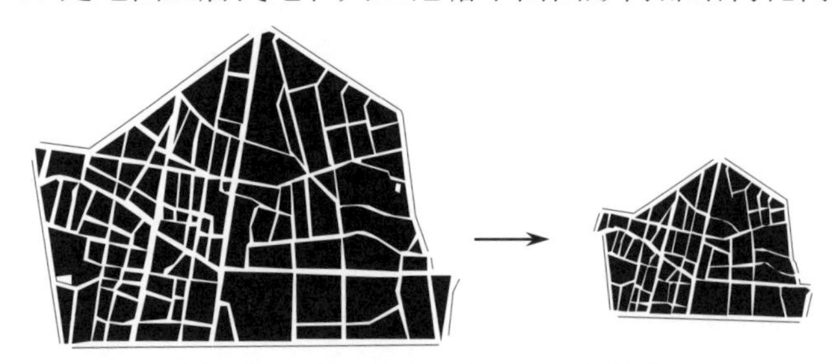

图 4-27　居民地街区内部结构的化简

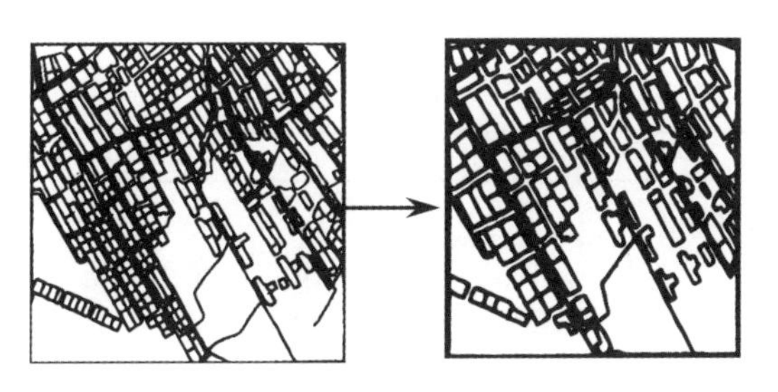

图 4-28　人工池塘内部结构的化简

三、概括

当我们用地图符号将实地上的物体（现象）表示在地图上的时候，不可能将实地上千差万别的物体一一表示到地图上，只能根据统一的数量质量特征标志对千差万别的制图物体（现象）进行分类分级，而且随着地图比例尺的缩小，制图物体（现象）将由详细的分类分级过渡到概略的分类分级。这就是制图物体数量和质量特征的概括。具体概括方法包括以下几种。

（一）制图物体（现象）的归类

制图物体的归类过程如图 4-29 所示，即将千差万别的制图物体归并为“种”，将若干个“种”归并为“属”，最后将“属”进一步归并为“类”；反过来说，由“类”划分为“属”（子类），由“属”划分为“种”（子类的子类）。例如，水系是一个类，水系分为陆地水系和海洋水文（属或子类），陆地水系进一步分为河流、沟渠、湖泊、水库、井泉等（种）。再如植被（成林）是一个“类”，它由针叶林、阔叶林、针阔混交林、小面积树林、狭长林等归并为大面积成林、小面积成林和狭长林带、防护林（图 4-30）。又如各种海滩的归类，由沙滩、沙砾滩（砾石滩）、沙泥滩、淤泥滩、岩石滩、珊瑚滩、红树林滩、贝类养殖滩、干出滩中河道、潮水沟、狭窄干出滩归并为沙滩、沙砾滩（砾石滩）、沙泥滩、淤泥滩、岩石滩、珊瑚滩、红树林滩、贝类养殖滩，即大比例尺地图上海滩的详细分类到较小比例尺地图上的概略分类（图 4-31）。

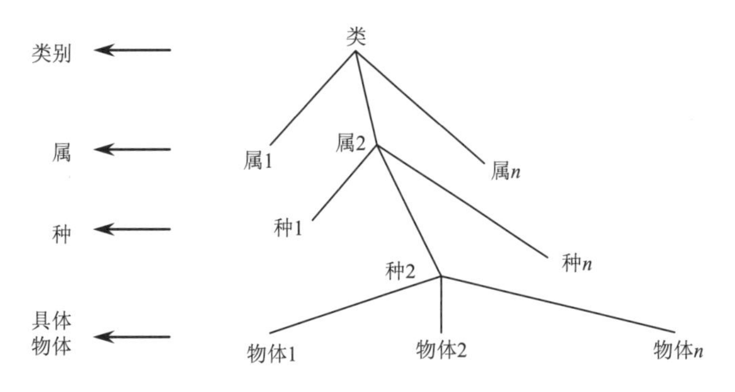

图 4-29　制图物体归类示意图

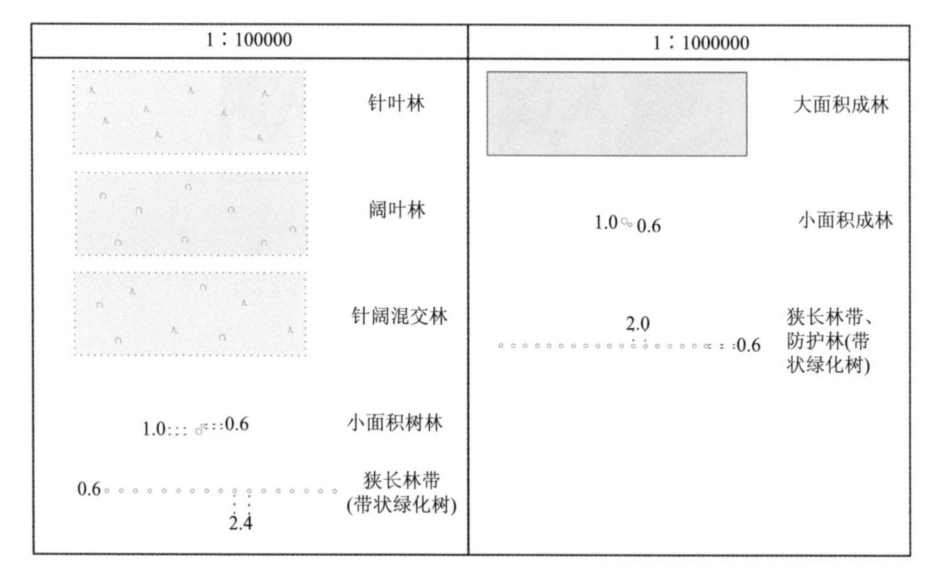

图 4-30 1∶10 万到 1∶100 万地图上植被（成林）类别的归并

（二）制图物体的等级合并

指通过减少制图物体的数量、质量特征的差别来实现制图物体数量、质量特征的概括。例如，居民地按其人口数分级的合并，由较大比例尺地图上分为 1 万以下、1 万—5 万、5 万—10 万、10 万—30 万、30 万—50 万、50 万—100 万、100 万以上等 7 级，合并为小比例尺地图上的 1 万以下、1 万—10 万、10 万—30 万、30 万—100 万、100 万以上等 5 级；道路按其等级的合并，大比例尺地图上分为高速公路、国道、省道、县（乡）道、村道、专用公路、乡村路、小路（栈道）、时令路（无定路），而在较小比例尺地图上则合并为高速公路、国道、省道，至于县道、乡道、村道、专用公路及其他公路则合并为一个等级道路，如图 4-32 所示。

（三）制图物体的质量概念转换方法

由一种目标本来的质量概念转换为另一种目标的质量概念。例如，在综合植被时，将大片森林中的小面积空地转换为森林（图 4-33）；综合居民地时，将居民地中小面积空地转换为建筑区（图 4-34）；综合现代冰川地貌时，将大片冰雪覆盖区中零星分布的裸露区转换为冰雪覆盖区（图 4-35）等。

（四）制图物体的图形等级转换方法

对于同类地物来说，地物质量的差别是通过与地物质量相应的图形分级来体现的。图形等级转换是通过轮廓图形和符号图形的转换来实现地物质量、数量特征概括。例如，居民地轮廓图形和符号图形的转换（图 4-36），从表示每个建筑物的轮廓图形，到表示居民地的轮

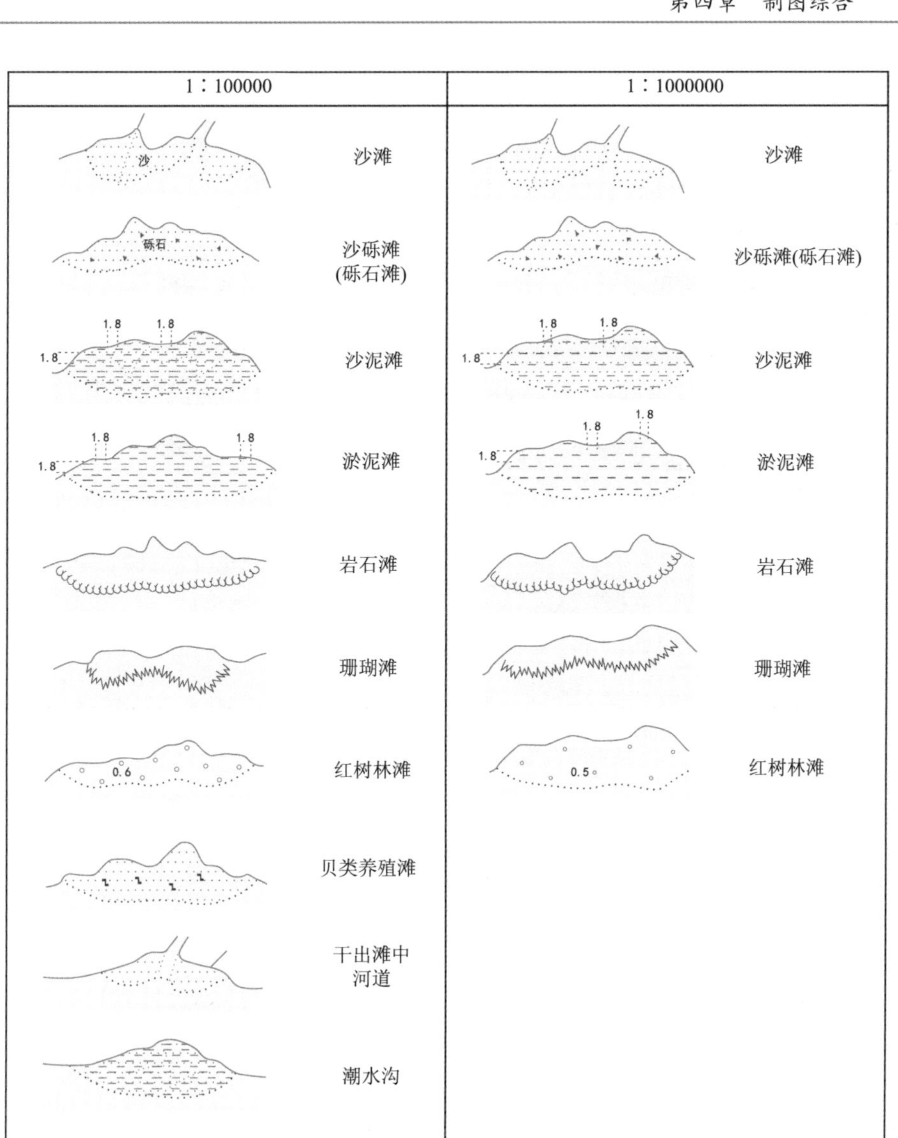

图 4-31　1∶10 万到 1∶100 万地图上干出滩类别的归并

廓图形，再到表示建筑物的符号图形，最后到表示整个居民地的符号图形，从而实现由表示单个建筑物的质量和数量特征转换为表示整个居民地的质量和数量特征；再如双线河流和单线河流图形的转换，在同一幅地图上，一条河流从河口到河源逐渐变窄，每条河流图形按其宽度分为依比例尺表示的双线河、不依比例尺表示的双线河、依比例尺表示的单线河、不依比例尺表示的单线河。沟渠图形等级的转换也是如此。

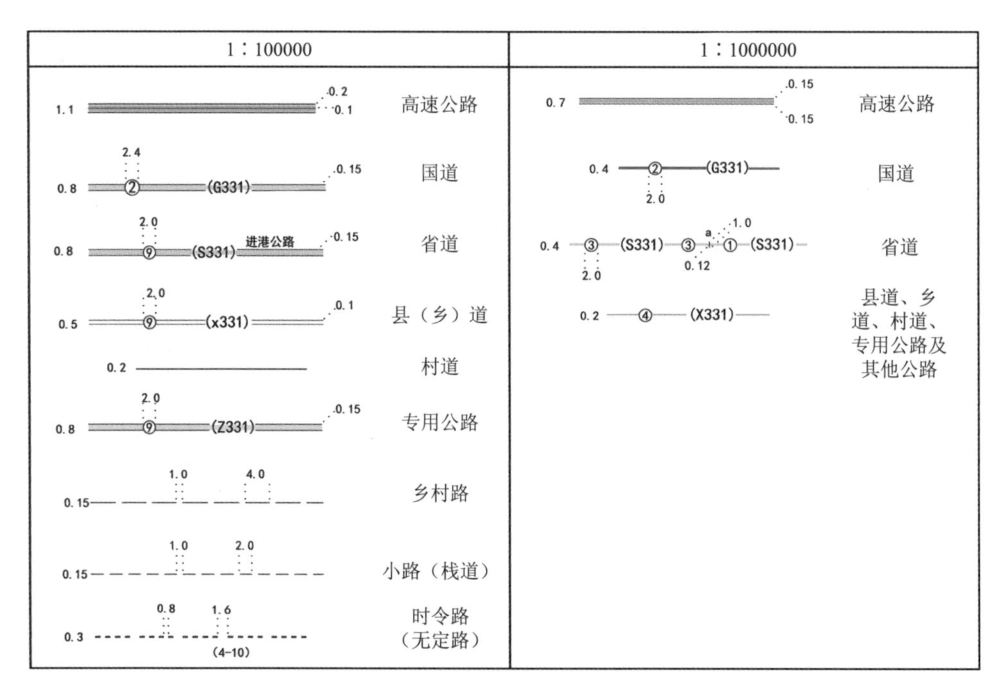

图 4-32　道路等级的归并和重新划分

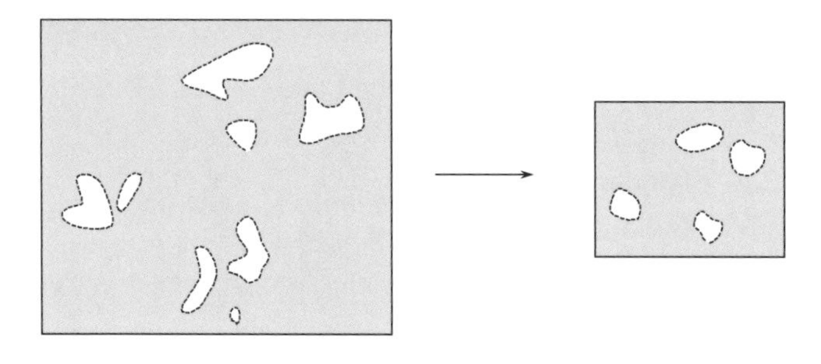

图 4-33　大面积森林中小面积空地转换为森林

图 4-34　小面积空地转换为建筑区

图 4-35　小面积裸露区转换为冰雪覆盖区

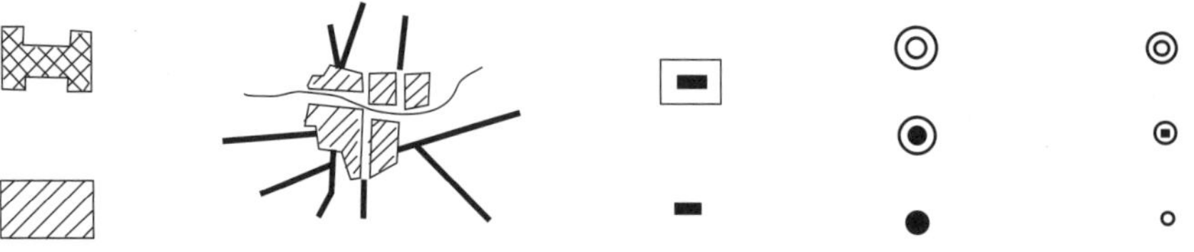

图 4-36　居民地轮廓图形转换为圈形符号

四、位移

随着地图比例尺的缩小，以符号表示的各个物体之间相互压盖，模糊了相互间的关系（甚至无法正确表达），使人难以判断，需要采用“位移”的方法加以正确处理。“位移”的目的是要保证地图内容各要素总体结构的适应性，即与实地的相似性。例如，为了突出一个有方位意义的庙宇建筑，在1∶100万图上仍以不依比例尺的符号表示，但这个符号却占据了实地约1km^{2}的面积，不但压盖了其周围的小房屋，甚至压盖了一个村庄，如图4-37所示。在这种情况下，就要研究“位移”的问题。

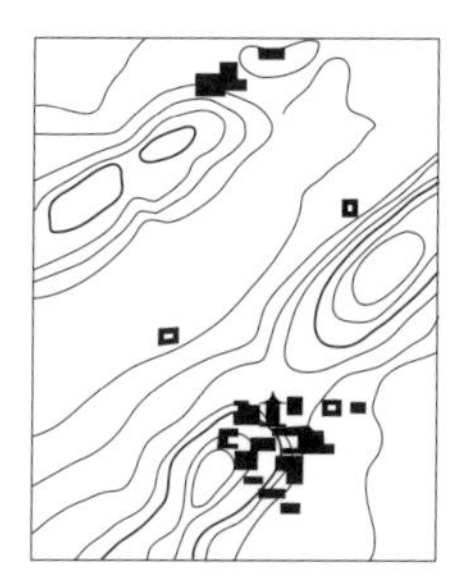

(a) 1∶2.5万图上的庙宇符号

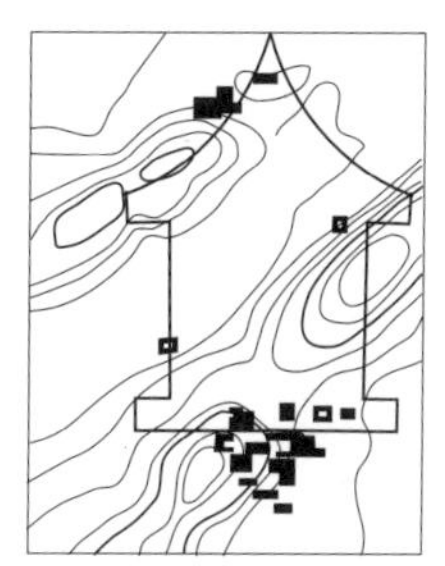

(b) 1∶100万图上庙宇符号在1∶2.5万图上所占的位置

图4-37 不同比例尺地图上庙宇符号压叠其他要素图形的示例

1. 位移解决的问题

采用“位移”方法必须解决四个问题：①什么情况下需要“位移”；②哪个“位移”；③往哪个方向位移；④位移多少。

2. 位移的条件

为达到地图上各要素相互关系正确，有下列情况之一者，必须采用“位移”方法：①毗邻地物之间没有必要的最小间隔但又必须保持这种最小间距时；②加粗线条和加宽符号时；③在不破坏毗邻地物图形的情况下必须放大地物本身的轮廓时；④由于毗邻地物的移位不允许改变彼此的相对位置时。

3. 位移的大小

位移的大小以两符号间关系能够清晰表达且留有最小间隙（0.2mm）较为适宜。在手工制图综合时，可事先规定最小间隔距离（一般为0.2mm）；在计算机制图综合的情况下，可以采用计算的方法求得位移值。

4. 位移的基本要求

（1）一般原则是保证重要物体位置准确，移动次要物体。①海、湖、大河流等大的水系物体与岸边地物发生矛盾时，海、湖等岸线不位移，而移动岸边地物符号。②海、湖、河岸线与岸边道路发生矛盾时，保持岸线位置不动，平移道路，或保持岸线、道路走向不变，断开岸线。③海、湖、河岸线与岸边人工堤发生矛盾，堤为主时，堤坝基线不动，堤坝基线代替岸线；岸线为主时，岸线不动，向内陆方向平移堤坝，堤坝与岸线保持间隔0.2mm。④城市中河流、铁路与居民地街区矛盾时，河流、铁路位置不动，移动或缩小居民地、街区（河流不动，移动铁路和街区）。⑤高级道路与小居民地发生矛盾时，保持相离、相切、相通的关系，移动小居民地。

（2）特殊情况下，要考虑地区特点、各要素制约关系、图形特征、移位难易等条件。①峡谷中各要素关系处理的方法是：保持谷底河流位置正确，依次平移铁路、公路。不论等级高低，其次序是先移动靠近河流的，后移动远离河流的。为了减少移位，平行的高级道路可共用边线，必要时也可缩小符号尺寸和相互间的间隔。②位于等高线稀疏开阔地区的单线河与高级道路，应保持高级道路的位置不动，而移动单线河流（图 4-38）。③沿海、湖狭长陆地延伸的高级道路与岸线的关系，应移动岸线，保持高级道路完整而准确的绘出。④狭长海湾与道路、居民地毗邻时，应保持道路位置和走向不变（居民地位置不变）而平移海湾岸线（扩大海湾）（图 4-39）。⑤海、湖、河岸线与独立地物的关系，应保持独立地物点位准确，而中断或移动岸线。

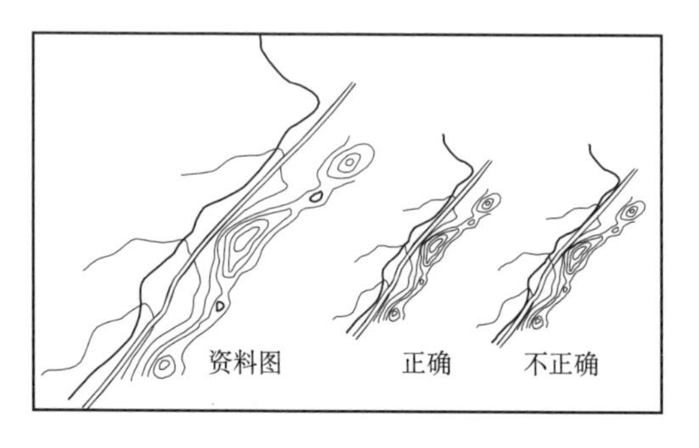

图 4-38　单线河与铁路相近时的关系处理

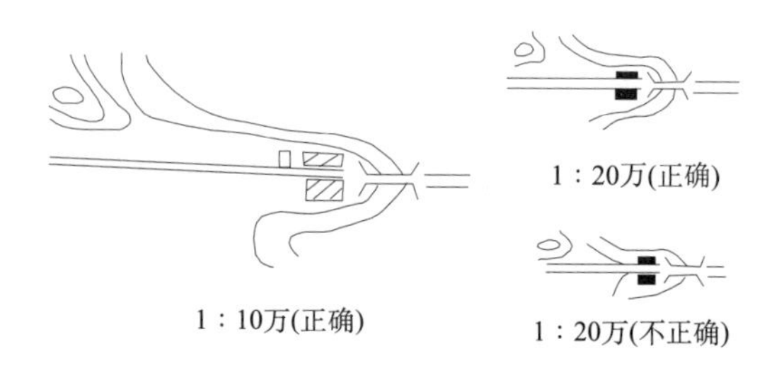

图 4-39　河湾中居民地、道路与河流关系的处理

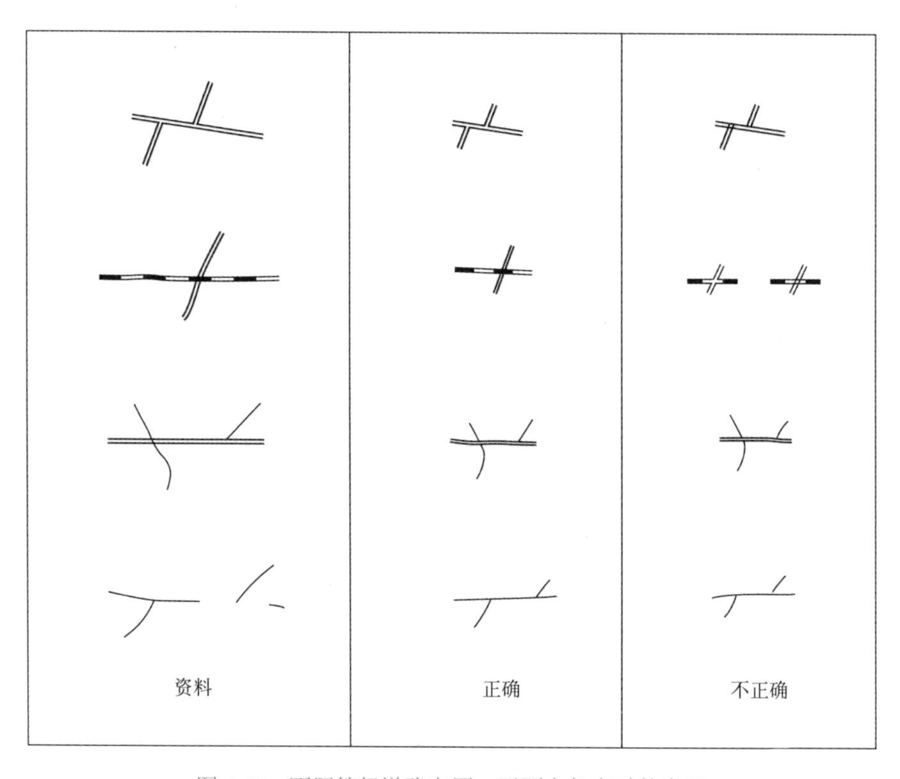

图 4-40　不同等级道路在同一平面上相交时的表示

（3）相同要素不同等级地物间图解关系的处理。这种情况多见于道路。各种不同等级的道路组成复杂的图形，有的在同一平面上相交、平行，有的在不同平面上交叉、平行。处理这类图解关系时，有的要位移，有的是要化简图形。①在同一平面上相交时：对于等级相同的高级道路，应断开高级道路交叉口边线；对不同等级的高级道路，应保持高一级的道路符号完整连贯，其他道路在交叉点处衔接；低级道路均应以实线相交，并保持交点位置准确（图 4-40）。②在同一平面上平行时：高级道路及桥梁采用共边线方法，或保持高一级道路不动，移动低一级道路；相同等级的道路则视情况，或者移动一条，或者两条同时向两侧移动（图 4-41）。③在不同平面上相交时：位于上面的道路不论等级高低，一律压盖下面的道路。压盖方式，一是通过桥、涵符号，二是通过道路符号[图 4-42（a）]。对于立体交叉的道路，可作适当化简[图 4-42（b）]。④在不同平面上平行时：或者保持高级道路不动，移动低级道路，或者共用边线。

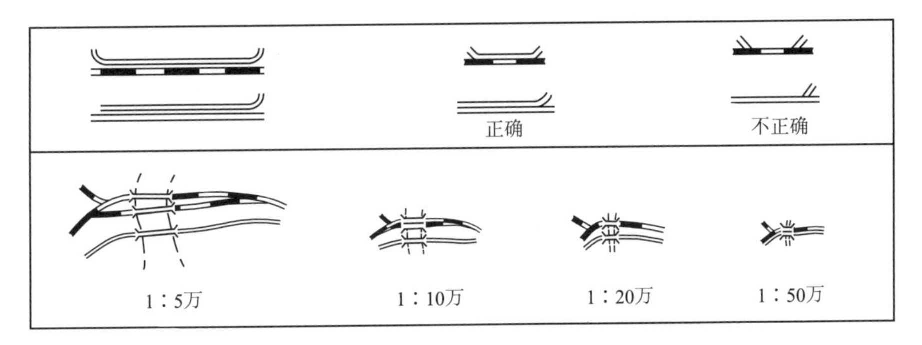

图 4-41　各级道路平行关系的表示

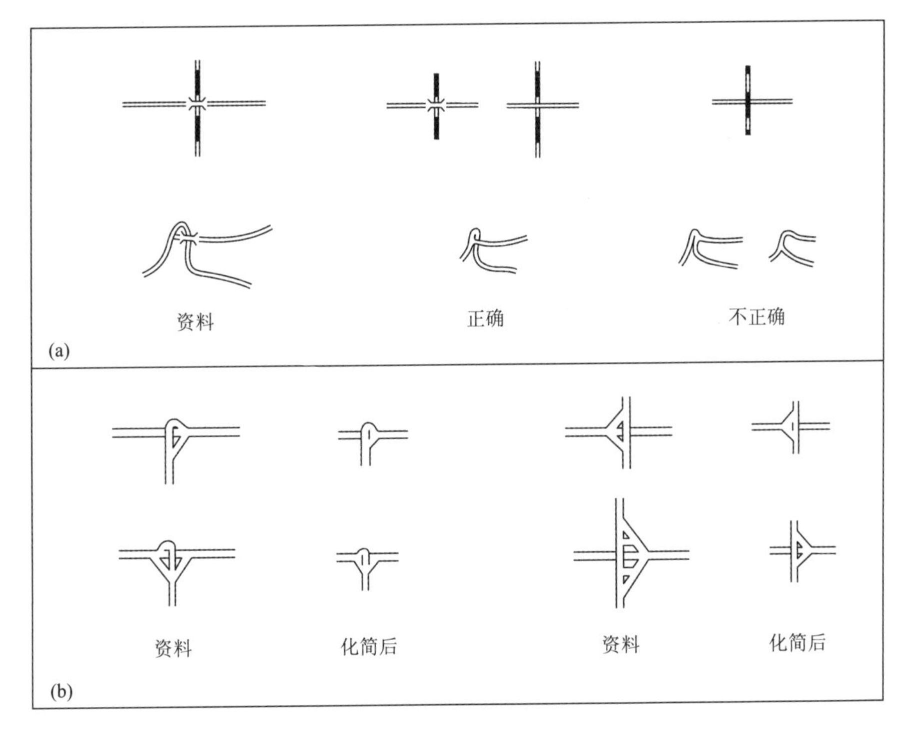

图 4-42　道路在不同平面相交时的表示

第四节　数字地图制图综合

制图综合的自动化一直是地图制图自动化的瓶颈问题。随着地理信息系统的兴起和发展，它又成为GIS中空间数据多尺度表达的重要研究内容。目前，制图综合的智能化已经成为国际地球信息科学重要的基础理论课题，引起国内外地图学界和GIS领域的广泛关注。这里仅就数字地图制图综合的一些概念、特点和方法加以概述。

一、数字地图制图综合的定义和特点

（一）数字地图制图综合的定义

数字地图制图综合（亦称自动制图综合），是在数字地图环境下，根据地图用途、地图比例尺和制图区域地理特点的要求，由计算机通过编程的模型、算法和规则等，对数字化制图要素与现象进行选取、化简、概括和位移等操作的数据处理方法（王家耀等，1998）。

（二）数字地图制图综合的特点

（1）自动制图综合在操作对象、主体、方式和结果等方面，有着与手工制图综合不同的特点。自动综合的操作对象是数字地图，操作主体是计算机为主并辅以人机交互，操作方式是在计算机可读情况下通过编程实现，操作结果是数字地图（经过综合的）。手工综合的操作对象是模拟地图，操作主体是制图员，操作方式是利用绘（刻）图工具在目视可读情况下直接处理图形资料，操作结果是模拟地图。

（2）手工制图综合过程中的选取、化简、概括和位移等操作是一次（同时）完成的，而自动制图综合是分别独立进行的，其操作步骤具有很强的可分解性。从这个意义上讲，制图综合过程中的操作步骤分解的越细（当然要合理），自动制图综合的实现相对地就越容易。

（3）模拟地图的制图综合结果，可以通过目视进行检查和修改，综合质量取决于制图人员对制图对象规律性的认识和对这些规律的表达能力；对于数字地图的制图综合结果，目前虽然已形成“基于自动制图综合链”的过程控制与综合结果质量评估模型体系，但仍需要进行人机交互式修改。

（4）制图综合是一项复杂的创造性思维过程和繁重的资料（数据）处理过程，在手工制图条件下，两者都是由制图员（人工）完成的；在数字制图条件下，复杂的创造性思维过程由制图员完成，而繁重的数据处理过程却是由计算机编程实现的，即使是应用专家系统技术，计算机也只是模仿领域专家在制图综合过程中处理问题的思维方式，解决由制图专家才能处理好的问题。制图综合的决策是由制图员做出的，而决策的实现是由计算机执行的。

二、数字地图制图综合的基本过程

自动制图综合的基本思路，是以地图数据库作为系统的运行环境，充分利用地图数据库的各种检索功能，根据制图综合规则，通过各种选取模型、化简算法、分类分级处理模型、位移算法，对数字地图要素实施选取、化简、概括和位移，并在人机交互条件下，实现各要素后续编辑处理，从而实现地图自动综合。其过程如图4-43所示。

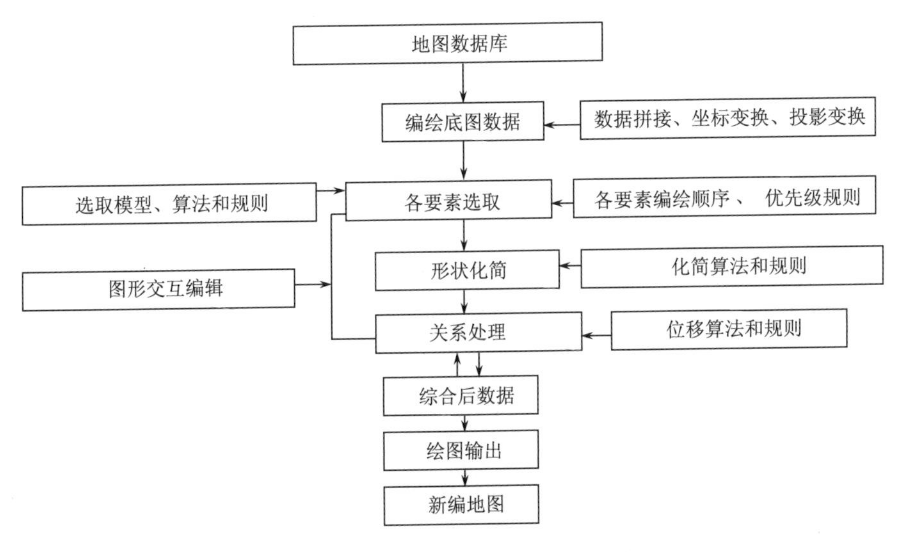

图 4-43 自动制图综合过程示意图

三、数字地图制图综合的方法

（一）基于模型的制图综合

制图综合模型是指描述制图综合中的某些关系的数学表达式。主要有定额选取模型、结构选取模型、定额结构选取模型。基于模型的制图综合是制图综合量化的重要手段，对提高手工制图综合的科学性和促进制图综合的发展都是必要的。基于模型的制图综合并非用一般的函数关系来描述，而是某种统计规律的数学描述，其可靠性受许多因素的制约。例如，在建立地图综合模型时受统计样本数量、大小、精度、密度等的限制，所建立的模型，广泛适用性还不是很强，还需要作深入的研究和实践。

基于模型的制图综合研究主要集中在五个方面：①用方根选取规律模型或回归模型确定定额选取指标；②用模糊综合评判模型或图论模型确定地物结构选取指标；③用分形理论和方法进行等高线的自动综合；④用小波分析方法进行河流综合和等高线中的地形线的自动追踪及综合；⑤Delaunay 三角形和数学形态学方法用于居民的街区合并；等等。

（二）基于算法的制图综合

基于算法的制图综合，是指对某一类制图综合问题有穷的机械地判定（计算）的过程，它是用有穷多条指令描述，计算机便按指令执行有穷步的计算过程，从而得出制图综合结果。其类型主要有两种：①面向目标（物体）的算法，如化简曲线的算法，双线河合并为单线河的算法，位移的算法；②面向过程（制图综合过程）的算法，如居民地的选取过程，先确定定额指标，然后根据居民地的等级值逐次选取，直到达到定额。

目前，制图综合过程中的很多问题还无法准确地用数学模型来描述。因此，基于算法的制图综合是实现自动制图综合的一项重要研究内容，凡能算法化的，都应力求算法化，尤其要重视智能算法的研究。在算法的设计中应考虑到制图综合的复杂性和制图区域的地理复杂性，正确、合理地确定各种算法的参数和相应的阈值。

（三）基于知识推理的制图综合

制图综合知识包括规则（知识）、说明性知识、过程性知识和基于知识的推理。

基于规则的制图综合是指对制图综合中处理某些问题的规范化描述，通常用“条件（如果）—结论（则）”的表达形式。它的类型主要有典型的“条件—结论”式规则，适用于一些特殊情况的处理；“等级层次”和“分界尺度”式规则，适用于制图综合中数量问题的处理；“阈值”式规则，适用于轮廓图形化简与图形合并。

基于规则的制图综合问题，应该将专家们的研究成果加以总结，形成规则；同时还要研究判别方法，因为条件是要通过地图数据库所提供的信息加以判别的。

基于知识推理的方法（如专家系统）是指根据相应的知识库，进行判断、推理的过程。它的困难在于综合知识的规范化、知识的获取和知识的表示。综合过程的复杂性在于基于知识的概念、技术和方法研究的复杂性。综合程序的调试都是要通过合理的计算得到合适的结论，程序只有具备一定的推理机制才能做出选择。因此为使制图综合系统具有推理能力，人们开始了基于知识的推理技术研究。

研究基于知识的系统并不意味着现有的综合算法都应该丢弃，相反，它们仍是综合系统框架中相当有用的一部分。很多基于知识的综合系统中使用了算法，因为算法本身就是一种过程性知识。

（四）基于人工智能的制图综合

理论是技术的先导，技术是理论的支撑。近 10 多年来，同其他领域人工智能研究一样，地图制图综合领域人工智能的研究出现了新的局面，有代表性的成果如面向地图自动综合的空间信息智能处理（武芳等，2008），为计算机模拟制图综合过程中的思维方式进行了大量基础性理论和关键技术研究；地图制图综合质量评估模型（武芳等，2009），研究了制图综合算法和制图综合结果的评价模型，解决了制图综合质量评价难题；地图群（组）目标描述与自动综合，摒弃了“重算法、轻描述”的思想，强调地图目标描述与算法并重，使制图综合算法更具针对性（闫浩文等，2009）；数字地图综合进展（王家耀等，2011），系统总结了制图综合概念，以及制图综合进程的主观性、客观性、定量化、模型化、算法化、智能化和系统化的发展趋势；自动制图综合及其过程控制的智能化研究（钱海忠等，2012），创新性提出了“自动制图综合链”理论，解决了自动制图综合过程控制的智能化难题；居民地增量级联更新理论与方法（武芳等，2017），以居民地要素增量级联更新流程为主线，研究了其理论基础、实现方法和关键技术，研发了自适应地图智能综合与更新软件系统；等等。

随着人工智能时代的到来，解决制图综合知识工程瓶颈问题的深度学习和深度增强学习算法方面的研究逐步深入，对面向制图综合的“类脑智能”研究日益重视，人工智能三要素（算法、时空大数据和计算能力）完全能够支持地图制图综合时空大数据处理和分析（任务分解）、并行（工作流）、协同（算法调度），最终实现智能化地图制图综合。

思 考 题

1. 编制地图时为什么要进行制图综合？
2. 制图综合的实质是什么？
3. 影响制图综合的主要因素有哪些？举例说明。

4. 制图综合的基本方法有哪些？
5. 制图综合形状化简的基本方法有哪些？举例说明。
6. 制图综合时为什么要位移？
7. 数字地图制图综合与传统制图综合的差异是什么？
8. 数字地图制图综合的主要方法有哪些？

第五章 普通地图

普通地图是以相对平衡的详细程度表示地球表面的水系、地貌、土质、植被、居民地、交通网、境界线等自然地理要素和社会人文要素一般特征的地图，是使用最广泛的地图品种之一。普通地图包括地形图和地理图，其中地形图广泛应用于国民经济建设和军队作战指挥，是各项建设事业及科学研究的重要工具，也是编制小比例尺地图、专题地图的基础资料。本章主要介绍普通地图的基本知识以及各要素的表示特点和方法，并简要介绍普通地图的编制过程和特点。

第一节 普通地图的基本知识

一、普通地图的内容

普通地图的内容包括数学要素、地理要素和辅助要素三大类。关于数学要素和辅助要素已于前述（第一章第一节），这里只讨论普通地图内容的地理要素（图 5-1）。

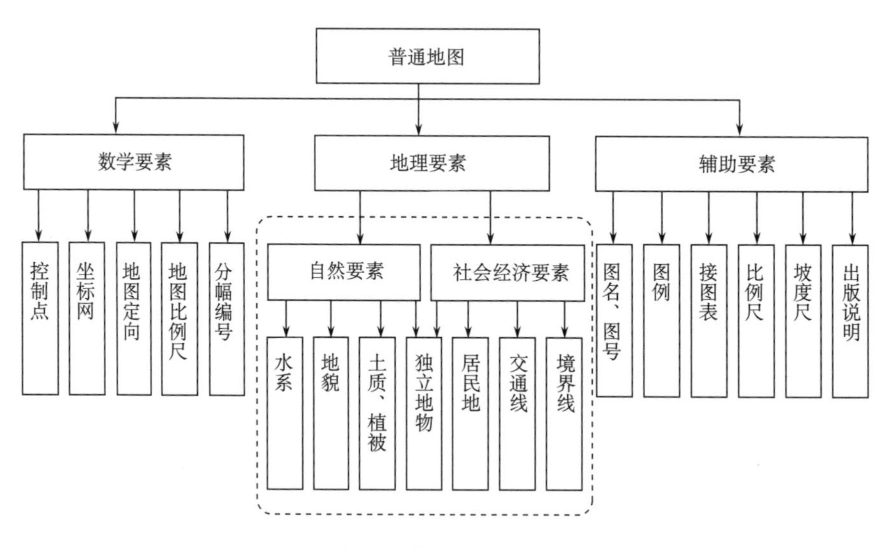

图 5-1 普通地图的内容

普通地图上的地理要素主要包括自然要素和社会经济要素。

自然要素包括海洋要素、水系要素、地貌和土质、植被等要素。水系要素是一切地图最基本的要素之一，它对地图内容的其他要素起着控制作用。地貌是地图的基本要素之一，地图上表示的地貌要素包括陆地地貌和海底地貌。植被是地表植物覆盖层的简称，地图上表示的植被要素可以分为天然的和人工的两大类。

社会经济要素包括居民地、交通运输网、境界及行政中心等。居民地是人类居住和进行各种活动的中心场所，是地图的重要地理要素之一。交通运输是来往通达的各种运输事业的总称。地图上表示的交通运输网包括陆上交通、水路交通、空中交通和管线运输。地图上表示的境界分为政区境界和其他境界两类。

地图上除表示自然地理要素和社会经济要素外，还表示一些实地形体较小，无法按比例表示到地图上的一些重要地物，统称为独立地物。主要包括工业、农业、历史文化、地形等方面的标志性地物，如独立树、发电厂、石油井、水车、风车、革命烈士纪念碑等。

二、普通地图的基本特点

普通地图除具有地图的基本特性（严密的数学基础、运用地图语言表示事物、实施科学的制图综合）外，还具有以下几个基本特征。

1. 地理要素详细程度的相对平衡性

普通地图以相对平衡的详细程度表示制图区域自然和社会经济要素的一般特征，如水系、地貌、土质、植被、居民地、交通线、境界线等要素，不突出表示其中的某一种要素。因而，普通地图广泛用于部队作战指挥、国民经济建设和科学文化教育等方面，也是编绘小比例尺地图和专题地图的基本资料。

2. 具有与比例尺相应的可量测性

普通地图由于具有严密的数学基础，强调的是事物或现象的定位特征，因此，可以从地图上获取地面物体的大小、长短、方向、坡度、面积和距离及其他数据信息。

3. 地图上表示的地理要素的空间结构与实地的相似性

普通地图表示地理要素时，大多采用图案化的符号，与实地物体的形状具有相似性或者象征性，如图 5-2 和图 5-3 所示。普通地图符号的图形特征具有象形和会意的特点，符号的尺寸大多与地图比例尺成比率，在地图上的位置通常代表着实地物体的真实位置，从而使地图具有与实地的相似性。

图 5-2　象征符号

图 5-3 图案化示例

4. 地图印色的习惯性

普通地图的印色具有习惯性，特别是我国大比例尺地形图一直采用四色印刷。黑灰色表示人工物体，如居民地、道路、境界、管线等；蓝色表示水系要素，如江、河、湖、海、井、泉等；棕色表示地貌与土质，如等高线、各种地貌符号等；绿色表示大面积植被，如森林、竹林、果园等。

三、普通地图的类型

普通地图按其比例尺和表示内容的详细程度，可分为地形图和地理图。

（一）地形图

地形图通常是指比例尺大于或等于 1∶100 万，按照统一的数学基础、图式图例，统一的测量和编图规范要求，完整的比例尺系列（1∶1 万、1∶2.5 万、1∶5 万、1∶10 万、1∶25 万和 1∶50 万、1∶100 万）和图幅编号系统，经过实地测绘、航空摄影测量或根据较大比例尺地形图并结合其他有关资料编绘而成的一种普通地图。

地形图按其比例尺又可分为以下三种。

1. 大比例尺地形图

大比例尺地形图的比例尺一般为 1∶1 万—1∶10 万，必要时，可由 1∶1 万编绘出 1∶2.5 万地形图，由 1∶5 万编绘出 1∶10 万地形图。1∶1 万比例尺地形图是局部地区的实测地图，图上各种地物的平面位置和高程数据都具有较高精度，真实地表达了地形的细部，详细地显示了物体的内部结构、形态特征、数量指标以及它们之间的相互联系。1∶2.5 万、1∶5 万、1∶10 万比例尺地形图是地形测量或航空摄影测量的直接成果。地图上详细表示了各要素的分布、图形特点、数量与质量特征；准确地表示了各种具有方位意义的独立地物；正确表示了各要素的位置及其相互关系；各要素表示的详细程度与地图比例尺相适应，可进行各种量测，获取有关数据。

2. 中比例尺地形图

中比例尺地形图的比例尺一般为 1∶25 万、1∶50 万，是根据实测地形图及一些外业调查资料补充编制而成的。由于所含范围扩大，地图以反映全区总的自然地理条件和社会经济状况为主，明显而突出地表示区域内具有典型特征的地物和地貌，精确表示各要素的位置及相互关系。

3. 小比例尺地形图

小比例尺地形图的比例尺一般为 1∶100 万，是地形图系列中比例尺最小的地形图，它是由有关资料通过内业编绘成图的。作为一种普通地图，要求全面地反映地区情况，在质量和数量特征表达上与大中比例尺地形图有较大的区别，各要素的内容也有大幅度的简化。但是，凡是表示了的内容仍要求保持正确的相关位置和与地图比例尺相适应的精度。该比例尺地图从宏观上全面而概略地反映地区总体情况，显示区域的主要地理特征，并保持区域间一定程度的可比性。

（二）地理图

地理图，也称一览图，通常指的是比例尺小于 1∶100 万的普通地图。地理图的内容一般都经过了高度的抽象概括，主要用于反映较大区域内的各种自然地理现象和社会经济现象的总体特征和趋势。地理图没有规定的比例尺系列，没有统一的地图投影、分幅编号和规范图式系统，制图区域范围根据任务要求而定，幅面大小不一，常以单幅图、多幅拼接图、图集（册）等形式出现，可以桌上阅读，也可张挂使用。地理图的地貌要素多以等高线加分层设色表示，有的还配以晕渲，增强立体感。地物因地图的概括程度比较高，多以抽象符号表示。

1. 区域性分幅图

区域性分幅图是按一定经纬差分幅的普通地理图。在某种程度上，也可以看成是系列比例尺地形图的延伸，不过这种图的比例尺、分幅方式、内容表示、整饰规格等都没有固定方案，均依任务的要求单独设计。区域可以是一个地区，一个国家，甚至洲和全球，按一定的经纬差分幅，以单幅图的形式出版，供桌上阅读参考。区域性分幅图具有重要的资料价值，是普通地图中不可忽视的一部分。

2. 区域性全图

区域性全图是一种反映区域形势、总览全局的普通地理图。它通常以一幅图的形式，完整地表达区域的全貌，若纸张幅面有限，可按内分幅拼接起来，使其表示的区域完整。制图的地域范围有以政治行政区划来决定的，如洲、国家、省、县等行政区域的全图；有按自然地理单元确定的，如长江流域图、华北平原图、珠江三角洲地区图等；也有按特定任务和政治事件而专门限定的区域，如西亚地区图、台湾海峡附近图、陕甘宁青地图、中国北部边境地图等。区域大小有别，比例尺也就多种多样。

第二节　独立地物的表示

一、独立地物的基本概念

在实地形体较小，无法按比例表示到地图上的一些地物，统称为独立地物。地图上表示的独立地物主要包括工业、农业、历史文化、地形等方面的标志性地物，如表 5-1 所示。

表 5-1　我国地形图上表示的独立地物举例

工业标志	烟囱，石油井，盐井，天然气井，油库，煤气库，发电厂，变电所，无线电杆，塔，矿井，露天矿，采掘场，窑
农业标志	水车，风车，水轮泵，饲养场，打谷场，储藏室
历史文化标志	革命烈士纪念碑、像，牌坊，气象台、站，钟楼，鼓楼，城楼，古关塞，亭，庙，古塔，碑及其他类似物体，独立大坟，坟地
地形方面的标志	独立石，土堆，土坑
其他标志	旧碉堡，旧地堡，水塔，塔形建筑物

独立地物一般高出其他建筑物，具有比较明显的方位意义，对于地图定向、判定方位等具有较大的意义。在 1∶2.5 万—1∶10 万地形图上独立地物表示得较为详细，随着地图比例尺的缩小，表示的独立地物数逐渐减少，在小比例尺地图上，主要以表示历史文化方面的独立地物为主。

二、独立地物的表示方法

独立地物因为实地形体较小，无法以真形显示，所以大都是用侧视的象形点状符号来表示。图 5-4 是我国 1∶2.5 万—1∶10 万地形图上独立地物符号的举例。

在地形图上，独立地物符号必须精确地表示地物位置，所以符号都规定了其主点，便于定位。当独立地物符号与其他符号绘制位置有冲突时，一般保持独立地物符号位置的准确，其他物体移位绘出。街区中的独立地物符号，一般可以中断街道线、街区留空绘出。

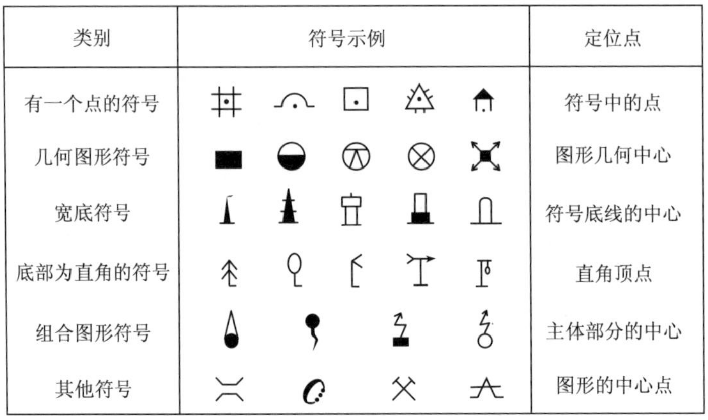

类别	符号示例	定位点
有一个点的符号		符号中的点
几何图形符号		图形几何中心
宽底符号		符号底线的中心
底部为直角的符号		直角顶点
组合图形符号		主体部分的中心
其他符号		图形的中心点

图 5-4　地形图上部分独立地物的符号

第三节　自然要素的表示

一、水系要素的表示

水系是地理环境中最基本的要素之一，它对自然环境及社会经济活动有很大影响。水系对反映区域地理特征具有标志性作用，对地貌的发育、土壤的形成、植被分布和气候的变化都有不同程度的影响，对居民地、交通网的分布和农业生产的布局等有显著的影响。在军事上，水系物体的障碍作用尤为突出，通常可作为防守的屏障、进攻的障碍，也是空中和地面判定方位的重要目标。从地图制图角度考虑，水系是地图内容的控制骨架，对其他要素有一定的制约作用。因此，水系在地图上的表示具有很重要的意义，是地图上重要的表示内容。

（一）海洋要素的表示

普通地图上表示的海洋要素，主要包括海岸和海底地貌，有时也表示海流、海底底质以及冰界、海上航行标志等。对于地理图，表示的重点是海岸线及海底地形。

1. 海岸的结构

海水和陆地相互作用的具有一定宽度的海边狭长地带称为海岸。海岸由沿岸地带、潮浸地带和沿海地带三部分组成（图 5-5）。

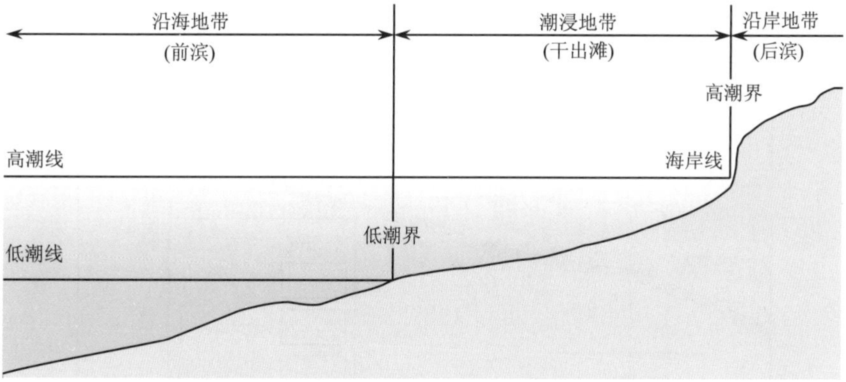

沿海地带
(前滨)
潮浸地带
(干出滩)
沿岸地带
(后滨)
高潮界
高潮线
海岸线
低潮界
低潮线

图 5-5 海岸的组成

（1）沿岸地带，亦称后滨。它是高潮线以上狭窄的陆上地带，是高潮波浪作用过的陆地部分，可依海岸阶坡（包括海蚀崖、海蚀穴）或海岸堆积区等标志来识别。根据地势的陡缓和潮汐情况，这个地带的宽度可能相差很大。

（2）潮浸地带。它是高潮线与低潮线之间的地带，高潮时淹没在水下，低潮时露出水面，地形图上称为干出滩。沿岸地带和潮浸地带的分界线即为海岸线，它是多年大潮的高潮位所形成的海陆分界线。

（3）沿海地带，又称前滨。它是低潮线以下直至波浪作用的下限的一个狭长的海底地带。

在海岸的发育过程中，三个地带是相互联系不可分割的整体。

2. 海岸的表示

在地形图上表示海岸线，要反映海岸的基本类型及特征。海岸线通常以蓝色实线表示，低潮线用点线概略绘出。在海岸线以上的沿岸地带，主要通过等高线或地貌符号表示。在沿海地带，主要表示沿岸岛屿和海滨沙嘴、潟湖等。在小比例尺地理图上，以不同形状的概括图形来区分岩岸、沙岸、泥岸等，以蓝色小点表示沙洲、浅滩，以红色珊瑚礁符号组成不同的图案表示裙礁、堡礁和环礁（图 5-6）。

3. 海底地形的表示

海底地形的基本轮廓可以分为三大基本单元，即大陆架（大陆棚）、大陆坡（大陆斜坡）、大洋底。它们通常是通过水深注记、等深线加分层设色来表示。三个基本单元的深度，大陆架一般为 0—200m；大陆坡一般为 200—2500m；大洋底一般为 2500—6000m。海洋水深的起算面与陆地高程的计算方法不同，不是采用平均海平面来计算，而是根据长期验潮数据计算出来的理论上可能最低的潮位面，即根据 “理论深度基准面”作为计算海深的基准面。

1）深度基准面

在我国的普通地图和海图上，陆地部分统一采用 1985 年国家高程基准自下而上计算，海洋部分的水深则根据“深度基准面”自上而下计算。深度基准面，是根据长期验潮的数据所求得的理论上可能最低的潮面，也称理论深度基准面。地图上标注的水深，就是由深度基准面到海底的深度。海水的几个潮面及海陆高程起算之间的关系如图 5-7 所示。理论深度基准面在平均海水面以下。

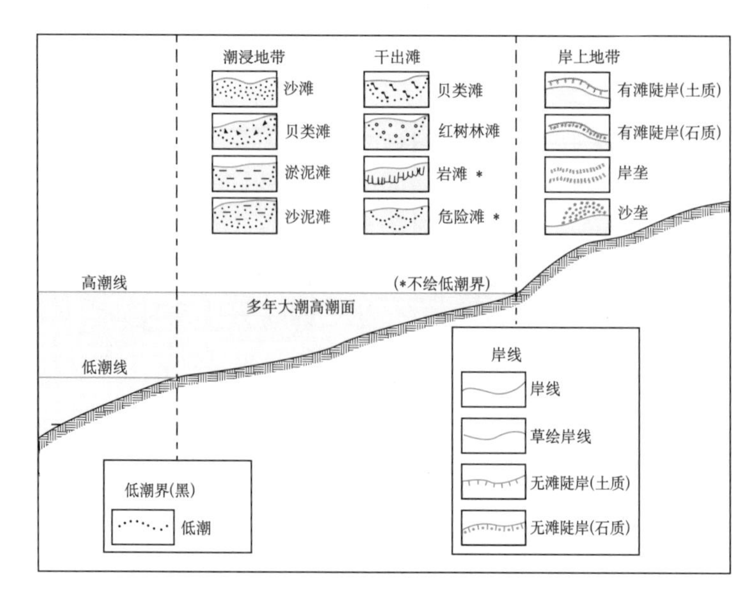

图 5-6 海岸的表示

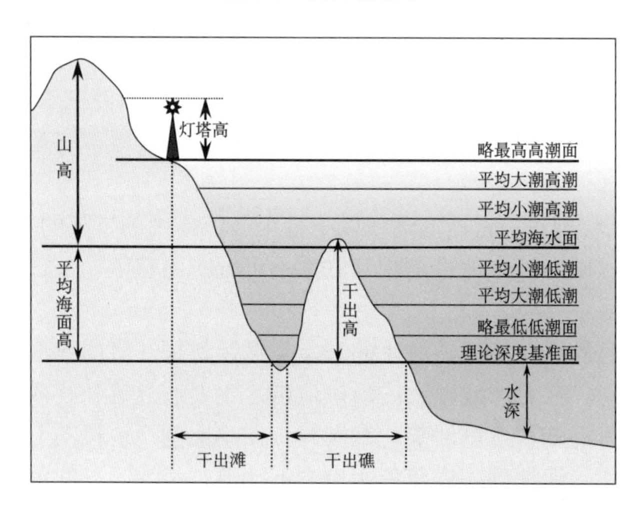

图 5-7 潮面及海深、陆地起算示意图

海面上的干出滩和干出礁高度是从深度基准面向上计算的。涨潮时，一些小船也可在干出滩上航行，此时的水深是潮高减去干出滩高度。海面上的灯塔、灯桩等沿海陆上发光标志的高度则是从平均大潮高潮面起算的。因为舰船进出港或近岸航行，多选在高潮涨起的时间。

综上所述，在理论上海岸线不是 0m 等高线，0m 等高线应在海岸线以下的干出滩上通过；海岸线也不是 0m 等深线，0m 等深线大体上应该是干出滩的外围线（即低潮界符号），它在地图上是比海岸线更不易测定的一条线。实际上，只有在无滩陡岸地带，海岸线与 0m 等高线、0m 等深线才重合在一起。一般情况下，由于 0m 等高线同海岸线比较接近，地图上不把它单独绘出来，而是用海岸线来代替。只有当海岸很平缓，有较宽的潮浸地带，且地图比例尺又比较大时，才绘出 0m 等高线。至于 0m 等深线，则一般用低潮线来代替。

2）海底地貌的表示

海底地貌可以用水深注记、等深线、分层设色和晕渲等方法表示。

水深注记是水深点深度注记的简称，类似于陆地上的高程点。海图上的水深注记有一定的规则，普通地图也多引用。例如，水深点不标点位，而用注记整数位的几何中心来代替；可靠的新测的水深点用斜体字注出，不可靠的旧资料的水深点用正体字注出；不足整数的小数位用较小的字注于整数后面偏下的位置，中间不用小数点，如 23_5 表示 23.5 m。

等深线是从深度基准面起算的等深点的连线。等深线的形式有两种，一种是类似于境界的点线符号，另一种是通常所见的细实线符号，如图 5-8 所示。

1	9	1000
2	10	2000
3	20	4000
4	30	6000
5	50	8000
6	100	不精确
7	200	
8	500	

图 5-8　等深线符号

分层设色法与等深线表示法相配合可以较好地表示海底地貌。这种方法是在等深线的基础上每相邻两根等深线（或几根等深线）之间加绘普染相应颜色来表示海底地貌的起伏。通常，都是用不同深浅的蓝色来区分各层的，且随水深的加大，蓝色逐渐加深。海底地貌有时也采用晕渲法表示。

（二）陆地水系的表示

陆地水系是指一定流域范围内，由地表大大小小的水体，如河流的干流、若干级支流及流域内的湖泊、水库、池塘、运河、沟渠、井、泉等构成的系统。

1. 河流、运河及沟渠的表示

在普通地图上表示河流，必须搞清区域的自然地理特征及河流的类型，才能使水系的图形表示科学、合理。在表现方法上，以蓝色线状符号的轴线表示河流的位置及长度，以线状符号的粗细及单双线变化表示河流的上游与下游、主流与支流的关系。与河流相联系的还有运河和沟渠，在地图上一般只以蓝色的单实线表示。

地图上通常要求显示河流的形状、大小（宽度和长度）和水流状况。当河流较宽或比例尺较大时，只要正确描绘河流的两条岸线就能大体上满足要求。河流岸线是指常水位所形成的岸线（也称水涯线），如果雨季的高水位与常水位相差很大，则大比例尺图上还要求同时用棕色虚线表示高水位岸线。

由于地图比例尺的关系，地图上大多数河流只能用 0.1—0.4mm 线粗的单线表示。符号由细到粗自然过渡，可以反映出河流的流向和形状，区分出主支流，同时配以注记还可表明河流的宽度、深度和底质。根据绘图的可能，一般规定图上单线河粗于 0.4mm 时，就可用双线表示。单双线河相应于实地河宽参见表 5-2。

为了与单线河衔接及美观的需要，往往用 0.4mm 的不依比例尺双线符号过渡到依比例尺的双线符号表示。小比例尺地图上，河流有两种表示方法：一是与地形图相同的方法，采用不依比例尺单线符号配合不依比例尺双线和依比例尺双线符号来表示（图 5-9）；二是采用不依比例尺单线配合真形单线符号来表示（图 5-10）。

表 5-2 单双线河相应于实地河宽

实地河宽 比例尺 / 图上线型	1∶2.5 万	1∶5 万	1∶10 万	1∶25 万	1∶50 万	1∶100 万
0.1—0.4mm单线	10m以下	20m以下	40m以下	100m以下	200m以下	400m以下
双线	10m以上	20m以上	40m以上	100m以上	200m以上	400m以上

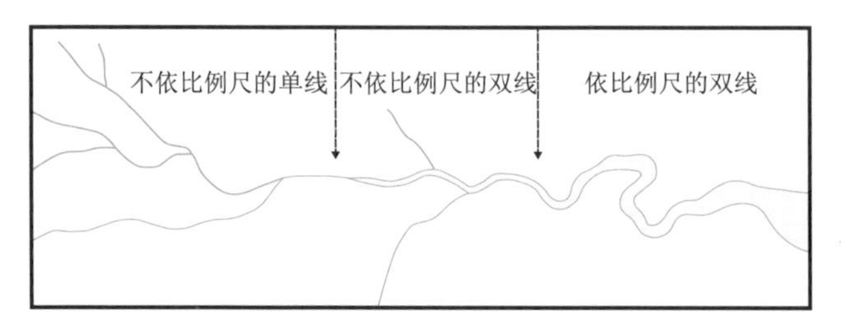

图 5-9 河流符号

图 5-10 真形单线河符号

根据河流的水流情况，有常年河、季节性有水河、地下河段和消失河段等，地图上用相应的符号加以区别。

运河和沟渠是人工开凿的水道，供灌溉和排水用。运河及沟渠在地图上都是用平行双线（双线内套浅蓝色）或等粗的实线表示，并根据地图比例尺和实地宽度的分级情况用不同粗细的线状符号表示。

2. 湖泊的表示

湖泊是水系中的重要组成部分，它不仅能反映水资源及湿润状况，同时还能反映区域的景观特征及环境演变的进程和发展趋势。在地图上，湖泊是以蓝色实线或虚线轮廓，再配以蓝、紫不同面色区分湖泊的水质加以表示的（图 5-11）。通常用实线表示常年积水的湖泊，用虚线表示季节性有水的时令湖。

3. 水库的表示

水库是为饮水、灌溉、防洪、发电、航运等需要建造的人工湖泊。因为它是在山谷、河谷的适当位置，按一定高程筑坝截流而成的，所以在地图上表示时，一定要与地形的等高线形状相适应。如图 5-12 所示，在地图上能用真形表示的，则用蓝色水涯线表示，并标明坝址；

对不能依比例表示的，则用符号表示。

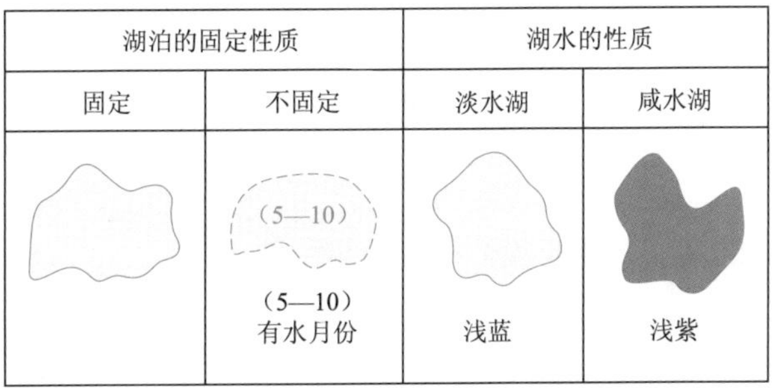

湖泊的固定性质		湖水的性质	
固定	不固定	淡水湖	咸水湖
	（5—10） （5—10） 有水月份	浅蓝	浅紫

图 5-11　湖泊的表示

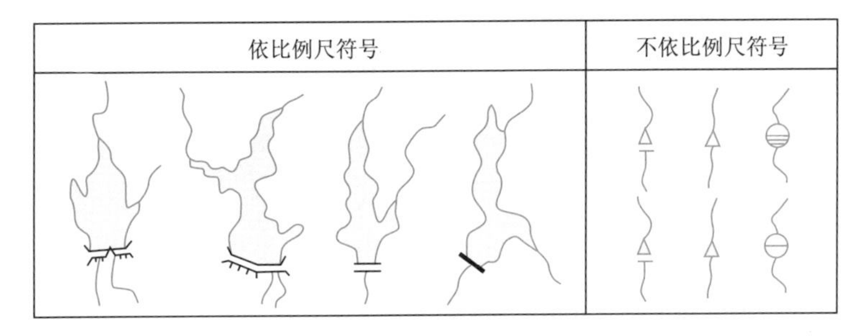

图 5-12　常见的水库符号

4. 井、泉的表示

井泉虽小，但它却有不容忽视的存在价值。在干旱区域、特殊区域（如风景旅游区）的地图上，用点状符号予以表示。

（三）水系注记

地图上需要注出名称的水系物体有：海洋、海峡、海湾、岛屿、湖泊、江河、水库等。

1. 海洋要素注记

海洋要素的注记分为名称注记和说明注记两大类。

1）海洋名称注记

海洋名称注记分为海洋注记和岛屿注记两种。名称注记的字体、字色、字大、字列规定见表 5-3。

表 5-3　海洋名称注记的设计

类别	内容	字体	字色	字大	注记配置
海洋名称	洋、海	左斜宋	蓝色	根据物体的面积或长度确定	①尽量用水平字列 ②沿物体长轴方向用雁行字列或屈曲字列
	海湾、海峡、海沟等	左斜宋			
岛屿名称	群岛、岬角、礁石、沙滩	宋体	黑色		

凡是具有规范图式的系列比例尺地图，都已给出每一级注记的示例，可根据物体的等级（面积大小等）比照图式上相近的等级来确定。若是自行设计的地图，则需要首先确定选用字级的区间，而后再根据物体的等级（如面积大小）来确定选用字大。例如，一般规定海洋要素名称注记在 2.5—8.0mm 的字大中选用；海湾名称注记在 2.5—5.0mm 字大中选用；海峡名称注记在 2.5—4.0mm 字大中选用。首先要搞清全图范围内每种要素的最大和最小面积（或长度等）以及它们相互间的对比，才能定出实际选用的区间的上、下限及分级情况。有了这一标准，即可根据物体的面积（或长度）确定所选用的字大。

2）海洋说明注记

普通地图上海洋说明性注记分为质量方面的说明注记和数量方面的说明注记两种。说明性注记的内容、字体、字色、注记配置方式设计见表 5-4。

表 5-4 海洋说明注记的设计

类别	内容	字体	字色	配置方式
质量方面的	干出滩性质（沙、沙砾、淤泥等）	细等线	黑色	水平
	海底底质（沙、泥等）			
数量方面的	无滩陡岸比高	长等线	蓝色	①水平 ②垂直于等深线、流向符号
	潮流、海流流速	等线		
	水深注记、等深线注记	长等线		

2. 陆地水系要素注记

1）河（渠）名称注记

河（渠）名称采用左斜宋体注记。在地形图图式中，对各级河流名称的注记大小都做了相应的规定；小比例尺普通地图因为没有统一的图式，都是由编辑在设计地图时定出河流名称注记的大小。

一般认为，河流名称注记的等级根据地图的用途分为 3—5 级比较合适，字大根据河流长度确定，重要的河名其字大不应小于 3.5mm；最小的河名字大也应超过最小一级居民地名称的字大，不能小于 2.0mm；其他各级根据具体情况确定。

河流名称注记字大应根据河流的大小、主支流和上下游关系保持一定的级差，上游和支流不能大于下游和主流，如图 5-13 所示。

河（渠）名注记一般采用屈曲字列配置，字隔一般以 4—5 倍字大为宜，一般 15—20 cm 重复注出河名，河名多注于河流转折处、交汇处、接图处等。

2）湖泊和水库的名称注记的设计

湖泊名称注记的字大根据面积确定，水库名称可根据等级确定，如果大型水库字大为 4.0mm，大型水库可用 3.5mm，小型水库可用 3.0mm。

湖泊和水库名称的配置方法：尽量注在水域内，内部注不下时才注于水域外；一般用水平字列注出，也可沿湖泊、水库的伸展方向用屈曲字列注出；大湖泊、大水库可重复注记名称。

图 5-13　河流名称注记示例

二、地貌要素的表示

地貌是普通地图上最主要的要素之一，它与水系一起，构成了地图上其他要素的自然地理基础，并在很大程度上影响着它们的地理分布。地貌在军事上具有十分重要的意义，它是部队实施各种军事行动的依据之一。部队运动、阵地设置、工事构筑、隐蔽伪装等都必须研究和利用地貌。在国民经济方面，交通、水利、农业、林业部门要根据地貌来勘察、设计和施工，地质部门要根据地貌来判定地质结构和岩层性质等。通常地图上表示地貌要反映地貌的形态特征，表示地貌不同类型、分布特点，具有可量测性，且能显示出地面起伏的效果。

对具有三维空间的地貌，如何将它科学地表示在地图二维空间平面上，使之既富有立体感，又具有一定的数学概念，以便进行量测。人们进行多种尝试，并经历了漫长的历程，创立了写景法、等高线法、晕滃法、晕渲法、分层设色法和地貌的虚拟表示法等多种表示地貌的方法。到目前为止，常用表示方法主要有等高线法、分层设色法、晕渲法和地貌的虚拟表示法。

（一）等高线法

等高线法是用高程等值线定量表示地貌起伏的一种方法，通过等高线的组合来具体反映地面的起伏大小和形态变化。用等高线表示地貌的定位精度，取决于等高线的获取方法及地图比例尺。运用航测方法获得的真实连续的等高线定位精度高，野外测得高程点后再用插绘方法获得等高线的定位精度较前者低；地图比例尺大、概括程度低，等高线的定位精度就高，比例尺小、概括程度高，等高线的定位精度低。用等高线法表示地貌形态的详细程度，主要取决于比例尺或等高距的大小。比例尺大，等高距小，地貌形态表示的详细；反之，比例尺小，表示的范围大，采用的等高距相对较大，对地貌的表示也相对会概略一些。

等高线法的基本特点在于它具有明确的数量概念，可以从地图上获取地貌的各项数据；

可以用一组有一定间隔的等高线的组合来反映地面的起伏形态和切割程度（密度与深度），使得每种地貌类型都具有独特的等高线图形；另外，等高线又是其他地貌表示法的几何基础。正由于等高线具有许多优点，才使其一直以来都是地图上表示地势起伏方法的主流。

等高距就是相邻两条等高线高程截面之间的垂直距离，或者说是相邻两条等高线之间的高程差，如图 5-14 所示。

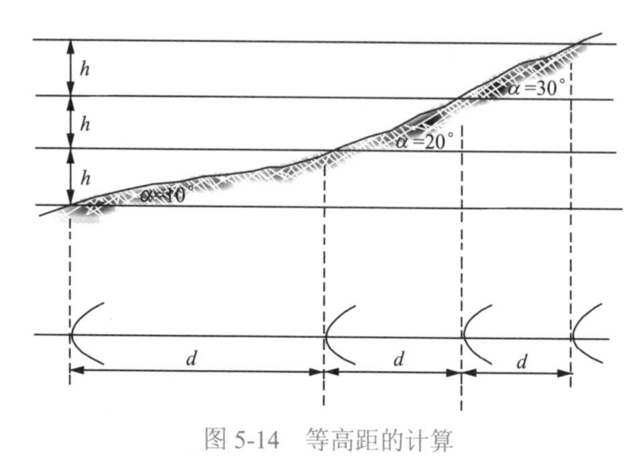

图 5-14 等高距的计算

等高距公式为

$$h = \frac{dM}{1000} \cdot \tan\alpha$$

式中，M 为比例尺分母；d 为水平距离；α 为坡度；h 为等高距。

随着地图比例尺的缩小、等高距的扩大，等高线图形更加概括，等高线的作用将逐渐以反映地形的基本特征为主，不能据此量测地面的实际高度和坡度。小比例尺地图，常因制图区域范围大，可能包括各种地貌类型，如平原、丘陵、山地，若用固定等高距，难以反映出各种地貌情况，可以采用等高距随高程增加而逐渐增大的方法，称为“变距高度表”。

地形图上的等高线分为首曲线、计曲线、间曲线和助曲线四种（图 5-15）。

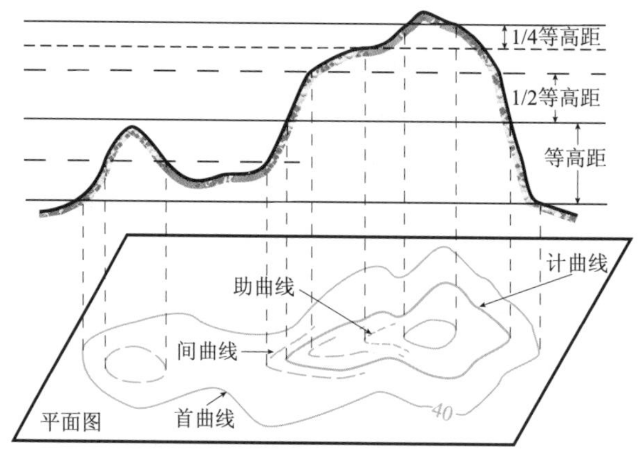

图 5-15 地形图上的等高线

首曲线又称基本等高线，是按基本等高距由零点起算而测绘的，通常用细实线描绘。

计曲线又称加粗等高线，是为了计算高程的方便加粗描绘的等高线，通常是每隔四条基本等高线描绘一条计曲线，它在地形图上用加粗的实线表示。

间曲线又称半距等高线，是相邻两条基本等高线之间补充测绘的等高线，用以表示基本等高线不能表示而又重要的局部地貌形态，地形图上常以长虚线表示。

助曲线又称辅助等高线，是在任意的高度上测绘的等高线，用于表示那些任何等高线都不能表示的重要微小地貌形态。因为它是任意高度的，故也称为任意等高线，但实际上助曲线多绘在基本等高距 1/4 的位置上。地形图上助曲线是用短虚线描绘的。

等高线法表示地貌有两个明显的不足：①缺乏视觉上的立体效果，即立体感差；②两等高线间的微地貌无法表示，需要用地貌符号和地貌注记予以补充。为了增强等高线法的立体效果，经过长期的研究试验，提出了许多行之有效的方法，例如，明暗等高线法，就是使每一条等高线因受光位置不同而绘以黑色或白色，以增强立体感（图 5-16）；粗细等高线法，是将背光面的等高线加粗，向光面绘成细线，以增强立体效果（图 5-17）。

图 5-16 明暗等高线法

图 5-17 粗细等高线法

另外，还常与分层设色法和晕渲法联合使用，弥补等高线法立体感差的缺陷。普通地图上有一些特殊地貌现象，如冰川、沙地、火山、石灰岩等，必须借助地貌符号和注记来表示。

（二）分层设色法

地貌分层设色法是以等高线为基础，在等高线所限定的高程梯级内，设以有规律的颜色，表示陆地的高低和海洋深浅的方法，如图 5-18 所示。它能明显地区分地貌高程带；利用色彩的立体特性，产生一定的立体感；减少“变距高度表”视错觉的影响。从某种意义上讲，此法是对由等高线所限定的高程带的一种增强视觉立体感的方法。在小比例尺地图上用于表示地貌更为有效一些。

这种方法加强了高程分布的直观印象，更容易判读地势起伏状况，特别是有了色彩的正确配合，使地图增强了立体感。不难看出，构成分层设色的基本因素有两个：一是合理地选择限定高程带的等高线；二是正确利用色彩的立体特性，即设计出一个好的色层表（设了颜色的高度表）。

分层设色法在设色时要考虑地貌表示的直观性、连续性和自然感等原则。例如，以目前普遍采用的绿褐色系列为例，平原用绿色，丘陵用黄色，山地用褐色；在平原中又以深绿、绿、浅绿等三种浓淡不同的绿色调显示平原上的高度变化；高山（5000m 以上）为白色或紫色；海洋部分采用浅蓝到深蓝，海水越深，色调越浓。这种设色系列把色相与色调结合起来，层次丰富，能引起对自然界色彩的联想，效果较好。常用的色层表有：适应自然环境色表、相似光谱色表和不同色值递变色表。

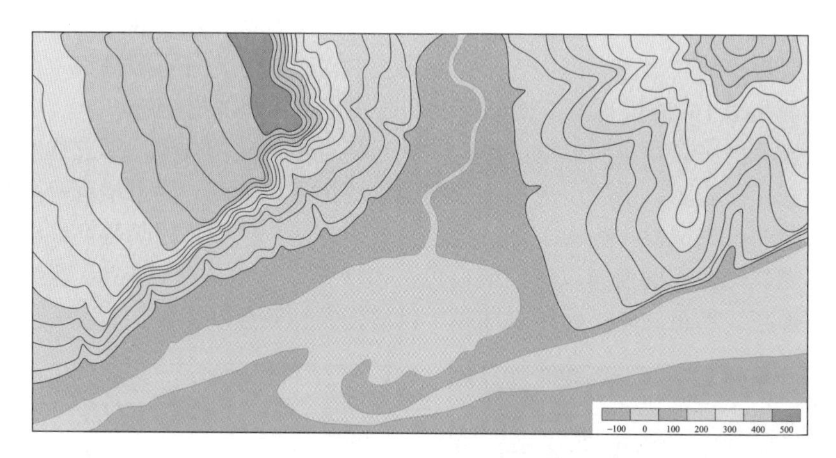

图 5-18 分层设色法

1. 适应自然环境色表

选用与自然环境相适应的色彩构成色表，这种设想是很自然的。很早以前人们就模仿自然景色来显示地图上的地貌立体感。这种色表曾在过去相当长的时间内，为许多国家的分层设色图所采用。但是，纯自然模仿型的色层表，颜色结构单调，缺乏立体感，而且随高度增加色调偏暗，图面也缺少生气，所以现在很少采用。后来，人们改进了传统的绿褐色表，在高层级上用饱和度增大的暖色系，如橙色、红色代替暗棕色，使高山部分偏棕红色，以增强立体感；绿色层级的过渡常采用黄色系；海洋以蓝色为基色。这就形成了当前普遍采用的分层设色色层表，我国和世界各国的许多现代地图上，大多都采用这样的色层高度表。

2. 相似光谱色表

为了找到更合乎逻辑的颜色序列，人们提出了“光谱色表”。该色表完全按照光谱色序建成，用红、橙、黄、绿顺序分层表示陆地高度，用青、蓝表示海深，形成光谱色序的结构形式。因为该色表中没有暗色，且各色的饱和度都差不多，所以由它表示的高程带的分布和对比清楚明显，也能显示出一定的立体感。但是，这种色表的设色却未能广泛应用，这是因为光谱颜色的亮度排列不是等价的，黄色最亮并居于光谱色系的中间，显得不是太协调。此外，在地貌色层的顶部用大红的颜色，也与高山冰雪特征不相符，而且给人以刺眼的烦躁感。但以光谱原则为基础所做的改进色表，仍然有应用的价值，如低平地区用绿或灰绿色，然后依次用米黄、橙、红橙、橙红色表示，或者是另一些色表形式。这是一种近似光谱色序的色表，现今在分层设色图上采用的比较多，显示地貌的效果也比较好。

3. 不同色值递变色表

在颜色科学中，颜色的明度又称为色值，它与饱和度、色相三者构成颜色的知觉属性。分层设色色层表中，除采用不同的色相构成外，颜色的其他属性也可以塑造立体感，由此提出了利用颜色的这两种属性，即依不同色值（明度）排列颜色次序的建表原则。通常见到的是“越高越暗”和“越高越亮”原则。

根据越高越暗设色原则所建立的色层表，有简单和多色相两种。简单色层表通常由3—4种颜色组成，其中绿—褐色表示陆地部分，蓝色表示水系，适用于地面高度变化不大的地区或用以显示局部地貌。多色相色层表用在高度表划分较多的地图上，但用色也不宜过多，关键在于要选择好表示高程变化的几根主要等高线，并使色层过渡自然而不脱节。

越高越亮色表，是设想由空中俯瞰地面，对各种颜色产生不同生理视觉为基础的。低地视远觉其灰暗，设以暗色调；高地视近觉其明亮，设以亮色调。就是说，色表随高程的增加颜色越明亮，这便是越高越亮的构色原理。因为色彩亮度的变化与高度变化相适应，又产生远近的视觉差别，所以以该色表制作的分层设色图也就有了立体感。

分层设色法使地图图面上普染了底色，因此底色上某些要素的色彩会发生变化或不够清晰，深色层面上的名称注记不易阅读。

（三）晕渲法

地貌晕渲法是对光影在地面上的分布规律进行归纳总结，在地图平面上用不同色调（墨色和彩色）的浓淡表示全部光影变化，则可获得图上地貌的起伏立体感的方法。其实质就是光影立体效果在地图上的应用，如图5-19所示。

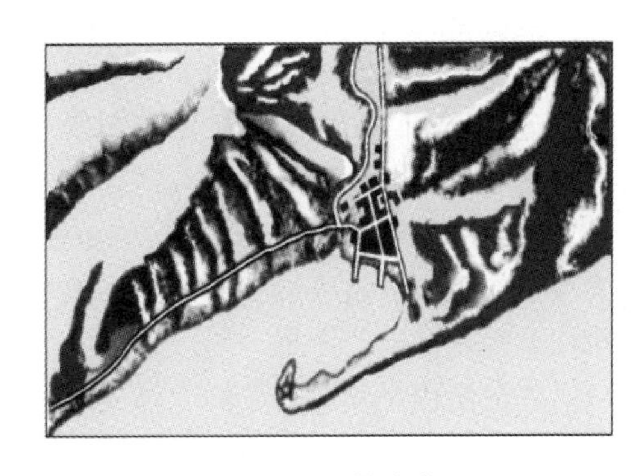

图5-19　晕渲法

晕渲法是目前在地图上产生地貌立体效果的主要方法。因为它的图面效果好，技法又较易掌握，应用范围很广。但是晕渲法也有自己的问题，并非在一切地图上都可采用。晕渲法的立体感是因视错觉和心理联想产生的，所以渲绘和印刷的质量稍差时，立体感就会降低，甚至会在图面上起到干扰的作用。因此，对于设计者和绘制者来说，应该全面了解晕渲法的基本原理，它的构成特点，制印工艺对晕渲的要求，以及晕渲技法等，这样，才能正确运用这种方法，制作出高质量的晕渲图形来。

晕渲法的表现形式有很多，主要可以按下列标志进行分类。

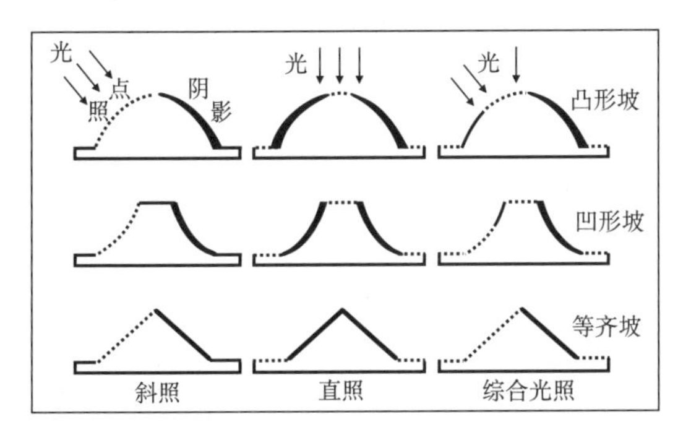

图5-20　三种不同光照的晕渲

1. 按光照原则分类

地貌晕渲可分为三种基本表现形式（图5-20）：直照晕渲、斜照晕渲和综合光照晕渲，它们分别适用于不同高差对比的山体。

2. 按晕渲表现地貌的详细程度分类

地貌晕渲可分为全晕渲和半晕渲两种表现形式。全晕渲是根据斜照光源的几何光学原理，除了地貌的阴、阳坡外，所有的平地都要普染一层浅色调，有时为了加强阳坡面的明亮度，还特意把平地的淡影加深。全晕渲的立体感是比较好的，它的不足是图面稍暗，当地图上其他要素的密度较大时容易互相干扰，既减弱整体效果又影响了图面清晰。半晕渲就是针对这种现象提出的改进办法，它既可以看成是去掉平地的淡影，只渲绘地貌的阴、阳坡面，也可以理解为根据图面需要有重点地渲绘主要地貌，或者是需要强调其立体效果的部位。半晕渲既有一定的立体感，又不会过多地影响地图上其他要素的表示，目前应用也较为广泛。

3. 按晕渲色彩分类

地貌晕渲可分为单色晕渲、双色晕渲和多色晕渲（即彩色晕渲）。单色晕渲是用一种色相（消色或某种色彩）的浓淡，或者是某色相的不同亮度来反映山体的光影分布。因为晕渲的实质是用光影来显示立体感的，所以单色晕渲时的色相选择应当以连续色调丰富的复色为主，即含有黑灰成分的棕灰、青灰、绿灰、蓝紫、棕褐等色。如果选用明亮的黄、鲜绿、橙、红等色，就难以产生立体效果。

双色晕渲是把制图区域的地貌按一定的原则拆成两个单色版画，两个色套合印刷。拆成两块版的目的是加强地貌的立体感，以更好地区分主要的地貌类型，或者在晕渲色同较复杂的底色套合时，改善晕渲色同底色套合后的色彩效果。

彩色晕渲是用色彩的浓淡、明暗和冷暖对比来建立地貌立体感的，它比单色晕渲有更强的表达能力。彩色晕渲一般为全晕渲。

近些年来，随着计算机图形图像技术和空间可视化技术的发展，晕渲法从手工绘制发展到地貌晕渲的自动生成，大大提高了地貌晕渲的绘制效率和精准度。目前主要采用计算机基于 DEM 数据自动进行地貌晕渲的方法，即基于数字高程模型（DEM），计算出每个微小的地表单元的坡向、坡度以及黑度值，然后输入到图形输出设备绘制成图。因为是用小平面单元构成一种镶嵌式的图形，所以选定的平面单元越小，自动晕渲图像就越连续自然。

晕渲法由于具有较好的立体效果，应用范围很广，在一些需要突出显示地形要素的中小比例尺地图上，如地势图、交通图、航空图等常采用晕渲法表示地形，近年来有些国家还用于中比例尺地形图上，或供科研用的地理基础底图上（如 1∶150 万自然地理基础底图）。晕渲法也常与等高线法、分层设色法联合使用。

（四）地貌的虚拟表示法

随着人们对地貌表示要求的提高和科学技术的发展，地貌表示经历了由传统纸质二维平面表示到基于数字地面模型的计算机辅助地貌的三维表示。随着国民经济建设对地貌信息保障提出的新要求和计算机图形图像技术、仿真与虚拟现实技术的引入，研究试验了更加逼真的数字地貌虚拟表示法。

图 5-21　山峡景观

二维地图上地貌的立体感是利用能产生心理立体视觉的透视方法或晕渲方法产生的，而不具有真三维立体感。而在虚拟现实技术和三维图形技术的支撑下，所表示的地貌具有生理立体视觉感，地貌表示更加生动、逼真、形象，如图 5-21 所示。地貌虚拟表示是一种利用计算机技术和可视化技术，将数字化的地貌信息用计算机图形学方式再现出来，再佩戴双眼立体观察设备（头盔、数据手套等），使地貌具有“临场感、真三维立体感”。

地貌虚拟表示法的特点主要有以下几个方面。

1. 基于数字信息的表示方法

传统地貌信息以图形的方式直接绘制在纸质地图上，现在是以数字信息（文件）的方式记录在计算机的存储介质中，如硬盘、光盘等，这是快速量算和自动分析的基础，可直接参与各种数学模型和分析模型的计算。

2. 真三维空间特征表示

建立在三维模型基础上的真三维空间表示，在显示效果上更加符合人眼观察地貌的规律，借助于一定的设备，更能让人产生“身临其境”感，从而实现大多数读图者在读图时想“进入地图”的愿望，从而使人们对地貌信息的接受更加自然。

3. 实时动态性

传统纸质地图与数字地貌的立体表示都是静态的。而数字地貌虚拟表示则可放大、缩小、漫游、旋转，甚至“飞翔”。借助“虚拟现实”的技术和设备，更能产生逼真感，满足实时显示的要求。

4. 可交互性

传统纸质地图是不可交互的，一般的数字地貌表示的交互也是有限的，而数字地貌虚拟表示可借助专门的设备（头盔、数据手套、操纵杆等）在虚拟环境中进行交互式操作，获取新的信息。

5. 多比例尺（多分辨率）

传统纸质地图一旦制作完毕，比例尺是固定的，而现在数字地貌虚拟表示是根据需求可任意变化比例尺。

地貌虚拟表示法的优势包括以下三个方面。

（1）效果优势。继承了传统地貌表示方法的优点。如等高线法、分层设色法、地貌晕渲法的各种规则在虚拟表示法中仍可得到继承和应用。用虚拟地貌表示法实现的等高线、分层设色及地貌晕渲的效果可以与传统制图的效果相媲美，对地貌信息的接受更加接近自然。建立在地貌三维模型、真三维空间的表示，具有严格的数学基础和科学依据（如透视效果是透视矩阵变换的结果，可以进行三维查询，比传统的目视写景法更科学，而传统方法对绘图者的依赖性较大，绘图时有很多人为误差），加上实时动态性、可交互性，在显示效果上更加符合人眼观察自然的规律，借助于一定的特殊设备，更能让人产生“身临其境”感，并且可以方便地进行多维切换，成图速度快、便于修改和方案设计。

（2）精度优势。改变了传统地图上的量算模式，实现基于数据库和各种分析模型的智能化地形分析与量算，无论是在速度、精度还是功能上都是传统方法无法比拟的。此时的精度取决于数据源、数学模型、分析模型的精度，避免了传统方法中的人为误差。

（3）应用优势。地貌虚拟表示法，提供可交互、可进入的逼真的地形环境，广泛地应用于工程建设、战场数字化建设等领域，在作战环境分析、工程设施施工、生态环境保护和水利设施建设等方面能发挥较大作用。

（五）地貌要素的注记

地图上除了采用各种表示方法表示出地形的高低起伏变化和各种地貌的形态特征，还需对表示区域中的山脉、山峰等的名称和高度以及不同比例尺的等高距等进行标注，为定量分析地形、研究地貌等提供基础信息。

地貌注记分为高程注记、说明注记和名称注记。

1. 高程注记

高程注记包括高程点注记和等高线高程注记，用等线体注出。高程点注记是用来表示等高线不能显示的山头、凹地等，以加强等高线的可量测性，字色用黑色。等高线高程注记则是为了迅速判明等高线的高程，字色与等高线颜色相同。等高线高程注记配置时字头要朝高处，所以要尽量配置在山体的南面坡上。

2. 说明注记

地貌要素的说明注记主要是用以说明地貌要素的比高、宽度、性质等，用等线体注出，字色与等高线颜色相同。

3. 名称注记

地貌要素的名称注记包括山峰、山岭、山脉注记等。山峰名称一般用长中等字体，多与高程注记配合注出，根据山体的大小和著名程度设计字大，字色用黑色；独立山地、高地和山隘与山峰名称设计相同。山岭、山脉名称一般用“耸肩”中等字体沿山脊中心线注出，根据山体的大小和著名程度设计字大，字色用黑色，过长的山脉应重复注出其名称。在不表示地貌的地图上，可借用名称注记大致表明山脉的伸展、山体的位置等。

三、土质、植被的表示

（一）土质的表示方法

普通地图上表示土质的目的，主要是为了向用图者提供区域地表覆盖的宏观情况。普通地图上表示的土质并不是地学中所称谓的土壤，而是指地表覆盖的性质，如山区的裸岩、冰川，平地上的沙地、沼泽地和盐碱地等。通常习惯将裸岩、冰川、沙地划归地貌的表示内容，因此要表示的土质就更为简单了。常用棕色的小符号，配合注记表示土质的分布范围和性质，如图 5-22 所示。

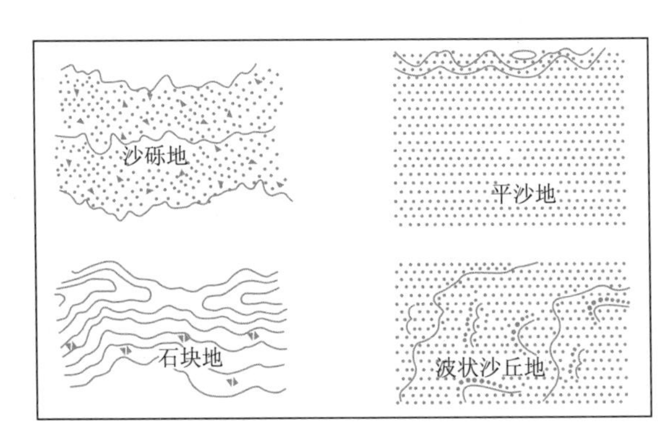

图 5-22　土质的表示方法示例

（二）植被的表示方法

普通地图上的植被是指植被覆盖的总称，分天然植被与人工植被两大类。天然植被中最主要的是森林，其他还包括幼林、灌木林、竹林、草本植物等；人工植被主要有经济作物地、果园、稻田等。

地形图上表示植被主要是为了了解区域植被的类型和荫蔽价值等，因此主要表示森林、幼林、竹林、灌木丛、芦苇、稻田等，并注明某些林种的数量指标（平均高度、干粗等），强调其分布范围和平面图形特征。各国地形图上植被的表示大体相同，因为它们的用途是基本接近的。有些差别也大都是地区性的差别，如海岸红树林带（这是登陆作战的重要障碍物）、仙人掌分布区（与灌木丛有相似的障碍作用），等等。

如图 5-23 所示，在普通地图上常采用范围法和注记法表示出森林、幼林、果园、稻田的类型、范围和属性特征等。具体说，就是采用地类界表示植被的范围线，或在其中填充绿色表示大面积植被分布；也可以采用地类界，配合小符号、绿色普染色和注记，表示其类型特征和数量特征等。

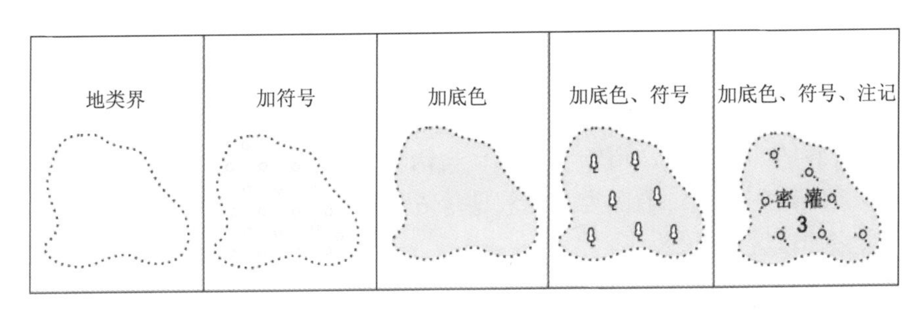

图 5-23 植被的表示示例

第四节 社会经济要素的表示

一、居民地要素的表示

居民地是人类因为社会生产和生活的需要而形成的居住和活动的场所，所以，一切社会人文现象无一不与居民地发生联系。居民地的内容非常丰富，但在普通地图上能表示的内容却非常有限，主要表示居民地的位置、形状、类型、建筑物的质量特征、人口数量和行政等级。

（一）居民地位置的表示

地形图特别是大比例尺地形图上，居民地的位置是以详细的平面图形表示的，此时，居民地的位置通常以平面图形几何中心的位置来表示。而在小比例尺地形图或地理图上，除县市以上居民地在地图比例尺允许的情况下，有可能用简单的平面轮廓图形表示外，其余绝大多数居民地均概括地用圈形符号表示，此时圈形符号的中心即代表居民地的位置。

（二）居民地形状的表示

居民地形状的表示包括内部结构和外部轮廓。在普通地图上，尽可能地按比例尺描绘出居民地的真实形状。居民地的内部结构主要依靠街道网图形、街区形状、水域、种植地、绿化地、空旷地等配合表示，其中街道网图形是显示居民地内部结构的主要内容，如图 5-24 所示。居民地的外部轮廓，也取决于街道网、街区和各种建筑物的分布范围。随着地图比例尺的缩小，有些较大的居民地（特别是城市式居民地）往往还可用很概括的外围轮廓来表示其形状，而许多中小居民地就只能用圈形符号来表示，此时已无形状的概念了。

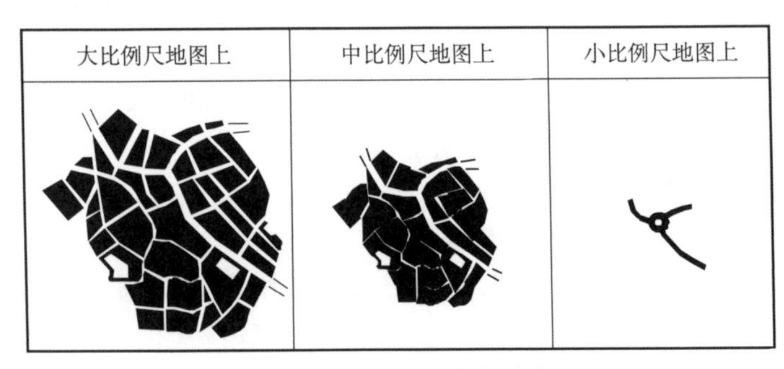

图 5-24 居民地内部结构

（三）居民地行政等级的表示

居民地的行政等级是国家法定标志，表示居民地驻有某一级行政机构。我国居民地的行政等级分为：首都所在地；省、自治区、直辖市、特别行政区人民政府驻地；地级市、自治州、盟人民政府驻地；县级市、市辖区、县、自治县、旗、自治旗、特区、林区人民政府所在地；镇、乡人民政府驻地；村民委员会驻地等 6 级。居民地的行政等级一般均用居民地注记的字体、字级加以区分。

编制地图时，对于外国领土范围，通常只区分出首都和一级行政中心。

地图上表示行政等级的方法很多。如用地名注记的字体、字大来表示，用居民地圈形符号的图形和尺寸的变化来区分，用地名注记下方加绘辅助线的方法来表示等。

用注记的字体及字大区分行政等级是一种较好的方法。例如，从高级到低级，采用粗等线—中等线—细等线，利用注记的大小及黑度变化来区分。

圈形符号的图形和大小变化也常用来表示居民地的行政等级，这种方法特别适用于不需要表示人口数的地图上。当地图比例尺较大，有些居民地还可用平面轮廓图形来表示时，仍可用圈形符号表示其相应的行政等级。居民地轮廓图形很大时，可将圈形符号绘于行政机构所在位置；居民地轮廓范围较小时，可把圈形符号描绘在轮廓图形的中心位置或轮廓图形主要部分的中心位置上，如图 5-25 所示。

	用注记（辅助线）区分	用符号及辅助线区分
首都	北京	★ 北京
省、自治区、直辖市 特别行政区	重庆	天津
地级市、自治区、盟	锦州	锦州
县级市、市辖区、县 自治县、旗、自治旗 特区、林区	新野县	新野县
镇、乡	角美镇	角美镇
村	南张村	南张村

图 5-25 表示行政等级的几种常用方法

当两个行政中心位于同一居民地的时候，一般只注出高一级的名称，也可用不同字体注出两个等级的名称。若三个行政中心位于同一个居民地，这时除了采用注记字体（及字大）区分外，还可采用加辅助线的方法。辅助线有两种形式：一种是利用粗、细、实、虚的变化区分行政等级；另一种方法是在地名下加绘同级境界符号。

（四）居民地建筑物质量特征的表示

在大比例尺地形图上，可以详尽区分各种建筑物的质量特征。例如，可以表示独立房屋、突出房屋、街区（主要指建筑物）、破坏的房屋及街区、棚房等。新图式增加了 10 层楼以上高层建筑区的表示。图 5-26 是我国地形图上居民地建筑质量特征的表示法。

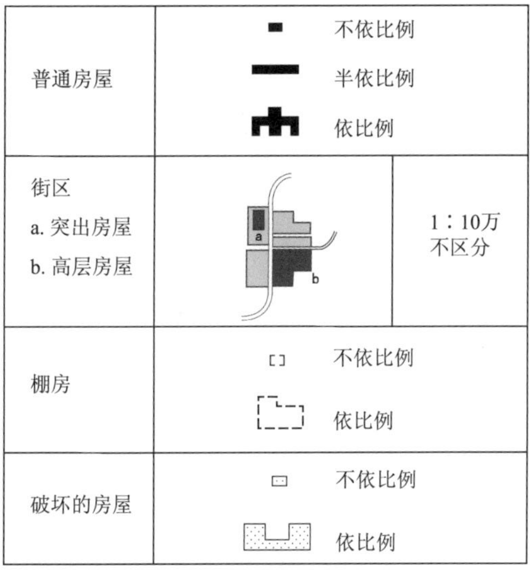

普通房屋	不依比例 半依比例 依比例	
街区 a. 突出房屋 b. 高层房屋	a b	1∶10万 不区分
棚房	不依比例 依比例	
破坏的房屋	不依比例 依比例	

图 5-26　居民地建筑物的质量特征

随着地图比例尺的缩小，表示建筑物质量特征的可能性随之减小。例如，在 1∶10 万地形图上开始不区分街区的性质，在中小比例尺地形图上，居民地用套色或套网点方法表示轮廓图形或用圈形符号表示，当然更无法区分居民地建筑物的质量特征。

（五）居民地人口数量的表示方法

如图 5-27 所示，居民地人口数量能够反映居民地的规模大小及经济发展状况，通常是通过注记字体、字大或圈形符号的变化来表示的。在小比例尺地图上，绝大多数居民地用圈形符号表示，这时人口数分级多以圈形符号图形和大小变化来表示，同时配合字大来区分。为了清晰易读，圈形符号的等级不能设置过多。

（六）居民地要素的注记

居民地的名称注记占普通地图注记的 80%以上，居民地名称注记的设计对普通地图的清晰易读性影响极大。在我国地图上居民地只分为城镇居民地和乡村居民地两大类。城镇居民地包括城市、集镇、工矿小区、经济开发区等；乡村居民地包括村屯、农场、林场、牧区定居点等。不同的居民地类型在地图上主要通过注记字体来区别。乡村居民地注记一律采用细等线体表示，城镇居民地注记基本都用中、粗等线体表示，但县、镇（乡）一级的居民点注记也有用宋体表示的。

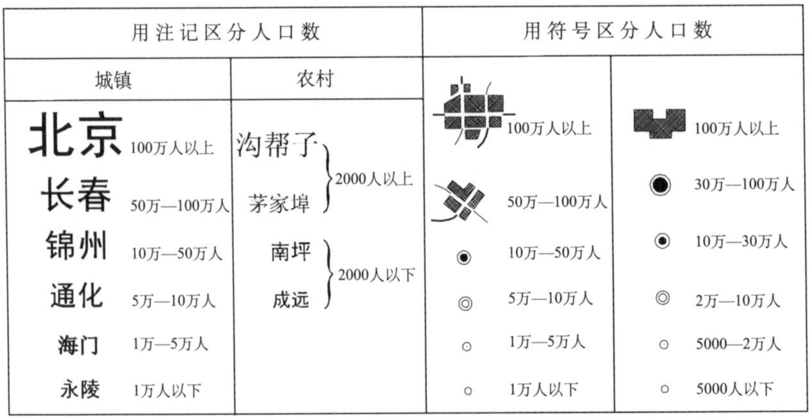

用注记区分人口数				用符号区分人口数	
城镇		农村			
北京	100万人以上	沟帮子	2000人以上	100万人以上	100万人以上
长春	50万—100万人	茅家埠		50万—100万人	30万—100万人
锦州	10万—50万人	南坪	2000人以下	10万—50万人	10万—30万人
通化	5万—10万人	成远		5万—10万人	2万—10万人
海门	1万—5万人			1万—5万人	5000—2万人
永陵	1万人以下			1万人以下	5000人以下

图 5-27　表示居民地人口数的几种常用方法举例

1. *居民地名称的注记*

居民地的名称注记要做到名称和用字正确。为此，要特别注意以下几点：①城镇居民地名称，应以国家正式公布的名称为准，以最新出版的行政区划手册为准；②经过地名普查的地区，应以普查后的地名数据库为准；③民政部门的统计报表可以作为定名时的重要参考；④没有充分根据时，不宜随意改变居民地名称的用字。

2. *居民地名称注记的字大设计*

在我国的地形图上，居民地名称注记的大小在相应的图式或规范中都有明确的规定，基本上不存在设计字大的问题。

在小比例尺普通地图上，要设计居民地名称注记的字大。具体设计时，需要与居民地圈形符号大小的设计相匹配，应着重解决注记的最小尺寸、级差和最大尺寸的问题。作为一般的挂图，居民地注记的最小尺寸一般在 2.5mm 左右才便于阅读；作为桌面的参考用图，注记的最小尺寸可以小至 2.0mm，当居民地密度很大时其名称注记字大也不能小于 1.75mm，否则将难以阅读。

居民地名称注记之间，级差只有大于 0.5mm 时，才能被读者清楚区分。有了最小尺寸和级差这两个数据，就很容易定出图上最大一级居民地的注记尺寸。还应当注意，居民地名称注记的字大分级不宜太多，一般不要超过 7 级。

3. *居民地名称注记的配置方法*

名称注记配置在居民地符号的何方，会在一定程度上影响图面的清晰易读。配置居民地名称时，要遵照以下几项原则：

（1）居民地名称注记的配置，应使读者立即知道名称注记的所属，而不致产生任何疑问。通常，居民地名称注记以安排在居民地的右方为最佳位置，也可以根据图面上情况安排在左上方或下方，不得已时才配置在其他位置上。

（2）名称注记应尽量不压盖重要地物，不得不压盖时也应留出道路的交叉口、河流汇合处、河流和道路的特征拐弯点、道路在居民地的人口等。

（3）居民地注记的排列，应反映居民地的分布特征。居民地沿道路、河流分布时，名称注记应尽可能配置于相应居民地的同侧。位于行政境界两侧的居民地，其名称应分别配置在相应居民地的同侧，使居民地名称的行政隶属清晰无误。尤其是国界的两侧，更应遵照这一原则。

二、交通运输网的表示

交通运输网是各种交通运输线路的总称，包括陆地交通、水路交通、空中交通和管线运输等几类。由于交通网是连接居民地之间的纽带，是居民地彼此间进行各种政治、经济、文化、军事活动的重要通道，在普通地图上应正确表示交通运输网的类型和等级、位置和形状、通行程度和运输能力以及与其他要素的关系等。

（一）陆地交通运输网的表示

地图上陆地交通运输网应表示出铁路、公路和其他道路。

1. 铁路的表示

在大比例尺地形图上，要区分单线和复线铁路，普通铁路和窄轨铁路，普通牵引铁路和电气化铁路，现有铁路和建筑中铁路等；而在小比例尺地图上，铁路只区分为主要（干线）铁路和次要（支线）铁路两类。

我国大、中比例尺地形图上，铁路皆用传统的黑白相间的所谓“花线”符号来表示。其他的一些技术指标，如单、双轨用加辅助线来区分，标准轨和窄轨以符号的尺寸（主要是宽窄）来区分，已成和未成的用不同符号来区分等。另外，车站及道路的附属建筑也需要表示。小比例尺地图上，铁路多采用黑色实线来表示。图 5-28 是我国地图上使用的铁路符号示例。

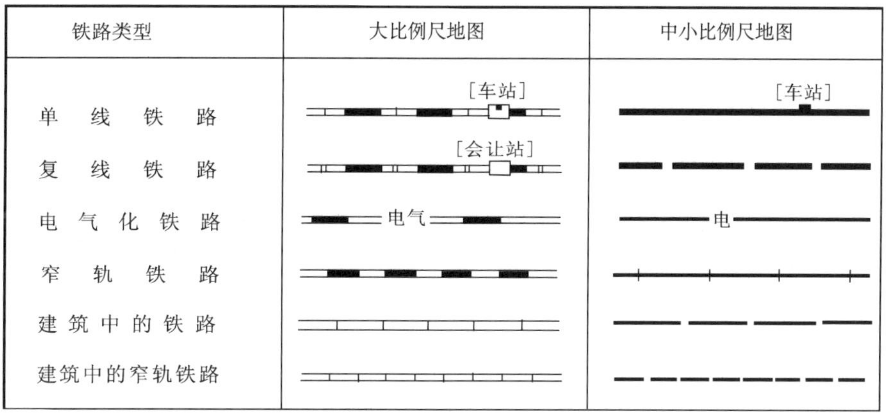

铁路类型	大比例尺地图	中小比例尺地图
单线铁路	[车站]	[车站]
复线铁路	[会让站]	
电气化铁路	电气	电
窄轨铁路		
建筑中的铁路		
建筑中的窄轨铁路		

图 5-28　地图上的铁路符号

2. 公路的表示

在地形图上，以前分为主要公路、普通公路和简易公路等几类，后改为公路和简易公路两类。主要以双线符号表示，再配合符号宽窄、线号粗细、色彩的变化和说明注记等反映其他各项技术指标。地理图上一般只表示公路和简易公路或主要公路和次要公路，或国道、省道、县道等。表示内容有路面宽度、路面铺设情况及通行情况。

在大比例尺地形图上，还详细表示了涵洞、路堤、路堑、隧道等道路的附属建筑物。

新地形图图式中，依据交通运输部的技术标准来划分，将公路分为汽车专用公路和一般公路两大类。汽车专用公路包括高速公路、一级公路和部分专用的二级公路；一般公路包括二、三、四级公路。图 5-29 是我国新的 1∶2.5 万—1∶10 万地形图上公路的表示示例。

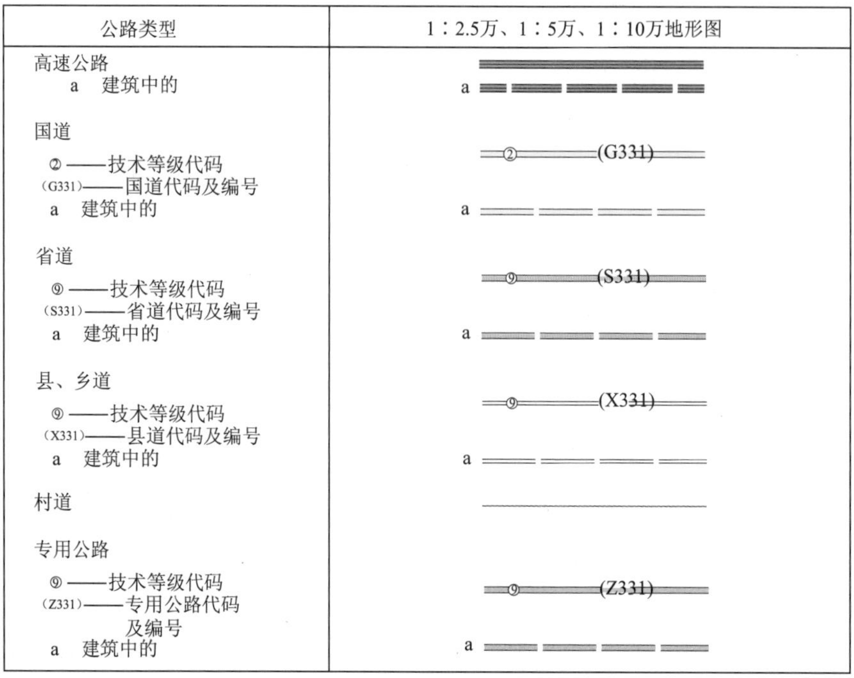

公路类型	1∶2.5万、1∶5万、1∶10万地形图
高速公路 a 建筑中的	 a
国道 ②——技术等级代码 (G331)——国道代码及编号 a 建筑中的	② (G331) a
省道 ⑨——技术等级代码 (S331)——省道代码及编号 a 建筑中的	⑨ (S331) a
县、乡道 ⑨——技术等级代码 (X331)——县道代码及编号 a 建筑中的	⑨ (X331) a
村道	
专用公路 ⑨——技术等级代码 (Z331)——专用公路代码及编号 a 建筑中的	⑨ (Z331) a

图 5-29 新地形图图式中的公路符号

在小比例尺地图上，公路分级相应减少，符号也随之简化，一般多以实线表示。

3. 其他道路的表示方法

其他道路是指公路以下的低等级道路，包括大车路、乡村路、小路、时令路、无定路等（图 5-30）。在地形图上常用细实线、虚线、点线并配合线号的粗细区分表示。在小比例尺地图上，低级道路表示得更为简略，通常只分为大路和小路。

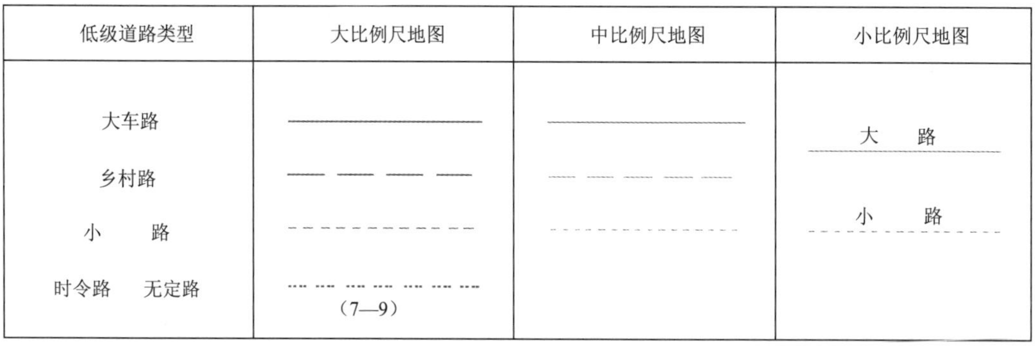

低级道路类型	大比例尺地图	中比例尺地图	小比例尺地图
大车路			大　　路
乡村路			
小　　路			小　　路
时令路　无定路	(7—9)		

图 5-30 我国地图上低等级道路的表示

（二）水上交通运输网的表示

水上交通主要区分为内河航线和海洋航线两种。地图上常用短线（有的带箭头）表示河流通航的起讫点。在小比例尺地图上，有时还标明定期和不定期通航河段，以区分河流航线的性质。

一般在小比例尺地图上才表示海洋航线。海洋航线常由港口和航线两种标志组成，港口只用符号表示其所在地，有时还根据货物的吞吐量区分其等级。航线多用蓝色虚线表示，分为近海航线和远洋航线。近海航线沿大陆边缘用弧线绘出，远洋航线常按两港口间的大圆航线方向绘出，但注意绕过岛礁等危险区。相邻图幅的同一航线方向要一致，要注出航线起讫点的名称和距离。当几条航线相距很近时，可合并绘出，但需要加注不同起讫点的名称。

（三）空中交通运输网的表示方法

在普通地图上，空中交通是由图上表示的航空站体现出来的，一般不表示航空线。我国规定地图上不表示国内航空站和任何航空标志，国外地图上一般都采用实线表示出机场之间的空中航线或加注记表示出里程数。

（四）管线运输网的表示方法

在普通地图上的管线运输网主要包括管道和高压输电线两种。

管道运输有地面和地下两种。我国地形图上目前只表示地面上的运输管道，一般用线状符号加说明注记来表示。

在大比例尺地图上，高压输电线是作为专门的电力运输标志，用线状符号加电压等说明注记来表示的。另外，作为交通网内容的通信线也是用线状符号来表示的，并同时表示出有方位的线杆。在比例尺小于1∶20万的地图上，一般都不表示这些内容。

三、境界的表示

普通地图上表示的境界包括政治区划界和行政区划界。在地图上应十分重视境界线描绘的正确，以免引起各种领属的纠纷。

（一）政治区划界的表示

政治区划界包括国与国之间的已定国界、未定国界及特殊的政治与军事分界（如巴勒斯坦地区界、克什米尔地区的印巴军事停火线、朝鲜半岛的南北军事分界线等）。

政治区划界的界线符号常用不同规格、不同颜色的点与线段组合的线状符号来表示。主要境界线还可以加色带强调表示，色带的颜色和宽度根据地图内容、用途、幅面和区域大小来确定。色带有绘于区域外部、区域内部和跨境界线符号绘制三种形式。在海部范围色带也要配合境界线符号绘出。

政治区划界必须严格按照有关规定标绘，清楚正确地表明其所属关系。尤其是国界线的描绘，更应慎重、精确，应严格执行国家相关的规定并经过有关部门的审批，才能出版发行。陆地国界在图上必须连续绘出。当以山脊、分水岭或其他地形线分界时，国界符号位置必须与地形地势协调。当国界以河流中心线或主航道为界时，应该通过国界符号或文字注记明确归属关系。例如，当河流能依比例尺用双线表示时，国界线符号应该表示在河流中心线或主航道上，可以间断绘出；假如河流不能依比例尺用双线表示，或双线河符号内无法容纳国界

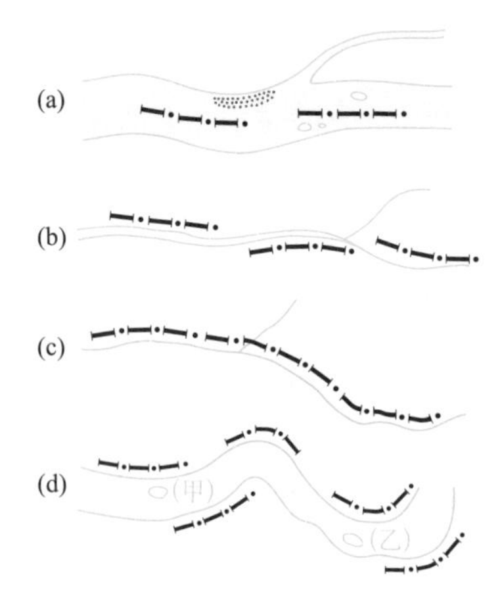

图 5-31 国界以河流为界

符号时，可在河流两侧间断绘出（跳绘）。如果河流为两国共同所有，即河中无明确分界，亦可以采用在河流两侧间断绘出国界符号，如图 5-31 所示。

地图上对有争议的地区和边界的处理反映地图出版者的立场，所以对这些地区境界的表示要慎重。各国边界的争议，常见的有以下几种表示方法：绘出未定界；两种边界都绘出，一条绘正式符号表明我们的倾向，另一条绘未定符号表示问题的存在；绘一种正式边界符号表明我们的立场；岛屿地区加注说明注记，如南美阿根廷南端“马尔维纳斯群岛（阿、英争议）”，并不设底色，等等。这些问题的处理要符合当时的对外政策。

（二）行政区划界的表示

行政区划界，即一国之内的行政区划界线，如我国的省、自治区、直辖市、特别行政区，市界，州、盟界，县、自治县、旗界，乡、镇、村界。

行政区划界的表示原则同国界。主要采用不同规格、不同结构、不同颜色的点、线段表示，如图 5-32 所示。

对称性符号		方向性符号	
国界及行政区划界	其他界	一般界限	区域界
	xxxxxxxxx		
	—∧—∨—∧—∨		
	—x—x—x—x		

图 5-32 各种境界线的符号示例

第五节 普通地图的编制

一、普通地图编制的基本过程

在计算机数字地图制图条件下，普通地图编制采用全数字地图制图与出版一体化方法，即数字地图制图系统和数字地图直接制版系统及出版系统于一体，能极大地提高地图生产效率和质量。普通地图编制的基本过程包括如下四个阶段。

（一）地图设计（编辑准备）阶段

对于普通地图中的地形图而言，由于各种比例尺地形图都有相应的地图编绘规范和图式，在地图规格、数学基础、地图内容及其表示方法和制图综合等方面并没有专门的设计任务，而只是需要编辑针对制图区域地理特点的补充性编绘细则，在经典（传统）意义上，这属于“编辑准备业务”。

对于小于 1∶100 万比例尺的地形图而言，因为没有固定的比例尺系列，制图区域也因地图用途而异，所以没有相应的地理图编绘规范和图式可循。在这种情况下，需要强化地图设计，如深入研究和透彻理解地图的目的和用途要求，选择或设计地图投影及地图上的经纬线网密度，设计地图总体格局（配置），准备制图资料（数据），根据制图区域地理特点、地图用途和地图比例尺确定地图内容及其表示方法，确定地图内容各要素制图综合指标，设计地图制图与出版印刷工艺方案，最后形成地图设计书和地图编绘细则。这方面的设计工作，可参考已经出版并与新编地图比例尺相近的普通地理图的地图设计文献。

（二）制图资料（数据）处理与地图内容制图综合阶段

对于地形图而言，由于我国目前已建立了系列比例尺地图数据库，只是需要进行地图数据库的更新，这时，需要搜集包括各种分辨率的最新卫星影像数据和航空影像数据、网络地图数据在内的最新制图数据，以作更新已有地图数据库之用。如有必要，还需要对数据进行一致性处理。基于已有地图数据库或经过更新并经过一致性处理的地图数据库数据，就可以依据相应比例尺地图编绘规范和图式，利用自动制图系统（如 GeoMap 等），进行地图内容各要素的自动制图综合作业，得到新编数字地形图。

对于地理图而言，制图资料（数据）处理和地图内容各要素制图综合相对要复杂得多。首先，制图资料（数据）有的已建立了地图数据库（如中华人民共和国 1∶400 万地图数据库等），有的（特别是境外）仍然是模拟地图资料，需要数字化。对于已建立的地图数据库或数字化制图资料，需要利用最新遥感影像数据或其他数据进行更新；在此基础上，还要对多源异构数据（如坐标系不一致、语义不一致、地图投影不一致、数据格式不一致等）进行一致性处理，形成一致性的地图编绘底图数据；然后，依据地图内容各要素制图综合指标规定，对地图编绘底图数据进行制图综合，得到新编数字地理图。

（三）新编数字地图编辑阶段

这一过程的主要任务是新编数字地图的符号化和编辑修改。

对于系列比例尺地形图而言，符号化是以地形图符号库为支撑的，相对较容易。

对于非系列比例尺地理图而言，是以基于地图设计阶段地图符号设计成果建立的地理图符号库作为支撑，相对比较复杂。新编数字地理图各要素的编码要与地理图符号库中的各种符号的编码进行匹配。

无论是系列比例尺地形图还是非系列比例尺地理图，在对新编数字地形图和新编数字地理图进行符号化以后，都会出现各要素图形空间冲突问题，需要采用地图内容制图综合中的“位移”方法，以保持图上各要素图解关系的正确性；同时，新编数字地图符号化后，有可能发现个别要素图形制图综合尤其注记配置有不够合理的地方，此时，还需要采用人机智能交互方式进行编辑修改，以得到完全符合规定的新编数字地图出版原图。

（四）新编数字地图直接制版与印刷阶段

在全数字化地图制图与出版一体化的初期，曾经采用过分色胶片机设备输出分色胶片，然后利用分色胶片制作印刷版，并利用印刷机进行印刷。随着数字直接制版技术工艺的发展，现在已普遍采用数字地图直接制版设备制作分色印刷版，然后利用印刷机进行印刷，省去了分色胶片输出过程，简化了技术工艺流程，未来也有可能采用数字地图直接印刷技术工艺，这样就可以实现真正意义上的“全数字地图制图与出版的一体化”。

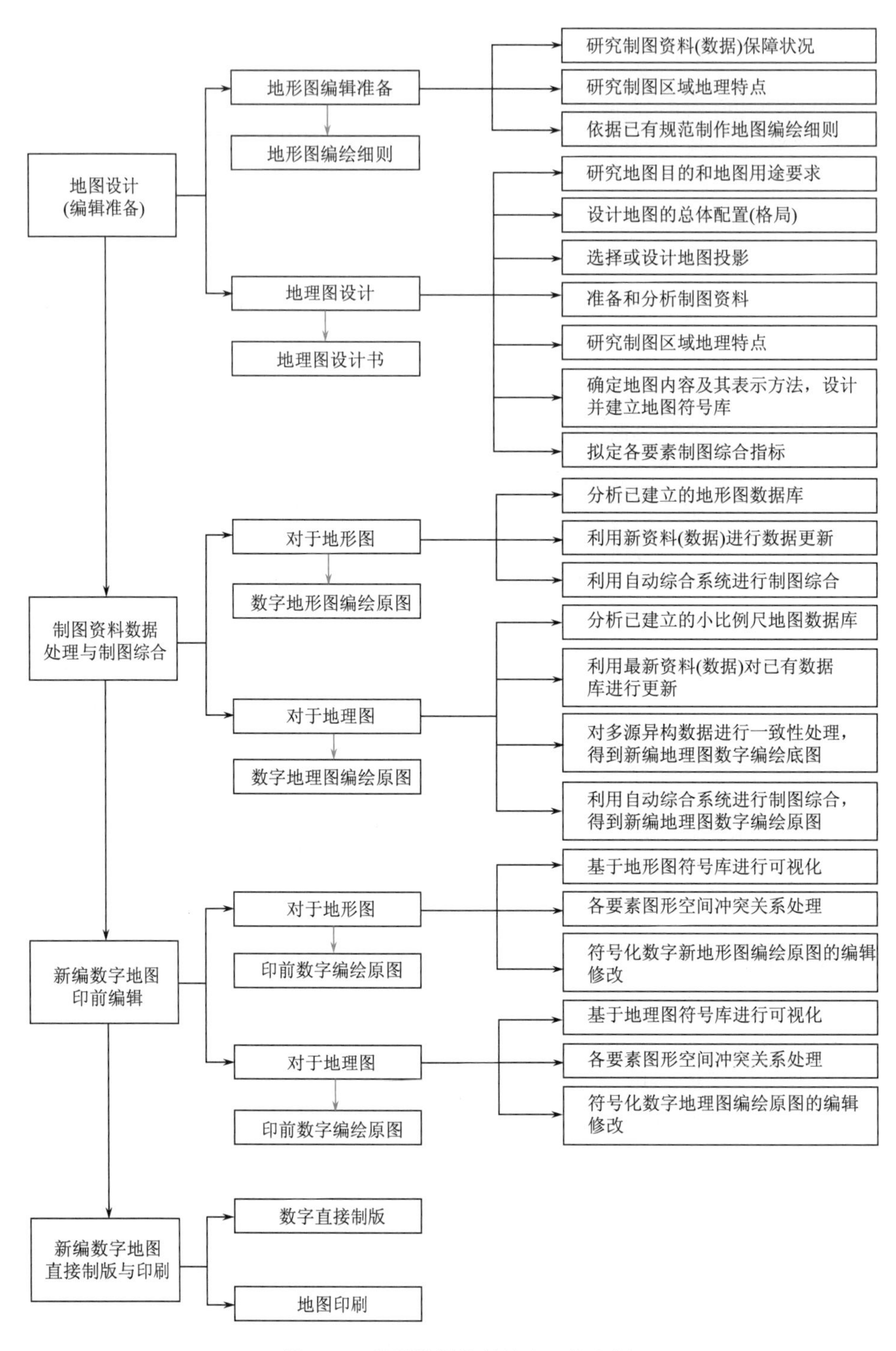

图 5-33　普通地图编制技术工艺流程

二、普通地图编制的工艺流程

基于前述普通地图编制的基本过程及其任务，普通地图编制的技术工艺流程如图 5-33 所示。

思　考　题

1. 地形图、地理图各自有什么特点？
2. 普通地图上如何表示海岸？简述海岸线、0m 等高线、0m 等深线之间的关系。
3. 河流在地形图上有几种表现形式，它们与比例尺间的关系是什么？
4. 普通地图上主要表示居民地哪些方面的特征？
5. 普通地图上对地貌表示的基本要求是什么？
6. 比较等高线法、分层设色法、晕渲法各自的优缺点。
7. 简述普通地图编制的基本过程和工艺流程。

第六章　专题地图

专题地图是根据专业方面的需要以一种或几种地理要素为主题的地图，是地图家族中的又一重要成员。专题地图数量大、品种多，广泛应用于军事、地质、旅游、环境保护和土地利用等与地理相关的各个领域，在作战指挥、行政管理、经济规划、科学研究、文化教育等诸多方面发挥了巨大作用。与普通地图相比，专题地图在表示内容、表示方法等方面有独自的特点。本章主要介绍专题地图的基本知识以及专题要素的表示方法，并简要介绍专题地图的编制过程和方法。

第一节　专题地图的类型

随着社会的发展、技术的进步以及人们对世界认识的深入，地理信息数据的获取手段越来越多、获取方法越来越方便，专题地图制图的选题范围越来越广，地图品种也越加丰富。为了便于专题地图的设计与制作、应用与管理，有必要对专题地图进行分类。地图分类的标准很多，就专题地图而言，可以按表示内容的专门性、表示数据的特征和表示内容的概括程度进行分类。

一、按表示内容的专门性分类

专题地图按其内容的专门性可分为自然地图、社会经济地图和其他专题地图。

（一）自然地图

自然地图是以各种自然要素为主题的地图，主要有以下几种。

地质图：以表示地壳的地质现象为主的地图，如普通地质图、矿产图、岩石分布图、大地构造图、水文地质图等。

地球物理图：表示各种地球物理现象的地图，如地震分布图、火山分布图、地磁图等。

地貌图：以表示地表的外部形态、地貌成因等为主要内容的地图，如地貌类型图、地貌区划图、地面切割密度图等。

水文图：反映水文要素特征及与其他自然地理现象关系的地图，如陆地水文图、海洋水文图等。

气象气候图：反映气温、降水、气压、日照、风向、风力等气象气候内容的地图。

土壤图：反映各种土壤分布、形成、利用与改造的地图，如土壤类型图、土壤肥力图、土壤侵蚀图等。

植被图：反映各种植被分布特征及生态、用途、变迁的地图，如植被类型图、植被区划图。

动物地理图：反映动物的分布、生态、迁移、动物区系形成和发展的地图，如兽类、鸟类、鱼类、昆虫类等的分布图。

综合自然地理图：主要表示自然地理综合体的地图，如景观类型图、综合自然区划图等。

（二）社会经济地图

社会经济地图是以各种社会及经济内容为主题的地图，主要有以下几种。

政区地图：以反映国与国之间的政治关系和国内行政区划及政治、行政中心为主要内容的地图。

人口图：主要反映人口的分布、密度、组成、迁移、人口的自然变动、宗教信仰、民族分布等内容的地图，如人口分布图、人口构成图、民族分布图等。

城市地图：反映城市状况和发展规划的地图，如城市结构图、城市游览图、城市发展规划图等。

历史地图：反映某一历史时期的政治、军事、文化、经济、自然状况等及其联系的地图，如经济历史地图、军事历史地图等。

文化卫生图：表示文化卫生的现状与发展的地图，如居民的文化水平、文化教育、医疗卫生机构的数量及分布图。

经济地图：反映制图区域内一定时期的经济现象的地图，按内容可分为经济全图和部门经济图，如综合经济图、动力资源与矿产分布图和农牧渔业部门图等。

（三）其他专题地图

其他专题地图是指不能归属于上面两类的，而适用于某种特殊用途的专题地图，主要有以下几种。

航海图：用于海洋航行时的定位、定向、保证航行安全的海洋图。着重表示海区与航海有关的要素，包括海岸、干出滩、水深、海底地形、港区建筑物、助航设备、航行障碍物及海洋水文等内容。

航空图：供航空使用的各种地图的总称。着重表示与航空有关的地理要素、航空设施和领航资料等内容，用于计划航线，确定飞行的位置、距离、方向、高度和寻找地面目标。

宇航地图：以反映宇宙飞行器运行轨道设计、飞行控制、预测预报及记录、计算机输出图形定位等使用的地图。

环境地图：以反映自然环境、人类活动对自然环境的影响、环境对人类的危害和治理措施等为主题内容的地图，如环境污染图、环境医学地图、环境资源评价图等。

教学地图：结合教学内容编制的、供学校教学用的地图。

旅游地图：以反映各地山水、名胜古迹、土特产品以及与旅游有关的交通、食、宿、娱、购等各项服务设施为主题内容的地图。

二、按表示数据的特征分类

专题地图按表示内容的数据特征可分为定性专题地图和定量专题地图。

定性专题地图是指以表示专题要素的分布、质量、类型特征为主的专题地图。如居民点的行政等级、工业企业或矿点的类别、海岸的类别、海岸潮汐的类别、地貌类型、土壤类型、植被类型、矿产资源分布、旅游景点分布等。如图 6-1 所示。

定量专题地图是指以表示专题要素的数量特征为主的专题地图。如城镇人口的数量、科技人员数量、工农业总产值、地域人口的密度、道路的长度 、区域道路的密度、河流的长度、地面起伏的程度、气温、降水量、区域的经济状况、耕地面积、作物播种面积、货物运输量、区域间的货物交流量等。如图 6-2 所示。

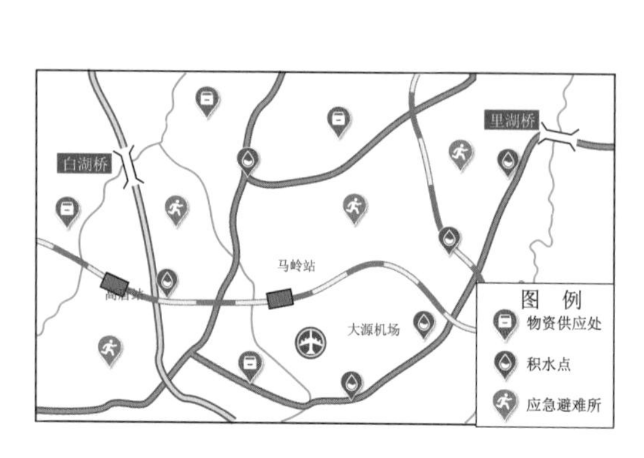

图 6-1 定性专题地图示例

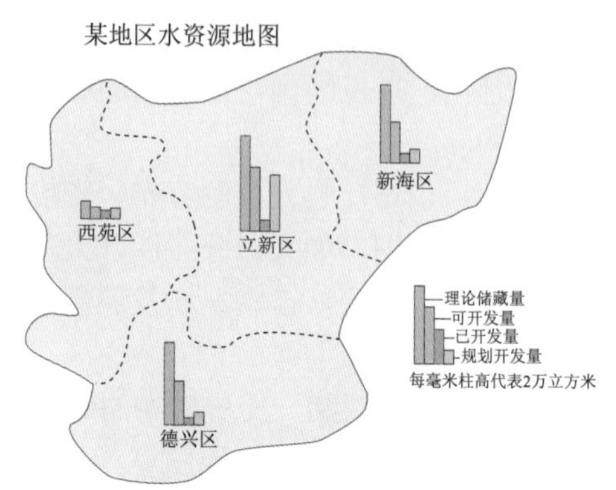

图 6-2 定量专题地图示例

三、按表示内容的概括程度分类

根据专题地图内容的概括程度可以把专题地图分为分析型地图、合成型地图和综合型地图。

分析型地图，又称解析图，是指以地图内容的单项要素单项指标为主题或未经概括或很少概括的地图，图面结构简单明了，从图上可以获得简单、明确、具体的资料，如森林分布图、矿产分布图、人口密度图等。

合成型地图，又称组合图，是指将相互联系的几种要素（现象）的指标组合成一个以新概念为主题内容的地图。例如，气候区划图上的每一个气候区内包括热量、水分、干湿度、植被、土壤等指标，但却从图上得不到具体的热量、水分、干湿度等气候资料，所反映的只是各种气候指标经过合成后的一种新概念。区划图是典型的合成型地图。

综合型地图，是以既反映制图对象的单项要素单项指标、又反映多项要素多项指标综合概念为主题内容的地图。图上可以表示各要素的空间分布和数量质量特征，但各要素具有各自的概括程度和相应的表示方法。图上所表示的各种要素（现象），既用分析法，又用合成法，既表示某些现象的具体指标，又表示另一些现象的合成新概念。综合性经济地图是一类典型的综合型地图。

第二节 专题地图内容的视觉层次和空间定位特征

一、专题地图内容的视觉层次结构

按照视觉层次感的不同，任何一幅专题地图上的内容都可以分为底图要素和专题要素两大部分。

底图要素是指起着地理基础底图作用的、用以显示制图要素的空间位置和区域地理背景的地理要素，如境界、水系、地貌、交通、植被、居民地等，它们的表示主要受专题地图的类型、制图区域特征和地图比例尺的影响。

专题要素是专题地图上突出表示的与地图主题密切相关的内容。如人口分布、粮食产量、工农业总产值等，涉及各个领域、各个部门，内容广泛、种类繁多，从具有一定形体的地理现象到不具形体的抽象概念，应有尽有。它们的表示与制图主题、地图用途、用户需求有着密切的关系，如图 6-3 中的各县区农用地占辖区总面积百分比以及未利用地、农用地和建设用地的面积。总之，如何表示好专题要素是专题地图设计的主要问题。

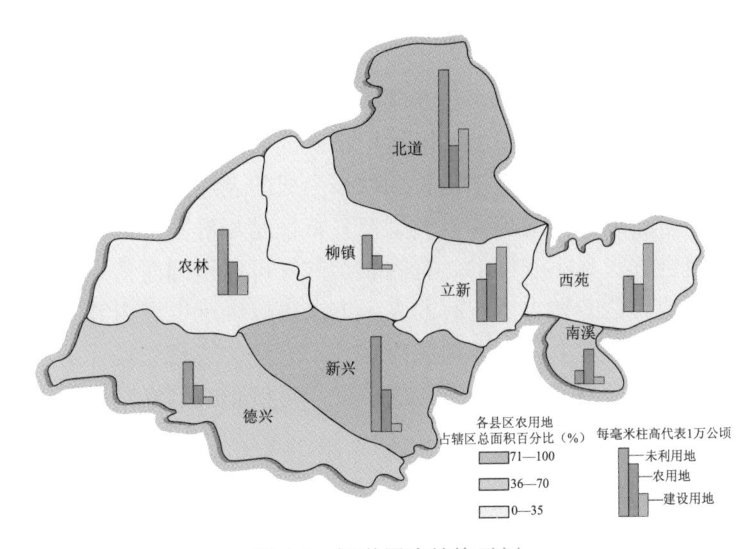

图 6-3 视觉层次结构示例

二、专题地图内容要素（现象）的空间定位特征

按地理要素的空间定位特征又可以把专题要素分为呈点状分布要素、呈线状分布要素、呈面状分布要素和呈体状分布要素。

（一）呈点状分布的专题要素

（1）精确定位的点状分布要素，如居民地、石油井、变电所、塔、矿井、古塔等具有确切定位坐标的地物。

（2）不精确定位的点状分布要素，如代表某一地区或区域特征的观测点位或中心点位，如气象站、环境监测站等。

（二）呈线状分布的专题要素

（1）确定的线状分布要素，如道路、河流、岸线、境界线等线状地物。

（2）模糊的路径分布要素，如台风、寒潮等自然现象路径轨迹；人口迁移、进出口贸易等社会经济现象路径轨迹。

（三）呈面状分布的专题要素

（1）零星面状分布要素，如小比例尺地图上矿藏分布、沙漠地区绿洲分布、高原上山间的耕地等。

（2）断续面状分布要素，如旱地、水田、森林、草场等分布要素。

（3）统计面状分布要素指社会经济现象按某区域单元汇总值，如某县市单位人口数、工业总产值等。

（四）呈体状分布的专题要素

呈体状分布的专题要素主要有地形、降水、气温等自然要素，它们在空间上呈连续分布的状态。

第三节　专题要素（现象）的表示方法

专题要素是专题地图内容的主体，是专题地图表示的重点内容。根据专题地图表达主题和资料（数据）的不同，在一幅地图上可以运用不同的表示方法表示一种或几种专题要素的各方面特征。其中，专题要素表示方法是长期以来形成的表达某种地理现象的所有图形的组合方式，即一种表示方法表示的地理要素类型及其特征是相对固定的，不同的地理要素及其特征所采用的符号组合方式是不一样的。有的表示方法可以详细而精确地表达专题内容，有的表示方法只能概略地表达专题内容；有的表示方法可以表示专题内容的多种属性特征，有的只能表示一种属性特征。总之，专题地图内容表示方法的选择与设计是专题内容表达的核心和关键，是连接专题要素与专题地图符号的桥梁，直接影响到专题地图内容表达的科学性与美观性。

一、专题要素的一般表示方法

根据长期专题地图制图实践，专题要素的一般表示方法可归纳为定点符号法、线状符号法、质底法、等值线法、范围法、点值法、动线法、等值区域法、分区统计图表法等九种。

（一）定点符号法

定点符号法，是用以点定位的点状符号表示呈点状分布的专题要素各方面特征的表示方法。符号的形状、色彩和尺寸等视觉变量可以表示专题要素的分布、内部结构、数量与质量特征。定点符号法是用途较广的一种表示方法，如居民点、企业、学校、气象站、矿产资源分布等多用此法表示。这种表示方法能简明而准确地显示出呈点状分布要素的地理分布特征、属性特征和变化状态。

定点符号法常用的符号类型有几何符号、文字符号和象形符号，如图 6-4 和图 6-5 所示。

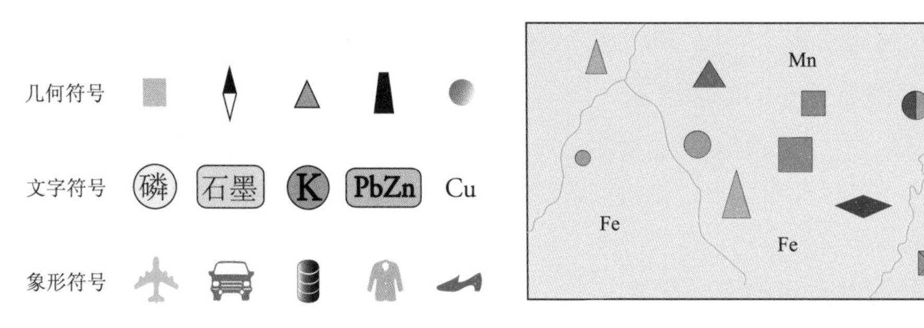

图 6-4　定点符号的类型　　图 6-5　某地区矿物分布

1. 定点符号的形状、色彩设计

形状、色彩视觉变量可以区分专题要素的质量差别，表示其定性或分类的情况。其中，色彩（指色相）差别比形状差别更明显，特别是在电子地图设计中色彩尤为重要。表示多种质量差别时，可以用点状符号的色彩表示主要差别，例如，用相同形状的点状符号表示发电站，而用红色、蓝色和黑色区分火力发电站、水力发电站和核电站。

2. 定点符号的尺寸、亮度设计

点状符号的尺寸大小或图案的亮度变化可以表示专题要素的数量特征和分级特征。实际上，主要是利用尺寸这个视觉变量进行分级点状符号和比率符号的设计。在同一点上通过相同形状，不同尺寸的符号叠置可以反映专题要素的发展变化，如图 6-6 所示。

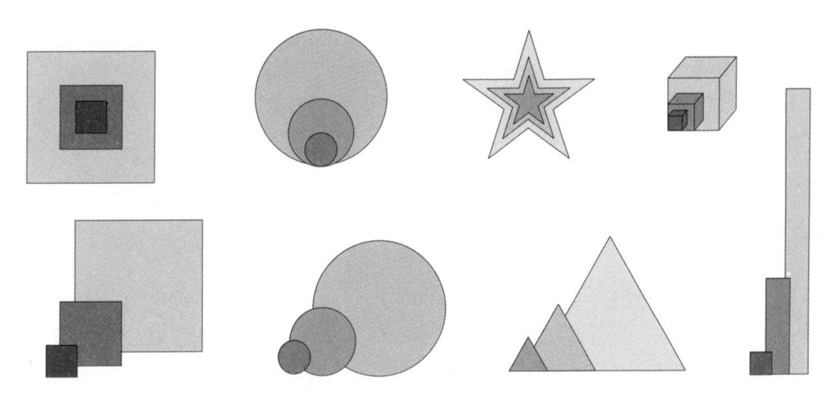

图 6-6　反映专题要素的发展变化

3. 定点符号的配置

在专题地图上采用定点符号法表示专题要素时，应该注意符号的定位。首先，必须准确地表示出重要的底图要素（河流、道路、居民点等），这样有利于专题要素的定位；第二，运用几何符号可以把所示物体的位置准确地定位于图上；第三，当几种性质不同的现象（但属同一类型、且可量测）定位于同一点而产生不易定位及符号重叠时，可保持定位点的位置，将各个符号组织成一个组合符号，尽管它们同定位于一点，但仍然相互独立，如图 6-7 所示；第四，当一些现象由于指标不一而难以合并时，可将各现象的符号置于相应定位点周围。

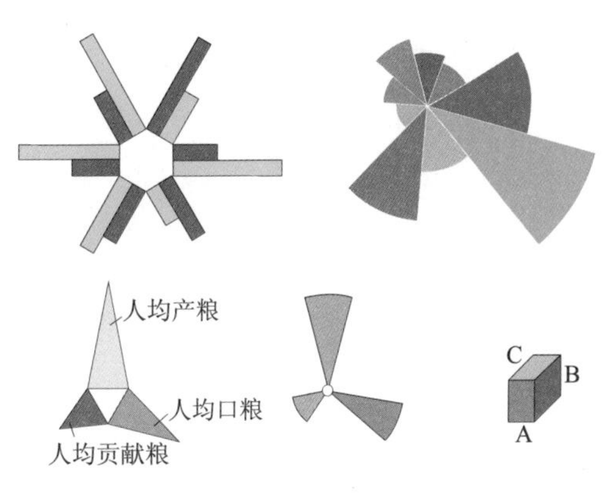

图 6-7　组合符号配置示例

（二）线状符号法

线状符号法是用来表示呈线状或带状分布的专题要素的一种方法。

线状符号在普通地图上的应用是常见的，如用线状符号表示水系、交通网、境界线等。在专题地图上，线状符号除了表示上述要素外，还表示各种几何概念的线划，如分水线、合水线、坡麓线、构造线、地震分布线和地面上各种确定的境界线、气象上的锋、海岸等；可以表示用线划描述的运动物体的轨迹线、位置线，如航空线、航海线等；能显示目标之间的联系，如商品产销地、空中走廊等，以及物体或现象相互作用的地带。这些线划都有其自身的地理意义、定位要求和形状特征。

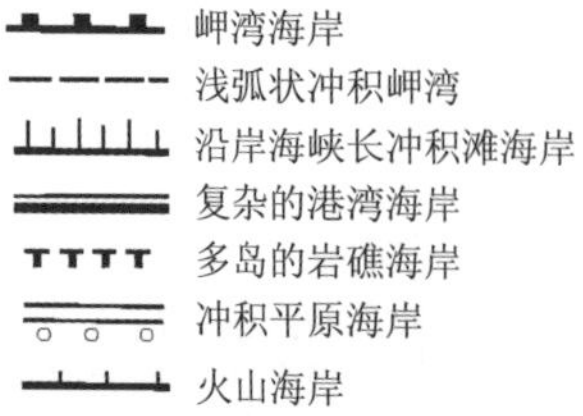

岬湾海岸
浅弧状冲积岬湾
沿岸海峡长冲积滩海岸
复杂的港湾海岸
多岛的岩礁海岸
冲积平原海岸
火山海岸

图 6-8 海岸类型

线状符号可以用色彩和形状表示专题要素的质量特征，也可以反映不同时间的变化，但一般不表示专题要素的数量特征。如区分海岸类型（图 6-8），区分不同的地质构造线，表示某河段在不同时期内河床的变迁位置。

线状符号有多种多样的图形。一般来说，线划的粗细可区分要素的顺序等级或重要程度，如山脊线的主次。对于稳定性强的重要地物或现象一般用实线表示，稳定性差的或次要的地物或现象用虚线表示。

专题地图上的线状符号常有一定的宽度，在描绘时与普通地图不完全一样。在普通地图上，线状符号往往描绘于被表示物体的中心线上；而在专题地图上，有的描绘于被表示物体的中心线（如地质构造线、变迁的河床），有的将其描绘于线状物体的某一边，形成一定宽度的颜色带或晕线带，如海岸类型和海岸潮汐性质。

（三）质底法

质底法是把全制图区域按照专题现象的某种指标划分成区域或各类型的分布范围，在各区域的界线范围内涂以颜色或填绘晕线、符号、花纹、注记，以显示连续而布满全制图区域的现象的质的差别（或各区域间的差别）的方法，如图 6-9 所示。因为常用底色或其他整饰方法来表示各分区间质的差别，所以又称为质底法。又因为这种方法着重表示现象质量属性差别，一般不直接表示其数量特征，故也称为质别法。此法常用于地质图、地貌图、土壤图、植被图、土地利用图、行政区划图、自然区划图、经济区划图等。

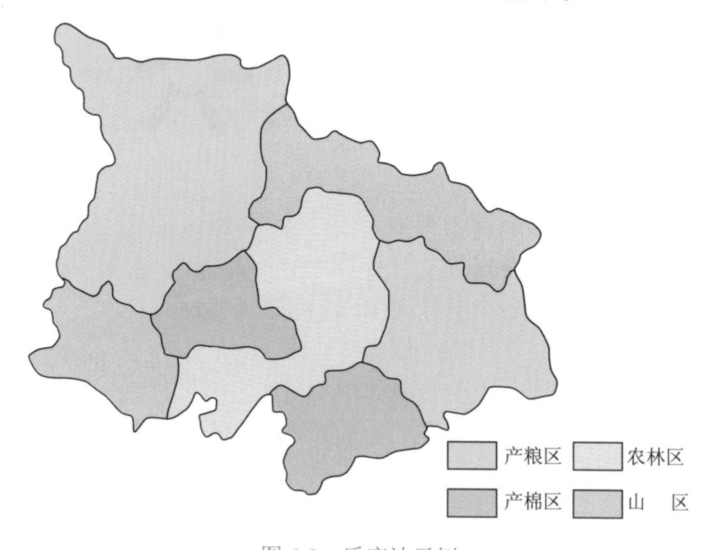

图 6-9 质底法示例

采用质底法时，首先按专题内容性质决定要素的分类、分区，设计并制作图例；其次勾绘出分区界线；最后根据拟定的图例，在分布界线所形成的图斑内填充相应的颜色、晕线、符号或花纹等表示各种类型分布，制作出类型图和区划图。类型或区域的划分既可以根据专题要素的某一指标（如地质图中按年代或岩相），也可根据组合指标（如农业区划图根据产量、农业机械化水平、湿度、温度、降雨量等多种指标），采用分类处理的数学方法进行划分。

在质底法图上，图例说明要尽可能详细地反映出分类的指标、类型的等级及其标志，并注意分类标志的次序和完整性。质底法具有鲜明、美观、清晰的优点。但在不同现象之间，显示其渐进性和渗透性较为困难，图上某一区域只属于一种类型或一种区划。

（四）等值线法

等值线法是用一组等值线表示地面和空间连续分布而又逐渐变化现象（如自然现象中的地形、气候、地壳变动等）的分布特征的方法。等值线是由某现象的数值相等的各点所连成的一条平滑曲线，如等高线、等温线、等降雨量线、等磁偏线、等气压线等。

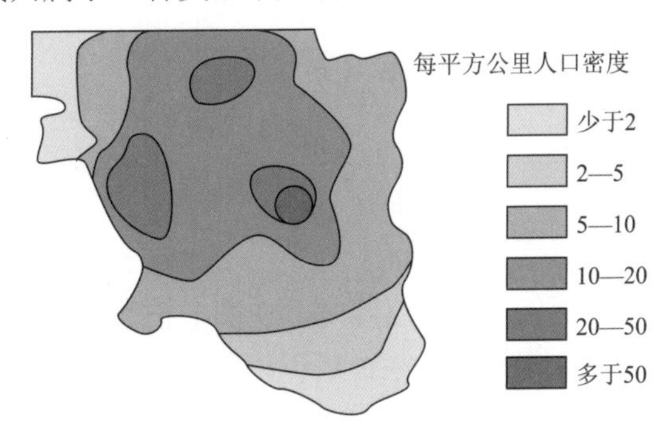

图 6-10　伪等值线表示的人口密度

等值线法的特点如下：

（1）等值线法适宜表示连续分布而又逐渐变化的现象，此时等值线间的任何点可以用插值法求得其数值。

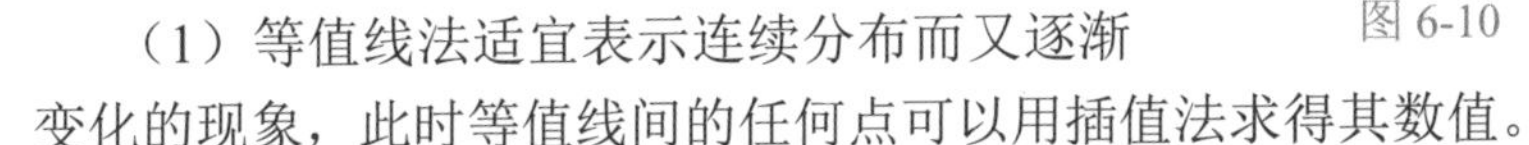

（2）对于离散分布而逐渐变化的现象，通过统计处理，也可用等值线法表示。这种根据点代表的面积指标绘出的等值线称为伪等值线（图 6-10）。

（3）等值线法既可反映现象的强度，也可反映随着时间变化的现象，如磁差年变化；既可反映现象的移动，如气团季节性变化，还可反映现象发生的时间和进展，如冰冻日期等。

（4）采用等值线法时，每个点所具有的数量指标必须完全是同一性质的。

（5）等值线的间隔最好保持一定的常数，这样有利于依据等值线的疏密程度判断现象的变化程度。另外，如果数值变化范围大，间隔也可扩大（如地貌图上的变距等高线）。

（6）在同一幅地图上，可以表示两三种等值线系统，显示几种现象的相互联系。如图 6-11 所示，表示 7 月的等温线和等降水量线。但这种图易读性相应降低，因此常用分层设色辅助表示其中一种等值线系统。

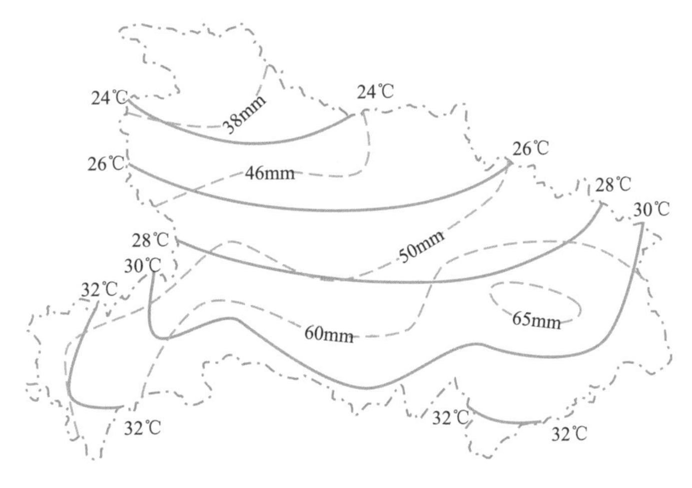

图 6-11　七月等气温线和等降水量线

等值线的绘制方法包括手工绘制和计算机绘制，其基本绘制过程如图 6-12 所示。

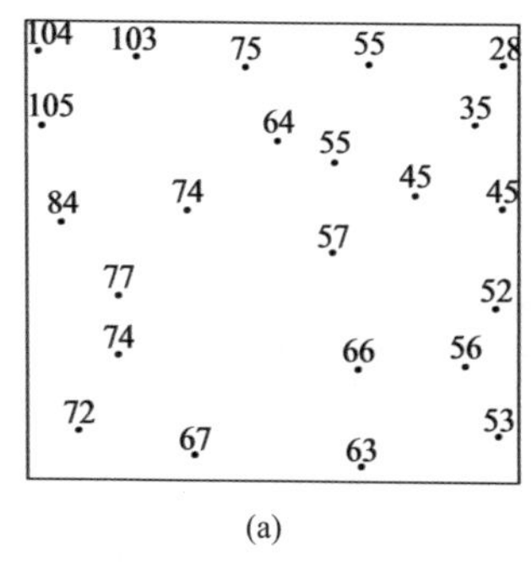

(a)

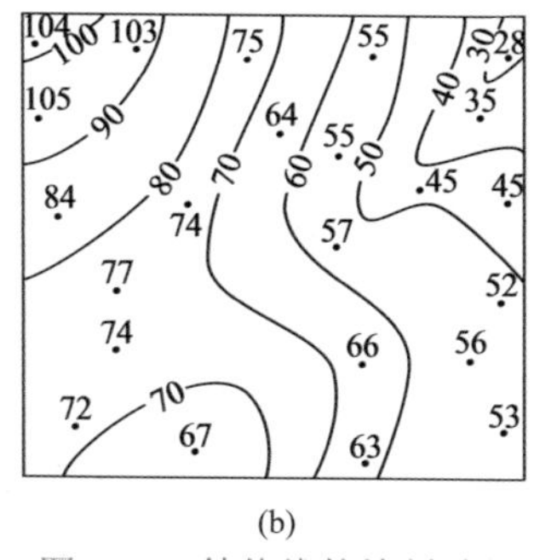

(b)

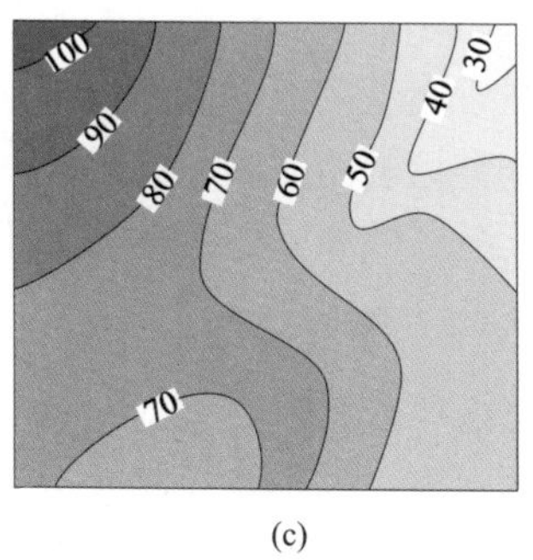

(c)

图 6-12　等值线的绘制过程

手工绘制等值线时，在图上把数据点的位置确定下来，确定等值线间距，再把各点连成线，在线上进行内插（即按相邻控制点之间的距离比例得到某值），然后由该值确定等值线的位置，最后将等值的诸点连成一条平滑曲线。一般来说，大多数手工内插方法是假设数据点间呈均匀或线性变化。

计算机绘制等值线的方法有格网法和三角网法。格网法是以规则格网分布的数据为基础，先找出一条等值线的起始点，按照设计的判断和识别条件，追踪该条等值线的全部等值点；然后计算各条等值线与格网边交点的坐标值；最后，连接各等值点绘出光滑曲线。三角网法是以非规则离散分布的特征点数据为基础，先自动连接三角网；然后在三角形边上内插等值点，并且寻找等值线的起始点和追踪等值点；最后，连接等值点绘制成光滑曲线。

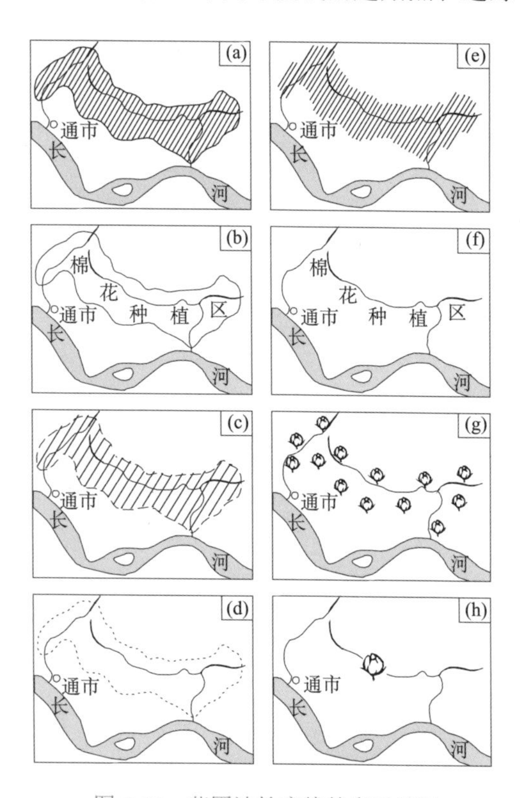

图 6-13　范围法轮廓线的表示示例

（五）范围法

范围法是用面状符号在地图上表示制图区域内间断、成片或零星分散的某专题要素的分布范围和状况的方法，如煤田的分布、森林的分布、棉花等农作物的分布等。范围法在地图上标明的不是个别地点，而是一定的面积，因此又称为面积法。

范围法实质上是进行面状符号的设计，包括其轮廓线的形状、粗细和颜色的设计以及填充符号的色彩、纹理图案和注记的设计等。范围法也只是表示现象的质量特征，不表示其数量特征，即表示不同现象的种类及其分布的区域范围，不表示现象本身的数量。

区域范围界线的确定一般是根据实际分布范围而定，其界线有精确和概略之分。精确的区域范围是尽可能准确地勾绘出要素分布的实际轮廓线；概略的区域范围是仅仅大致的表示出要素的分布范围，没有精确的轮廓线，这种范围经常不绘出轮廓线，用散列的符号或仅用注记、单个符号表示现象的分布范围，如图 6-13 所示。

（六）点值法

对制图区域中呈分散的、复杂分布的现象，如人口分布、动物分布、某种农作物和植物的分布，当无法勾绘其分布范围时，可以用一定大小和形状的点群来反映。即用代表一定数值的大小相等、形状相同的点，反映某要素的分布范围、数量特征和密度变化，这种方法称为点值法。

点值法有自身的特点：一是点子的大小及其所代表的数值是固定的；二是点子的多少可以反映现象的数量规模；三是点子的配置可以反映现象集中或分散的分布特征；四是在一幅地图上，可以有不同尺寸的几种点，或不同颜色的点。尺寸不同的点表示数量相差非常大的情况；颜色不同的点表示不同类型的现象，如城市人口分布和农村人口分布。如图 6-14 所示。

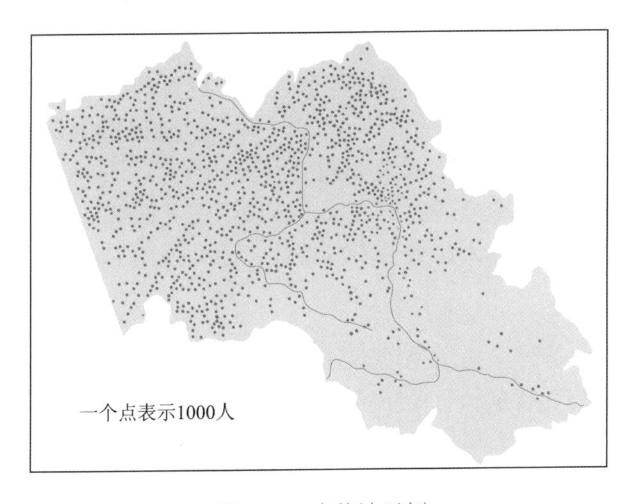

图 6-14　点值法示例

点值法制图时，点子的排布方式有两种：一是均匀布点法；二是定位布点法，如图 6-15 所示。

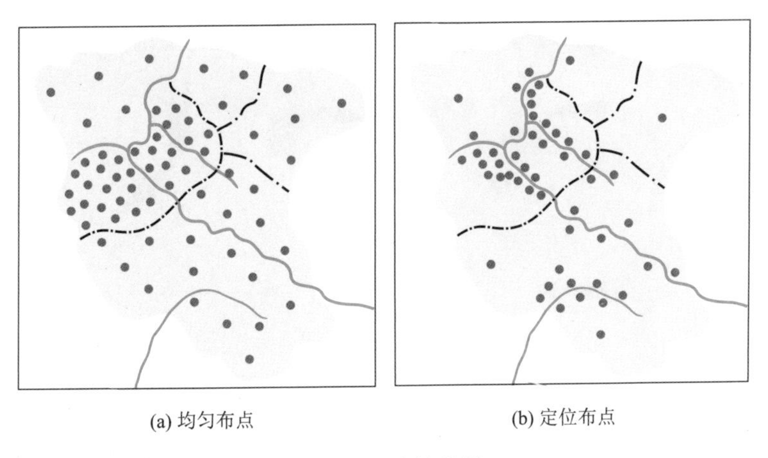

图 6-15　点的配置

均匀布点法，是在相应的统计区域内将点均匀分配，统计区域内没有密度差别，这是它的缺点。为了克服均匀化的缺点，可以采取缩小统计单元的办法，例如，欲作某省小比例尺某种作物面积分布的点值图，图上以市作为区划单位来表示各区现象分布的特征，在编图作业中可以取县作为统计单元布点。布点时按县区范围均匀配置，但地区内各县之间就不是均匀的了，此时各县之间不应留很大间隔。

定位布点法，应按照现象分布的地理特征来配置点子，此时在同一统计单元内，不同的地形小单元如平原区、山区等，现象的密度可能是不同的。因此，点子应按地理单元加权分配，在缺乏这些单元统计数据的情况下，可参考分布情况或一般规律确定一定的比例（总和为 1），以此作为权值来分配点子。

点值法制图的关键问题之一是确定每个点所代表的数值（权值）以及点子的大小。点值的确定应顾及各区域的数量差异，但点值确定得过大或过小都是不合适的。点值过大，图上点子过少，不能反映要素的实际分布情况；点值过小，在要素分布稠密地区，点子会发生重叠，现象分布的集中程度得不到真实的反映。因此，确定点值的原则是，在最大密度区点子不重叠，在最小密度区不空缺。例如，在人口分布图上，首先规定点子的大小（一般为 0.2—0.3mm），然后用这样大小的点子在人口密度最大的区域内布设，使其保持彼此分离但又充满区域，数出排布的点子数再除以该区域的人口数后凑成整数，即为该图上合适的点值。

（七）动线法

动线法是用扩展线状符号来显示呈动态分布的自然要素（现象）和社会经济要素（现象）的移动方向、移动路线及其数量和质量特征的方法。如自然现象中的洋流、风向，社会经济现象中的货物运输、资金流动、居民迁移、军队的行进路线等。

动线法可以反映各种迁移方式。它可以反映点状物体的运动路线（如船舶航行）、线状物体或现象的移动（如战线移动）、面状物体的移动（如熔岩流动）、集群和分散现象的移动（如动物迁徙）、整片分布现象的运动（如大气的变化）等。

动线法实质上是对线状符号进行扩展的设计，通过其色彩、宽度、长度、形状等视觉变量表示现象各方面特征。动线符号有多种多样的形式：带箭头的线状符号（图 6-16）、表示线状分布现象分级特征的比率线状符号和表示线状分布现象组成结构特征的结构线状符号。

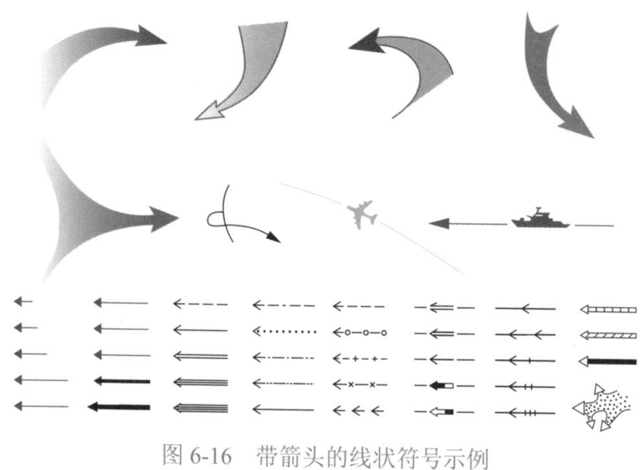

图 6-16 带箭头的线状符号示例

其中以线状符号的箭头指向表示运动方向，以线状符号的形状、色相表示现象的类别或性质，如图 6-17 所示，表示两股发源于不同地区的台风，“7”、“8”分别表示 7 月和 8 月的台风路径；以线状符号的宽度（尺寸）或色彩的亮度变化表示现象的等级或数量特征。

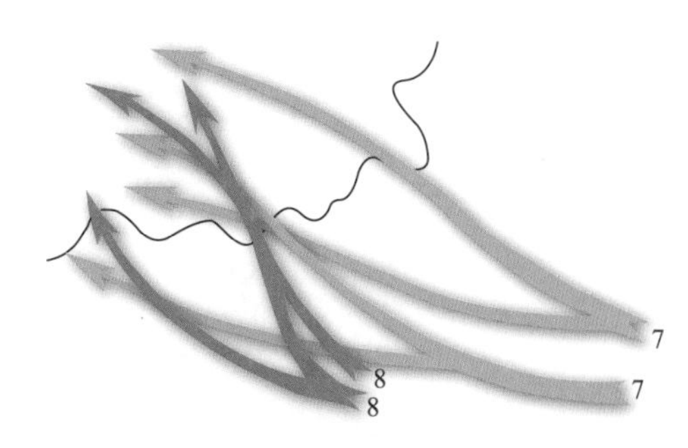

图 6-17　7 月和 8 月的台风路径

以线状符号的长度（尺寸）表示现象的稳定程度；整个运动线符号的位置表示运动的轨迹。表示河流的流量用绝对连续比率符号，表示货流强度、输送旅客量可用绝对的或有条件的分级比率符号（图 6-18）。

用动线法表示现象的结构是比较复杂的。最引人注目的一种方法是把往返货物按相应货物的颜色或图案划分成与各货物数量成比率的组合带，往返各置于道路的一侧。欲使货流结构和各货物的数量指标能清楚地被显示，只有带的宽度较大时才有可能。因为货流带较宽，所以这种表示方法对运输路线只能是概略的，并且载负量较大，使得图面拥挤而影响易读性。改进方法是取条带一段横剖面，再沿线路平放，剖面前头加上箭形以示流向，如图 6-19 所示。

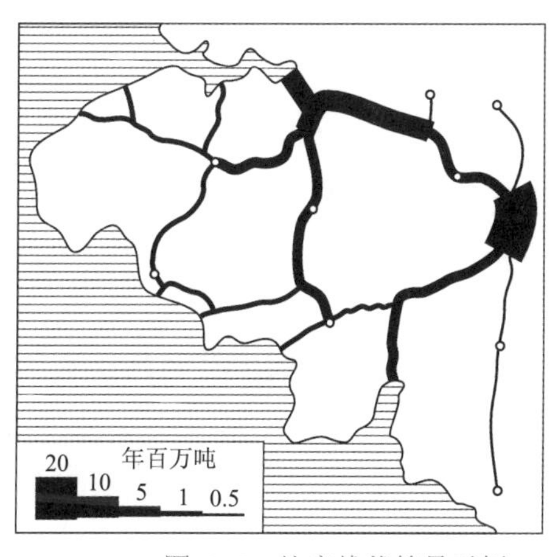

图 6-18　比率线状符号示例

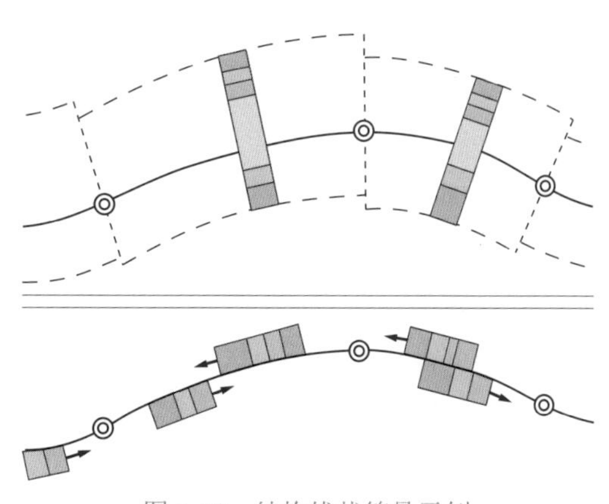
图 6-19　结构线状符号示例

（八）等值区域法

等值区域法是以一定区划为单位，根据各区划内某专题要素的数量平均值进行分级，然后运用面状符号的色彩或图案（晕线）表示该专题要素在不同区域内的数量差别的方法。其中平均数值主要有两种基本形式：一种是比率数据或相对指标，又称强度相对数，是指两个相互联系的指数比较，如人口密度（人口数/区域面积）、人均收入（总收入/人口数）、人均产量（总产量 / 人口数），等等，这些比率数据，可以说明数量多少、速度快慢、实力强弱和水平高低，能够给人以深刻印象。另一种形式是比重数据，又称结构相对数，表示区域内同一指标的部分量占总量的比例，如耕地面积占总面积的百分比、大学文化程度人数占总人数的百分比，等等。这些数据也可以用来表示制图现象随时间的变化，如各行政区单位人口增减的百分比或千分比。等值区域法可以较准确地显示区域发展水平。

如图 6-20 所示，等值区域法实质上就是用面状符号表示要素的分级特征。具体地说就是用面状符号的色彩或图案（晕线）表示分级的各等值区域，通过色彩的同色或相近色的亮度或饱和度变化以及晕线的疏密变化，反映现象的强度变化，而且要有等级感受效果。现象指标增长的用暖色，指标越大，色越浓（晕线越密）；现象指标减少的用冷色，指标越小，色越淡（晕线越稀）。

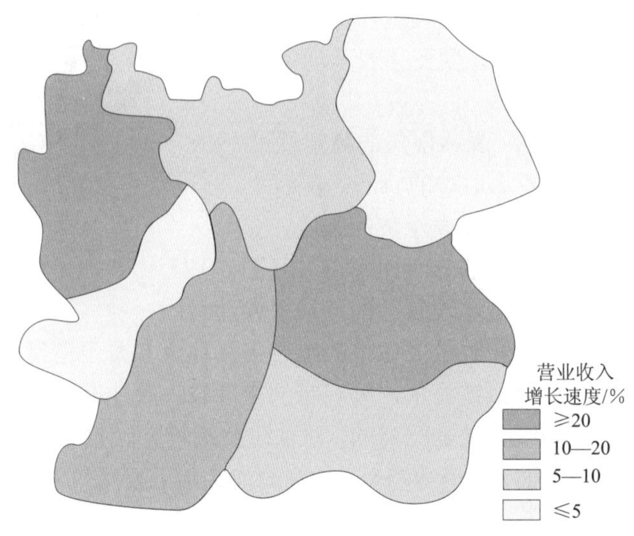

图 6-20 等值区域法的平面表示示例

等值区域法是一种概略统计制图方法，对具有任何空间分布特征的现象都适用。但因为等值区域法显示的是区域单元的平均概念，不能反映单元内部的差异，所以区划单位越小，其内部差异也越小，反映的现象特点越接近于实际真实情况。

（九）分区统计图表法

分区统计图表法，是一种以一定区划为单位，用统计图表表示各区划单位内地图要素各方面特征的方法。

分区统计图表法的主要内容包括统计图表符号的类型设计、视觉变量设计及其图上定位的方法。

分区统计图表法能表示制图现象的多种指标及其相互关系，与之相适应的统计图表符号多种多样。常用的统计图表符号有圆形（扇形）图表、方形图表、三角形图表、条（柱）形图表、折（曲）线图表、辐射形图表、定值累加符号图表、金字塔图表等。这些图表可以表示指标之间的对比关系、结构关系、动态关系、总量与分量关系、依存关系（相关指标）等。

统计图表符号与简单的点状符号相比，其最大特点是可以通过一个符号的多个视觉变量的变化表示出多种指标的关系与信息，包含的信息量较多，既能表示出制图要素的质量类别特征又能较好地表示出制图要素的数量等级特征，特别是能较精确地表示制图要素的数值特征。表示数值特征的统计图表符号的尺寸，主要是根据不同形状、种类的符号，确定单位高度或长度所代表的数量，从而可确定相应指标下符号的高度或长度、个数、百分比等。

统计图表符号通常描绘在地图上各相应的分区内，如图 6-21 所示。统计图表法表示每个区划内现象的总和，而无法反映现象的地理分布，属于统计制图的一种。在制图时，区划单位越大，各区划内情况越复杂，则对现象的反映越概略。可是分区也不能太小，否则会因分区面积较小而难以描绘统计图表及其内部结构。分区统计图表法显示的是现象的绝对数量指标，而不是相对数量指标，可以用由小到大的渐变图形或图表反映不同时期内现象的发展动态，如图 6-22 所示。

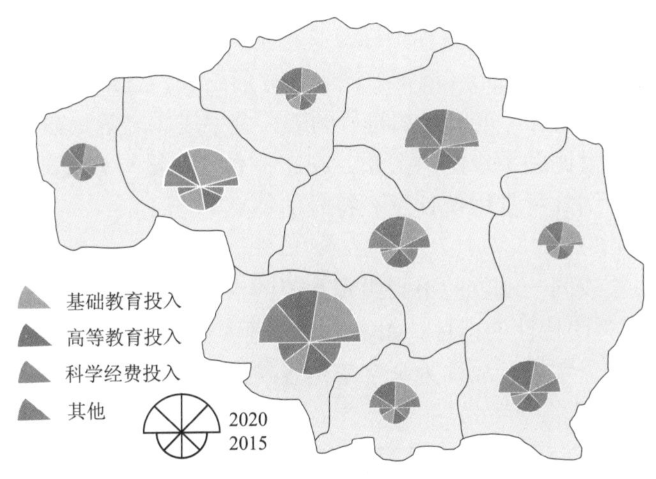

图 6-21　分区统计图表法示例

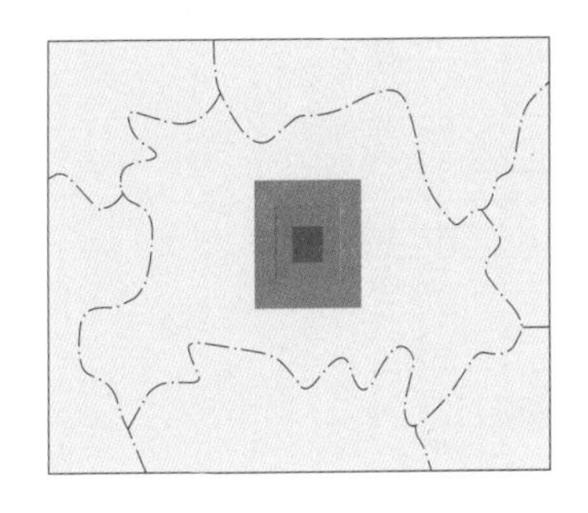
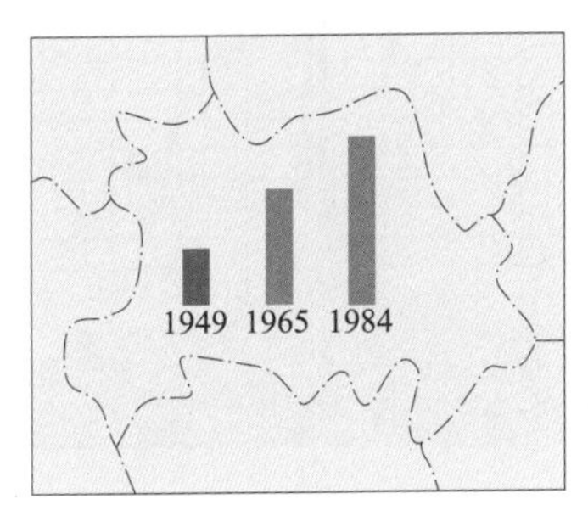

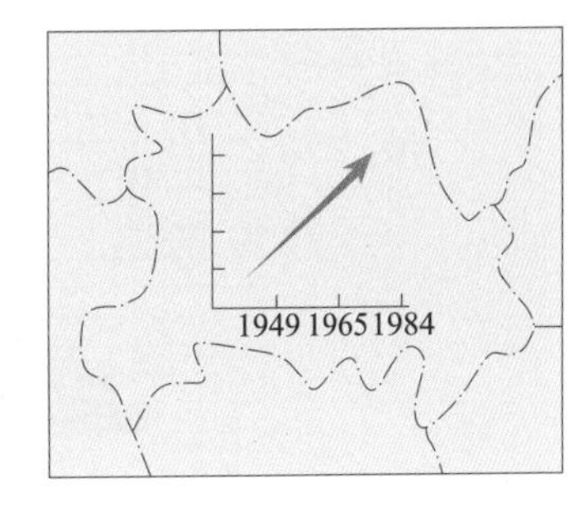

图 6-22　表示发展动态

	圆形(扇形)图表	方形图表	三角形图表	条(柱)形图表	折(曲)线图表	象形图表	定值累加符号图表
总量指标					—		
对比指标							
动态指标							
结构指标						—	
复合指标		—	—		—	—	—
相关指标				—		—	—

图 6-23　常用统计图表与所表现的指标

统计图表法能表示制图现象的多种指标及其相互关系，与之相适应的统计图表符号多种多样。常用的统计图表符号有圆形（扇形）图表、方形图表、三角形图表、条（柱）形图表、折（曲）线图表、辐射形图表、定值累加符号图表、金字塔图表等，如图 6-23 所示。这些图表可以表示指标之间的对比关系、结构关系、动态关系、总量与分量关系、依存关系（相关指标）等。下面着重介绍几种常用统计图表符号的特点。

1. 金字塔图表

指由表示不同现象或同一现象的不同级别数值的水平柱叠加组成的图表（柱状图表的特例），常用于表示具有对比特性的指标，如男性与女性、未婚与已婚、进口与出口等。其形状一般呈下大上小，形似金字塔，故称为金字塔图表（图 6-24）。

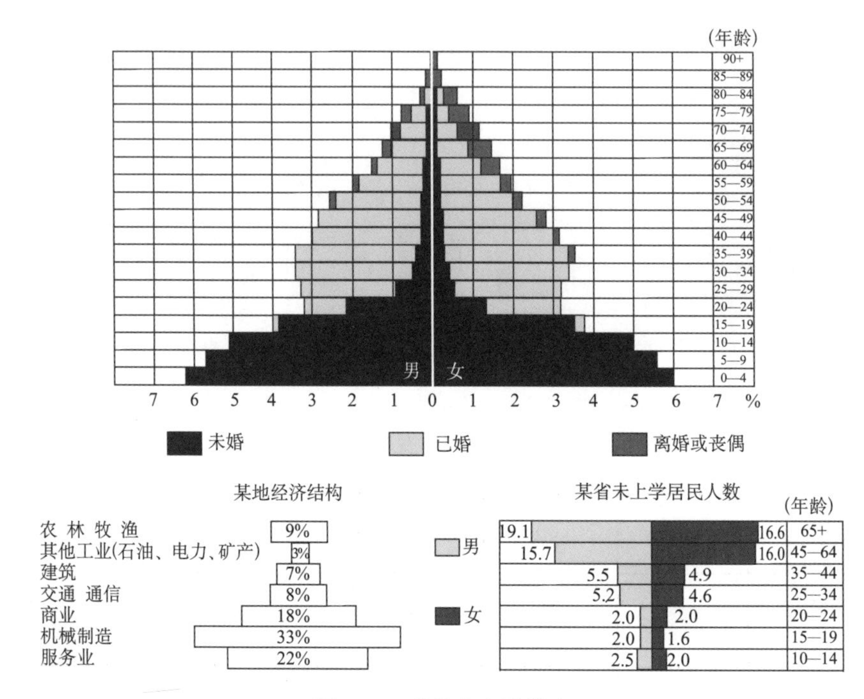

图 6-24 几种金字塔图表

2. 三角形图表

三角形图表法是一种在制作和表示上都十分特殊的表示方法。它是根据各个区划单元（一般是行政区划单元）某现象内部构成的不同比值，通过图例区分出不同的类别，然后用类似质底法的形式表示出来。因为它表示内部构成的指标只允许归成三项（或三类），所以，能用三角形图表来表示它们。

三角形图表的结构原理是基于在一个等边三角形中，任意点至三条边的垂距总和相等。如果我们把这个总长作为 1（100%），则任意点至各边的垂距长就是三个亚类各占的比例值。为了量度方便，将正三角形各边均匀地划分为 10 等份，使三角形形成格网，这就可以比较容易地读出三条垂线的长度（百分比）。百分比值可以按一定规则（顺时针或逆时针方向）分划。如图 6-25 中，我们可以读出：

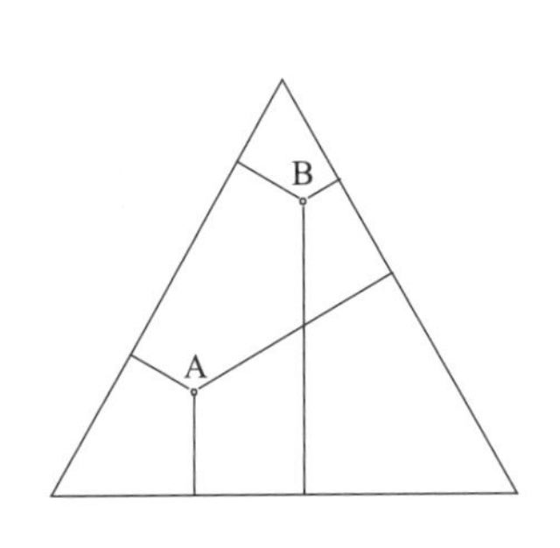

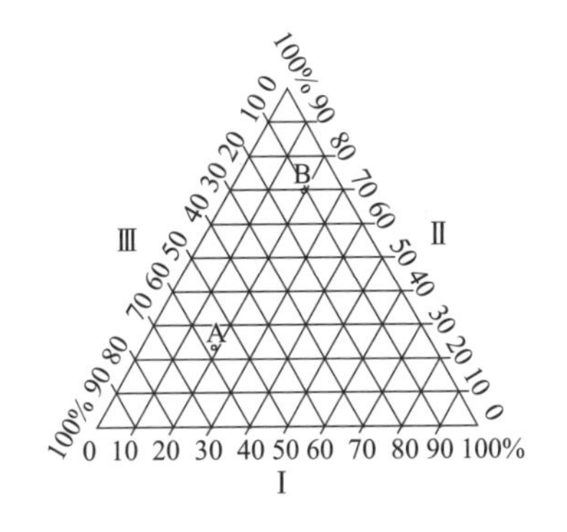

图 6-25　三角形图表的制作

A 点：Ⅰ=18%，Ⅱ=23%，Ⅲ=57%；B 点：Ⅰ=19%，Ⅱ=72%，Ⅲ=9%。

3. 线状图表

线状图表通常有两条成直角的坐标轴，即横坐标轴和纵坐标轴。它们分别表示两个变量，横轴多用于表示自变量如时间，纵轴多用于表示因变量即现象随时间变化的各种指标。线状图表可以分为简单线状图表、复合线状图表和结构线状图表。简单线状图表只有一个自变量和一个因变量；复合线状图表的一个自变量对应一个以上因变量，如图 6-26 所示，横轴表示时间（月份），纵轴表示温度和降雨量。

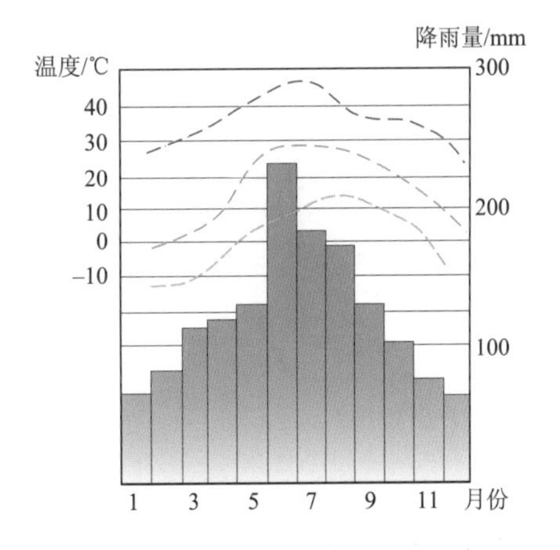

图 6-26　曲线-柱状图表

4. 辐射形图表

辐射形图表是指由一点向四周辐射的线束构成的图形。这种图表可利用的图形变量有中心、射线和射线方向角，如图 6-27 所示。

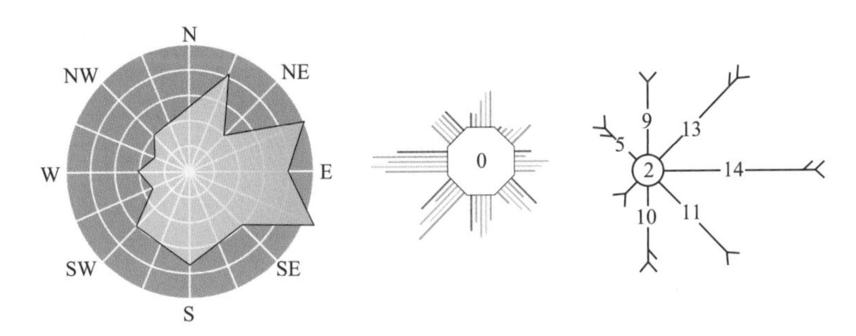

图 6-27　辐射形图表

5. 圆形（扇形）图表

圆形（扇形）图表是由圆形及其部分分割组成的图形。圆的大小表示指标总的规模，内部分割表示各部分指标的比例。可以分为简单圆形图表、结构圆形图表和扇形图表。简单圆形图表只有一个尺寸变量，即圆的大小表示指标的总量，其实是分级圆。结构圆形图表，除了尺寸表示总规模外，圆的分割可以反映现象内部的构成比例。扇形图表可以用来表示具有共性的不同品种各部分的数量特征，而不要求表示各品种的总和，如图 6-28 所示。

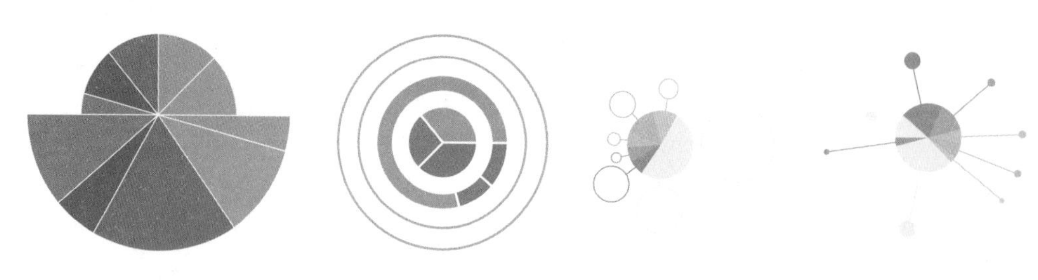

图 6-28 扇形图表

6. 定值累加符号图表

定值累加符号图表是便于进行现象数量比较的一种图表，它是一种图解方法的应用。其图形有平面的和立体的，有四边形的和圆形的，有分块的也有结构的，但其基本构图却是共同的，即图块代表的数值是固定的，这一点与“点值”完全一致，所以又称等值图块图表。定值累加符号图表根据具体形式可分为结构等值图块和立方体图块等，如图 6-29 所示。

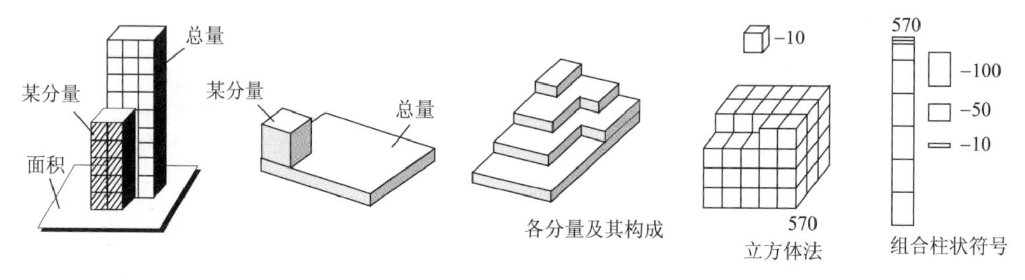

图 6-29 定值累加符号图表

二、表示方法分类与各种表示方法的分析比较

丰富多彩的表示方法为专题地图内容的表示提供了方法和思路，但有许多表示方法在形式上有着十分相似的地方，在使用时容易混淆，如定点符号法与分区统计图表法、线状符号法与动线法、范围法与质底法、分区统计图表法与等值区域法、点值法与等值区域法。为了更好地理解和掌握各种表示方法的实质，准确而恰当地选用或设计表示方法，必须先对这些表示方法进行分类比较和对比分析，然后才能根据地图用途、地理要素的特征和表示等级等进行专题地图内容表示方法设计。

（一）表示方法分类

1. 按表示要素的空间分布特征分类

一般情况下，常根据专题要素的空间分布特征选择表示方法。因此，表示方法按要素的空间分布特征可以分为：呈点状分布的专题要素，通常采用定点符号法；呈线状分布的专题要素，通常采用线状符号法和动线法；呈面状分布的专题要素，通常采用质底法、范围法、点值法、等值区域法和分区统计图表法；呈体状分布的专题要素，通常采用等值线法。

2. 按表示要素的属性特征分类

侧重表示专题要素质量特征的表示方法，主要有线状符号法、质底法、范围法；侧重表示专题要素数量特征的表示方法，主要有等值线法、点值法、等值区域法；既能表示专题要素质量特征又能表示专题要素数量特征的表示方法，主要有定点符号法、分区统计图表法和动线法。

3. 按表示方法采用的符号类型分类

表示方法落实到图上还是进行符号设计，以点状符号设计为主的表示方法主要有定点符号法、点值法和分区统计图表法；以线状符号设计为主的表示方法主要有线状符号法、动线法和等值线法；以面状符号设计为主的表示方法主要有质底法、范围法和等值区域法。

（二）各种表示方法的分析比较

有的专题要素表示方法从图形特点就能一目了然地识别，如动线法，然而许多表示方法之间存在着相似性，必须认真比较才能予以区分。为了针对不同的专题要素或现象正确选择相应表示方法，尽可能准确地、全面地反映要素或现象的特征，需要对有关表示方法的特点进行分析比较。

1. 定点符号法与分区统计图表法比较

分区统计图表的形状可以与定点符号法的形状，符号比率的计算完全一样，但它们的内涵不一样。定点符号代表的是局限于该点上的数据，它必须严格定位在这个点上，有多少个点就有多少个符号，符号多时会相互重叠；分区统计图表表示的是所代表区域内数量的总值，正因为如此，一个区域单元内只可能有一个这样的图表，它没有严格的定位意义，只要放置于该区域范围内的合适位置即可，制图也只需要各区划单位的统计资料。两种方法的比较如图 6-30 所示。

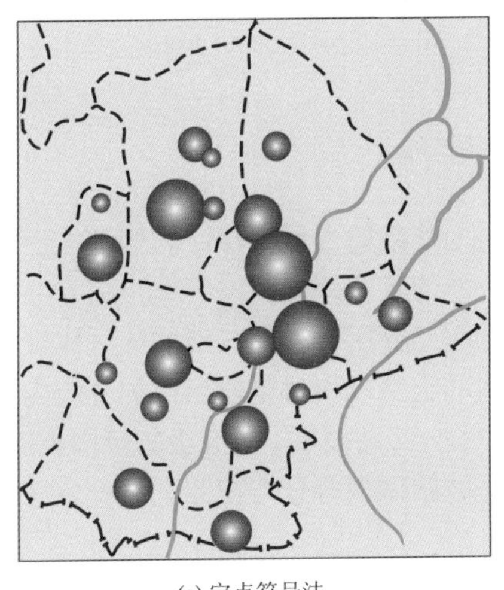

(a) 定点符号法

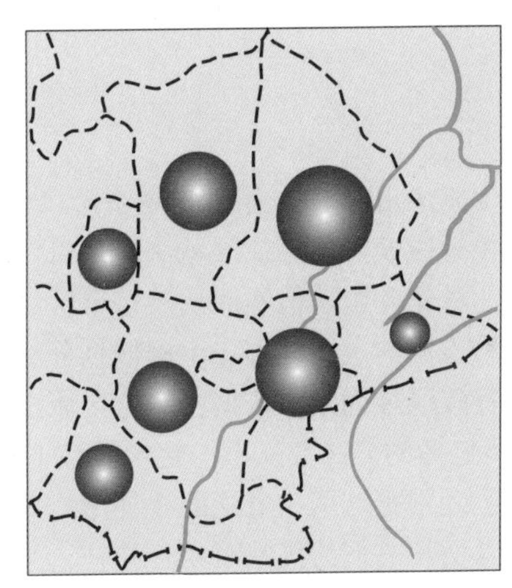

(b) 分区统计图表法

图 6-30　定点符号法与分区统计图表法

2. 线状符号法与运动线法的比较

线状符号法与运动线法均可用于表示线状并定位于线（或两点间）的专题现象，但这两种方法有本质的区别。第一，线状符号法是表示实地呈线状分布的现象，反映静态的现象；运动线法则反映各种分布特征的现象的运动（或发展）状况，反映动态的现象。第二，线状符号法一般是反映现象的质量特征，如海岸类型、道路种类，等等；运动线法则常用复杂的条带表示现象的数量与质量特征。第三，线状符号的结构一般比较简单，定位比较精确；运动线法的结构有时很复杂，定位亦不够精确，有时仅表示两点间的联系或概略的移动路线，在表示面状现象时，符号只表示运动的趋向，并无定位意义。

3. 范围法与质底法的比较

范围法与质底法都是反映面状分布现象的方法，这两种方法都是在图斑范围内用颜色、网纹、符号等手段显示其质量特征。它们的差别是：质底法表示的是布满全区的面状分布现象，图面不可能有空白，图斑也不可能有交叉和重叠；范围法表示的是各自独立的间断成片分布现象，无这些现象的地方出现空白，现象有重叠分布的，图斑也就会产生重叠和交叉。因此，范围法能表示现象的渐进性和渗透性，而质底法一般不能表示现象的渐进性。两种方法的比较如图 6-31 所示。

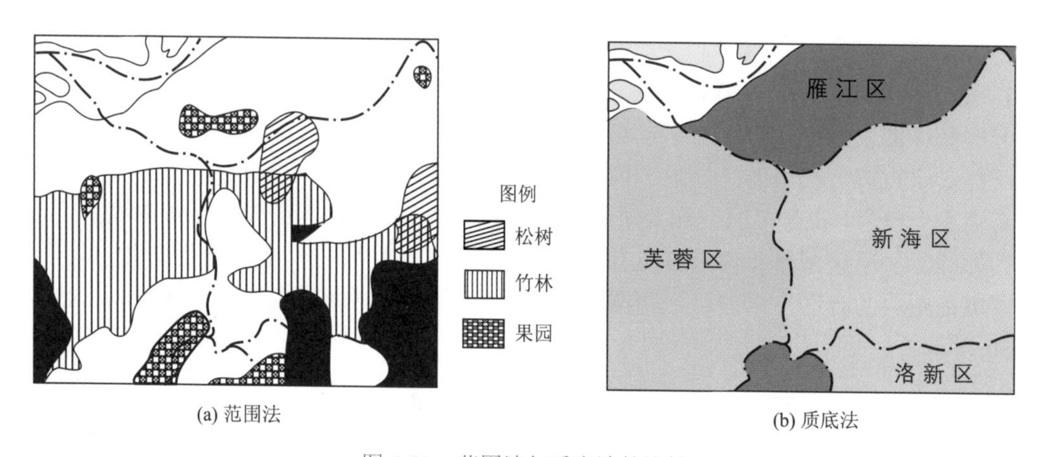

图 6-31 范围法与质底法的比较

4. 分区统计图表法与等值区域法的比较

分区统计图表法与等值区域法均是以统计资料为基础的表示方法。它们都能反映各区划单位之间的数量差别，但不能反映每个区划单位内部的具体差异。

这两种方法的主要区别在于区域划分的概念方面。分区统计图表法的分区比较固定，如以某一级行政区域为划分依据；等值区域法则不然，它是以相对数量指标的分级为划分依据的（各级所包括的分区数目不一定同等且不固定），当分级改变后，各等级的范围也随之改变。

地图上经常把这两种方法配合使用，用等值区域图作为背景，在图上每一分区内描绘统计图表，从而使它们的优缺点相互弥补。

5. 点值法与等值区域法的比较

点值法与等值区域法都可用来表示分散分布的现象的集中程度和发展水平，如人口分布图或农业地图上专题现象的表示等。同时，用这两种方法编制专题地图时，统计的数量指标必须与所统计的单位区划相一致，当统计单位区划发生改变后，统计的数量指标也随之改变。但这两种方法各自有优缺点，针对不同的具体情况而分别选择使用，如图 6-32 所示。

等值区域法能简单而鲜明地反映地区间的差别，尤其是反映各区域经济现象的不同发展水平，能得到各地区简单的相对数量指标的概念。同时，能与符号法、分区统计图表法等配合使用。但是，这种方法不能反映各区域内部现象的真实分布情况。

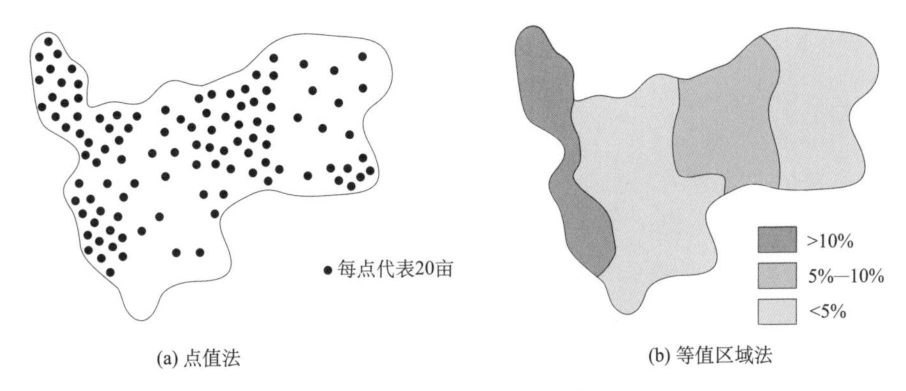

(a) 点值法　　(b) 等值区域法

图 6-32　点值法与等值区域法

点值法能较好地反映现象分布的地理特征和现象的绝对指标。但是，它仅能反映数量指标的相互比较，很难根据点子数来进行计算。因此，对于分布较均匀而疏密程度近似的现象，用点值法表示就不如等值区域法那样分区明确，易于获得数量指标概念。当现象分布的疏密程度差别太大时，点值法亦不适用，因为难以选择统一而合适的点值。

第四节　专题地图的编制

一、专题地图编制特点

与普通地图相比，专题地图的用途广泛、内容丰富、比例尺不一、制图资料（数据）多样，因此，专题地图编制具有如下特点。

（一）严密的科学性

无论是自然现象还是经济、人文现象，都有自身演化和分布的规律性。科学家通过对这些现象的考察、分析、研究，总结归纳其共性和个性特征，创立了许多解释和演绎这些现象的科学学说。在编制专题地图的过程中，很多是以科学学说为根据，以科学研究成果和实地调查成果为资料编制的。但由于人们对复杂多样的自然、人文、经济现象的认识不可能完全一致，观点各异，故在编图中对各种研究成果及资料还必须作深入的分析和研究。在一幅地图上不能把具有不同学术观点的各种研究成果及结论都反映出来。在编图前，必须研究判定以何种成果资料为基础，务必使观点一致。

在编制包含有大区域范围的小比例尺专题地图时，会遇到资料的年代不一致、学术观点不一致（主要反映在分类方面）、精度不一致等情况（主要是自然地图），这时必须以正确的观点及方法去整理和使用它们，应本着实事求是的态度，宁缺毋滥，反对主观臆造，推论也要有充分的依据。

（二）高度的综合性

专题地图反映的内容是某一专门的主题，目的是揭示某一特定领域现象的分布规律。专题地图既要反映地理环境各要素的质量特征、数量特征和动态变化，又要反映人类和自然环境的相互作用和影响。随着用户对地图内容要求的深化，专题地图可以通过表示方法和图型的变化，由一幅图上仅表示某种要素或现象的单一质量特征或数量指标的分析型地图，进而发展为将几种不同但相互有联系的现象或指标有机地组合和概括，以显示现象的总体特征和规律性的综合型地图。这些表示方法或图型的应用是建立在对主题内容深入分析基础上的高度综合。

（三）精美的艺术性

地图的制作既是一门科学，又有着丰富的艺术内涵。专题地图的科学内容是通过它的特殊艺术形式表达出来的，这些均体现于专题地图的符号设计、色彩设计、注记设计、图表设计和图面配置之中。符号务必简洁、明确，具有系统性；色彩和纹理的设计要符合人们对所表述专题内容在认知上的习惯或能获得合理的解释，相关内容能通过色彩的表达反映其逻辑上的联系；注记应指示准确、清晰美观；图表应灵活生动、可读性强；图面配置则要将本图表达的主体内容置于图面的视觉中心，并使主体及非主体内容分层配置、烘托关系安置得妥帖恰当，使地图表现丰富的层次，让读者产生舒适、和谐的阅读感受。专题地图所能表达的内容包罗万象，专题地图使用者的读图水平及要求也千差万别，因此专题地图在表达内容的科学与艺术的结合上尤为突出，艺术的精美、风格的独特不仅在于使读者易于读懂地图，更在于激发读者对所表达内容的兴趣。

（四）很强的实用性

地图是最佳的地理空间信息载体之一，是传输地理信息、进行空间认知的主要工具，特别是专题地图具有专门的内容主题、用途和使用对象，其信息传输效率较高。编制专题地图不仅仅是要客观地反映所描述对象的分布、发生发展的规律性及其动态变化，更重要的是要充分考虑用户和使用环境的需求，制作出突出专业特点、符合感受规律、考虑用户体验的个性化、多样化、智能化的专题地图，更好地为国民经济建设、国防建设和人民生活服务。

二、专题地图编制的基本过程

随着计算机图形图像技术和 GIS 技术的发展，目前专题地图制图已由手工制作转变为计算机制图阶段。专题地图编制的基本过程可以分为总体设计、数据处理、表示方法选择和符号设计、图面配置和专题地图输出等几个步骤。电子地图条件下，专题地图制图过程实质上就是对空间位置数据（地理底图要素）和属性数据（专题要素）进行处理并符号化（表示方法选择与符号设计）的过程。如图 6-33 所示。

其中数据处理和专题要素符号化是其核心环节。目前，主要利用 Photoshop、Illustrator 等图形图像软件和 ArcGIS、MapInfo 等 GIS 软件中专题地图制图模块进行编制。当然，如果建有各种支撑库（数据库、模型库、符号库、色彩库等），将有助于提高专题地图制图速度和水平。

（一）总体设计

（1）研究与所编图相关的文件，包括科学研究机构和专门业务部门公布的正式文件，也包括党和政府的某些政策性文件。

（2）收集、分析和评价制图资料（数据），确定基本资料（数据）和参考资料（数据）等，选择并确定地理底图表示内容、专题要素及其特征的表示内容。

（3）确定地图数学基础和制图区域范围，包括地图投影、地图比例尺和地图幅面大小等。

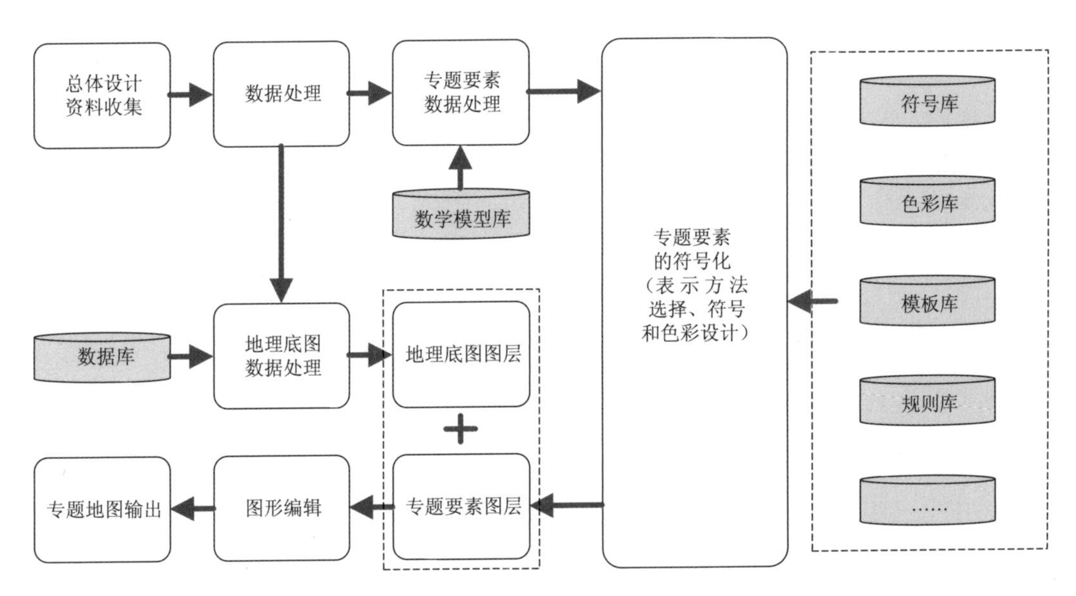

图 6-33　专题地图编制的基本过程

（4）进行专题地图图面配置的大致设计，绘制出总体设计图。

（二）数据处理

（1）地理底图要素的详细程度应视专题要素（现象）表示的要求而定。底图数据处理是指根据底图资料情况，参考普通地图编制中的资料处理方法，进行底图数据的选取、整合及其他处理，为地理底图要素的符号化奠定基础。

（2）专题要素数据处理是指根据地图制图主题及表示内容的需要，考虑制图资料（数据）情况，合理选择数据处理的方法和数学模型，将专题要素进行分类分级的过程，该过程为符号化表达奠定基础。

（三）专题要素符号化

（1）表示方法选择或设计是指综合考虑地图种类、用途以及表示要素的特点，以及使用场合、工艺条件等因素的影响，选择最恰当的图形组合方式，以表示专题地图内容各方面特征。专题要素（现象）的特征主要包括空间分布特征、时间特征、质量特征、数量特征、等级特征和表达的视觉层次等多方面的特征，这是专题地图表示方法设计的重点。

（2）地图符号设计是指根据地图的种类、地图的用途和地图要素分类分级，确定地图符号的类型、形状、尺寸、颜色、图案及其组合效果以及显示方式的作业。专题地图符号设计不仅包括地图符号图形的设计，还包括注记设计，注记可以看成特殊的符号，即根据表示内容的要求进行注记字体、字大、字色、字距、行距和衬底、外框的视觉变量及其特效（阴影、描边等）设计。

（3）色彩设计是指基于地图表达主题和用户对色彩的视觉感受特点，根据地图表达内容的特点以及各要素的质量和数量特征等，确定地图的色调和符号的色相、饱和度、亮度及其组合效果的工作。

（四）图形编辑

（1）图形编辑，运用各种制图软件，在数据处理的基础上，将设计结果符号化（可视化），并根据出版需要进行图形编辑处理。

（2）图面整饰，根据总体设计略图，运用各种制图软件对图名、图例、图表等辅助要素进行图形化，并予以合理配置。

（五）专题地图输出

根据出版要求，编辑修改专题地图编绘原图，得到数字专题地图出版原图，并输出电子地图，或通过数字直接制版设备制作印刷版，通过印刷机印刷纸质地图。

三、地理底图的编制

（一）地理底图的作用

专题地图的编制主要是地理底图的编制和专题要素的表示方法设计。地理底图是专题地图的地理基础，是专题要素（现象）定位或空间化的“骨架”。地理底图的作用主要表现在以下几方面。

（1）地理底图是专题地图的重要组成部分。专题地图的地图内容由地理底图要素和专题要素（现象）两部分组成，其中地理底图是处在专题地图的第二视觉层次，但如果没有地理底图，就无法表达专题要素的空间特征及分布规律，只有将它们以地图符号的形式落实到具有地图基本特性的地理底图上时，才能显示出专题信息的空间特征及空间分布规律。

（2）地理底图是转绘专题内容的控制基础。从编制专题地图的具体步骤看，必须把大量各种类型的专题内容转绘到相应的空间位置，并且必须具有较高的几何精度，以保证专题地图的可量测性与可比性。地理底图的数学基础，如地理坐标或平面直角坐标系、比例尺，以及地理底图所选取的地理要素，如水系、居民点、交通网、境界线以及地形等高线等，都可以为专题要素的定位精度提供必要的保证。

（3）地理底图有助于更深入地提取专题地图的信息。专题信息是自然和社会经济活动中某种客观存在的事物或现象的特征，它们不会孤立地发生、发展，总是与其他地理现象相互联系或制约，这些地理要素就是地理底图要素。地理底图上所选取的要素，不一定是普通地图的全部要素，但必定是其中某一个或某几个与所反映专题密切相关的要素。因此，专题信息所依附的地理底图，不仅能在底图上直接量测以获取信息，更重要的是通过专题要素与地理底图的相互联系，分析出更多专题内容的产生、分布、发展的规律，如地形、水系、交通网、居民点等对区域性的工业布局所产生的积极作用就十分明显。编图者如能正确组织地理底图内容，就能使读图者获取比编图者预期设想更多的专题信息。

（二）地理底图的编制方法

地理底图是以相同或相近较小比例尺的地形图或普通地图为基本资料编绘而成的，其核心就是地理底图要素的制图综合及其符号化，具体方法可以参见普通地图编制。

地理底图的编制主要是底图内容的选取，主要包括地貌、水系、居民地、交通网、行政境界线等。底图内容的选取是由拟编专题地图的内容、用途、比例尺以及区域地理特征确定的，有详有略，如反映森林分布，除起控制作用的水系外，地形是必须表示的，而居民地、交通网、行政境界线一般都不必选取。

一方面，地理底图内容随比例尺的缩小而减少，但底图内容选取过少就不能发挥其地理空间框架的作用；另一方面，地理底图处于专题地图的第二层平面上，如果内容过于繁杂，反而会干扰主题内容的表达。这两种情况都会影响专题地图的易读性及整体效果。因此，要根据专题地图的主题、比例尺和区域地理特征等确定地理底图上需要表示的要素类型及其详细程度。编制经济图时，其地理底图内容应包括该区域主要的水系、居民地、交通网和行政境界线，而地貌一般不必表达。

地理底图是以普通地图为基础，根据专题内容的需要重新编制的。因此，其表示方法与普通地图内容的表示方法基本相同，只是制图综合程度要大一些，符号的色彩、形状设计要考虑专题要素的色彩、形状设计，注意专题要素处于专题地图的第一视觉层次。地理底图应以浅色表示为宜，以保证专题要素与地理底图要素在视觉层次上的明显区别。

四、专题要素（现象）的资料（数据）类型及数据处理

（一）专题地图制图资料（数据）类型

1. 地图数据

专题地图编制所用到的地图资料主要有普通地图（地理图和地形图）及与新编专题地图有关的专题地图。

（1）普通地图综合表示地面各个要素的特征和空间分布特点，内容完备精度高，一般用作专题地图的底图资料，也可以作为提取专题信息的来源。编制行政区划图、交通图、地面坡度图等，其基本资料（数据）一般都来自于相同区域的地形图。

（2）地理图及与新编专题地图有关的各种专题图件（数据）。这些数据随应用程度的不同可以分为基本资料、补充资料和参考资料三个级别。即使小于新编专题地图比例尺的图件，视其重要程度也有可能成为基本资料，例如，中小比例尺的工业地图、农业地图是编制综合经济地图的基本资料来源。

2. 影像数据

专题地图制图中，特别是制作影像专题地图时，遥感数据是提取各种专题信息，进行专题分析和制图的重要的数据源，包括航空像片、卫星影像、地面实体纹理。

（1）航空像片。航空像片的比例尺都比较大，分辨率从几十米到几米的都有，一般用于制作各种城市规划图、城区图、土地利用图、重点经济和军事目标数据的获取、更新等。但是航空摄影像片由于受到气候、飞机姿态等多种因素的影响，需要对其进行各种纠正处理。

（2）卫星影像。卫星影像相对于航空像片来说比例尺较小，分辨率从 100m 到 1m 甚至厘米级的都有。卫星影像（数据）都是通过星载传感器获取的，其特点是速度快，覆盖面积大，不受天气的干扰，因此，多用于快速获取、更新各种地图以及制作大区域影像地图。

（3）地面实体纹理。地面实体纹理是制作各种三维地图等的重要资料。它可以是实物或照片，直接在地图上使用，也可以将地图纹理、影像纹理等贴在相应的地面物体上。目前，这类信息可以方便地通过机载多角度倾斜摄影或地面移动平台摄影获得。

3. 实测数据和统计数据

（1）实测数据。是指通过现场测量和调绘为专题制图提供定量或定性数据。专业测量如

地质测量、农田水利测量、地籍测量、林业测量、土地测量和工程测量等均可为专题地图提供数据。观测数据则由水文台站、气象台站、环保监测台站、地震监测台站等提供定期观测记录数据。

（2）统计数据。是制作各种地图的重要数据源。制作专题地图时，要收集所需的整个地区及各部分的同一时期统一指标的最新数据和不同发展阶段的数据。统计资料（数据）一般存放于国家或各省、市、县等行政单位的统计部门，主要包括社会经济统计数据、人口统计（或普查）数据、工农商业产值数据、各种出口（进口）产品数量数据、环境污染监测数据、各种地球物理现象的观测数据、海洋和陆地水文要素的观测数据，等等。

4. 文字资料

编制除搜集上述各种数据之外，相关文字资料的搜集工作同样是不可缺少的。与编图有关的各种专著、论文、调查报告、访问记录、地图生产技术档案、地理调查资料以及地理文献等，都可作为编图的文字资料。它是进行区域分析、资料选择和各要素内容分类分级的重要参考资料。通过文字资料，还可以用来研究各种制图资料的可靠程度和内容的完整性。

5. 互联网数据

指来自于互联网的由官方发布的或通过众包形式获取的地理数据、地理标签多媒体数据以及基于位置感知的人类移动（轨迹）数据等。它们类型多样、来源广泛，结构化与非结构化并存、空间化与非空间化数据并存，质量良莠不齐，需要根据地图主题，采用不同的方法加以处理或清洗。

（二）专题要素数据的表示等级

专题要素数据表示等级指的是专题要素表示的详细程度或者说是专题要素各方面特征表示的详细程度。一般分为五级，即定性表示、分类表示、顺序分级、间隔分级和数值表示等。

（1）定性表示：只表示专题要素的性质，而不说明它的类型。

（2）分类表示：表示专题要素的类型，如把湖泊分为咸水湖和淡水湖。分类指标可以是定性的，也可以是定量的，如通过某些指标的综合评判，把某区域分为工业区和农业区。

（3）顺序分级：只表示专题要素的等级概念，分级指标可以是定性的，也可以是定量的，如把城市分为大、中、小城市。

（4）间隔分级：用于表示专题要素的定量特征，等级之间间距是确定的，如把粮食亩产分为四级：300kg 以下，300—400kg，400—600kg，600kg 以上。

（5）数值表示：精确地表示要素的数量，如粮食亩产 485kg。

这样来描述专题要素表示的详细程度，不仅可以更好地适应专题地图符号设计，有效地进行表示方法的选择，而且对专题要素数据处理也有较大的影响。

（三）专题要素（现象）数据的处理

1. 地图数据处理

（1）归并或改变分类。当利用已有比例尺大于新编专题地图的专题地图资料（数据）编图时，可以将原图低级的、详细的分类归并为高级的、概括的分类，或者进行重新分类。例如，将针叶林、阔叶林、混交林归并为森林；将甘蔗、棉花、油菜的作物区归并为经济作物区；喀斯特山地、喀斯特丘陵、喀斯特台地、喀斯特堆积盆地归并为喀斯特地貌。

（2）归并或改变分级。当利用已有地图要素分级数据编图时，可以扩大数据的分级间隔，或者根据原始数据进行重新分级。例如，将原图的人口数分级（1 万人以下、1 万—5 万人、5 万—10 万人、10 万—50 万人、50 万—100 万人、100 万人以上）归并调整为新编专题地图上的人口数分级（5000 人以下、5000—2 万人、2 万—10 万人、10 万—30 万人、30 万—100 万人、100 万人以上）。

（3）改变表示方法。随新编专题地图比例尺的缩小，概括程度的提高，对原图运用的表示方法也应该做相应的改变。

2. 影像数据处理

当按新编地图对专题信息提取的要求，选择相应空间分辨率、时间分辨率和光谱分辨率影像数据之后，必须进行影像的几何纠正、融合增强处理。根据专题地图编制的内容需要，通过目视解译、计算机自动识别或人机交互方式进行有关专题信息的提取。

3. 实测（观测）与统计数据处理

对所搜集到的实测（观测）数据或统计数据，要进行系统化整理，通过排序、列表，或者进一步对数据进行分类分级处理、综合分析处理、对比分析处理、动态分析及相关分析处理等。最常用的是分类分级处理。

分类分级是帮助人们揭示空间关系的一种方法。它的目的是便于描述和表示（包括语言表述和可视化）制图物体和现象，它的结果是将大量的个体（实体或现象）压缩成少量群类和级别。虽然这样会损失细节，但通常都能做出实质性的解释，这是所有学科都在使用的有效手段。

1）统计数据的分类处理

在采用质底法、范围法或定点符号法、线状符号法编制类型图、评价图和其他组合型地图时，必须根据分类指标体系划分类型或分区。若是根据两个指标分类分区，可用简单的直角坐标作图法进行聚类分区。若是根据三个以上指标分类就可以采用系统聚类分析法、模糊聚类分析法等进行统计数据的分类处理。

2）统计数据的分级处理

统计数据的分级是地图制图尤其是专题制图的主要方法。数据分级主要采用相应的数学模型来解决。分级数学模型主要解决分级数的确定和分级界线的确定，其中分级界线的确定是关键。确定分级界线的基本原则是：级内的数据差异尽可能小，级间的差异尽可能大；每个级别内必须有数据，一个数据只能出现在一个级别中；界线可以连续，也可以不连续，这取决于数据特征；尽可能采用规则变化的分级界线，以利于阅读和记忆；分级界线应适当凑整。

对统计数据进行分级的数学方法很多，主要包括等差分级、等比分级、具有数学规则的最优分级、最优分割分级和逐步模式识别分级等。

五、专题要素表示方法选择和专题地图图例设计

（一）表示方法选择

表示方法的选择是专题要素可视化的重要环节。它是由多种因素决定的，这些因素主要有：表示现象的分布性质、专题要素表示的量化程度和数量特征、专题要素类型及其组合形式、地图的视觉层次、地图用途、制图区域特点和地图比例尺等。表示方法选择的一般规律见表 6-1。

在一幅地图上，往往需要同时表示多个要素或同一个要素的多方面特征，即同一幅图上有多

种表示方法。那么，重要的要素或重要的特征需要优先选取视觉感受明显的表示方法，如果以符号图形作为第一视觉层次，可以选择动线法、定点符号法、线状符号法、统计图表法等图形表示法；如果以色彩作为第一视觉层次，首先引起人们注意的是色彩，那么可以选择质底法、范围法、等值区域法等表示法；如果以注记或注释作为第一视觉层次，可以选择注记表示法。

表 6-1 选择表示方法的一般规律

专题要素类型	专题要素表示等级	指标数量及数据处理方法	采用的表示方法
精确点状分布	定性表示、分类表示、分级表示	单一指标或多种指标组合及分类、分级处理	定点符号法、统计图表法
精确线状分布	定性表示、分类表示	单一指标的分类处理	线状符号法
模糊线状分布	定性表示、分类表示、分级表示	单一指标或多种指标组合及数据分类、分级处理	动线法
零星面状分布	定性表示、数值表示	单一指标或多种指标组合	范围法
断续面状分布	定性表示、数值表示	单一指标	范围法、点值法
连续面状分布	分类表示、数值表示	单一指标或多指标分类、分级处理	质底法、等值线法
统计面状分布	分级表示、数值表示	单一指标或多种指标组合、分级处理	等值区域法、统计图表法

从表 6-1 中可以看出，对表示方法的选择主要取决于制图现象的分布特点。但是由于制图现象的表示等级、指标的多少等，以及地图比例尺和用途的不同，可能有一种或几种表示方法可供选择。虽然表示方法可以互换，但在许多情况下，如果制图人员不能正确理解表示方法的实质，也会做出错误的选择。对非连续分布的现象，采用等值线法是不合适的，如人口的分布属非连续分布，使用等值线方法进行插值计算的结果就会与人口实际分布情况不符。

几种方法配合运用可充分发挥各种表示方法的优点，但必须以一种或两种表示方法为主，其他几种表示方法为辅。为了更好地运用表示方法，通常应遵循下列原则：①应采用恰当的表示方法和整饰方法，明显突出地反映地图主题内容；②表示方法的选择应与地图内容的概括程度相适应；③应充分利用点状、线状和面状符号的配合，如图 6-34 所示。

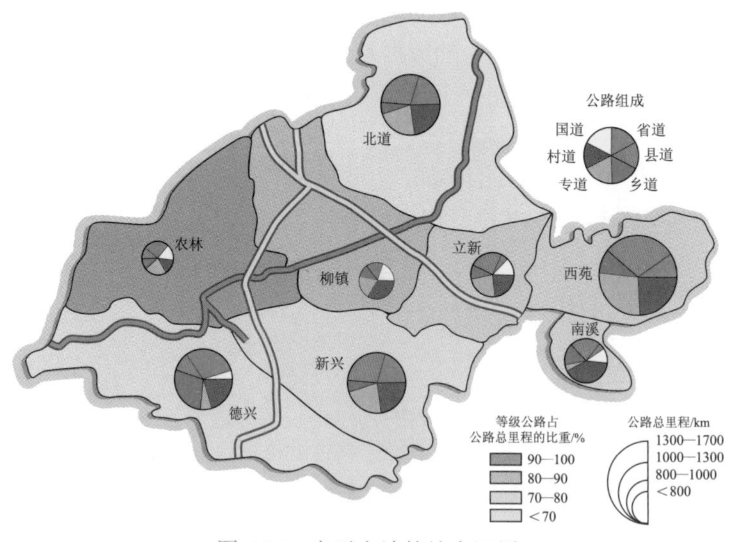

图 6-34 表示方法的综合运用

（二）图例设计

图例是阅读专题地图的重要工具，不可或缺的重要读图说明。图例设计是编制专题地图必须要进行的工作。因为，表示方法落实到地图上就是进行地图符号的设计，图例就是一幅图的符号设计的集中体现，也是专题要素数据处理结果的图形化表达。图例设计是在对已确定的内容进行分析与综合、分类分级并选择所要求的视觉感受标准、必需的视觉变量以后进行的一项设计工作。图例设计与地图符号设计和表示方法的选择是三位一体进行的，其任务就是对图面上全部地图内容的表示做出图形设计并做出示例和解释说明。

一个设计精巧安排得体的图例系统，不仅能让读图者使用地图更方便，而且能阐明符号、表示方法、分类分级系统及其内部的逻辑结构，并且综合地体现出地图设计者的主旨意图和设计水平。

1. 图例设计原则

（1）图例符号的一致性。图例中符号的形状、色彩、尺寸等视觉变量和注记的字体、字大及字向等设计要素，必须严格与图面上的相应内容一致。

（2）图例说明的确切性。图例中符号的含义（或名称）要确切，每个符号只能有一种解释，不同的符号不能有相同的解释，所有的说明都应简洁明白，字体字大适宜。专题地图的图例，由于表示方法的多样性，确切地说明图例就更显得重要。

（3）图例编排的逻辑性。图例编排虽无固定格式，但编排时要有逻辑性。对于一类要素要考虑类别结构合理和内部的连续性，对各要素的序列要根据它们的联系和从属关系进行排列。大多采用序列式，如通常把重要要素排在前面。有的也可采用列表式，如组合符号的表示与编排；当然也可以按点、线、面符号分组编排。在布局上，要注意在一定的范围内排列的密度要适中，可以把符号分成几组并加上标题，也可以不要标题连续排列。有定量含义的图例应标明计量单位。图例要与主区内容相配合，达到全图面的视觉平衡。

（4）图例位置的视觉平衡性。图例要与主区形状及内容相配合，达到全图面的视觉平衡，一般将图例安排在主区图形重力最小的一边。通常图例排列的位置选择顺序是：右下、左下、右上和左上（图 6-35）。

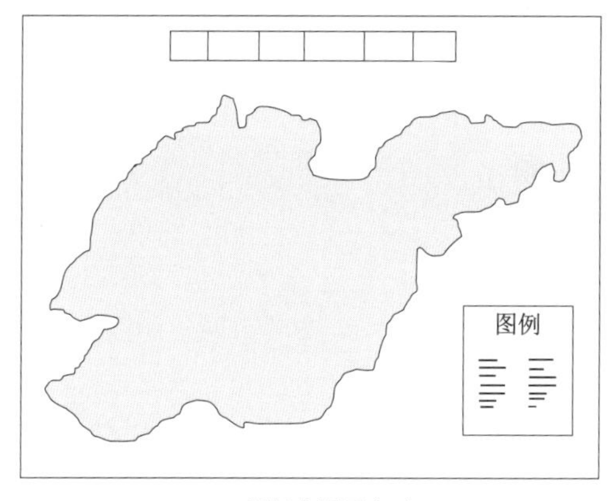

(a) 图例在图面右下

(b) 图例在图面左上

图 6-35　图例位置示例

2. 图例的种类

因为表现的内容和区域形状的不一样，所以图例的表现形式也多种多样，通常有单一图例、组合图例、真形图例、情景图例、整体图例和分解图例等六种图例。

（1）单一图例是对用一种视觉变量表示现象某一方面特征的符号进行直接说明的图例。

（2）组合图例是对用两种或两种以上的视觉变量组成的符号，采用列表或示例的方式进行说明的图例，如图 6-36 所示。

图 6-36 组合图例

（3）真形图例是对照片或写真符号进行整体说明的图例。

（4）情景图例是采用与地图相似的情景缩微片段，将需要说明的地图符号置于其上，并进行说明的图例。这是普通地理图集上常用的一种图例形式。

（5）整体图例是其图例符号与图内符号形式完全一样，对其进行整体说明的图例。如图 6-37 所示。

（6）分解图例是把图内符号分解为几部分，并分别表示和说明的图例，如图 6-38 所示。

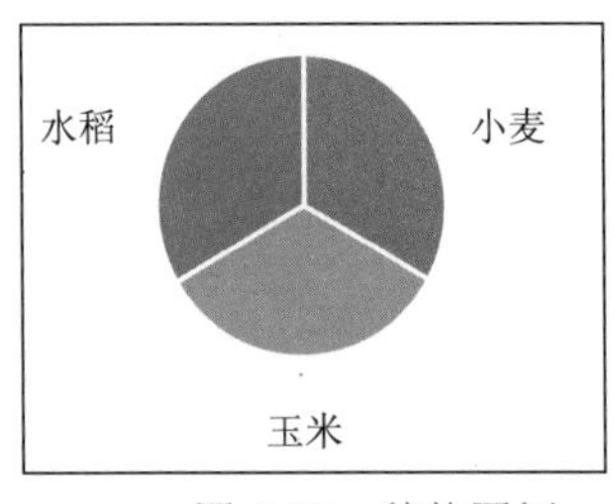

图 6-37 整体图例

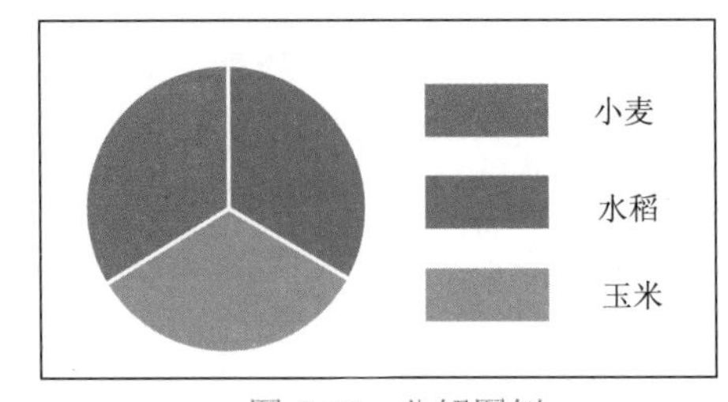

图 6-38 分解图例

思 考 题

1. 专题地图与普通地图的区别表现在哪些方面？
2. 专题地图表示的主要特点是什么？
3. 专题要素可以分为哪几个表示等级？
4. 如何进行专题要素表示方法的选择？
5. 动线法与线状符号法、范围法与质底法、等值区域法与质底法以及分区统计图表法与定点符号法有什么区别和联系？
6. 专题地图编制的一般过程是什么？
7. 地理底图的作用是什么？
8. 专题地图图例设计的基本原则是什么？

第七章 地图集

地图集作为构建非线性复杂地理世界的百科全书，是一个国家科技文化发展水平的标志之一，也是反映这个国家地理学和地图学理论和技术研究的综合成果之一。随着地学、环境学、空间科学和信息科学的深入发展，计算机制图、遥感、地理信息系统、空间数据可视化、虚拟现实技术、互联网技术的迅速发展，地图集的编制从内容到形式，从制图方法到工艺技术都发生了革命性的变化，地图集已经进入国家地图集信息系统、多媒体电子地图集、互联网电子地图集新阶段。地图集已经成为人们了解环境、认识环境的重要工具，在经济、国防、科学文化事业等领域应用中，发挥着重要的作用。本章主要内容包括：地图集基本知识、地图集设计、地图集编制的基本过程与统一协调。

第一节 地图集基本知识

一、地图集的基本概念

地图集是具有统一的总体设计、完整的思想体系、系统的逻辑顺序、有机联系的内部结构和严密的技术规格的一组地图汇集（陈昱，2005）。它可以综合反映世界、国家或地区的自然条件、资源环境、人文社会、经济发展、国防军事、历史文化等要素。其内容广泛、信息容量大、资料处理复杂、工艺衔接严谨，是地图科学体系中一项复杂的制图工程。它不仅涉及地图学所有的领域，还广泛跨越自然科学、社会科学以及现代科学的许多前沿。

从地图集的定义可以看出，地图集并不是各种地图的简单相加，而是根据制图目的和用途，按照共同的主题和编图要求、科学的结构体系、系统的表示方法、严密的图组图幅编排，将相互联系、统一协调、统一标准的系列地图有机地组合在一起的地图系统。

二、地图集的基本特点

从地图集的定义和特征，可以看出地图集具有系统完整性、内容科学性、形象直观性、艺术性和政治思想性的特点。

（一）系统完整性

地图集的完整性，指地图集是一个完整的有序的系统，而不是若干幅地图的无序的“堆积”。地图集的这种完整性，体现在由地图集的类型或性质（普通地图集、专题地图集、综合地图集）和制图区域地理特点及用途要求决定的内容的整体性和组织结构的有序性即逻辑性。所以，地图集特别是大型地图集的编制是一个系统工程，要用系统工程的方法，指导地图集的设计与编制，包括地图集中各组成部分（图组）及图组的组成（图幅）、地图集的规格（开本等）、各组成部分及其图幅的比例尺和地图投影、地图集内容的表示方法和色彩、地图集的整饰和装帧，等等，保证整体上是一个体现地图集的类型（性质）、反映制图区域特点和满足应用要求的地图集信息系统。

（二）内容科学性

地图集的内容科学性，指地图集表达的内容应能全面或在某个方面反映或揭示非线性复杂地理世界各要素（现象）的空间结构、空间分布及其随时间而变化的规律，使地图集真正成为构建非线性复杂地理世界的“百科全书”，成为人们认知、利用和改变世界的科学工具。而要保证地图集内容的科学性，就必须全面收集和分析与地图集类型（性质）相关的最新地图（集）、科学观测数据和统计数据、研究成果和相关文献资料，去粗取精，去伪存真，保证制图资料（数据）的权威性和准确性。同时，制图资料（数据）的处理（分类、分级、预测）要采用先进的数学方法，保证地图集表达的内容要素（现象）能反映制图区域地理要素（现象）的客观规律。

（三）形象直观性

地图集的形象直观性，指科学利用地图图形符号的视觉变量设计形象直观的地图符号和表示方法，充分利用各种图形、图片、文字、视频等方式表达科学内容，做到所见（看到符号）即所得（获得信息和知识），便于用图者通过对图形符号的感知、印象（心象）、记忆（存储）和思维（判断）等地图空间认知过程，获得地图、图组和地图集所蕴含的综合性地理环境信息和知识。为达到此目的，地图表示方法和图形符号的直观性起着重要的作用。

（四）艺术性

地图集的艺术性，指地图集的表示方法和表达形式的美感，包括表示方法和图形符号的艺术性、色彩及其对比协调的艺术性、地图装饰的艺术性、地图集装帧的艺术性，等等。我国近几年编制出版的地图集在艺术性方面做得很出色。例如，《深圳市地图集》（2020 年）在用色上充分体现了深圳作为海洋城市的特色，地图集内容及其表达充分体现了深圳作为改革开放的排头兵、试验田和先锋队的主题特色；《吉林省地图集》（2020 年）在地图集用色上充分表示了“经纬画卷绘不尽雄奇壮阔的北国风光，觇标尺竿耕不完长久不息的奋斗热土”和“巍巍长白山塑造了东北大地的脊梁，滔滔松花江奔流出千里沃野的神韵，浓浓关东情体现着北方民族的个性”的文化特色；等等。

（五）政治思想性

地图集的政治思想性，指地图集的设计和编制应遵循国际政治、国家领土主权和外交事务的立场和态度，服务于国家发展战略。地图集具有很强的政治思想性，如反映国家之间关系的国界线、领土主权归属、历史事件都应按国家主管部门的规定表示，不能有半点马虎。地图集是具有很强政治思想性的科学作品，政治思想性是衡量地图集质量的主要标准之一。

三、地图集的现代特征

随着地理空间信息科学与技术的发展，地图集进入信息化时代，其内容和形式得到迅速发展，形成了多类型、多形式、多层次和多品种的特征。

1. 制图区域由区域性向全球性扩展

一方面，全球变暖、厄尔尼诺现象等全球性气候环境危机，需要在全球范围内解决；世界经济全球化和国际互联网等使人们成为地球村的村民，人们迫切需要了解自己所处的环境和位置信息，这些对地图集向全球性制图迈进提出了强烈的需求。另一方面，卫星遥感等空间探测手段的迅速发展，极大地提升了人们在全球范围内获取空间信息的能力，使人们有条件、有能力通过世界地图集的形式，了解和掌握全球各种地学信息的空间分布和自己关心的各种专题现象。

2. 地图集的内容更加广泛和深入

不仅有传统的自然、人文和经济地图集，而且出现了反映国土资源、环境保护、自然灾害防治、可持续发展等内容的地图集。综合地图集还出现了人们现在普遍关心的现象，如就业、教育、卫生、住房、选举等。只要是人们关心的可以通过地图形式反映的现象，甚至是意识形态等现象都出现在了地图集的选题目录上。尤其是综合地图集更加引起人们的关注和重视，因为综合地图集可以从多层次、多视点综合反映一个地区或国家的自然面貌、社会经济及历史发展情况，为全面系统地了解一个地区或国家提供完备而详细的资料，如《中华人民共和国人口环境与可持续发展地图集》、《中国自然灾害系统地图集》，等等。地图集表示的对象不局限于地球，而是扩展到了其他星球，如《嫦娥一号全月球影像图集》等。

3. 新技术促进了地图集的发展

卫星遥感、地理信息系统及互联网等新技术的应用促进了地图集的发展。陈述彭院士指出：地图学的一大难题就是信息源的问题。卫星遥感技术的发展，很好地解决了这个问题。通过卫星遥感技术获取数据具有速度快、数据量大、现势性强的特点，这对于编制大区域、全球性的地图集和要求更新速度快的城市地图集有很大的吸引力，甚至可以直接将卫星影像编制成地图集。地理信息系统具有存储、分析、应用空间信息的功能，也促进了地图集的发展。互联网上有广大的用户，他们对反映空间地理信息分布的互联网地图集有极大的热情，这种强烈的需求对地图集的发展起到了很大的促进作用。

4. 地图集的选题更加注重实用性

随着需求的多样化，地图集的选题更加注重针对性和实用性。例如，《长江经济带可持续发展地图集》用两个图组表示了长江经济带经济发展的一般特性和变化特征，另外用长江沿江中心城市投资环境和长江跨世纪工程两个图组，针对投资者和读者关心的对象设计地图，增加了图集的实用性；《瑞士地图集》（*Atlas of Switzerland*）目录出现了行政区划和政治图组，包括行政区划图、大选图、议会选举图和公共预算图，该图组的设计不但给人耳目一新的感觉，还解决了人们比较关心的问题，从而提高了图集的实用性。

5. 地图集的形式更加多样化

（1）多媒体电子地图集。多媒体是指运用计算机技术，将声音、图形、图像、视频、动画和文字等单一的媒体形式集为一体的表现形式。多媒体电子地图集是建立在地图学和计算机软、硬件技术基础上的，借助于多媒体技术，将地图与声音、图形、图像、视频、动画和文字结合在一起，使多种媒体信息逻辑地联结并集成的一种空间信息可视化产品。

（2）互联网地图集或网络地图集。随着互联网技术的发展和网络用户的增加，网络地图得到了广大网络用户的欢迎。美国最权威最有影响的《美国国家地图集》出版了其网络版，服务于普通人和专业地理人员。网络版地图集存储了1000多个数据层，每个数据层都有原数据，可以下载每层的地图数据，为用户下载和使用数据提供了方便。

（3）地图集的出版形式更加灵活。以往编制的地图集基本上都是厚厚的一本，价格比较昂贵，携带也不方便。现在许多国家地图集都是分多卷出版，一般分为自然、人文、经济、交通等多卷，如《芬兰国家地图集》分为11卷出版，这样编制一卷出版一卷，提高了生产效率，缩短了生产周期。对于读者来说，只需购买自己感兴趣的部分，而不需要全部购买，降低了购买成本。

四、地图集的分类

地图集和地图一样，在分类标志上没有一个统一的标准，通常是根据制图区域范围、内容特征和用途三种指标进行分类。

（一）按制图区域范围分类

根据制图区域范围，地图集可以分为世界地图集、国家地图集、区域地图集、城市地图集等。制图区域可以按行政区域来划分，也可以按自然区划来划分。

1. 世界地图集

是反映整个世界及其构成的地图集。常由序图（有些还介绍地球有关知识）、分洲及分国地图构成。

2. 国家地图集

是反映一个国家的地图集，常表示该国的自然、社会经济、文化历史等。

3. 区域地图集

是反映世界局部区域（如大洲、大洋）或一个国家一、二、三级行政区划（如省、市、县）、地理单元的自然、社会经济、人文历史等的地图集。

4. 城市地图集

是反映城市及其所辖区（县）的自然、社会经济、人文历史等的地图集。

（二）按地图集内容分类

按照内容，地图集可以分为普通地图集、专题地图集和综合性地图集。

1. 普通地图集

普通地图集是以普通地图为主，表达制图区域基础地理要素概况的地图集。通常由序图（制图区域总体概况，有时还增加部分专题地图）、基本地图（基本制图单元的普通地图）、文字说明、统计图表、影像照片、地名索引（查阅地名工具）等部分组成。普通地图集主要提供制图区域的普通地理信息，供读者了解制图区域的一般地理概况。

2. 专题地图集

专题地图集是以专题地图为主，主要反映制图区域各种专题要素（现象）的特征、相互关系及变化发展规律的地图集。专题内容包括自然、社会经济和人文历史等，因此专题地图集可进一步分为自然地图集和社会经济地图集。

自然地图集，是指主要反映自然要素（现象）的地图集，按内容又可分为专题型、综合型自然地图集。前者主要偏重某一自然要素的表达，如气候地图集、地质地图集、土壤地图集、生物地图集、水文地图集、海洋地图集等；后者则主要包含各种自然要素图组，如把地质、地貌、水文、气候、土壤、生物、海洋等图组，集于一本地图集中。

社会经济地图集，是指主要反映社会经济、人文要素的地图集。按内容也可分为专题型、综合型社会经济地图集。前者为单一人文要素表达，如人口地图集、政区地图集、历史地图集、工业地图集、农业地图集、交通地图集等；后者是包括各种社会经济要素的地图集，如包括行政区划、人口、工业、农业、交通、商业、服务业、邮电通信、综合经济等图组的地图集。

3. 综合性地图集

综合性地图集，是指按照用途要求将基本相同数量的普通地图和专题地图，综合在一起的地图集。综合性地图集内容复杂、图种多、系统完整，可综合反映制图区域自然和社会经济整体特征，以及制图区域各主要专题内容的特征和发展变化规律。

（三）按地图集用途分类

1. 教学地图集

教学地图集，是用于教学的地图集，其特点是简明扼要、色彩艳丽醒目。

2. 参考地图集

参考地图集主要为读者的工作、生活、科学研究等提供参考资料。参考地图集按参考对象又可分为：供一般读者使用，用于了解一般地理概况、检索查阅地名的一般参考地图集；供科研人员使用，用于科研性质的科学研究参考地图集，如专题型自然地图集、专题型社会经济地图集等。

3. 军事地图集

军事地图集，主要从军事的角度选择和描述地理环境要素（现象）。其主要用于军事部门和作战指挥人员认知战场环境，研究政治军事形势、战争史等，为国防建设服务。

4. 旅游地图集

旅游地图集，面向的对象主要是旅游者和旅游管理，这类图集突出旅游景点、线路以及交通、食宿、娱乐、购物等。其常详细表示旅游景区（点）分布、交通线、餐饮住宿设施以及娱乐场所等，特点是印刷精美、开本不大、色彩悦目、图文并茂。

除上述分类方法外，还可以按地图集开本分类。如全开本（787×1092mm），4 开本（393.5mm×546mm）、8 开本（273mm×393.5mm）、16 开本（196.75mm×273mm）、32 开本（136.5mm×196.75mm）、64 开本（98.38mm×136.5mm），等等。

第二节　地图集设计

地图集是采用科学的结构体系和合理的编排顺序的多幅地图的集合，其一般组织结构是“图集—图组—图幅单元—图幅—图层—符号及组合”的树状、层次模式。地图集结构的每一层次都有其独立的构成内容和表现形式，并且不同层次之间以及同一层次的不同成分之间均存在着紧密的联系。地图集构成成分及其关系的描述，反映了我们对现实世界认识的深度，有助于系统地把握图集结构和表现形式的本质。本节主要论述地图集的总体设计、图组设计和图幅设计。

一、地图集总体设计

地图集的总体设计是图集层次的整体框架设计，决定了地图集的基本面貌，是地图集内容设计、表示方法设计的基础。主要包括地图集名称、类型、开本大小、图集内容、区域范围、图幅划分和相应图名、地图比例尺系列和变化范围、地图投影、图面配置，地图内容分类分级标准和相应的制图综合指标，符号系统、生产工艺方案，等等。

（一）总体设计原则

地图集总体设计的原则，主要包括以下六个方面。

1. 基于服务宗旨的地图集性质和任务的设计思想

不同行业的需求不同，使得地图集的内容广泛，类型多种多样，涉及到政治、经济、军事、社会、自然、人文等各个方面。但每一本地图集都有其特定的服务对象，强调的是“突出主题”特征。所以地图集设计时必须了解地图集的用途、类型和使用者的要求，全面掌握任务的性质、范围和特点等情况，这样才能使所编地图集具有针对性，满足用途的实用需求。

2. 地图集结构的完整性和编排的逻辑性设计原则

这一原则主要包括：①图组划分标志的一致性原则；②图组规模（图幅数量）相对平衡性原则；③图组之间的协调性原则；④图幅编排的逻辑性原则。

3. 地图集内容选题的科学性、典型性、实用性、知识性相统一的设计原则

地图集是由多幅地图、图片、图表以及文字组成的，要将它们组成一个有机的整体。总体设计就是要强调地图集各部分设计的科学性、艺术性、典型性、实用性、知识性相统一的设计原则。所以，编制一本地图集，既要考虑内容表示的科学合理，又要考虑形式的美观与实用；既要照顾读者对象，又要兼顾制图区域典型特点的表达；除了给人们带来丰富实用的信息以外，还应该给读者提供辅助决策的相关知识。

4. 地图集表示方法与表示内容及视觉效果相关联的设计原则

主要包括：①表示方法与选题内容及其指标相适应的原则；②表示方法的联系性与可比性原则；③表示方法的艺术性与易读性相统一的原则；④表示方法的视觉平面层次与地图内容的主次层次相一致原则；⑤表示方法的继承与创新相结合的原则。

5. 地图投影（数学基础）的共性（普遍性）与个性（特殊性）相结合的设计原则

地图具有特定的数学法则，是地图区别于其他地表图形最基本的特征之一。地图集的地图投影（数学基础）是地图集具有科学性的重要标志，体现了地图集设计编制的共性（普遍性）。

与一般地图采用严密投影变换确保几何数据精度一样，地图集中的拓扑图、三维地景图、室内地图等，为了便于各类空间数据的获取和表达，也需要通过建立局部平面坐标系或三维直角坐标系等方式，确保地图几何数据的精度。其处理过程本身就涵盖严格的数学法则，但也体现了地图集的个性（特殊性）的设计原则。

6. 地图集的综合集成与统一协调的设计原则

一本地图集包含了丰富多彩的内容，必然以各种各样的形式表现出来，但是任何表现形式都应该服务于地图集的主题内容。总体设计要根据地图的内容，合理配置地图符号，使得各要素之间的关系位置准确，色彩搭配对比协调，图面上的辅助元素配置有条不紊，层次分

明，逻辑性强，能让人们从繁杂的信息中很容易找到各自所需的信息，满足地图集的内容与表达的集成与统一协调要求。

（二）总体设计内容

1. 地图集类型设计

所设计地图集是什么类型的，是普通地图集，还是专题地图集，还是综合性地图集；表现的范围是全球的、全国性的，还是区域性的；是反映一个省区的，还是表现局部区域的；地图集是干什么用的，用户群体的需求是什么。这些是必须事先要明确的，只有把握了这条主线，才能编制出高质量的地图集作品。

2. 地图集规模（开本）设计

地图集开本的设计主要取决于地图集的用途和在某特定条件下的方便使用。是采用标准开本还是采用非标准开本，是采用大开本还是中小型或者袖珍型的开本，要根据图集读者对象、用途等方面统筹考虑。尺寸的确定既要顾及阅读的方便，还要考虑图幅内容的表示，以方便使用为主。一般来说，国家级的地图集用 4 开本，省区级权威性地图集用 8 开本，大城市的地图集也可用 8 开本。旅行用的地图集为携带方便，常设计为狭长的 24 开本。根据开本及其展开幅面的尺寸，就可以确定各图集中基本图幅的幅面大小。

3. 地图集内容设计

地图集的类型确定之后，就要根据基本类型确定图集的内容。内容设计要根据地图集的用途、制图区域特点、地图资料状况，以及地图比例尺系列等要求，对拟表示的内容进行综合、概括和组合，把最能反映制图区域特点的内容表现出来。

普通地图集，是以相对平衡的详细程度表示制图区域自然和人文要素的整体特征，如综合表示地势起伏、地貌类型、河流、气候、土壤植被、居民地、交通、经济、人口等要素，不突出表示其中的某一种要素。专题地图集的表示内容和普通地图集有很大差别，它只突出表示几种与用图有关的自然或人文要素，与主题无关的要素可以不表示。例如，自然地图集不表示工农业特征，经济地图中不表示地貌等。综合地图集的表示内容综合性强，涉及自然、人口、经济、社会、交通、历史等各个方面。

4. 地图集结构和编排设计

地图集中包含众多的地图，有的还包括各种图片、插图、表格和文字。首先，要遵循地图集结构完整性原则设计地图集的结构，即构成地图集的若干个图组及其在地图集中的排列顺序；然后，设计每个图组内若干图幅的编排顺序。地图集中图组的划分和图组的编排及各图组中图幅的编排，都要遵循结构的完整性和编排的逻辑性原则。

一般来说，在普通地图集中，总图安排在前，分区图安排在后。如果是世界地图集，分区图中应以本国所在的大洲开头，然后是本国及周边邻国按顺时针或逆时针方向排列，以后也同样按一定顺序表示其他大洲及其国家。如果是本国地图集，则应以首都为中心，按某一方向（顺时针或逆时针），按顺序表示各个行政区。在专题地图集中，则以序图组开始，总结性的图组靠后，中间按该专题的学科特点有序地安排。

5. 地图集分幅设计

地图集中各图幅的分幅，指确定每幅地图应包括的制图区域范围，同时还应确定各区域占有的幅面大小，如是展开幅面、单页幅面，还是 1/2 单页幅面乃至 1/4 单页幅面。地图集的分幅应当保持本图主要地理单元或行政区划的完整，同时避免同级比例尺图幅之间出现大面积的重叠。分幅还应当与比例尺设计综合考虑，以控制图幅的大小。如果一幅图占不满一个页面时，可以将几幅小图拼在一起。如果图幅配置有附图、文字、图片等内容，分幅时应当考虑给这些内容留出位置（空间）。

对于普通地图而言，制图区域应是一个完整的自然区划、经济区域或一个行政单元（省、市、县等），应充分利用地图集开本给予的幅面大小，将所要表达的制图区域完整地安排于一个展开幅面或单页幅面内。专题地图则不一样，应视表达主题而定。如果某主题可以将所有内容表示于一幅图中，则应与普通地图一样处理，尽可能将该幅图安排于一个展开幅面或至少是一个单页幅面内；如果某主题的内容需要用多幅地图分别予以表示，则视需要与可能，将其安排在一个或几个幅面内，这时各幅地图不可能固定地被要求占据多大的幅面，而应视图面布局设计而定。

6. 地图集地图投影设计

地图集包括的地图类型多，制图区域形状及范围差别较大，比例尺变化幅度大。这就决定了图集对地图投影要求的多样性。但是，图集是按统一思想，用统一方法组成的地图系列。因此，地图集投影设计必须把统一协调性放在首位，选择一种适合大多数图幅的投影。个别图幅如果出于特殊原因，可以采用其他投影，但这类图幅的数量应当受到控制。

世界全图和某些专题地图应采用具有特色的地图投影，或设计新的地图投影。同类型的分区图应设计同一性质的投影。对于图幅数量较多的同类型的分区图，如普通地图集中的分省图、区划图，应尽量采用同一性质的投影，但分带可以不同，保证图集数学基础的统一性、各图幅间的可比性和使用方便。在对投影变形无特殊要求的情况下，应考虑到投影性质力求单一，大区域一般采用等距离投影，小区域一般采用等角投影。同一地区不同类型的各种地图，在无特殊要求的条件下，应尽可能采用一致的投影。选择投影时应尽可能考虑资料使用的方便。

7. 地图集比例尺系列设计

地图集中各分幅图的比例尺是根据开本所规定的图幅幅面大小和制图区域的范围大小来确定的。在制图区域已确定的情况下，也就决定了所能编制的总图的最大比例尺。地图集因为地图类型及图幅数量较多，尤其是专题地图多采用主图和附图相配合的形式。所以，地图集的比例尺变化的幅度较大，但地图集的比例尺应该有统一的系列，既要遵循一般原则和要求，又要考虑地图集的特殊性。具体要求是：

（1）比例尺应形成一个系列，比例尺的种类应尽可能少，而且力求成倍数关系。

（2）整个地图集的比例尺系列，既要注意纵向（各图组的不同层次地图之间）的可比性，又要注意横向（各图组或图幅单元之间，同一图组或图幅单元的不同图幅之间）的可比性。

（3）以制图区域为图幅单元的比例尺应与区域大小相适应。

（4）一个幅面上若采用主、附图配置时，为突出主图内容，其比例尺应大些，但相互间应为简单的倍数关系；若配置在一个图面上的几幅图无主次之分，则采用相同比例尺。

8. 地图集表示方法设计

地图集是用符号、颜色和线条来表现事物的内容和诸事物之间的关系，因而表现的手法是否为读者所认同，或者说表现得是否合理、科学，直接影响到人们对地图所表示的内容的理解程度，从而也直接影响地图集的使用价值。

表示方法设计就是根据用途要求以及制图对象的性质和分布特点，选择合理的地图类型和表示方法。对地图的内容进行科学表达，是地图集设计的重点之一。普通地图内容的表示方法相对比较固定，而专题地图内容广泛，特殊要求较多，因而表示方法相对多样而且复杂。

地图集经过漫长的发展道路，已形成一套可供借鉴的表示方法。在借鉴的基础上，应吸纳新理论、新方法和新技术来设计新的表示方法，以提高地图集的综合表现能力和信息传输能力，反映地图集设计和制作的新水平。

9. 地图集图面配置设计

地图集的图面配置设计，主要指各幅地图的配置设计。各幅地图的配置要充分利用地图的幅面，合理地布局地图的主图、附图、附表、图名、图例、比例尺、文字说明等。设计单幅地图的图面配置时，还要兼顾全图集的统一协调。

地图集因地图主体的不同而有不同的图面配置形式。对于普通地图，基本上是一个幅面安排一国、一省或一县的地图，应充分利用图幅幅面，使制图区域配置在图廓范围之内，若出现少量地图图形超出图廓的情况，可采用破图廓、斜放或移图的方法处理。对于人文经济地图，常常在一个主题下有很多项指标，要用多幅地图来表示并被安排在一个幅面内，这时必须规定图幅内各种不同比例尺地图的图名、比例尺和图例的最佳位置，地图与图例、图表、照片、文字要依内容主次、彼此呼应等逻辑关系均衡、对称地安排。

10. 地图集的图例设计

图例是体现地图集内容的系统性和逻辑性的重要方面。地图集的图例设计包括三个方面：①普通地图集或单一性专题地图集（如地质图集、土壤图集），要设计符合所表达的各不同比例尺地图的统一的图式图例。②综合性的专题地图集中，对每幅不同主题内容的地图要设计相应的图例符号，但应符合总的符号设计原则，整部地图集应具有统一的逻辑性。③各种现象分类、分级的表达，在图例符号的颜色、晕纹、代号的设计上必须反映分类的系统性。

11. 地图集的整饰与装帧设计

地图集的整饰设计包括：制定统一的线符粗细和颜色；统一确定各类注记的字体及大小；统一用色原则并对各图幅的色彩设计进行协调；进行图集的封面设计、内封设计，确定图集封面、封套的材料。确定装帧方法以及其他诸如封面、封底、书籍、护封、环衬、扉页、书眉以及地图集的整体风格设计等。

12. 地图集编制与出版的技术工艺方案设计

目前，集地图设计、编绘、出版于一体的地图设计与出版系统已经在地图集的规模化生产中得到应用，但软件较多，且适合不同的操作平台。地图集生产平台，可以根据相应地图数据库的数据结构和数据模型与生产平台的融合性来选用。目前常用的商业化平台软件系统有：CorelDraw、Photoshop、Illustrator、FreeHand、ArcGIS 等；硬件系统包括地图采集及编辑工作站、图形工作站、扫描仪、绘图机、数字直接制版机、海德堡印刷机等。

上述各项内容设计的最终成果，是地图集总体设计书。

二、地图集各图组的设计

图组是地图集的构成主体，是对地图集表示内容的特定分组。

（一）图组设计原则

1. 图组划分的一致性原则

图组划分的一致性原则，指根据地图集的内容主题，统一按照特定指标划分图组。各图组之间相互独立又相互联系。例如，编制综合地图集，一般统一按照地图表达的地理要素划分为序图、自然、人口、经济、社会、交通、历史、地名附录等图组；编制人口地图集，统一按照人口特征划分为序图、人口年龄、人口文化程度、人口密度、人口职业、人口变动、婚姻和生育等图组；编制世界地图集，统一按照制图空间范围划分为序图、世界、洲、国家、重点区域等图组；编制历史地图集，统一按照年代划分为序图、古代、近代、现代等图组。

2. 图组数量的相对平衡性原则

图组数量的平衡性原则，是指各图组图幅数及所占篇幅大体应保持平衡。由于各图组内容选题本身的特征，图组中所包含的内容各不相同，制图区域范围不同，设计的图幅数量有多有少，加之制图区域特点、要素的重要性程度也不同，必然造成各图组的图幅数和所占篇幅差别很大。但地图集的综合性特点要求各图组应有大体平衡的比例关系。这就要求图组设计时要控制图幅数，调整比例尺，但又要考虑内容要素特征允许有所差异，使图幅数量和所占页码相差不应太悬殊，保持图组数量的相对平衡性。

3. 图组之间的协调性原则

地图集是一个完整的综合系统，各图组之间内容既要有差别又要统一协调。因此，各相关图组之间采用的地图投影要相近或相同，比例尺相同或成一定倍数，同类事物采用统一的地理底图和相同的表示方法，图例设计具有统一协调性。为了全面、科学、正确反映制图区域地理要素（现象）相互联系、相互依存及相互影响的规律，各图组地图内容之间必须能够相互补充、彼此关联、统一协调并具有可比性。

4. 图组编排的逻辑性原则

图组编排的逻辑性原则，指图组的编排顺序要按照地图集内容自身的内在规律和结构特征关系进行组合，编排顺序具有连贯性和因果关系。图组的编排方式主要有按照逻辑关系、顺序关系和倒序关系排列三种形式。

可以按照内容构成的逻辑关系或重要性逻辑关系进行排列。例如，目标地图集中按照目标的重要性程度的逻辑关系进行排序，编排顺序为重要目标、关注目标、一般目标、其他目标图组；世界地图集按空间从大到小的顺序关系进行编排，编排顺序为序图组、世界、洲、国家、重点区域图组等；历史地图集可以按照时代的演变过程，依顺序关系进行排序，编排顺序为序图组、古代、近代、现代图组等。

（二）图组设计内容

1. 图组构成设计

图组的构成主要是根据地图集的用途和主题内容来确定。地图集的服务对象和用途不同，研究的角度不同，使得地图集的内容构成及所占比重千差万别，但大多地图集的图组是由序图组、主题图组和其他三个主要部分构成的。地图集类型不同，强调的内容不同，则图组构成及图幅所占比重差别也很大。以普通地图集为例，当强调自然条件时，自然地理图所占图幅和比重较大；当强调经济建设时，经济类图所占图幅和比重较大。编制专题图集时，与专题内容无关或关系不大的要素甚至不表示。编制交通图集时，除序图外，不单独表示经

济、人口、民族等内容。

2. 图组内容设计

图组的选题内容主要是围绕地图集的主题，各子主题内容分要素、分层次、采用不同比例尺系统论述主题内容。以普通地图集为例，选题内容通常为总体概况、地理要素概况、地理要素详尽分布特征和地名对照等，对应的图组可设计为序图、总图、分区图、地名索引。总图反映制图区域总貌的政区、区位、地势、人口、交通等；分区图是图集的主体，重点表示各区域自然和人文要素分布特征；地名索引则视需要与可能进行编制，不是必备内容。对于专题地图集，选题内容通常为总体概况、专题要素特征和专题说明等，对应的图组可设计为序图组和若干专题图组。序图组主要反映制图区域与专题信息相关的自然或人文要素的整体特征，主要有政区、地势、人口、交通等图；专题图组是这类图集的主体，重点表示各种专题要素或现象的分布特征，一般分专题详细表示。

3. 图组编排设计

（1）按照主题内容逻辑关系编排。按照主题内容逻辑关系编排是指，按照图组表示内容要素自身的逻辑关系排列图组。例如，编制普通地图集，可按照自然要素和社会人文要素依次排列，排列为水系、地貌、植被、交通、居民地等图组。

（2）按照主题内容重要性关系编排。按照主题内容重要性关系编排是指根据主题要求，区分各表示内容的重要性，然后按照重要性程度依序排列。例如，编制经济地图集，主要强调经济及发展状况，可按照序图、地方特色、政治、经济、文化、人口、资源、环境、可持续发展的顺序编排图组；编制环境生态地图集，主要强调环境及区域生态特点及发展变化状况，可按照序图、环境背景图、水域生态、陆地生态等编排图组；编制交通图集，主要强调交通及发展状况，可按照序图、陆地交通、海上交通、空中交通等编排图组。

（3）按照空间尺度编排。按照空间尺度编排是指根据制图区域范围的大小，按照从大到小或从小到大的顺序依序排列。例如，编制世界地图集时，按照世界、洲、大洋、国家、重要地区等区域范围从大到小排列图组。编制目标地图集时，也可以按照重点区、相关区、外围区等区域范围从小到大排列图组。

（4）按照时间尺度编排。按照时间尺度编排是指根据制图主题内容发展的阶段顺序或倒序编排，如历史地图集按照古代、近代、现代的时间顺序排列图组。编制历史人物地图集时，也可以按照人物现代和过去的时间倒序排列图组。

图组设计的最终成果是图组设计书。

三、地图集图幅设计

图幅是对某一特定主题内容的幅面表达，主要由图幅标题、说明、主图、配图和图例等构成。地图集的图幅设计除了考虑单幅地图设计的要求外，还需要考虑图幅之间内容、表达和配置的整体逻辑性、协调性和统一性。

1. 图幅主题内容设计

设计地图集中的图幅内容时，既要满足所在图组主题内容的体系层次要求，又要体现本图幅主题内容的特色。图幅内容之间要具有逻辑性。

地图集中图幅的表示内容主要根据图组主题内容的划分规则来确定，图幅突出表示几种与主题相关的自然或人文要素，与主题无关的要素可以不表示。例如，自然地图不表示工农业特征，经济地图不表示地貌等。图幅表达的内容既可以是具有一定形体的自然现象、社会经济现象，也可以是不具形体的抽象概念、统计数据；既可以表示其定性特征，也能表示其定量特征。

2. 图幅的表示方法设计

图幅表示方法与图幅选题内容密切相关，要求既要有准确的空间基础要素，又要有反映专题信息的专题要素。所以在表示方法上，底图要素表示方法一般类似于普通地图要素的表示，要素的设色较为清淡，作为背景要素置于第二层平面。专题要素是地图的主体，要设计专门的符号和特殊的表示方法。在符号设计上，充分利用各种视觉变量的功能和特征，设计形状多样、色彩丰富的地图符号，通过地图符号的图形、颜色和尺寸等的变化，突出表示各种专题要素或现象的现状、分布规律及其相互联系，以及现象的动态变化与发展规律；表示方法上，综合运用定位符号法、分区统计图表法、动线法、等值线法、点值法等方法，根据专题要素特点，多层次表示专题信息的定性和定量特征及其地理分布，使专题要素突出于地图的第一层平面。

3. 图幅的图面配置设计

图幅的图面配置设计是图幅设计的核心问题之一，应按照总体设计书、图组设计书的统一原则进行设计。地图主图应配置在地图视觉的中心位置，并与周边区域保持协调；附图、文字说明、各种图标的数量应根据主图需要辅助说明内容的多少确定，并保持图面的视觉平衡；图名、图例、比例尺等内容，配置在便于地图阅读和使用的位置上。

图幅设计的最终成果是图幅设计书或图幅编辑计划。

第三节 地图集编制的基本过程与统一协调

地图集的设计与编制是一个复杂的系统工程，在前述（第二节）地图集设计（总体设计、图组设计、图幅设计）的基础上，进入地图集编制出版阶段，对保证地图集的质量至关重要。

一、地图集编制的基本过程

地图集编制的基本过程，包括编辑准备[地图内容分析、制图区域地理特点研究、制图资料（数据）处理等]、地图编绘、地图制版与印刷等，如图 7-1 所示。其基本过程如下所述。

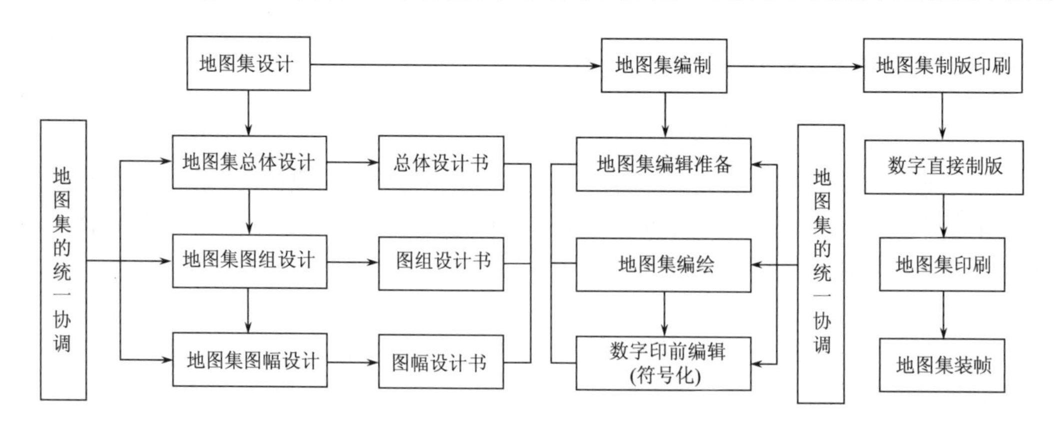

图 7-1 地图集设计与编制出版过程示意图

1. 地图集设计

包括地图集的总体设计、图组设计和图幅设计，其最终成果是地图集总体设计书、图组设计书和图幅设计书（或称图幅编辑计划），是地图集编制、制版与印刷的指导性技术文件。其中，地图集的总体设计指导图组设计，总体设计和图组设计指导图幅设计。

2. 地图集编制

在地图集总体设计书、图组设计书和图幅设计书（或称图幅编辑计划）的指导下实施。主要内容如下所述。

1）地图集编辑准备

地图集编辑准备，以图幅设计书（或称图幅编辑计划）为依据，主要包括：

（1）分析研究图幅设计书规定的图幅在图组中的地位和图幅内容及其表示方法。

（2）分析研究与图幅表示内容相关的制图区域地理特点。

（3）对图幅制图资料（数据）进行分析研究，对异构制图资料（数据）进行一致性处理，对观测数据和统计数据进行分类分级处理。

（4）最终确定具体图幅的地图内容，特别是专题地图内容的表示方法。

2）地图集编绘

以图幅编辑计划特别是前述地图集编辑准备为指导，采用数字地图制图技术对各图幅进行编绘作业，主要包括以下内容。

（1）对序图组中某些以图像、照片、视频和文字为主要内容的图幅，主要通过科学、合理配置以形成数字编绘原图。

（2）对于以制图区域基本地理要素（现象）为主题内容的普通地图，主要是按规定的表示方法和制图综合指标进行地图内容各要素的制图综合，形成数字编绘原图。

（3）对于以某一或几种专题要素（现象）为主题内容的专题地图，首先制作统一的地理底图，然后以此为基础地理空间框架，将表示专题内容的符号、图表等定位于地理底图上，形成统一协调的数字专题地图编绘原图。

3）数字编绘原图的印前编辑修改与可视化

以图幅编辑计划为指导，以数字化编绘原图为基本依据，进行印前编辑修改与可视化，主要内容包括。

（1）数字编绘原图的可视化（符号化）。

（2）对于可视化编绘原图上出现的各要素图形空间关系冲突（普通地图），采用交互式制图综合（位移）方法进行处理，保持各要素空间关系的正确性；对于专题要素表示和地理底图不协调以及图面配置不协调（专题地图）的情况，要进行编辑修改和统一协调。

（3）将经过编辑修改协调后的数字地图编绘原图可视化（符号化），形成最终的印前数字地图编绘原图，用于数字直接制版印刷。

3. 地图集制版印刷

以地图集总体设计书中拟定的地图出版技术工艺方案为依据，进行地图集制版印刷，主要包括以下内容。

（1）数字直接制版。将地图集编制阶段形成的最终印前数字地图编绘原图，通过数字直接制版机制版，获得各色印刷版。

（2）地图集印刷。目前，地图集一般是利用四色印刷机进行印刷，能收到很好的印刷效果和印刷精度。

（3）地图集的装帧。地图集装帧有蝴蝶装、锁线装和无线胶粘装订三种形式。根据需要可以采用精装与简装（平装）成册。

二、地图集的统一协调

地图集的统一协调至关重要，其最终目标是使地图集成为一个统一的整体。主要包括以下几个方面。

1. 整体形式的统一协调

地图集封面、书脊、环衬、扉页、正文、插图插页和版权页，图组页的背景、图组名及其配置，地图集色彩色调、整饰风格，地图集的装帧，等等，要统一协调，体现地图集的地区特色、民族特色和文化特色。

2. 内容的统一协调

指地图集的主题内容与地图集类型（性质）要统一协调，各图组、各图幅内容之间的概括程度要统一协调，要素的分类分级、图例符号的设计、区域轮廓界线的认定等要统一协调。

地图集的图幅、图幅单元和图组之间构成一个结构化的整体。因此，地图集的表达内容不仅要顾及单个要素和单个图幅表达内容的合理性，更要注重图幅间、图幅单元间、图组间在基础地图要素、专题要素、内容详细程度等方面的联系和协调。

3. 表示方法的统一协调

指通过表示方法的联系与可比性反映选题内容的联系与可比性，从表示方法上保证地图集的各个组成部分成为有机的相互联系的整体。表示方法的联系与可比性，包括不同比例尺地图之间表示方法的“纵向”（层次）联系与可比性，以及不同类型图上相同内容或指标之间表示方法的“横向”联系与可比性。对于前者，一般通过有规律地减少分类分级和图形尺寸变量来体现，对质量分类的图斑，采用互成强烈对比的颜色，且随着类别的归并而减少；对于数量分级的图斑，采用逐渐过渡的设色方法，且随着级别的合并而减少。

4. 表示方法与选题内容的统一协调

在设计表示方法时，要遵循表示方法及其功能与地图内容及其指标相适应的规律，这是保证地图信息传输的准确性和高效率的基本条件。任何一种表示方法都具有某种特定的功能，一定的内容指标需要设计相应的表示方法。这本质上表现为表示方法的设计服从于制图数据的空间分布特征，形式为内容服务。地图集的综合性，决定了地图类型、地图内容及其指标的多样性，也决定了表示方法的多样性。通常，一幅地图上采用各种表示方法的科学组合，表达制图现象的空间位置、分布范围、数量及质量特征、结构特点和动态变化。实践表明，只有地图内容的组合与表示方法的组合协调合理，地图的基本功能才能得到增强，即组合功能大于各种表示方法基本功能的简单之和。

5. 表示方法的艺术性与易读性的统一协调

表示方法的艺术性是一个综合因素，它由构成地图符号的各种视觉变量及其组合来体现。强调表示方法的艺术性是有明确目的的，这就是通过美的形式表达科学内容，采用同制图对象的颜色或形状尽可能接近或相似的地图符号，使之富于联想。在强调艺术性的同时，还要注意易读性，前者是手段，后者是目的，二者是统一的。艺术性与易读性统一的核心是“和谐”，制图者的设计意图与读图者的感受效果“和谐”，使用图者同制图者在对内容的理解上产生“共鸣”，并在尽可能短的时间内获取更多的信息，以提高地图内容的信息传输效果。

思 考 题

1. 地图集有哪些基本特征？
2. 地图集的类型有哪些？
3. 阅读地图集，总结普通地图集、专题地图集、综合地图集的设计特点？
4. 地图集设计的基本原则是什么？
5. 地图集设计包括哪些内容？
6. 地图集编制的主要过程和工作有哪些？
7. 编制地图集为什么要进行统一协调？

第八章　数字地图制图与出版

数字地图制图与出版是地图学的重要组成部分，是地图学技术特性和工程特性的主要体现，是当前和今后地图制图和出版的主流技术。本章在介绍数字地图基本知识的基础上，重点介绍地图数据库、数字地图制图的基本过程和方法、数字地图制图系统和地图电子出版系统，并介绍电子地图的编制。

第一节　数字地图的基本知识

一、数字地图的基本概念

自人类文明诞生以来，地图作为人类认识地理环境的主要手段，一直以纸质的形式受到广泛应用，已成为人类生产、生活中不可缺少的物质产品和文化产品，是人类认识世界、改造世界的重要工具。地图清晰易读、一目了然，在国民经济发展和国防建设中发挥着重要作用，被形象地比喻成指挥员的“眼睛”，部队行动的“向导”。

随着计算机技术在地图生产和应用领域的应用，需要将地图上的内容以数字形式组织、存储和管理起来，这种形式的地图就是数字地图。因此，数字地图是随着计算机技术的应用而出现的一类不同于纸质地图的新型地图产品。

数字地图是对现实世界地理信息的一种抽象表达，是地理空间数据的集合。数字地图在计算机中的表示和存储形式为一组数据，由坐标位置、属性和一定的数据结构组成，通过软件处理和符号化方法，在计算机屏幕和输出设备上可以再现成鲜艳、符号化的地图（称为屏幕地图或电子地图），它还能够以数码打样或其他方式进行输出，得到纸质地图。

二、数字地图的特点

以数字形式存储在计算机中的数字地图与纸质地图相比，具有灵活性、标准化、高效性和多样化。

1. 灵活性

数字地图的内容在相应软件平台支撑下易于编辑、修改和更新。可以根据地物在现实世界的变化和用户需求，对地图内容进行更新。数字地图的可视化表达比较灵活，用户可以根据需要分层、分要素、分级进行数字地图的可视化表达，减少图面信息的载负量，增加地图的实用性。

2. 标准化

手工地图制图时期，地图制图生产虽有标准规范可依，但地图产品的质量主要依赖于作业员的制图经验。通常情况下，经验丰富的作业员所制作的地图产品质量高，但是经验往往也容易造成作业员在处理问题时产生主观性。数字地图是在相应的软硬件平台支撑下生产的，减少了制图人员由于主观随意性导致的偏差，促进了数字地图的规范化和标准化。

3. 高效性

手工制图时代，纸质地图产品的生产全部靠手工完成的，不仅效率低，而且地图一旦印制完成，所有的内容都“固化”了。数字地图制图从地图编制到地图印前编辑的大部分工序都是由计算机自动完成的，数字地图生产和更新的效率高，成图速度快、周期短。

4. 多样化

数字地图品种的多样化，体现在新技术支撑下能够将数字地图的内容与图像、声音、文字、视频等内容结合在一起，生成更富有表现力的多媒体电子地图；数字地图还可以方便地制作真三维地图或动画地图。

三、数字地图的类型

按数据组织形式和特点的不同，数字地图可以分为数字矢量地图、数字栅格地图、数字高程模型和数字正射影像图四种。

1. 数字矢量地图

数字矢量地图也称为数字线划图（digital line graph，DLG），采用坐标值精确记录地理要素的空间位置和几何特征，通过要素编码和属性信息描述地理要素的类型、等级、名称、状态等质量和数量特征。数字矢量地图可通过数字摄影测量或地图及其他参考资料矢量数字化获得。

2. 数字栅格地图

数字栅格地图（digital raster graph，DRG），是一种由像素组成的图像数据，所以又称为数字像素地图。数字栅格地图是纸质地图的数字化产品，经过扫描、纠正、图像处理与数据压缩，形成在内容、几何精度和色彩上与纸质地图完全一致的栅格文件。数字栅格地图制作方便，能够保持原有纸质地图的风格和特点。

3. 数字高程模型

数字高程模型（digital elevation model，DEM），是地球表面山川河流起伏在计算机中的数字化表达。它是以格网或三角网方式记录地球表面高程分布的一种地形数据，记录内容为地球表面离散点的高程值。数字高程模型主要通过数字摄影测量或等高线扫描矢量化等方法生成和建立，个别情况下亦可采用人工采集的方法。

4. 数字正射影像图（DOM）

数字正射影像图（digital orthophoto map，DOM），是对卫星遥感影像数据和航空摄影影像数据进行一系列加工处理后得到的影像地图及数据。数字正射影像图数据结构采用国际上通用的图像文件数据结构，如 TIFF、BMP、PCX 等。它由文件头、色彩索引和图像数据体组成。

第二节 地图数据库——数字地图制图的数据基础

一、地图数据库的基本概念

随着计算机技术在数字地图生产和更新领域的广泛应用，人们需要处理的数字地图数据量急剧增加，利用计算机软件技术存储和管理大量、复杂数据的地图数据库技术应运而生。

地图数据库是指存储在计算机内、有组织、可共享、可以表现为多种形式的数字地图数据的集合。地图数据库中的数据按一定的数据模型组织、描述和存储，具有较小的冗余度，较高的数据独立性和易扩展性，并可为各种用户共享。在数据库技术的支持下，可以实现对地图数据库中地图要素的存储、查询、检索、删除、更新等操作。

二、地图数据库的特点

地图数据库与一般数据库相比，除了具有一般数据库的特点外，还具有以下特点。

1. 综合抽象性

地图数据描述的是地球表面非常复杂的物体和现象，必须经过抽象和模型化处理。例如，现实世界中的地形复杂多样，分为平原、高原、山地、盆地和丘陵五种基本类型，为了表示不同地形之间的差异，人们对地形进行抽象和模型化处理，采用等高线的组合在二维平面图上模拟表示现实世界中的三维地形。

2. 非结构化

在关系数据库管理系统中，数据记录满足关系数据模型的第一范式要求，即每一条数据记录是定长的，数据项表达的只能是原子数据，不允许嵌套记录，这样的数据具有结构化特征，而地图数据则不能满足这种结构化要求。地图数据主要记录了地理实体的几何信息和属性信息，若将地理实体的几何信息和属性信息记录在一条记录中，记录地理实体几何信息的数据项可能是变长的。例如，地图数据库中的线目标在现实世界中的长度不同，描述其几何信息的坐标可能是10对，也可能是5000对；同时，地图数据库中的面目标通常由若干条弧段构成，若用一条记录表示一条弧段，1个面目标的记录可能嵌套多条弧段的记录，因此，它不满足第一范式要求。非结构化特征也是地图数据难以直接采用通用关系数据库管理系统的主要原因之一。

3. 分类编码

通常情况下，地图数据库中存储的地理实体都有一个分类编码。不同部门、不同行业、不同应用需求对于现实世界中的同一地理实体赋予不同的分类编码，需要转换成统一的分类编码，同一分类编码下的地理实体具有相同的属性项结构。

4. 多尺度与多态性

尺度是地图数据的重要特征，尺度不同意味着地理实体表达的详细程度和精度不同。现实世界中同一地理实体在不同尺度地图中可能会表现出不同的形态特征，例如，现实世界中的黄河在大比例尺（小尺度）地图上被抽象成面目标，在小比例尺（大尺度）地图上被抽象成线目标。

5. 数据量大

地图数据库的数据量比一般通用数据库要大得多，具有海量数据特征。例如，一个城市的数据量可能达几十个 GB，如果考虑影像数据的存储，可能达几百个 GB 乃至 TB 级。这样的数据量在其他数据库中是很少见的。

三、地图数据库的组成

地图数据库主要由数字矢量地图数据库、数字栅格地图数据库、数字正射影像图数据库、数字高程模型数据库、地名数据库和元数据库组成。

（1）数字矢量地图数据库。是采用矢量方式存储管理各种比例尺地形图数据的集合。当前，我国已建成的数字矢量地图数据库主要包括 1∶400 万数据库、1∶100 万数据库、1∶50 万数据库、1∶25 万数据库、1∶5 万数据库和 1∶1 万数据库，各种比例尺地图数据库表达地图内容的详细程度不同。数字矢量地图数据库存储管理的数据主要包括工农业社会文化设施、居民地及附属设施、交通、水系、植被和境界等要素的数据。

（2）数字栅格地图数据库。是采用像素方式存储管理的地形图数据的集合。数字栅格地图数据库中的数据是由纸质地图经过扫描、几何纠正及色彩校正后形成的栅格数据文件。

（3）数字正射影像图数据库。是为存储和管理多源、多分辨率、多版本的影像数据建立的。由于正射影像图的数据量较大，在数据库中通常会采用分块、数据压缩、金字塔等技术和方法存储和管理，数字正射影像图数据库主要存储不同版本的数字正射影像历史数据和元数据。

（4）数字高程模型数据库。是为存储、检索、管理数字高程模型数据建立的。随着数字高程模型在科学研究、国民经济发展、国防建设、防灾减灾等领域应用的日益广泛和深入，我国已完成 1∶100 万、1∶25 万：1∶5 万、1∶1 万 4 种比例尺 DEM 的建库工作。

（5）地名数据库。地名数据库中存储的数据各异，主要包括地名代码、符合书写规范要求的地名、汉译名、别名或简称、地名的国别和行政区划归属、地名时间信息、历史沿革、地名所指代的地理实体类别和空间位置等内容。目前，我国主要的地名数据库有：国家基础地理信息数据库中的地名数据库；中国地图出版社建成的世界地名数据库；由国家、省、市、县四级地名管理部门组织建设的具有电子地图功能，包含地名、区划、界线信息的基础地名数据库。

（6）元数据库。元数据是描述数字地图数据的数据，是对地图数据集信息资源的描述性信息，其目的在于更好使用、识别和评价地理信息数据资源，追踪地图数据资源的来源和生产过程，实现地图数据的高效管理和应用。元数据库主要包括数字地图的生产单位、生产时间、数据范围、坐标系统、地图投影、生产方式、基本资料、数据层数等内容。

四、地图数据库软件系统的功能

地图数据库的软件系统，通常由五个功能模块组成。

（1）数据获取和编辑检查。采用不同设备和技术，对各种来源的地图数据进行采集，并对获取的数据实施编辑检查，建立原始数据库。

（2）数据存储和数据库管理。又称数据库管理系统（DBMS），是地图数据库的核心技术模块。一般按地图模型组织数据，在结构化数据基础上实施统一有效的管理和操作。

（3）数据处理和检索。这是一系列工具软件的集合，包括地图投影变换、几何量算、数据裁剪和拼接等。一般按用户要求重新组织数据，便于实际应用。

（4）数据输出与符号化。将地图数据库中按要求查询、检索、提取得到的数据传输给用户，也可按用户要求处理后再输出，输出形式可以是数据、数字地图、电子地图、纸质地图等。

（5）图形编辑和用户界面。该模块是基础技术模块，在上述各模块中都有所涉及。图形编辑是适合空间数据特点的数据编辑方式，能方便地对空间数据进行编辑修改。用户界面是用户与系统交互的工具。友好的用户界面，可以为用户提供许多方便，有利于发挥系统效益。

第三节　数字地图制图的基本方法和过程

数字地图制图的基本方法和过程，指的是利用计算机对地图制图数据（资料）进行快速处理的技术方法和过程，是在地图制图原理和地图编制要求的指导下，借助数字地图制图系统的功能软件和电子地图出版软件，制作和生产地图的一种新技术。

目前，数字地图制图的基本方法和过程主要有如下三种。

1. 基于地图数据库的数字地图制图方法与过程

适用于中小比例尺地图的生产。它是利用已经建成的地图数据库，集数字化编辑（设计）、编绘（自动综合）、数字直接制版输出（印刷版）于一体的集成式数字制图系统（图 8-1）。

采用此方法生产地图，需要将地图数据库建成后已经变化了的地图要素数字化，对地图数据库进行更新，以保证地图数据库和基于地图数据库生产的较小比例尺地图的现势性。

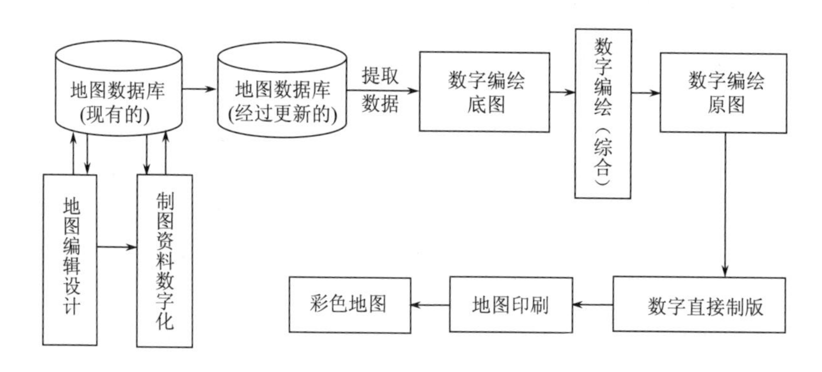

图 8-1　基于地图数据库的数字地图制图过程示意图

2. 基于数字摄影测图系统的数字地图制图方法与过程

适用于大比例尺地形图的生产。它是利用数字摄影测量技术进行数字测图，获得数字地图数据文件，经格式转换和地图编辑出版系统进行编辑和符号化处理，通过数字直接制版系统输出印刷版，然后印刷生成彩色线划地图（图 8-2）。

3. 基于制图资料数字化的数字地图制图方法与过程

该方法是针对在没有地图数据库的情况下，根据任务要求将制图资料（包括基本地图资料、补充资料）数字化，在数字化过程中进行必要编绘（自动综合），形成符合要求的数字化的数据文件，经数据格式转换和地图编辑出版系统处理得到数字编绘原图，通过数字直接制版机输出印刷版并进行印刷，最终生成彩色线划地图（图 8-3）。

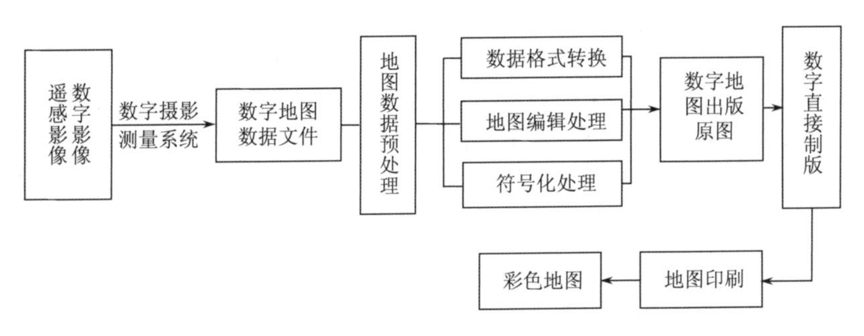

图 8-2　基于数字摄影测量系统的测（制）图方法过程示意图

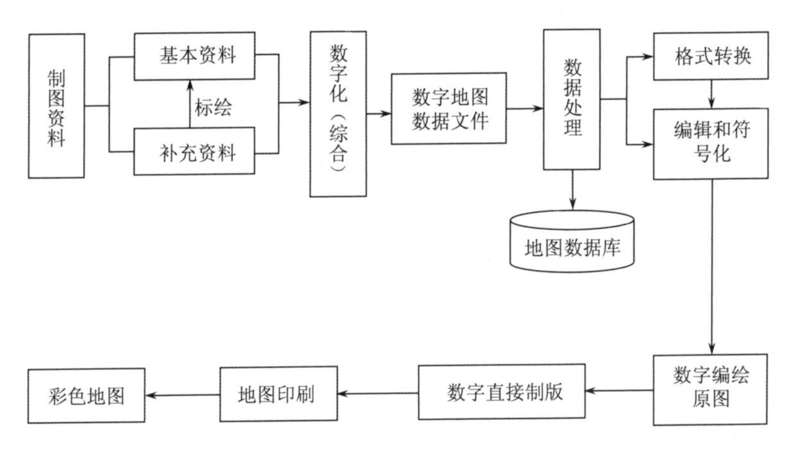

图 8-3　基于制图资料数字化方式的地图生产过程示意图

第四节　数字地图制图系统与地图电子出版系统

一、数字地图制图系统的硬软件构成

数字地图制图系统是进行数字地图制图的主要工具和手段，数字地图及其输出的纸质地图都是利用数字地图制图系统加工处理完成的。数字地图制图系统主要由计算机硬件和数字地图制图软件构成。它综合应用多源地理信息数据，设计、制作和生产各种纸质地图、数字地图与电子地图，实现地理信息数据采集、更新、处理和输出一体化。

1. 数字地图制图系统硬件构成

数字地图制图系统的硬件包括计算机、图形图像输入和输出设备（图 8-4）。图形图像输入设备包括大幅面高精度的扫描数字化仪、数字测图设备、计算机鼠标和键盘等；计算机可以是微机、工作站等；图形图像输出设备包括大幅面喷墨绘图仪、直接制版机、激光打印机、彩色拷贝机等。数字地图制图系统配置的计算机一般硬盘和内存都比较大，图形显示器的尺寸也要大一些，以保证地图内容的清晰显示。

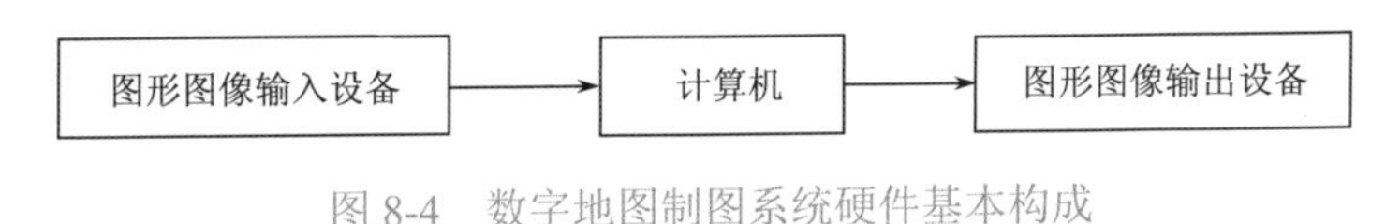

图 8-4　数字地图制图系统硬件基本构成

对于大型数字地图制图系统，多台微机之间连成网络，输入输出设备是共用的，计算机和外设在数量上有一定的比例关系。大型的输入输出设备有专用的微机进行驱动和管理。对于生产纸质地图的数字地图制图系统，则需要高精度的绘图机和数字制版设备。

2. 数字地图制图系统软件组成

数字地图制图系统的软件主要包括操作系统、设备驱动和接口软件、网络通信软件以及多种数字地图制图与出版软件，如矢量数据采集软件、栅格数据扫描处理软件、DEM 生成软件、图形编辑与输出软件、制图软件以及电子地图制作软件等。

数字地图制图系统的基本工作流程是数据获取、数据处理和数据输出。软件的主要功能是从不同信息源获取地理信息数据，并将其处理成符合特定格式要求的数据集合，即各种数字地图，需要时输出纸质地图。数字地图制图系统软件的功能如图 8-5 所示。

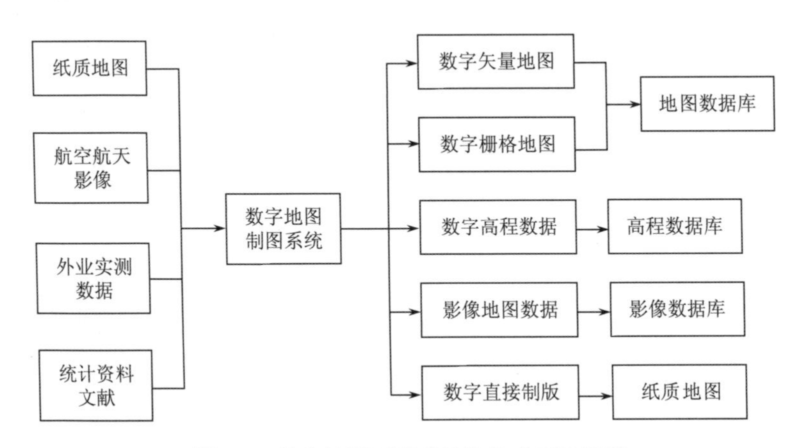

图 8-5 数字地图制图系统软件功能示意图

二、常用数字地图制图和出版软件

数字地图制图和出版软件都具有地图符号制作、图形编辑修改、图文混排、要素分层和地图图形输出等功能，最终生成 EPS 格式的数据文件由印前系统输出，从而完成数字地图制图的整个作业流程。根据能否生成数字地图以及能否输入地理属性信息并建立要素间拓扑关系，将这类软件分为通用制图类软件和地图制图类软件两种。

（1）通用制图类软件，这类软件主要有 CorelDraw、Illustrator、Freehand 以及图像处理软件 Photoshop 等。目前，大量的插图、宣传图片、广告均由这类软件制作完成，也常常用来生产地图集和小幅面的地图作品。这些软件的重点在通用图形设计上，不是针对地图制图开发的，在制作地图之前必须进行一定的准备工作，如建立符号库，进行图层设定等。这些软件只能接受一些通用的图形或图像格式数据，没有二次开发工具，既不接受地理信息数据，也不能生成地理信息数据。

（2）地图制图类软件，是专门为地图制图开发的软件，这些软件一般都提供了扫描矢量化、多种地理数据格式转换、地图投影变换、坐标变换、几何纠正、地图编辑、地图整饰、专题图制作和输出 EPS 等功能。与通用制图类软件相比，地图制图类软件更专业化，使用、操作也更加方便，工作效率更高，适用范围更广。地图制图类软件在当前纸质地图生产中起着主导作用，替代了以前繁重的手工制图劳动。在国内市场上应用比较广泛的有 MicroStation、MapGIS、方正智绘、MappingStar、AutoCAD 以及在它们之上二次开发的一些制图系统。经过二次开发形成的制图系统在地图图形符号数据采集和编辑中能兼顾地理信息数据生产的需要，或在生产地理信息数据的同时兼顾地图图形图解输出的需要，可以实现在同一个生产流程中既完成纸质地图的生产，又完成数字地图数据的生产。

三、数字地图制图系统的功能

1. 数据获取功能

数据获取是数字地图制图系统最基本的功能。每个数字地图制图系统都有自定义的矢量数据格式，在已建地图数据库的情况下，可以从地图数据库中或现有地图数据文件中提取数据，并将数据转换成数字地图制图系统自定义的矢量数据格式。在没有地图数据库的情况下，可以对纸质地图进行扫描，将扫描后的地图利用矢量化方法获取数据。

2. 数据预处理功能

在数字地图生产和更新过程中，需要综合利用多源地理空间数据，对多源地理空间数据进行加工、变换，消除误差。因此，数字地图制图系统通常具有数据预处理功能，主要包括图幅定向、几何纠正、地图投影变换、地图比例尺转换、数据格式变换、数据匹配和数据压缩等功能。

3. 地图符号化和内容编辑功能

地图符号化和内容编辑是数字地图制图系统的核心功能。地图符号化是根据地图要素的编码、属性和图形特征对地理信息数据进行符号化，符号化不仅实现了“所见即所得”，而且方便了地图内容的编辑。数字地图制图系统的编辑功能，主要包括地图要素的创建、修改、删除、选取、化简、合并、位移和要素关系处理等。

4. 数据质量检查功能

地理信息数据的质量问题直接关系到数据的可靠性和可信性。数字地图制图系统的数据质量检查功能，主要包括属性检查、拓扑检查、逻辑一致性检查、隐形信息显示、地图接边等。

5. 地图出版处理功能

数字地图制图系统的出版处理功能可以完成地图出版的各项图形化处理作业，主要包括添加地图整饰、河流渐变、添加属性说明注记、添加蒙片、注记压断同色线划、压盖优先级调整、地图输出等。

四、数字地图电子出版系统

主要用于数字地图成果的输出。它以工作站或微机为核心，配有相应的输入和输出设备与标准接口，是一个由图形图像硬件和软件构成的系统，能将数字地图制图的成果输出到纸张或版材上。这样的系统和设备不仅直接用于系列比例尺地形图的生产，还可用于中小比例尺挂图、专题地图、地图集以及各种正射影像图的生产和制作。实际应用时，地图电子出版系统通过接收数字制图成果，经内容检查、组版以及与彩色影像合成等处理，最终输出高质量的印刷版，实现地图生产的数字化和自动化。

（一）地图电子出版系统硬件配置

地图电子出版系统作为数字地图制图的关键设备和最终输出手段，在数字制图成果预打样以后，以每毫米 100—200 点的精度将数字制图成果输出到印刷版上，冲洗后晒版或直接进行印刷。地图电子出版系统配置部分办公处理软件后，还可满足不同用户文档与书籍发排和出版要求。

完整的地图电子出版系统，一般包括图形及图像输入设备、微机或工作站、彩色显示器、大容量存储器、黑白或彩色打印机、激光照排机、直接制版机或数字印刷机等。地图电子出版系统的硬件分为成果输入、处理和输出三大部分。地图电子出版系统的输入设备主要包括扫描仪、电子分色机、数码照相机、键盘和鼠标等；输出设备主要包括喷墨打印机、激光打印机、激光照排机、直接制版机和数字印刷机等（图 8-6）。

在系统配置时，除了多台微机和工作站以外，有时还要配置一些苹果计算机，以发挥它们在图形图像处理方面的优势。大型的地图电子出版系统硬件由彩色滚筒扫描仪、扫描工作站、处理工作站、组版工作站、发排工作站、真彩色打样以及制版输出等设备组成。地图电子出版系统通过高速以太网连接起来，相互之间快速交换数据，具体组成如图 8-7 所示。

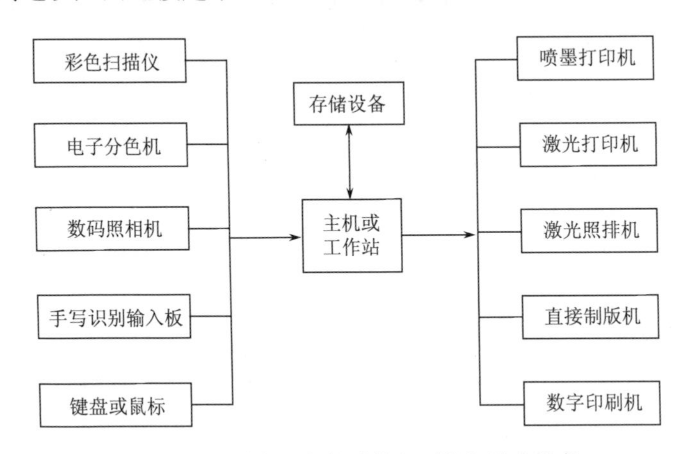

图 8-6 地图电子出版系统主要输入输出设备

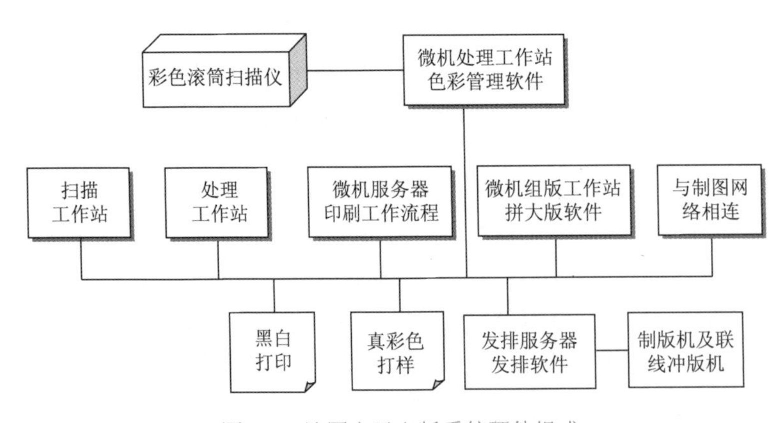

图 8-7 地图电子出版系统硬件组成

（二）地图电子出版系统软件构成

地图电子出版系统除了硬件以外，还包含大量的软件。这些软件除进行系统控制外，主要用于地图图形和影像加工、彩色图形图像处理、彩色版面组版、色彩标定、彩色图文输出等。地图出版系统使用的软件种类很多，按功能大致可以分为如图 8-8 所示的三大类。

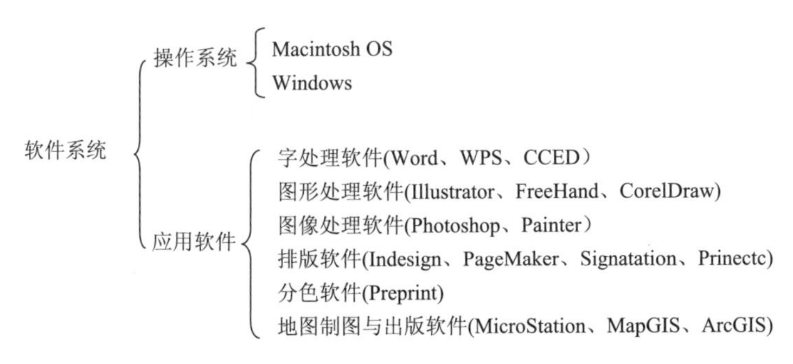

图 8-8　地图电子出版系统软件组成

1. 操作系统软件

操作系统能提供相应的运行环境，以便用户运行各种应用软件。目前常用的操作系统有：Windows XP、Windows7、Windows10、Windows NT、Macintosh OS 及 UNIX、LINUX。Windows 操作系统是 PC 机上的操作系统，如果对操作系统稳定性要求较高，应该选择 Windows NT 环境，因为 Windows NT 不仅快，而且操作很稳定。Macintosh OS 是苹果计算机上使用的操作系统。

2. 应用软件

（1）字处理软件。文字的输入一般采用字处理软件。这类软件有：Microsoft Word、WPS 等。它们能够实现文本的输入，简单的页面编辑，而且由字处理软件产生的文件很小，很容易在不同的字处理器之间传输。

（2）矢量图形处理软件。这类软件处理对象都是矢量图形，具有插图及各种图表的设计制作、编辑等功能，可以进行任意的放大、缩小和变形。它能够使用 PostScript Level 2 代码，可以在任意的 PostScript 图像照排机上输出，如 Illustrator、FreeHand、CorelDraw、MapCAD、Microstation、方正 Designer3.0 等。

（3）图像处理软件。图像处理软件如 Photoshop、Painter 等。这类软件主要用于图像处理，包括色彩校正、图像调整、蒙版处理以及图像的几何变化等，具有对象尺寸变化、清晰化和柔化、虚阴影生成、阶调变化以及色彩选择校正等功能。

（4）排版软件。这类软件用于将文字、图形及图像组合在一起，对它们进行精确的编排和设计，形成整页排版的页面，并能控制输出。专业排版软件 Indesign 和 PageMaker 是具有工业标准的彩色排版软件，国内的有方正维思（WITS）和方正飞腾（FIT），它们是中文排版软件中技术领先的产品，主要应用于报纸、杂志等复杂版面的排版。

（5）分色软件。分色软件主要有 Aldus Preprint、方正分色软件等。这类软件主要用于处理彩色图像分色，一般具有以下功能：确定复制阶调范围、确定灰平衡、调整层次曲线、颜色校正、确定黑版曲线、细微层次强调、高光限制、底色去除与底色增益等。

（6）扫描软件。每台扫描仪都有软件驱动，一般来说，每个扫描仪制造厂商都开发自己的接口程序，具有多种扫描模式，能扫描多种稿件，具有色调校正和图像锐化等功能。

（7）发排软件。将页面描述格式转换成点输出格式的过程被称为光栅化处理，这是输出软件中最重要的功能，因此输出软件以及相应的硬件也被称为光栅图像处理器。输出软件除了具有光栅化处理功能之外，对一些专业输出软件还具有拼大版、设置网目参数、色彩管理与分色以及 OPI/DCS 文件管理功能等。

3. 其他软件

除上述软件以外，地图电子出版系统还有其他一些视频动画和特技效果等多媒体软件，网页制作软件、字体管理软件等。

以上是地图电子出版系统中一些通用的图形图像处理软件，除这些软件外，还要有专业地图出版软件，如 Intergraph 公司基于 Microstation 的系列软件、ESRI 公司的 ArcGIS 软件、武汉地质大学的 MapGIS、北大的方正智绘等。这些专业地图出版软件具有完整的地理信息数据输入、处理、管理和输出功能，支持多种数据类型的输入，适应地理信息数据来源多样化的现状。

（三）地图电子出版系统工作流程

地图电子出版系统通过接收航测、制图等专业的数字地图数据，进行地图数据格式转换、图文混排与组版、出版检查、RIP 处理、数字打样、文件发排、分版输出印刷版以及地图印刷等一系列工艺环节处理，最终制成彩色地图。具体流程见图 8-9。地图印刷一般采用平版印刷技术，使用胶印机进行印刷，既能保证多色套印准确，又能印刷出内容复杂、线划精细的彩色地图。

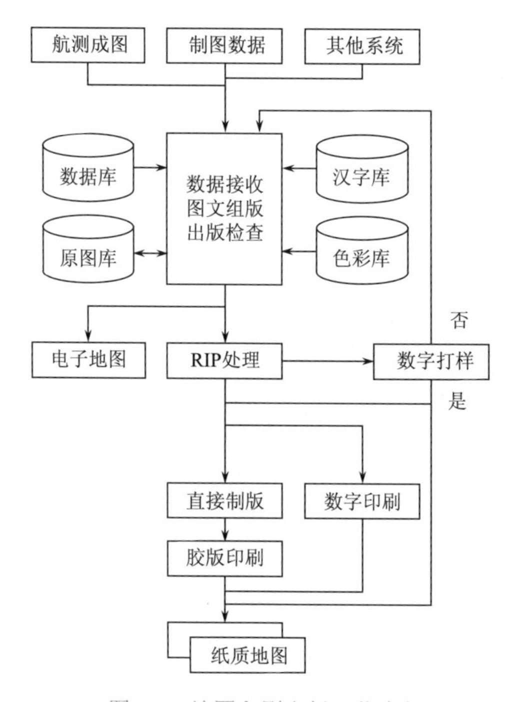

图 8-9 地图印刷出版工艺流程

在地图电子出版和地图印刷过程中，合理的工艺流程十分重要，有了工艺流程，操作人员就会目的明确，各工序之间也能更好地协调，在产品出现问题的时候容易检查从而划分责任，才能最终保证印刷质量，提高经济效益，满足社会需要。

除了通用的图形图像软件以外，目前国际上还有一些有名的公司，如 Barco 公司，致力于研制开发专门的数字地图制图与出版一体化的软件系统，它的产品为 Mercator 地图生产系统，能制作和出版多种类型地图。20 世纪 90 年代，美国 Intergraph 公司在地图生产出版一体化方面曾作过大量的工作，研制了相应的软硬件系统，现在其硬件系统的研制不再进行，而在软件研发方面，Bentley 公司继承了 Intergraph 公司软件部分研发产品和版权，推出了一系列地理信息处理软件。

第五节　电子地图设计与制作

一、电子地图基本知识

（一）电子地图的基本概念

电子地图又称为“屏幕地图”，是 20 世纪 80 年代以后利用数字地图制图技术形成的地图新品种。它以数字地图数据为基础，采用多媒体技术实现地图数据的可视化。电子地图存放在硬盘、CD-ROM、DVD-ROM 等数字存储介质上，可进行交互式操作，有相应的操作界面。其内容是动态的，既可以显示在计算机屏幕上，进行显示、查询和多种统计分析，也可随时打印到纸张上。目前电子地图已广泛应用于互联网、办公自动化、车辆导航和移动环境中，在地理信息服务和基于位置的服务中发挥着重要的作用。电子地图和数字地图的关系是：数字地图是电子地图的数据基础，电子地图是数字地图在计算机屏幕或者终端上符号化的地图。

（二）电子地图的特点

电子地图扩展了数字地图的显示方式，增强了地图的表现效果。它以丰富的色彩和灵活多变的显示方式多角度地表示与地理环境相关的各种信息，同时不再受图幅范围和比例尺的限制，可以在不同比例尺之间进行切换。这样的变化和扩充为地图阅读者带来了极大的便利，而对于地图的制作者则提出了新的要求。电子地图具有以下特点。

1. *动态性*

电子地图具有实时、动态表现地理空间信息的能力。电子地图的动态性表现在两个方面：①用具有时间维的一组地图来反映事物随时间变化的动态过程，并可通过对动态过程的分析来推演事物发展变化的趋势，如城市区域范围的沿革和变化，河流湖泊岸线的不断推移等。②利用闪烁、渐变、缩放、漫游等显示技术不断生成新的地图，不断改变地图图形，使没有时间维的静态现象也能吸引用户的注意力，如通过符号的跳动闪烁突出反映感兴趣地物的空间位置等。

2. *交互性*

电子地图具有交互性，可实现查询、分析等功能，以辅助阅读、辅助决策等。电子地图在其显示和生成过程中，地图用户可以指定地图显示范围，可以选择显示内容及显示方式，可以选择相应的色彩和符号，将制图过程与读图过程在交互中融为一体。不同的用户由于使用电子地图的目的不同及自己对地图内容的理解不同，在同样的电子地图系统中会生成不同的电子地图结果。也就是说，电子地图的使用更加个性化，更加具有灵活性，更加满足用户个体对空间认知的需求，同时也增加了读图的趣味性。除了用户可以对地图显示进行交互外，电子地图提供的数据查询、距离和面积量算等工具也为用户获取地图信息提供了非常灵活的交互手段。

3. 无级缩放与载负量自动调整

纸质地图一般都具有一定比例尺，其比例尺是固定不变的。电子地图则不然，在一定限度内可以任意无级缩放和开窗显示，以满足不同的应用需要。通过相应的控制技术，电子地图在无级缩放过程中，能动态调整地图内容的详细程度，使得屏幕上显示的地图内容适中、载负量恰当，以保证地图清晰易读。

4. 超媒体集成性

超媒体是超文本的延伸，即将超文本的形式扩充至图形、声音、视频，从而提供了一种浏览不同形式信息的超媒体机制。在超媒体中，可以通过链接的方法方便地对分散在不同网站或资源库中的信息进行存储、检索、浏览，更加符合人的思维习惯。电子地图以地图为主体结构，将图像、文字、声音等附加媒体信息作为补充融入电子地图中。通过人机交互查询手段，可以获取精确的文字和数字信息。因此，电子地图在提供不同类型信息、满足不同层次需要方面具有传统纸质地图无法比拟的优点。

多媒体电子地图是集文本、图形、图表、图像、声音、动画和视频于一体的新型地图产品，是电子地图的进一步发展。它增加了地图表达空间信息的媒体形式，通过视觉、听觉等感知形式直观、形象、生动地表达地理空间信息。人类除了利用视觉来接受空间信息外，听觉也是一个非常重要的感觉通道，作为视觉的补充，不仅增加了一个信息获取渠道，而且使地图阅读过程更加有趣，会给用户一个全新的感受。

（三）电子地图的类型

随着计算机技术、移动通信技术、可视化技术、网络技术的发展，电子地图的应用越来越深入，种类越来越多，数量越来越大。因此，有必要对种类繁多的电子地图进行分类。电子地图可以根据许多标志进行分类，例如，电子地图的存储介质、用途、功能、数据类型等。

1. 按存储介质分类

依据存储介质的不同，电子地图可分为以下四种。

（1）光盘（U 盘）电子地图。主要用于国家电子地图（集）、省市电子地图（集）、城市交通电子地图、旅游观光电子地图。

（2）单机或局域网电子地图。一般作为政府、军队、公安、交通、市政、电力、消防、水利、旅游等部门实施决策、规划、调度、通信、监控、应急反应等的工作平台。

（3）互联网电子地图。互联网电子地图是利用成熟的网络技术、通信技术、GIS 技术开发的一种集地理信息系统、多媒体查询系统于一体的区域性电子地图，也是社会公众用于交流各种信息的网络平台。

（4）移动电子地图。移动电子地图将移动通信技术和定位导航技术应用到传统的空间信息服务中，改变了传统的基于位置的服务机制，使作为主体的人、作为客体的真实世界以及经由网络传输的数字地理空间世界三者无缝地结合起来。

2. 按用途分类

依据用途的不同，电子地图可以分为以下几种。

（1）军用电子地图。军用电子地图是按照军事需求制作的电子地图的总称，主要包括电子联合作战图、电子海图、电子航空图和电子专题图。

（2）导航电子地图。导航电子地图是将地理信息系统技术与卫星定位技术结合，准确引导人或者交通工具从出发地到目的地的电子地图及数据集。导航电子地图主要包括车载导航电子地图、手机导航电子地图、便携式导航电子地图。

（3）旅游电子地图。旅游电子地图是针对人们旅游出行需求制作的电子地图，可以为使用者提供旅游、住宿、交通等多方面的咨询服务。

（4）城市电子地图。城市电子地图是为满足政府、企业、公众对地理信息服务需求制作的电子地图，是数字城市和智慧城市的基础组成部分，是国家数据基础设施建设的重要内容。

3. 按功能分类

依据功能的不同，电子地图可以分为以下三种。

（1）浏览型电子地图。浏览型电子地图是传统地图的简易电子版本，提供电子地图的缩放、漫游等浏览功能。

（2）交互型电子地图。交互型电子地图以地图数据库为基础，支持用户对地图目标的空间与属性之间的双向交互查询。

（3）分析型电子地图。分析型电子地图不仅具有查询、检索、浏览功能，而且还支持最优路径分析、缓冲区分析、叠置分析等空间分析功能，可以为用户提供辅助决策支持。

4. 按数据类型分类

依据数据类型的不同，电子地图可以分为以下三种。

（1）矢量电子地图。矢量电子地图是采用矢量数据结构存储数据的电子地图。由于矢量数据结构具有精度高、数据冗余度低、便于空间分析等优点，当前分析型电子地图采用的通常都是矢量电子地图。

（2）栅格电子地图。栅格电子地图是采用像元方式存储数据的电子地图，数据获取容易，空间运算简单，适用于对精度要求不高的应用。

（3）矢栅混合型电子地图。矢栅混合型电子地图是同时结合了矢量和栅格数据结构的电子地图形式。根据重要性程度将电子地图的内容划分为基础底图数据和专题地图数据两大部分，并采用不同的数据结构形式表示。

二、电子地图设计与制作

（一）电子地图的设计

电子地图的操作界面一般比较简便，不同的电子地图界面会有所变化，而且电子地图大多连接属性数据库或属性数据文件，能进行查询、计算和统计分析。电子地图通常是系列化的，有时表现为电子地图集形式。

电子地图的用途不同，所反映的地理信息和专题内容会有很大的不同。另外，地图资料的差异和所使用工具的不同，也会影响电子地图的设计。但从整体上说，电子地图的设计和制作应遵循一些基本的原则，主要包括内容的科学性、界面的直观性、地图的美观性和使用的方便性。电子地图的设计和制作，应重点把握界面设计、符号与注记设计以及色彩设计等几个环节。

1. 界面设计

界面是电子地图的外表，一个友好、清晰的界面对电子地图的使用非常重要。界面友好主要体现在其容易使用、美观和个性化的设计上。界面设计应尽可能简单明了，如果用图者在操作电子地图界面时感到难以掌握，他就会对电子地图失去兴趣。应增加操作提示以帮助用户尽快掌握电子地图的基本操作，还可以通过智能提示的方式将操作步骤简化。

（1）界面的形式设计。用户界面主要有菜单式和列表式两种形式。菜单式界面是将电子地图的功能按层次全部列于屏幕上，用户通过键盘、鼠标或触摸等选择其中某项功能执行。菜单式界面的优点是易于学习和掌握，使用简便，层次清晰，不需要大量的记忆，便于探索式学习使用。其缺点是比较死板，只能层层深入，无法进行批处理作业。列表式界面是将系统功能和用户的选择列表于屏幕上，用户通过选择来激活不同功能。

（2）界面的布局设计。电子地图界面布局设计是指界面上各功能区的排列位置。一般情况下，为方便电子地图的操作，工具栏设置在电子地图显示区的上方。图层控制栏和查询区可以设置在显示区的两侧。为了让地图有较大的显示空间，可以将不常用的工具栏隐藏起来，只显示常用的、需要的工具栏，以方便读者阅读地图。

（3）图层显示设计。电子地图的显示区域较小，如不采用内容分层显示，读者阅读和使用起来会感到比较困难。因此在电子地图设计和应用时，需要对电子地图的有关内容进行分层显示，能够根据需要进行相应的控制，不同的图层还可以选择不同的显示和处理方式，使有用的信息得到突出显示。一般来说，重要的信息先显示，次要的信息后显示。另外，通过程序控制，使某些图层在一定的比例尺范围内显示，即随着比例尺的放大与缩小而自动显示或关闭某些图层，以控制图面载负量，使地图图面清晰易读。

2. 符号与注记设计

电子地图和纸质地图一样，作为地理信息的载体，其内容主要由地图符号来表达。电子地图符号设计的成功与否，对电子地图的表示效果起着决定性的影响。在电子地图符号设计时要考虑和注意以下特点及原则。

（1）基础地理底图符号与纸质地图符号应保持一定的联系。这种联系便于电子地图符号的设计和使用，也有利于读者进行联想。如单线河流用蓝色的渐变线状符号表示，高等级道路用双线符号表示等。

（2）符号要能准确定位、清晰和形象。准确定位指的是符号能准确而真实地反映地面物体和现象的位置，符号本身要有确切的定位点或定位线。清晰指的是符号尺寸大小及图形的细节要能使读图者在屏幕要求的距离范围内清晰地辨认出图形。形象指的是所设计的符号应尽可能与实地物体的外围轮廓相似，或在色彩上有一定的联系，如医院用“+”字符号，火力发电站用红色符号，水力发电站用蓝色符号，核电站用黑色符号。

（3）符号与注记的设计要体现逻辑性与协调性。逻辑性体现在同类或相关物体的符号在形状和色彩上有一定的联系，如学校用同一形状的符号表示，用不同的颜色区分大专院校与中小学校；协调性体现在注记与符号的设色尽可能一致或协调，应用近似色，尽量不用对比色，以利于将注记与符号看成一个整体。

（4）符号的尺寸设计要考虑视距和屏幕分辨率因素。由于电子地图的显示区域较小，符号尺寸不宜过大，否则会压盖其他要素，增加地图载负量。但如果尺寸过小，在一定的视距范围内看不清符号的细节或形状，符号的差别也就体现不出来。点状符号尺寸应保持固定，一般不随着地图比例尺的变化而改变大小。

（5）用闪烁符号来强调重点要素。闪烁符号易于吸引注意力，特别重要的要素可以使用闪烁符号，但一幅图上不宜设计太多的闪烁符号，否则将适得其反。

另外，注记大小应保持固定，一般不随着地图比例尺的变化而改变大小。道路名称注记往往沿路延伸方向配置，如果表示了行政区划，一般应有行政区划表面注记，表面注记应与行政区域面积大小相匹配。

3. 色彩设计

地图给读者的第一感觉是色彩视觉效果，电子地图也不例外。电子地图的色彩设计要充分考虑色彩的整体协调性。

（1）利用色彩来表示要素数量和质量的特征。不同种类的电子地图要素可采用不同的色相来表示，但一幅电子地图所用的色相数一般不应该超过 5—6 种。当用同一色相的饱和度和亮度来表示同类不同级别的要素时，等级数一般不应超过 6—7 级。

（2）符号的设色应尽量使用习惯用色。这些习惯用色主要有：用蓝色表示水系，绿色表示植被、绿地，棕色表示山地，红色表示暖流，蓝色表示寒流。

（3）界面设色。电子地图的界面占据屏幕的相当一部分面积，它的色彩设计要体现电子地图的整体风格。电子地图内容的设色以浅淡为主时，界面的设色则可采用较暗的颜色，以突出地图显示区域；反之，界面的设色应采用浅淡的颜色。界面中大面积设色不宜使用饱和度过高的色彩，小面积设色可以选用饱和度和亮度高一些的色彩，使整个界面生动起来。

（4）面状符号或背景色的设色。面状符号或背景色的设色是电子地图设色的关键，因为面状符号占据地图显示空间的大部分面积，面状符号色彩设计是否成功直接影响到整幅电子地图的总体效果。

电子地图面状符号主要包括绿地、面状水系、居民地、行政区、空地和地图背景色。绿地的用色一般都是绿色，但亮度和饱和度可以有所变化。面状水系用蓝色，亮度和饱和度可以变化。居民地和行政区的面积较大，其色彩设计也很重要。对空地设色或对地图背景面进行设色可使电子地图更加生动。

（5）点状符号和线状符号设色。点状符号和线状符号必须以较强烈的色彩表示，使它们与面状符号或背景色有清晰的对比。点状符号之间、线状符号之间的差别主要用色相的变化来表示。

（6）注记设色。注记色彩应与符号色彩有一定的联系，可以用同一色相或类似色，尽量避免对比色。在深色背景下注记的设色可浅亮一些，而在浅色背景下注记的设色要深一些，以使注记与背景有足够的反差。若在深色背景下注记的设色用深色时，这时应给注记加上白边，以保证注记的表示效果。

电子地图设色从整体上讲有两种不同的风格，一种是设色比较浅，清淡素雅；另一种是设色鲜艳，具有很强的视觉效果。

（二）电子地图制作

电子地图制作的基本过程主要可分为数据获取与采集、数据处理、可视化显示三个阶段。

1. 数据获取与采集

数据获取与采集是电子地图制图的基础环节，直接影响到电子地图的制图内容及其使用价值。目前，电子地图的数据获取或采集方法主要有四种：一是从已有的数据库（如地图数据库、影像数据库）中或现有数据文件中抽取数据；二是利用扫描数字化等设备来获取相关制图数据（如矢量数据、栅格数据）等；三是通过各种传感器获取实时动态的时空数据；四是通过网络获取更多的泛在制图数据。

2. 数据处理

数据处理是电子地图制图的关键环节，为电子地图制图内容的确定及其可视化奠定基础。电子地图数据来源丰富，数据类型繁多，因此，电子地图数据处理主要包括底图空间数据的处理和专题数据的处理。底图空间数据的处理包括地图数学基础的建立、不同地图投影的变换、数据格式的转换、多源数据融合以及根据电子地图用途的需要对空间数据进行选取和概括处理等；专题数据的处理主要包括统计数据的分类分级处理、多媒体数据的图形图像的质量处理等。

3. 可视化显示

可视化显示是电子地图制图的核心环节，是数据处理结果的显示，直接影响到电子地图的使用效果。不同的可视化方式需要采用不同的处理方法，主要有五种可视化方法：一是基于图形编辑的二维电子地图可视化方法；二是基于虚拟现实技术的三维立体电子地图可视化方法；三是基于动画技术的动态电子地图可视化方法；四是基于多媒体技术的多媒体电子地图可视化方法；五是基于增强现实技术的增强现实电子地图可视化方法。

三、导航电子地图的设计与制作

1. 导航电子地图的概念和特点

导航电子地图（navigation electronic map）是在电子地图的基础上增加了很多与车辆、行人相关的信息，如立交桥形状、交通限制、过街天桥、道路相关属性及出入口信息等，基于这些信息，通过特定的算法，能够用于计算出起点与目的地间路径并提供实时引导的数字化地图。导航电子地图可以为车辆、船舶、飞机和人类行进等提供导航服务，是目前电子地图应用最为广泛、市场前景最好的产品形式。将地理信息与移动通信和定位导航等技术紧密结合在一起，极大地提高了人们出行的便利程度。导航电子地图从区域范围来分，有世界范围的导航图、全国范围的导航图、区域和城际范围的导航图、城市和市郊范围的导航图等。

导航电子地图具有以下几方面的特点。

（1）信息丰富准确。导航电子地图现势性好、位置精确，各要素之间具有正确的拓扑关系和整体的连通性。

（2）查询方便。导航电子地图提供较为完备的地物属性信息，可进行查询检索、智能交通分析及相关导航应用。

（3）数据结构简单，存储冗余小。在车载系统、手持式设备和手机等环境下，导航电子地图在保证精度和信息量的情况下尽可能地精炼，其数据结构满足嵌入式设备显示、运算和分析的要求。

（4）多媒体技术。导航电子地图配以视频、动画等相关数据，以便捷高效的图形界面，采用语音、触摸屏等方式提供应用。

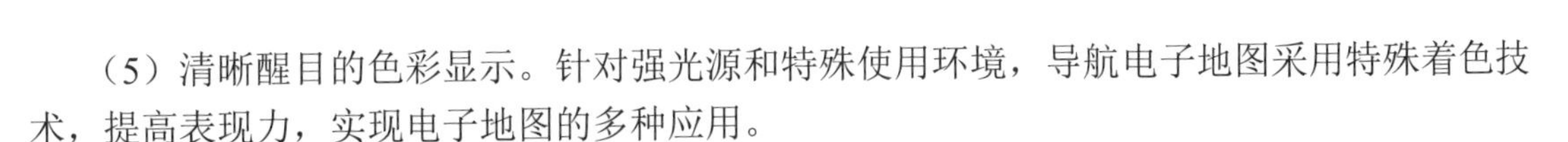

（5）清晰醒目的色彩显示。针对强光源和特殊使用环境，导航电子地图采用特殊着色技术，提高表现力，实现电子地图的多种应用。

2. 导航电子地图的内容

导航电子地图数据是导航系统的核心组成部分，其质量的高低直接影响着导航结果的正确性。因此，现势性强、精度高、属性信息丰富是高质量导航电子地图的三个关键因素。导航电子地图的内容通常由道路数据、道路附属设施数据、POI 数据、背景数据、行政境界数据和语音数据等组成。

（1）道路数据。道路数据是导航电子地图的核心数据，主要包括高速公路、城市高速、国道、省道、县道、乡镇公路、内部道路、道路交叉点等数据。

（2）道路附属设施数据。道路附属设施数据主要包括高速公路出入口、路标、里程碑、公路收费站、加油站、涵洞、桥梁、隧道等数据。

（3）POI 数据。POI 是 point of interest 的缩写，通常称作兴趣点。POI 数据是导航电子地图的目标检索数据，主要包括名称、地址、坐标和类别四个属性。POI 数据是现实世界中大众关注度较高的目标抽象成的实体点，可以为用户提供丰富的属性信息，满足人们衣食住行过程中检索目标的需求。

（4）背景数据。背景数据又称为导航电子地图的地理框架数据，主要包括街区、房屋建筑、围墙、干线铁路、地铁、城市轻轨、江、河、湖、海、水库、公园、树林、草地、经济植物等数据。

（5）行政境界数据。行政境界数据是导航电子地图的区域显示数据，包括国界、省界、地级市界、县区界和乡镇界。

（6）语音数据。语音数据是导航电子地图的语音提醒和引导数据，包括泛用语音、方向名称语音和道路名语音。

3. 导航电子地图系统的组成和相关技术

1）导航电子地图系统的组成

导航电子地图系统通常由硬件平台、导航电子地图和导航引擎三大部分组成。

（1）硬件平台。硬件平台主要包括微处理器、定位导航模块、加速传感器、陀螺传感器和显示终端。微处理器是导航电子地图系统的核心，具有体积小、集成度高、功耗低、处理能力强等特点，可以整合处理各功能模块，配合相应的软件，进行数据处理，计算出所在位置的经度、纬度、海拔、速度和时间等。定位导航模块可以通过接收卫星提供的经纬度坐标来进行定位导航。加速传感器主要用来测算瞬时加速度。陀螺传感器通过检测和感应 3D 空间的线性动作，从而辨认方向，确定姿态，计算角速度，实现导航。显示终端主要用来显示位置、路况、导航路线、电子地图等信息。

（2）导航电子地图。导航电子地图含有空间位置的地理坐标，与空间定位系统结合，能够准确引导人或者交通工具从出发地到达目的地。导航电子地图主要包括道路及附属物数据、POI 数据、背景数据、行政境界数据和语音数据。

（3）导航引擎。导航引擎通常会封装和保护几何数据的拓扑关系和导引数据，提供路径规范、信息查询检索、拓扑分析、引导信息等功能。

2）导航电子地图系统涉及的相关技术

导航电子地图系统涉及的相关技术主要包括 GNSS 定位技术、信息查询检索技术和路径规划技术。

（1）GNSS定位技术。GNSS（global navigation satellite system）是全球导航卫星系统的简称，现在全球有四大导航系统，分别是美国的GPS，俄罗斯的GLONASS系统，中国的北斗导航系统，欧洲的伽利略系统。GNSS接收机定位的原理如下：同时通过对四颗卫星进行测量，不仅可以确定接收机的位置信息，即经度、纬度和高度，还可以校正接收机的时钟误差，确定正确时间。

（2）信息查询检索技术。信息查询检索技术是利用空间索引机制，从数据库中找出符合条件的空间数据。用户在使用导航电子地图系统的过程中可以通过文本、语音等方式查询感兴趣的地点。

（3）路径规划技术。路径规划是导航的前提，根据目的地、出发地以及路径策略设置，为用户量身设计出行方案。同时可以结合实时交通，帮助用户绕开拥堵路段，提供贴心、人性化的出行方案。根据对环境信息的把握程度可把路径规划划分为基于先验完全信息的全局路径规划和基于传感器信息的局部路径规划。全局路径规划属于静态规划，需要掌握所有的环境信息，根据电子地图的所有信息进行路径规划。局部路径规划属于动态规划，可以根据传感器获得的实时路况信息和电子地图，规划出从出发地到目的地的最优路径。

4. 导航电子地图的发展演进

导航电子地图产生于20世纪90年代，主要经历了以下三个发展阶段。

（1）第一个阶段（1992—2001年）。无论是我国还是欧美和日本，卫星导航技术和汽车导航市场都处于初级阶段，导航电子地图技术和产品还处于萌芽状态。导航电子地图的主要应用是车载导航仪，而导航仪的销售对象主要是新车用户。

（2）第二个阶段（2002—2007年）。导航电子地图的应用从车载导航仪扩大到手持导航仪（portable navigation devices，PND）。PND以其成本低、安装和操作简便的优势迅速普及；车载导航仪的销售从以新车用户为主扩大到旧车用户。

（3）第三个阶段（2007年以后）。导航电子地图的应用扩大到手机，普通多媒体GNSS功能手机的出现，意味着导航电子地图的应用扩大到大众化消费市场。2010年后，基于手机和互联网的位置服务已处于导航电子地图应用的中心地位。

四、多媒体电子地图的设计与制作

1. 多媒体和多媒体电子地图的概念

多媒体是文字、图形、图像、动画、音频、视频等多种媒体的综合。多媒体技术是指通过计算机对文字、数据、图形、图像、动画、音频、视频等多种媒体信息进行综合处理和管理，使用户可以通过多种感官与计算机进行实时信息交互的技术。多媒体电子地图是用多媒体技术建立、存储并应用的电子地图产品，集地图、文字、图片、影像、动画、音频和视频等多媒体信息于一体，具有快速显示、查询检索、量测分析和打印输出等功能。多媒体电子地图使地图的功能和应用方式发生了重大变化，使地图由静态发展到动态，由二维平面发展到三维立体，由无声发展到有声，由被动接受发展到交互操作。多媒体电子地图以视觉、听觉等多种感知形式，使用户快速获取多种地理空间信息，改变地图原先单一图形信息的传递方式，同时，良好的读图环境，使表达的地理空间信息更加直观、丰富、形象和生动，已广泛应用于人们的学习工作与日常生活中。

2. 多媒体电子地图的特点

多媒体电子地图具有以下五方面的特点。

（1）信息的多媒体性。多媒体电子地图将地图、文本、影像、音频和视频等多媒体信息有机集合在一起，丰富了地图内容，提高了地图的表现力和感受效果。

（2）使用的便捷性。多媒体电子地图提供开窗放大、地图漫游、地图检索等多种手段，可以实现大范围地图与影像的无缝拼接，可以放大漫游和浏览显示，没有地图分幅的限制，可以从宏观到中观，直至微观认知地理环境，方便地图的阅读和使用。同时，通过人机交互，可激发读者兴趣，使读者由被动读图到主动操作，获取所需。

（3）多维和动态可视化。多媒体电子地图具有闪烁、动画、三维显示、空中飞行、虚拟现实等表现手段，可突出表现某些要素和现象，或显示各要素和现象的多维形态与时空动态变化，丰富了对自然和社会现象的动态表达，增强了直观视觉感受效果。

（4）信息检索和地图分析。多媒体电子地图拥有大量丰富的多媒体信息，具有快速检索查询、地图量测、统计分析与空间分析等功能，可实现多种信息的快速检索，深化地图的分析功能。

（5）更新修改容易。多媒体电子地图便于更新修改，保证地图内容和多媒体信息的现势性。

3. 多媒体电子地图制作的过程和相关技术

1）多媒体电子地图制作的过程

多媒体电子地图的制作过程主要包括以下五个阶段。

（1）总体设计。在总体设计阶段，需要对用户的需求做深入分析，根据用户的需求，明确产品的定位、设计原则及其结构设计，软硬件的选择，人员的组织以及建设周期。

（2）数据准备。在总体设计的基础上，根据多媒体电子地图的表达主题和内容，搜集相关的地图数据、遥感影像数据、文本资料、视频、音频和图片数据等。地图数据，包括地形图、地理图和专题图；遥感影像数据，包括航空图像和航天图像；文本资料，包括各种需要在多媒体电子地图上显示的文字资料，如位图、插图上显示的资料，地图上描述热点数据目标的文字简介；视频，包括多媒体电子地图的开始视频和结束视频；音频，需要在多媒体电子地图上展示的音频数据，主要用来说明热点、热线和热面等目标的特性；图片数据，主要用来进一步补充说明热点、热线和热面等目标的相关信息。

（3）数据预处理和加工。数据格式转换，将矢量地图数据的格式转换成制作多媒体电子地图所需的数据格式；地图数学基础变换，将地图数据的数学基础转换成所需要的坐标系和投影；遥感影像处理，对遥感影像进行配准、镶嵌和色彩变换；地图数据的可视化，根据多媒体电子地图的设计风格，对地图数据进行符号化表达，添加地图整饰；多媒体数据处理，主要是将搜集到的文本资料、视频、音频、图片等多媒体信息，进行输入、编辑、加工处理，并进行建库等。

（4）系统集成。完成数据预处理和加工后，接下来需要做的工作是对多媒体电子地图系统的集成，包括数据组织（目录制作和编辑、图组的定义等），热点、热线、热面目标的编辑，以及相关媒体之间的链接等。

（5）系统调试和发布。在数据预处理和加工、系统集成阶段，不可避免地会出现错误，所以要进行各种数据的检查和其他一系列的检查操作，并对制作的多媒体电子地图系统进行调试，对调试无误的多媒体电子地图成果进行发布。

2）多媒体电子地图制作的相关技术

（1）多媒体技术。指把文本、声音、图形和图像等多种媒体通过计算机进行数字化采集、获取、压缩、加工处理、存储和传播综合为一体的技术。多媒体技术在地图制作领域中的应用，增加了地图表达空间信息的媒体形式，可以通过视觉、听觉、触觉等感知形式，直观、形象、生动地获取空间信息。多媒体技术的应用使得电子地图具备管理、处理和显示多种信息类型的能力。

（2）可视化技术。可视化把数据转换成图形，给予人们深刻与意想不到的洞察力。地图本身就是可视化产品。但对于多媒体电子地图而言，可视化技术已远远超出了传统符号化及视觉变量表示的水平。随着多媒体计算机技术、虚拟现实技术的发展，人们可以通过视觉、嗅觉、触觉和听觉等感知和认知客观世界。因此，包括视觉、嗅觉、触觉和听觉等在内的各种感觉变量都可作为可视化变量，这些变量极大地丰富了多媒体电子地图对各种信息的表达方式。

（3）数据库技术。多媒体数据主要包括文字、声音、图形图像、视频、动画等几类，这些数据是非结构化的，传统的数据库无法有效管理这些数据。多媒体数据的管理方式主要包括三种：一是对关系模型进行扩充，使其支持多媒体数据；二是采用面向对象的模型管理多媒体数据；三是采用超文本模型管理多媒体数据。

思 考 题

1. 什么是数字地图？与纸质地图相比，数字地图有哪些特点？依据组织形式和特点的不同，数字地图可以分为哪几类？

2. 与一般数据库相比，地图数据库具有哪些特点？地图数据库包括哪些内容？

3. 数字地图制图的基本方法包括哪些？每种方法的适用性是什么？

4. 数字地图制图系统的硬软件构成主要包括哪些设备？数字地图制图系统通常具备哪些功能？

5. 电子地图与数字地图的联系和区别是什么？电子地图具有哪些特点？电子地图设计主要包括哪些环节？

6. 导航电子地图的特点是什么？什么是多媒体电子地图，具有哪些特点？

第九章 地图分析与应用

地图分析，就是将地图作为研究对象，采用各种定量和定性的方法，对地图上表示的制图对象的时空分布特征及相互关系规律进行研究，得出有用的结论，并指导自己的行动。地图分析是地图应用的基础和核心，没有地图分析就不可能有深层次的地图应用。本章主要介绍模拟（纸基）地图和数字地图分析的基本方法，并介绍地图在科学研究、国民经济建设、军事和人们工作学习生活方面的应用。

第一节 传统地图分析的基本方法

一、地图目视分析法

地图目视分析，指用图者通过视觉器官或人眼对地图进行分析。

地图目视分析是以地图目视识别（简称地图识别）为基础的，在目视识别的基础上进行目视分析。地图目视识别是地图目视分析的前提，通过目视识别和目视分析可获得如下信息。

1. 制图区域范围信息

指地图所描述的地区范围。无论是单张地图、系列地图或地图集，它们都是描述一定的区域范围的，如全球、洲、大洋、国家、省、市、县或任意制图区域。地图上用以识别制图区域范围的主要标志是图名、地图经纬度等。图名是识别制图区域的主要标志之一，例如，世界地图，其制图区域肯定是全球范围；非洲地图集，其制图区域范围肯定是非洲；中华人民共和国地图，其制图区域肯定是中国领土范围；黄河流域地图集，其制图区域肯定是黄河流域范围；河南省地图，其制图区域范围肯定是河南省；等等。对于某个区域一幅地图内部相互拼接的多幅地图，不易由其图名判断制图区域范围时，则可通过查明多幅地图的四个角点的经纬度来识别其描述的制图区域范围。

2. 地图数学基础信息

指地图所采用的地图投影及相应参数（中央经线、标准纬线及其他）、经纬线网形状及其间隔、直角坐标网、地图比例尺、坡度尺、“三北”方向线图等。通过地图数学基础的识别，可以判定地图所能达到的精度，这是以后进行地图分析特别是定量分析的依据。

地图投影的识别，相对于制图区域范围的识别要复杂得多。我国的系列比例尺地形图采用统一的地图投影：1∶100 万比例尺地形图采用双标准纬线等角圆锥投影；1∶50 万及更大比例尺地形图采用高斯-克吕格投影，其中 1∶2.5 万～1∶50 万比例尺地形图采用 6°（经差）分带，而 1∶1 万及更大比例地形图则采用 3°（经差）分带。所以，对国家系列比例尺地形图的目视识别来说，不必刻意去识别其地图投影，但要掌握上述地图投影的变形分布。而对小于1∶100万比例尺的各种地图或地图集来说，由于地图用途、类型和制图区域形状的差别，可能采用不同的地图投影。这时，可能有两种情况：一种情况是地图上注明了所采用的地图投影名称；另一种情况是地图上未注明所采用的地图投影名称。对于第一种情况，如果地图上注明的地图投影名称是准确的全称，不仅包括投影名，还指明了投影的“切”与“割”或“正轴”、“横轴”与“斜轴”以及相应的地图投影参数，那么地图投影识别就容易了；如果地图上只注明地图投影的简称，并未指明“切”与“割”或“正轴”、“横轴”与“斜轴”，更未说明相应地图投影参数，那么地图投影的识别就靠推断和判定了。对于第二种情况，当然更需要根据有关标志进行推断和判定。在上述两种情况下，识别、推断或判定地图投影的主要依据甚至唯一依据，就是地图上的经纬线网形状特征和经纬线间隔的变化。这就要求地图使用者具备一定的地图投影理论知识。

经纬线网形状特征及其间隔的识别，对于懂得地图投影基本理论和知识的人来说不是很困难的。不同的地图投影，具有不同的经纬线网形状特征，而且投影变形也有各自的规律性，这些在《地图投影》教材中都有详细论述，是必须具备的基本理论和知识。而地图上的经纬线间隔，则可通过地图上经纬线的经、纬度数字注记来判定，这里要注意的是，图上经纬线间隔的经、纬度差值相同（如均分别为 0°、5°），但相应的距离却不一定相同，因为不同纬度上的变形不一样，这是由地图投影性质决定的。

直角坐标网在我国只是在大于或等于1∶25万比例尺地形图上表示，纵、横直角坐标线都有相应公里数注记，直角坐标网间隔在各种比例尺地形图编绘规范中也都有相应规定，所以直角坐标网及其间隔的识别是很容易的。

地图比例尺几乎在所有地图上都是要注记的，通常以数字方式（称为数字比例尺）和图解方式（称为图解比例尺）表示。坡度尺和“三北”方向线图只是大于或等于1∶5万比例尺地图上才表示（旧1∶10万比例尺地形图上也表示）。读懂了坡度尺，就能据此在地形图上量测地面坡度；读懂了“三北”方向线图，就能知道图幅范围内任意点的磁偏角和坐标纵线偏角。

3. 地图内容信息

指地图上表示了哪些地理要素和现象，各种地理要素和现象表示了哪些数量和质量特征，制图区域内各种地理要素和现象有什么样的分布特征（密度对比、分布规律等），各种地理要素和现象之间的相互联系和制约关系。

为了弄清地图上表示了哪些地理要素和现象，要通过目视识别解决两个问题：一个是通过阅读地图图例，弄清地图上都表示了些什么（如水系、地貌、居民地、道路、行政境界、土质植被等）；另一个是通过阅读地图上各种地理要素和现象的名称注记，弄清地图上表示的各种地理要素和现象在实地对应的实体是什么（如长江、黄土高原、郑州市、京汉铁路等），这样才能把地图上表示的和实地客观存在联系在一起，构成有特色的区域地理环境。

为了获得各种地理要素和现象的数量和质量特征，主要通过阅读地图上的数字和文字注记来解决。例如，地图上河流一般用通航起讫点符号标明通航与不通航；渡口或徒涉场处一般注记河流中水的流速、河宽及河底底质；道路通过河流的桥梁一般注记桥长、桥宽、载重（吨数），有的还注明距河流水面高度；土质可通过注记判别其为戈壁滩、砾石、砂等质量特征；植被可通过注记判别其树种和树龄，还可判别树粗、树冠直径等；居民地可通过地图上名称注记字体、字大判别其行政等级，通过圈形符号的结构和大小判定相对人口数量；地貌可通过地图上高程点高程注记、等高线高程注记判别地面的绝对高程和相对高程，根据图上等高线的疏密程度判别地面相对坡度。当然，我们还可以借助已掌握的地貌学知识，通过图上等高线的图形特征来判别地貌类型和地貌形态特征；等等。

为了获得制图区域各种地理要素和现象分布特征的信息，主要可以考虑两个方面：一是通过目视分析，在地图上对各种地理要素和现象，按其相对疏密度进行概略分区，以反映其实地不同区域的密度差别，如居民地密度、河网密度、道路网密度等。当然这种密度分区其界线只是概略的，分区等级是定性的（如稠密、中等密集、稀疏等），不过还是能相对地反映地理要素和现象分布的区域差异。二是利用目视分析方法并结合已掌握的地理学知识，通过地图上图形符号的分布获取地理要素和现象的分布规律，最具代表性的是地理要素和现象分布的地带性规律，包括垂直地带性和水平地带性分布规律。高山地区自上而下依次为现代冰川地貌、古冰川地貌、流水地貌和干燥剥蚀地貌，可作为分布的垂直地带性规律的一例；北方居民地一般呈集团式分布而南方居民地一般呈分散式或散列式分布，则可算是分布的水平地带性规律的一例；等等。

为了获得各种地理要素和现象相互联系和制约关系方面的信息，主要是利用目视分析方法把地图上两种或两种以上地理要素和现象放在一起来研究它们之间相互联系和制约的关系。例如，通过对地图上的河系或河网平面图形整体结构特征和与之相关的地质构造、地貌类型的关系的目视分析，可以得知中山、低山、丘陵、平原地区一般为树枝状河系，高山峡谷地区一般为羽毛状河系，火山地貌地区一般为放射状河系，地质构造断裂地区一般为网格状河系，等等；再如，通过对地图上居民地分布与地貌、水系之间关系的目视分析，可知黄土高原地区居民地一般分布在黄土墚、塬、峁上，而不在黄土沟谷，西北干旱地区居民地一般分布在绿洲附近，江浙和成都平原地区居民地一般沿河流、沟渠两岸呈散列式分布，等等。

地图目视分析除了利用人的视觉器官和视觉思维能力以外，还需要具备一定的地理学和地图学知识。可以说，地理学和地图学知识越丰富，加上充分发挥人的视觉思维能力，就能通过目视分析从地图上获取更多的地理信息。

二、地图图解分析法

地图图解分析较之前述地图目视分析应该是更深入和更专业化了。它是通过作图改变原来的制图表象，使之成为更适合地图分析目的的形式，即对原来的地图进行加工和变换，使被分析对象的图像得到增强或突出。地图图解分析包括如下几种方法。

1. 剖面图法

此法是以直观图形显示制图对象的立体分布。利用等值线制作剖面图是自然地理学和地貌学中常用的图解分析方法，例如，根据地形图或地势图上的等高线可以制作地形剖面图，用于显示地形的起伏变化，研究地表的起伏特征和切割密度或切割深度（图 9-1）；根据人口图、降水量图、气温图等各种专题地图上的等值线亦可制作相应的专题剖面图，以直观反映各种现象分布的基本特征，如果将不同专题的剖面图（地形、地貌、土壤、植被等）叠加起来，便可直观地得知专题要素之间在垂直方向上的关系（图 9-2）；从一个点向四周作剖面图并将它们结合起来，可得知该点对四周的通视情况；等等。

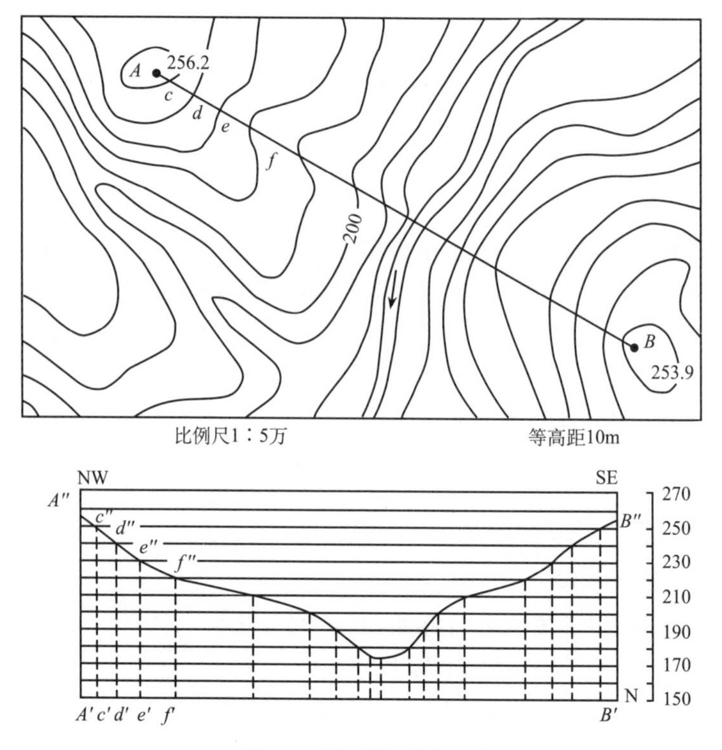

图 9-1 地形剖面图示例

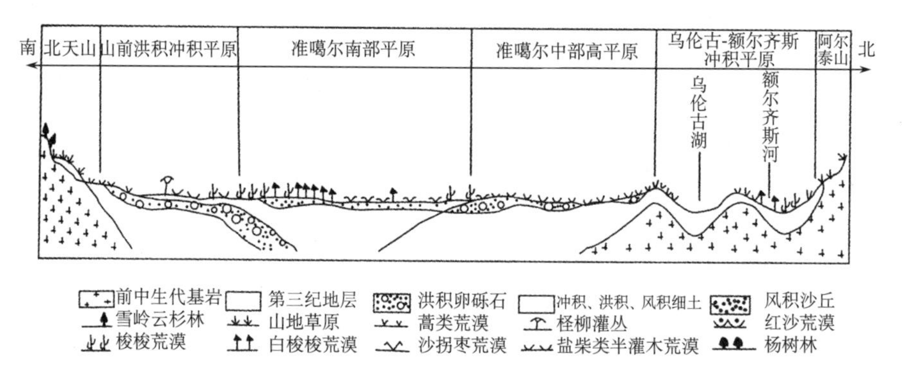

图 9-2 综合剖面图示例（据《中国自然地理图集》）

2. 块状图法

考虑到在二维平面地图上表达的三维图形（如等高线图）不直观，可用图解方法将其制作成视觉三维的立体图形，称为块状图。块状图可以表现各种各样的主题。例如，地质与地貌块状图，表示地球表层结构、地表起伏及地质与地貌关系；地球物理块状图，反映地球内部物理结构；地理景观块状图，表示地貌和土壤、植被关系的特征；海洋块状图，反映海洋水质分布、含盐量和深部洋流等现象；等等。根据制作块状图的投影方式的不同，将其分为以下两类。

1）轴侧投影块状图

轴侧投影块状图是采用平行光线从高空向地面投影，同样高度的制图物体的图像处处相等，但矩形网络是以平行四边形出现的。此方法常用来显示地貌与地质的关系，此时需要用地形图作基本资料，地质图或地质剖面图作辅助资料。基本方法与过程是（图 9-3）：首先，将地形图上的矩形网络变换成 X、Y 轴的夹角为 120° 的形式，网格边长保持不变，地图表象随着网格的变换作相应的变换；其次，确定垂直比例尺，通常取地图比例尺的 2—5 倍，地表起伏小的地区垂直比例尺还可放大；再次，依变换后的地图表象由高到低依次准确绘出各条等高线，转绘水系图形，绘出块状图的表面图形；最后，在分块图顶面的下边根据垂直比例尺绘出侧面的边界，并根据地质图转绘地质剖面图形。

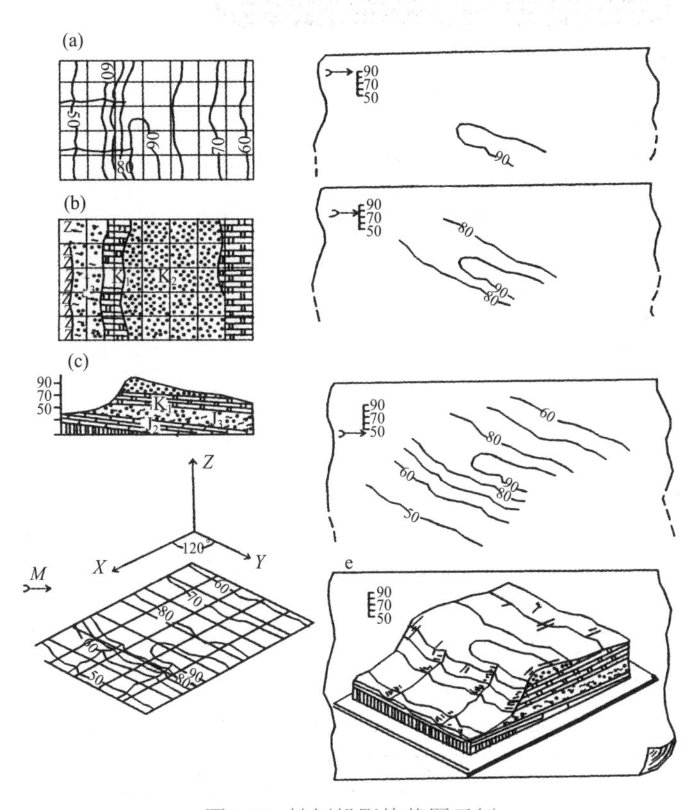

图 9-3　轴侧投影块状图示例

2）透视投影块状图

此类块状图因采用透视投影方法制作，透视投影是有灭点的投影，又分为平行透视和成角透视两种，分别得平行透视块状图和成角透视块状图。

平行透视投影是有一个灭点的透视投影，又称一点透视。组成矩形网格的两组平行线投影以后，一组向灭点收敛成为直线束，而另一组仍保持平行。平行透视投影的块状图上，越靠近灭点的地方，图块的宽度越窄，高度也相应降低，正面的高度和宽度在同一个图面上保持不变；但在侧面，地面相等的高度、其位置越接近灭点，在图块上就变得越小，直至消失在灭点方向。

成角透视投影是有两个灭点的投影，又称两点透视。组成矩形的两组平行线投影后都变成直线束。图块不平行于画面，它的两个侧边都与画面形成一定的角度，并向左右两个灭点集中，相同大小的物体遵循近大远小的规则（图 9-4）。其绘制方法比较复杂。

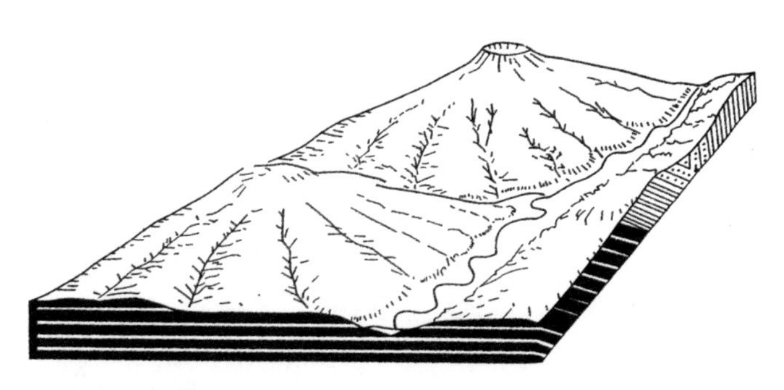

图 9-4　成角透视立体块状图示例

3. 图解加和图解减法

自然界常有这样的事情发生：滑坡或泥石流会使上部区域的地面降低，下部区域的地面相应增高；火山爆发会有大量的火山喷出物堆积在周围地区，使这些地区的地面增高；流水对地面不断侵蚀，使被侵蚀地面高程下降，而在河流下游地区因搬运物质的堆积使地面增高；干燥剥蚀和风蚀对地面的作用，也会产生类似的结果。可以利用等值线的图解加和图解减的方法来计算地面高程降低或增高量。

1）等值线图解加

等值线图解加是用图解的方法将两个或两个以上等值线表面叠加在一起，将等值线的交点作为控制点，两个或两个以上等值线表面的值相加作为新的值，据此内插的等值线即为两个或两个以上等值线表面相加得到的图形。如图 9-5 所示：*A*、*B*、*C* 为三个独立的等值线表面，*A*+*B* 为两个等值线表面相加，*A*+*B*+*C* 为三个等值线表面相加。当等值线表面 *A* 和 *B* 相加时，两组等值线相互交叉，构成许多四边形，把两组等值线的交点沿四边形对角线方向绘出平滑曲线，得到一组新的等值线，它们的值确定了等值线表面 *A*、*B* 的总和。采用同样的方法，可以叠加等值线表面 *A*、*B*、*C* 或更多的等值线表面。

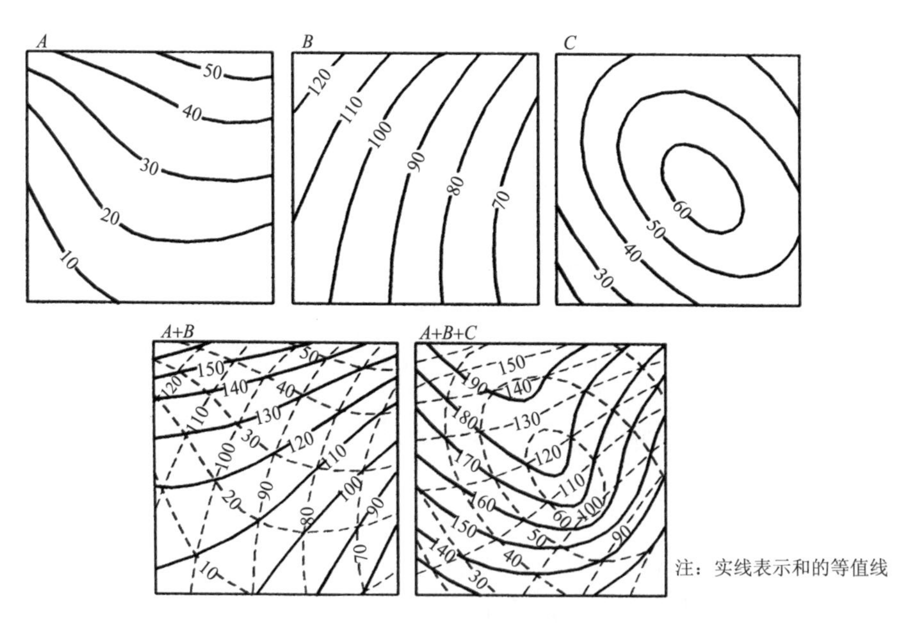

图 9-5　等值线图解加示例

利用等值线图解加，除可计算因滑坡或泥石流、火山喷出物、河流搬运物质等的堆积造成地面高程的增高量外，还可用于计算不同时段的积温、地表径流总量和地下径流总量等。

2）等值线图解减

等值线图解减是用图解的方法从一个等值线表面中减去另一个等值线表面并获得其差值的图形，也可以将等值线的交点作为控制点，用其差值作为新值内插等值线，据此内插的等值线即为两个等值线表面的值相减得到的图形。当等值线交点很少时，可以利用在两张图上均匀布置的网点作为控制点，不过这时需要增加各点分别在两个等值线表面上的读数步骤，方能得到所需结果。图 9-6 表示两个等值线表面的图解减，*A* 是原始等值线表面，*B* 是侵蚀后的等值线表面，欲知侵蚀的总量，即用图解法从等值线表面 *A* 上减去等值线表面 *B*。其方法仍然是将等值线表面 *A* 和 *B* 叠加起来，通过两组等值线的交点连线，不过这时得到的图形是两等值线表面之差。根据该图上的等值线计算出体积，即为被侵蚀掉的物质的体积。

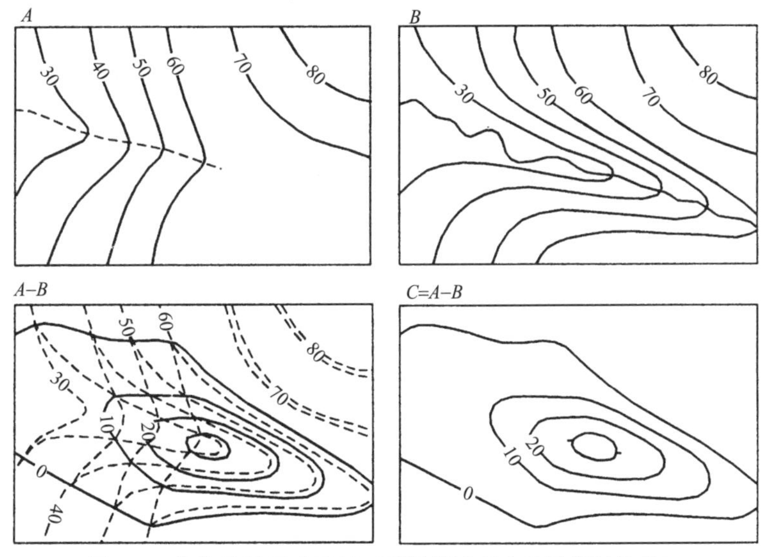

图 9-6　等值线图解减示例（用图解减研究谷地侵蚀的量）

利用等值线图解减，除可用来计算被滑坡或泥石流移动的物质的体积外，也可用于计算河口三角洲（如黄河三角洲）泥沙沉积的数量和速度，还可用于计算不同时段的降雨量、气温、日照、太阳辐射等气候要素的差别和人口密度等社会经济现象的变化。

三、地图图解解析法

地图图解解析分析是综合运用图解（作图）和解析（计算）的方法获得分析结果的方法。

1. 等值线表面分解的图解解析法

将一个用等值线表示的面即等值线表面分解为趋势面和剩余面，可以采用以下两种图解分解法。

1）展平剖面图分解法

在进行道路（铁路、公路等）选线和市政建设时，研究地形起伏的趋势往往只需从大处着眼，而不必考虑剖面图上小的碎部，这时需要用光滑的方法绘制展平的剖面图。绘制的基本方法如下。

在要展平的剖面的整个长度上给出一组等间距的垂直线（垂直于横坐标轴），它们同横坐标轴的交点称为步距点。显然，间距越大，展平的程度越大，间距大小可视任务要求而定。

对垂线与剖面线的交点按顺序编号，并将它们两两间隔地连接起来，如图 9-7 中的 0—2，1—3，2—4，3—5，…。这些连线同垂线相交，得到新的交点 *a*、*b*、*c*，…。连接交点 *a*、*b*、*c*，…，就得到一个新的被展平的剖面。这个剖面代表该地段基本的特点。

每个步距点上都可以读出两个高程，即原始剖面的高程 $h_{原}$ 和展平剖面的高程 $h_{展}$，其高差为 $\Delta h = h_{原} - h_{展}$。

如果展平的对象是研究区域的等高线表面，则要首先在研究区域内布置等间距的网点，然后沿每一横排网点作剖面图，并将其按上述方法展平。这时，可以得到每个步距点在原始表面上的一组高程 h_i 和展平表面上的高程 h_{bi} 以及它们之间的高差 $\Delta h_i = h_i - h_{bi}$。根据 h_{bi} 这一组高程内插的等高线即为趋势面，根据 Δh_i 这一组数据内插的等高线即为剩余面。

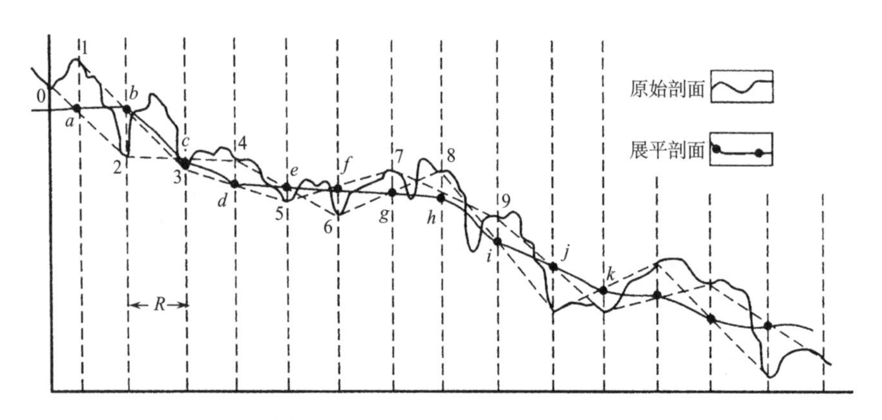

图 9-7 展平剖面图分解表面示例

2）网点平均分解法

此方法主要用于对等值线表示的区域表面进行分解，基本过程如下：在等值线区域表面上布置六角形网点，每个六角形都有包括其中心点在内的 7 个点；根据等值线读出每个六角形的 7 个点的高程并计算其平均值，将该值赋予六角形的中心点，这一组值为 h_{bi} 即趋势值，它们和 h_i 的差值 Δh_i 为剩余值；分别根据 h_{bi} 和 Δh_i 内插等值线，即得趋势面和剩余面。

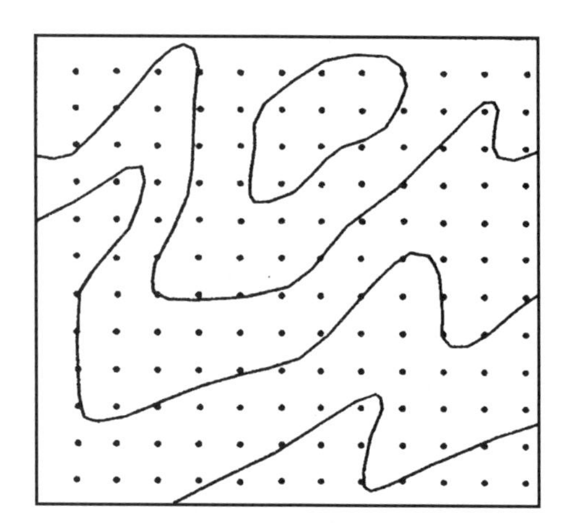

图 9-8 地面平均高度图解解析法示例

2. 标志等值线表面形态特征的图解解析法

等值线表面形态特征的标志很多，如等高线表面形态特征的标志有地面平均高度、地面坡度、地面切割深度和地面切割密度等。

1）地面平均高度的图解解析法

地面平均高度即高程平均数，具有统计学中的平均数的性质。为了在模拟（纸基）地图上求得地面平均高度，可在等高线地图上覆盖网点模片（图 9-8），读出每个网点的高程值，再按以下公式求得平均值即平均高度。

$$H_{平均}=\frac{\sum h_i}{n} \tag{9-1}$$

式中，$H_{平均}$为平均高度；h_i为网点高程；n为网点总数。

采用读出每个网点高程计算平均高度的方法比较麻烦，可采用分组统计的方法，即统计出每相邻两条等高线间的网点数，然后按下式计算平均高度。

$$H_{平均}=\frac{\sum n_i \cdot z_i}{n} \tag{9-2}$$

式中，n_i为相邻两条等高线间（高程段）的网点数；z_i为相邻两条等高线间的高程平均值；n为网点总数。

此方法还可应用于通过等值线求取平均降雨量、平均温度及其他现象的平均值。

2）地面坡度的图解解析法

地面坡度是等值线表面形态特征的主要标志之一。利用图解解析法获取地面坡度，除直接利用两脚规和坡度尺在地形图上量测和读取外，还可以用方格网图解解析法量测地面坡度，也可以用计算法测定地面坡度。

用方格网图解解析法量测地面坡度的方法用于地面坡度大于 30° 的情况（图 9-9）。当地面坡度小于 30° 时，采用两脚规和坡度尺直接量测。利用此法量测地面坡度要首先准备三个工具：第一，在一张透明胶片上用相等间隔制作方格网，横向 L 表示等高线间的水平距离，纵向 h 表示相应等高线间的高差；第二，在方格网的上方作一复比例尺；第三，以方格网中的 O 为圆心，以略大于 L 的长度为半径，作四分之一大圆，圆弧上刻出 1° 至 90° 的分划。使用时，首先用复比例尺量测所求等高线间的水平距离，查出相应等高线间的高差，如在 1∶5 万比例尺地图上量得相邻 11 条等高线间的水平距离为 160m，假设每一方格的长宽分别均为 20m，L 为 160m 即 8 个方格，h 为 100m 即 5 个方格，其交点为 A；然后用一直尺通过 O、A 两点与大圆弧相交于 32°，即为所求的坡度。

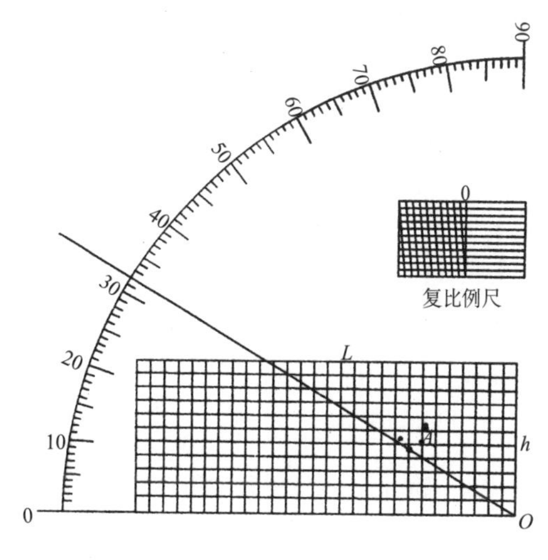

图 9-9　方格网图解解析法量测地面坡度示例

用计算法量测地面坡度的基本原理是：根据坡度角的正切值

$$\tan 1° = 0.0175 \approx \frac{1}{57}$$

导出

正切=高差/水平距离

为计算简便起见，取$\frac{1}{60}$代替$\frac{1}{57}$，于是有

$$坡度 = \frac{高差 \times 60}{水平距离} \tag{9-3}$$

或

$$坡度 = \frac{高差 \times 50}{水平距离} \tag{9-4}$$

根据经验，水平距离大于高差的三倍时用公式（9-3）计算，水平距离小于高差三分之一时用公式（9-4）计算。利用此方法确定地面坡度，其误差一般在2°左右，满足一般图上作业的要求。

3）地面切割密度的图解解析法

地面切割密度指的是单位面积内切割线长度，用数学公式表达为

$$D = \frac{\sum L}{p} \tag{9-5}$$

式中，$\sum L$ 为切割线总长度；p 为区域面积；D 为单位面积内的切割线长度。

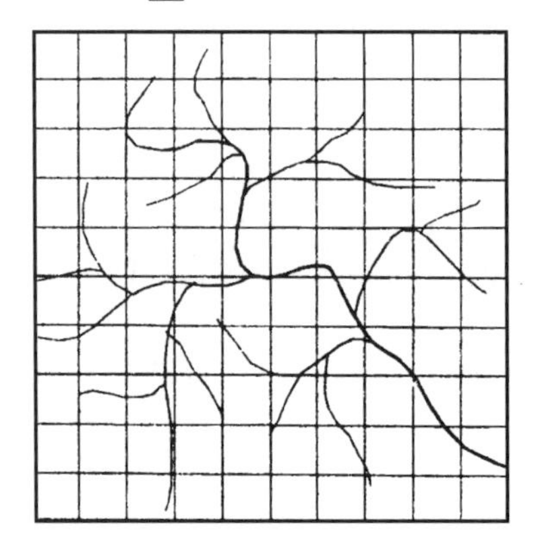

图 9-10　透明方格模片统计法测定谷网总长度示例

作为等值线表面形态特征标志指的是地面谷地网密度，即单位面积内的谷地长度。

在这里，谷地网的总长度在精度要求不太高的情况下可采用透明方格模片统计法测定（图 9-10）。此方法的基本步骤是：首先，作一边长为 d 的正方形透明方格模片；然后，把它蒙在被量测的地图上，被量测的谷地线同正方形方格边的交点的数量与它们的总长度成正比，即

$$L = \sum l_i = \frac{\pi}{4} = dN \tag{9-6}$$

式中，L 为谷地线总长度；l_i 为每条谷地线长度；d 为透明方格模片网边长；N 为谷地线与方格网边的交点数。

为提高量测精度，可将模片随机地放置两次或多次，使模片网格同地图构成不同的方向，得到不同交点数，最后求其平均值。根据利用大比例尺地形图量测的经验，用边长 2—4mm 的方格模片量测时的相对误差为 3%—5%。

在地图上量测区域面积，亦可采用透明方格模片法，此处不再详述。

4）地面切割深度

地面切割深度，指斜坡上任意一点沿最大倾斜方向到谷底的高差，切割深度值相等的点的连线即为地面切割深度等值线；在谷底线上，从等高线与谷底线的每个交点向上一条等高线作垂线，即得同一谷底为一个等高距高差的一组切割深度等值点，将这些点连接起来即得切割深度等值线；采用同样的方法可得其余各条切割深度等值线。

第二节　数字地图分析的基本方法

一、利用数字地图进行基本的量算

在电子计算机环境下，数字地图不但为地图分析提供了许多方便，而且具备了更多的分

析功能，速度更快，精度更高。利用数字地图可以对地面点高程、任意两点间的距离、任意多边形的面积、体积（挖方/填方）、坡度、坡向等进行量算。

1. 高程量算

1）地面任意点的高程

（1）距离加权法。一般基于数字高程模型（DEM）数据求任意一点的高程值，首先要判断这个高程点在 DEM 格网中的位置（即属于哪一个网格，格网行列值），然后用对距离的加权法求出这一点的高程。其判别式为

$$\begin{cases} \text{Lin} = (\text{int})((\text{LDownPos}\bullet y - Y_{\min}) / \text{Distance}\_Y + 0.5) \\ \text{Col} = (\text{int})((\text{LDownPos}\bullet x - X_{\min}) / \text{Distance}\_X + 0.5) \end{cases} \tag{9-7}$$

式中，LDownPos 为所求点的坐标；Distance_X 、Distance_Y 分别为格网的横纵间距；$X_{\min}$ 、$Y_{\min}$ 分别为格网的最小坐标值。计算高程值公式为

$$H = \sum_{L=1}^{4} P_L H_L \Big/ \sum_{L=1}^{4} P_L \tag{9-8}$$

式中，权 P_L 是距离 d_L 的函数，$P_L = 1/d_L^u$（$u \geqslant 0$，一般取 1 或 2），d_L 是所求点到格网点的距离。

（2）趋势面拟合法。趋势面拟合法求任意点高程，一般控制在二次多项式以内。如图 9-11 所示，在邻域范围内，以 X 为横坐标，Y 为纵坐标，Z 为高程，按最小二乘法拟合平面，可得

$$Z = AX + BY + C \tag{9-9}$$

一般选取离所求点 $A(X_0, Y_0)$ 最近的三个格网点拟合平面，通过已知格网点的坐标和高程解算出平面表达式系数 A、B、C，那么

$$Z_A = AX_0 + BY_0 + C \tag{9-10}$$

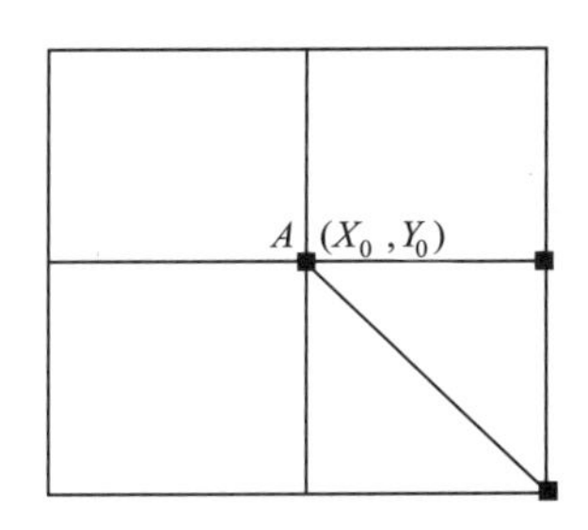

图 9-11　三点拟合面法

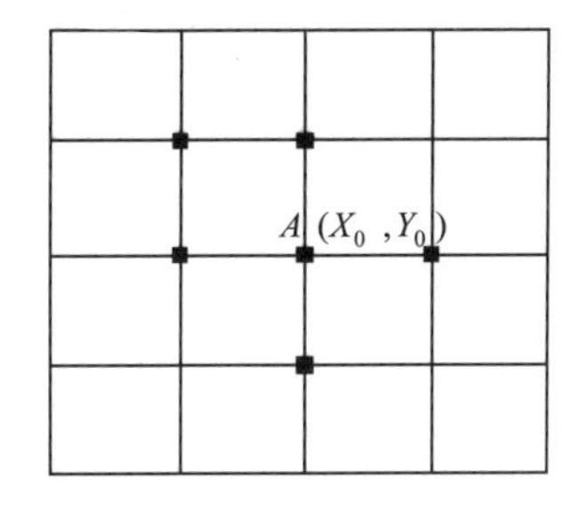

图 9-12　六点拟合面法

如图 9-12 所示，在邻域范围内选择距离所求点 $A(X_0, Y_0)$ 最近的六个点拟合二次曲面，则有

$$Z = aX^2 + bXY + cY^2 + dX + eY + f \tag{9-11}$$

通过已知格网点的坐标和高程，解算出二次曲面表达式系数 a、b、c、d、e、f，那么有

$$Z_A = aX_0^2 + bX_0Y_0 + cY_0^2 + dX_0 + eY + f \tag{9-12}$$

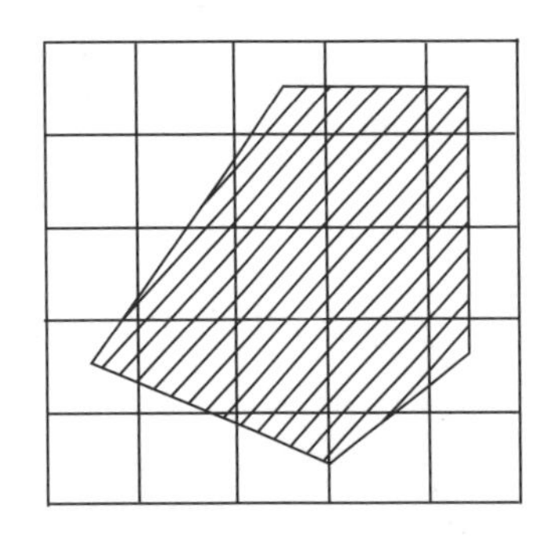

图 9-13 区域内平均高程计算原理

2）一定区域的平均高程

这里指局部地区平均高程，是用 DEM 数据计算鼠标在屏幕电子地图上确定的闭合区域的平均高程。

计算时首先要判断所求区域所在的格网范围，即格网的行列范围 ColMin、ColMax、LinMin 和 LinMax，然后在此格网范围内，用“点在区域内外的判别”算法逐点判断是否在区域内，最后用所有在区域内的格网点计算平均高程（图 9-13），即

$$\text{EverHight} = \sum H[i][j]/\text{Num} \tag{9-13}$$

式中，Num 为区域内的格网点数；$\text{ColMin} \leqslant i \leqslant \text{ColMax}$；$\text{LinMin} \leqslant j \leqslant \text{LinMax}$。

2. 距离量算

距离量算包括水平距离、直线距离和地表距离三种距离的量算，如图 9-14（a）、（b）、（c）所示。其中直线距离无实际意义，一般不予考虑。

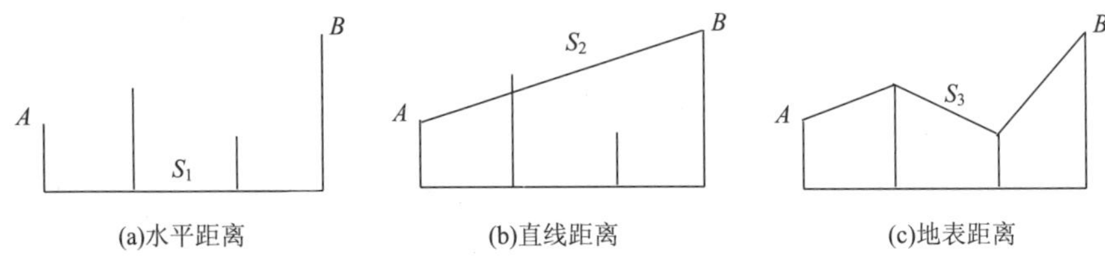

图 9-14 距离量算类别

一般在计算水平距离和地表距离时，利用鼠标在屏幕地图采点，计算两点之间的距离和所行轨迹的总距离，如图 9-15 所示。

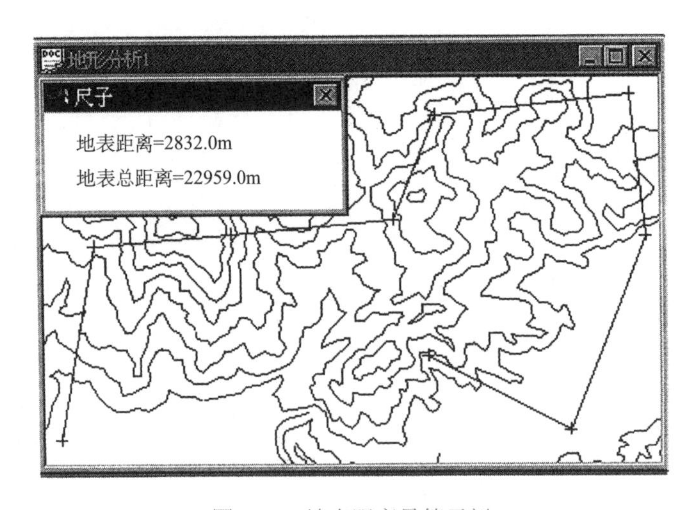

图 9-15 地表距离量算示例

1）水平距离

水平距离是指地形表面上两点之间的水平直线距离，一般用如下公式表示：

$$D_{ij}=\left[\left(x_i-x_j\right)^2+\left(y_i-y_j\right)^2\right]^{1/2} \tag{9-14}$$

2）地表距离

地表距离是指地形表面上两点之间沿地形表面的距离。它的计算方法是：先求出这两点所在的 DEM 格网的范围，再在此范围内，让两点连成的线段和 DEM 格网求交（用求线段和线段的交点法），然后把所求交点按离始点的距离排序，最后计算两两交点之间的近似地表距离，即

$$D_{ij}=\left[\left(x_i-x_j\right)^2+\left(y_i-y_j\right)^2+\left(h_i-h_j\right)^2\right]^{1/2} \tag{9-15}$$

3. 面积量算

面积量算是指计算屏幕地图上确定的闭合区域的曲面面积和该面积占总面积的百分比。面积量算的结果直接为挖方、填方的体积计算所用。

闭合区域的面积是指区域内格网曲面面积的累加。格网的曲面面积计算公式为

$$\begin{aligned}S=\Big[&D_y^2\cdot\left(h_{i,j}+h_{i,j+1}-h_{i+1,j}-h_{i+1,j+1}\right)^2/4\\&+D_x^2\cdot\left(h_{i,j+1}-h_{i+1,j+1}-h_{i,j}-h_{i+1,j}\right)^2/4+D_x^2D_y^2\Big]^{1/2}\end{aligned} \tag{9-16}$$

式中，D_x、D_y 分别为格网的横、纵间距。在计算一定区域的面积时，首先要判断区域中有多少格网被区域边界切割，切割的格网面积要单独计算，一般计算切割后的格网占原格网面积的比例，即

$$S'=\frac{m}{n}\cdot S \tag{9-17}$$

于是，区域面积为

$$S_{区域}=\sum S+\sum S' \tag{9-18}$$

4. 体积量算

在大型土石方工程中，有“挖方”和“填方”两个概念。对某一块土地，需要平整成某一海拔高度，即在这一高度以上的土石方要被挖去，其挖去的体积叫作“挖方”；而在这一高度以下的地要填平，其所要填充的空间叫作“填方”。体积测量就是挖方和填方的测量。

在计算挖填方体积前，需用户输入一个高度参数 h_0，即需要平整的海拔高度。计算挖填方体积的基本原理是：先计算出指定区域的每一个 DEM 格网的地表面积（被区域边界切割的格网要单独计算），再计算每个格网的平均高程和每个格网及输入高度参数之间的高差。

$$\begin{cases}V_{挖}=\sum\left[S\left(h-h_0\right)\right]\\V_{填}=\sum\left[S\left(h_0-h\right)\right]\end{cases} \tag{9-19}$$

5. 坡度计算

坡度是地表斜面对水平面的倾斜程度，它以斜坡的形态显示丘陵、山地、平原等，因而在军事上对战术乃至战役行动产生极为重要的影响。坡度的变化对部队通行有重大影响，特别是部队在组织越野运动时都要详细研究地面坡度的变化，因为坡度变化对越野运动影响重大。

坡度包括格网的坡度、格网点的坡度和任意一点的坡度三种，分别有着不同的用途。

1）格网的坡度（面坡度）

地表单元的坡度就是其法向量 $\boldsymbol{n}$ 与轴 Z 的夹角（切平面和水平面的夹角），如图 9-16 所示。格网面的坡度可以用来做坡度分级图（不同坡度的格网面填充不同颜色）。

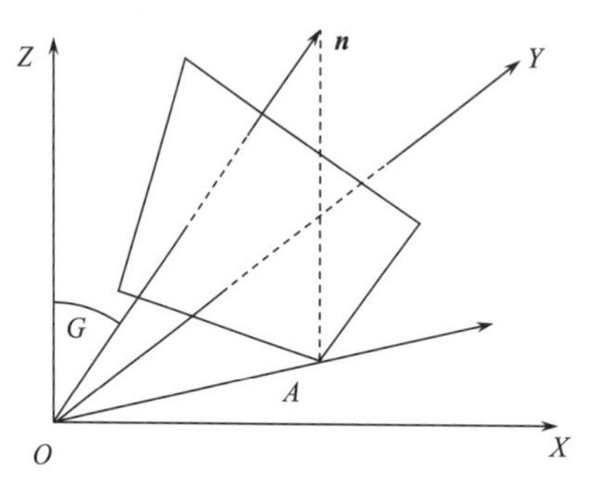

图 9-16　地表单元坡度计算

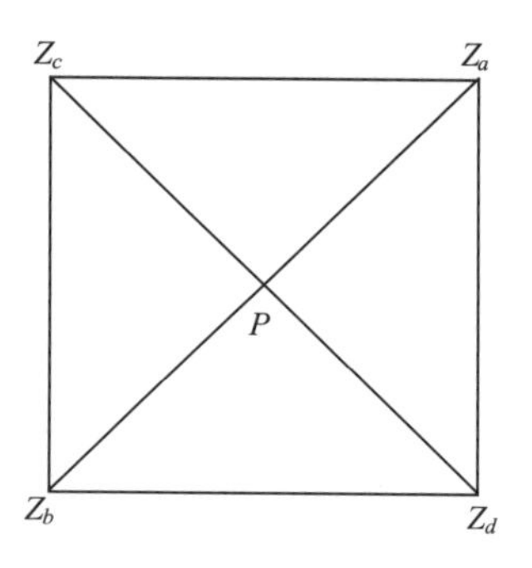

图 9-17　DEM 中面坡度计算

格网面坡度 G 的计算公式为 $\tan G=\left[\left(\partial Z/\partial X\right)^2+\left(\partial Z/\partial Y\right)^2\right]^{1/2}$，对于格网 DEM，如图 9-17 所示，可用如下的简化公式计算面坡度：

$$G=\arctan\sqrt{u^2+v^2} \tag{9-20}$$

式中，$u=\dfrac{\sqrt{2}\left(Z_a-Z_b\right)}{2ds}$；$v=\dfrac{\sqrt{2}\left(Z_c-Z_d\right)}{2ds}$；$Z_a$、$Z_b$、$Z_c$ 和 Z_d 是一个格网上的四个格网点的高程；ds 为格网边长。

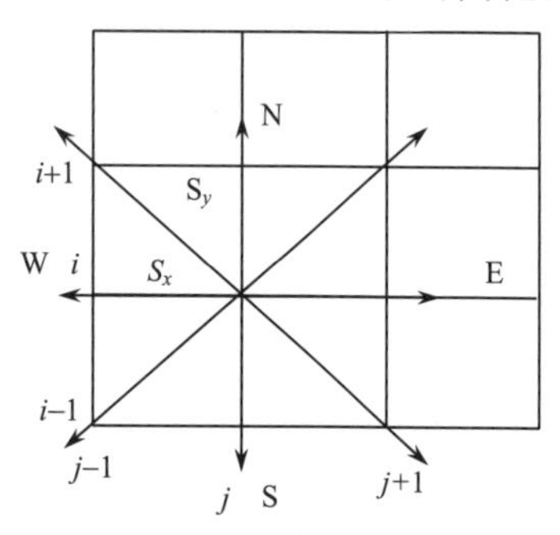

图 9-18　网格点坡度计算原理

2）格网点的坡度

格网点的坡度值通常用于获得格网的坡度 DTM，并根据坡度 DTM 追踪坡度等值线，再用坡度等值线绘制坡度分层设色图。求格网点的坡度，一般先求解该格网点八个方向的坡度，再取其最大值（图 9-18）。

$$G=\mathrm{Max}\left\{G\mathrm{wn},G\mathrm{n},G\mathrm{ne},G\mathrm{e},G\mathrm{es},G\mathrm{s},G\mathrm{ws},G\mathrm{w}\right\} \tag{9-21}$$

式中，$G\mathrm{wn}=\arctan\left(\dfrac{\left|h_{i+1,j-1}-h_{i,j}\right|}{\sqrt{{D_x}^2+{D_y}^2}}\right)$；$G\mathrm{n}=\arctan\left(\dfrac{h_{i+1,j}-h_{i,j}}{Dy}\right)$；$G\mathrm{w}=\arctan\left(\dfrac{\left|h_{i,j-1}-h_{i,j}\right|}{Dx}\right)$。

3）任意一点的坡度

任意一点的坡度求解通常用于坡度的量算，以提供一些地形辅助决策的依据。一般地，如果精度要求不太高的情况下，可判断所求点近似地靠近哪一个格网点，用格网点的坡度代替所求点的坡度；也可以判断所求点在哪一个格网内，再在所在格网内用距离加权法解算出这一点的坡度值。

通常，我们可以用拟合面法求解任意一点的坡度值。

在邻域范围内，以 X 为横坐标，Y 为纵坐标，Z 为高程拟合平面，公式为 $Z=aX+bY+c$。一般选取离所求点最近的三个格网点拟合平面，通过已知格网点坐标和高程解算出平面表达

式的系数a，b，c，那么有

$$G=\arctan\sqrt{u^2+v^2}=\arctan\sqrt{a^2+b^2} \tag{9-22}$$

式中，$u=\partial Z/\partial X=a$；$v=\partial Z/\partial Y=b$。

在邻域范围内选取距离所求点最近的六个点拟合二次曲面式为$Z=aX^2+bXY+cY^2+dX+eY+f$，通过已知格网点的坐标和高程，解算出二次曲面表达式系数a、b、c、d、e、f，那么有

$$G=\arctan\sqrt{u^2+v^2} \tag{9-23}$$

式中，$u=\partial Z/\partial X=2aX_0+bY_0+d$；$v=\partial Z/\partial Y=2cY_0+bX_0+e$。

4）坡度分级图的绘制

对坡度求解的结果，通常是用数字来表示的，但人们对图形表示表现出比对数字表示更强的接受能力，为此对坡度计算值进行分级并绘制坡度分级图是非常必要的。

坡度分级图的绘制原理是：求出图幅每个格网的坡度，计算出坡度值的范围，并存储在一定的内存中。用户根据坡度值的范围，自行设计坡度分级数和分级区间，即绘出坡度分级图（坡度图分级设计对话框见图 9-19）。通常坡度分级图用同一种颜色的不同饱和度表示，坡度值大，色相的饱和度高（图 9-20）。

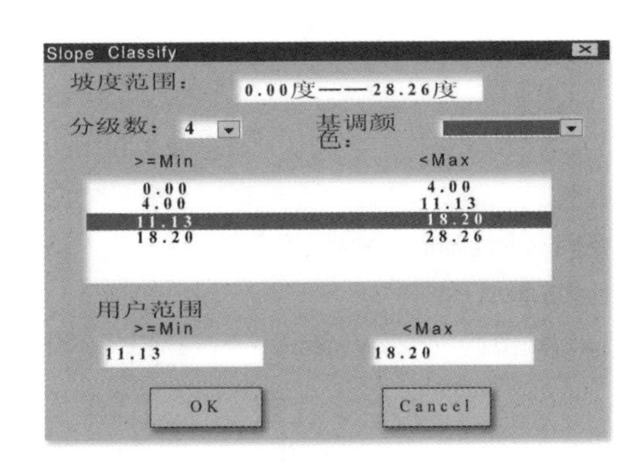

图 9-19　坡度分级图参数设置示例

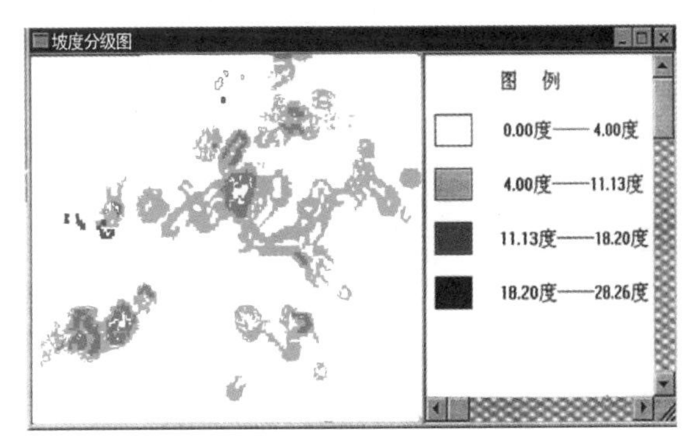

图 9-20　坡度分级图示例

6. 坡向计算

坡向是地表单元的法向量在 OXY 平面上的投影与 X 轴之间的夹角，如图 9-16 所示，A 即为坡向角。坡向角计算一般要换算成正北方向起算的角度。通常坡向综合成四种，即平缓坡、阳坡、半阳坡和阴坡，其角度所在的区间范围如图 9-21 所示。

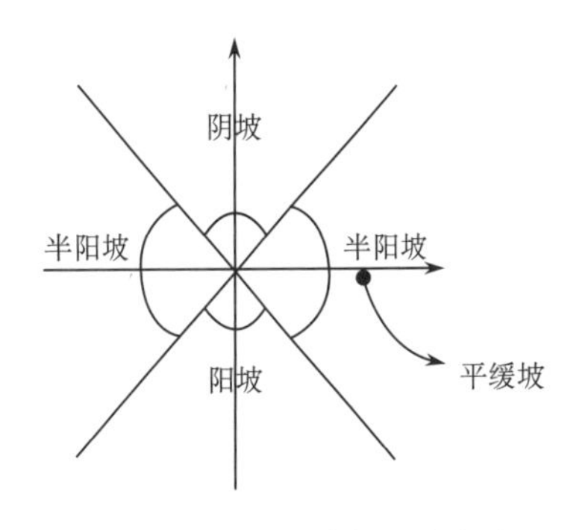

图 9-21　坡向种类的对应角度

坡向分析通常包括任意一点的坡向和格网面的坡向，前者用于坡向的量测，后者用于坡向分类图的绘制。

1）任意一点的坡向

任意一点的坡向计算公式为

$$\tan A = \frac{V}{U} \qquad (-\pi < A < \pi) \tag{9-24}$$

式中，$V = \partial Z / \partial Y$；$U = \partial Z / \partial X$。

当$U < 0$，$A = \arctan\left[(\partial Z / \partial Y)/(\partial Z / \partial X)\right]$，单位：度。其中：

$$\begin{cases} A = 0 & 半阳坡 \\ 0 < A < 45 & 半阳坡 \\ 45 < A < 90 & 阴坡 \\ -45 < A < 0 & 半阳坡 \\ -90 < A < -45 & 阳坡 \end{cases}$$

当$U > 0$，$A = \arctan(\partial Z / \partial Y) / (\partial Z / \partial X) + \pi$，单位：度。其中：

$$\begin{cases} A = 180 & 半阳坡 \\ 90 < A < 135 & 阴坡 \\ 135 < A < 180 & 半阳坡 \\ 180 < A < 225 & 半阳坡 \\ 225 < A < 270 & 阳坡 \end{cases}$$

当$U > 0$，$A = \arctan(\partial Z / \partial Y)(\partial Z / \partial X)$，单位：度。其中：

$$\begin{cases} V = 0 & 半阳坡 \\ A = 90 & 阴坡 \\ A = 270 & 阳坡 \end{cases}$$

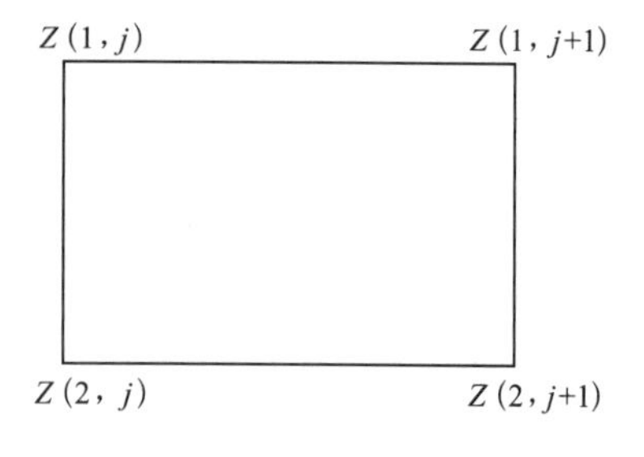

图 9-22 格网面坡向计算

2）格网点的坡向（面坡向，图 9-22）

格网面的坡向计算公式为

$$A = \arctan(\Delta x \times A_j / \Delta y \times B_j) \tag{9-25}$$

式中，$A_j = Z_{1,j+1} + Z_{2,j+1} - Z_{1,j} - Z_{2,j}$；$B_j = Z_{2,j} + Z_{2,j+1} + Z_{1,j} + Z_{1,j+1}$；$\Delta x, \Delta y$ 为格网横纵边的边长。

在实际应用中，求出的坡向 A 有 x 轴正向和 x 轴负向之分，这就要看坡向变量 A_j 和 B_j 的符号以及 A 的角度值。一般有：

A= =0 & & B= =0	平缓坡
A= =0 & & B>0	阳坡
A!=0 & & B>0 & & fabs（A）≤45	阳坡
A<0 & & B= =0	半阳坡
A>0 & & B= =0	半阳坡
A!=0 & & B>0 & & fabs（A）>45	半阳坡
A!=0 & & B<0 & & fabs（A）>45	半阳坡
A!=0 & & B<0	阴坡
A!=0 & & B<0 & & fabs（A）≤45	阴坡

3）坡向分类图的绘制

因为任意斜坡的倾斜方向可取0°—360°中的任意方向，所以坡向也有类别之分。坡向一般分为9类，包括东、南、西、北、东北、西北、东南、西南8个罗盘方向的8类，另一类用于平地。采用这种坡向分类方法比较详细，实际应用中有时反而不太方便，通常进行综合，得到四种坡向，即平缓坡、阳坡、半阳坡和阴坡。

坡向分类图的绘制原理是：求出图幅的每个格网坡向（平缓坡、阳坡、半阳坡和阴坡，分别用1，2，3，4来表示），并存储在一定的内存中。用户根据需要，选择图案表示法或色彩表示法来绘制坡向分类图。坡向分类图按平缓坡、阳坡、半阳坡和阴坡，分别选择不同的图案纹理或色彩（图9-23）。

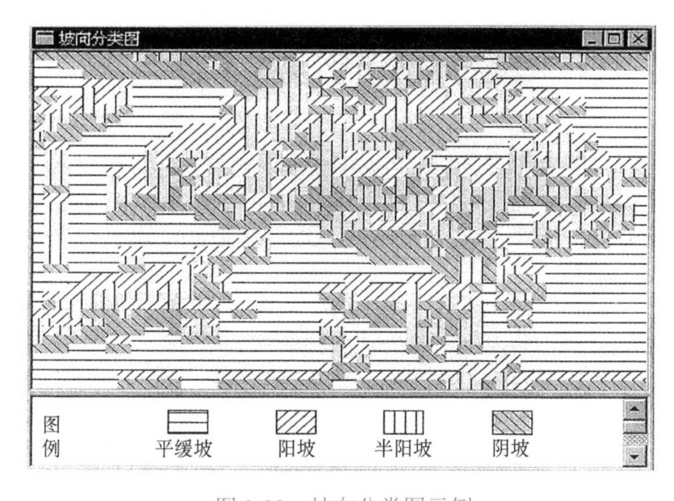

图9-23　坡向分类图示例

坡向经常随地区的不同而变化，用统一分类定义后不利于强调地区特征。于是最有价值的坡向图应按类别出现的频率分布的均值和方差加以调整。

二、地形分析

1. 通视分析

通视分析有着十分广泛的应用背景。经典的例子就是观察哨的设定——观察哨设在能监视某一我们感兴趣的区域，而视线又不能被地形挡住，这就是通视分析中点对区域的通视问题。类似的还有森林中火灾监测站的设定和无线电发射塔的设定等。此外，我们还会对某点的不可见区域感兴趣，如低空侦察飞机在飞行时，就要尽可能躲避敌方雷达的捕捉。

通常，人们将通视问题归纳为五类：

（1）已知一个或一批观察点V_p，找出某一地形的可见区域。

（2）欲观察到某一区域的全部地形表面，计算最小观察点数量。

（3）在观察点数量一定的前提下，计算能获得的最大观察区域。

（4）以最小的观察塔建造代价，使全部区域可见。

（5）在给定观察塔代价的前提下，求最大可见区域。

通视图最常见的绘制方法就是用连续和断开的线段表示可见和不可见，也有用点值法表示的，但后者在三维立体图上表示通视状况比较直观。

1）射线法

射线法是以某一观察点 O 为轴，以一定的方位角间隔计算出 0°～360°所有方位线上的通视情况，用不连续的射线（通视的地方绘线，不通视的地方断开）来绘制某一区域的通视图。

绘制射线法通视图的基本思路：如图 9-24 所示，以 O 为观察点，对格网 DEM 中的 P 点判断通视情况。首先要内插出 OP 和格网的交点 A、B、C、D、E 的坐标和高程。OP 的倾角 α 可由下式计算：

$$\tan\alpha = \frac{Z_p - Z_0}{\sqrt{\left(X_p - X_0\right)^2 + \left(Y_p - Y_0\right)^2}} \tag{9-26}$$

观察点与各交点的倾角 β_i（A、B、C、D、E）可由下式计算：

$$\tan\beta_i = \frac{Z_i - Z_0}{\sqrt{\left(X_i - X_0\right)^2 + \left(Y_i - Y_0\right)^2}} \tag{9-27}$$

若 $\tan\alpha > \max\left(\tan\beta_i, i = A, B, C, \cdots\right)$，$OP$ 通视，否则不通视。

在绘制通视线时，为精确考虑，还需要求出可通视点和不可通视点之间的分界点的坐标和高程。如图 9-25 所示，在观察 P 点时，A 点是可见的，B 点是不可见的，求解出 AB 之间的临界点 F_1，同理，求解出 CD 之间的临界点 F_2，这样，OP 之间的通视线就是 $OF_1 + F_2P$，避免了忽略 AF_1 和 F_2D 两段的可能性。

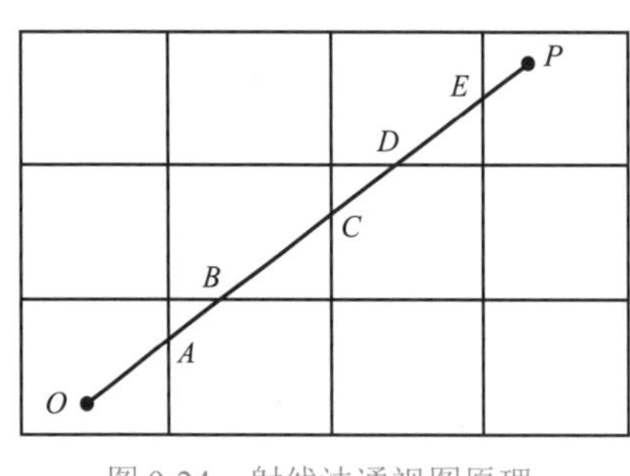

图 9-24　射线法通视图原理

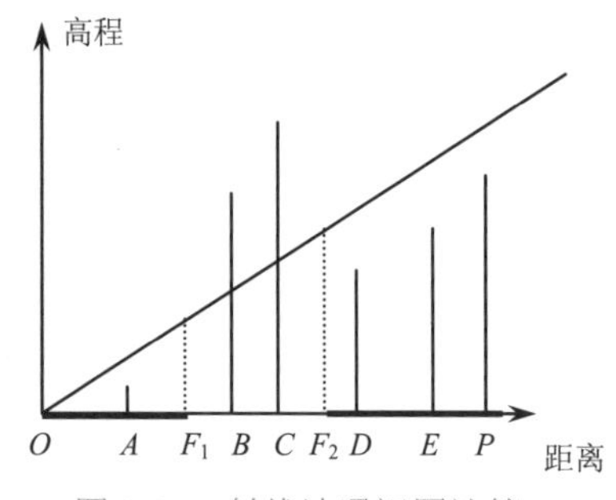

图 9-25　射线法通视图计算

在地形分析模型应用演示系统中，射线法通视图的绘制如图 9-26。

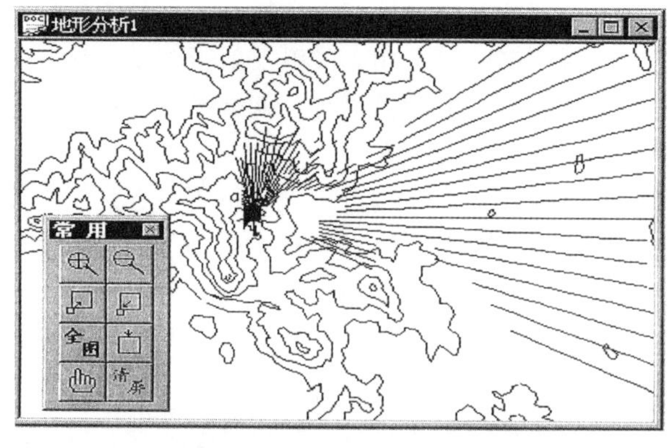

图 9-26　射线法通视图示例

2）点值法

点值法是以打点的方式来表示区域的可见和不可见。基本原理是：以某一点 O 为观察点，求所有 DEM 格网点和观察点 O 的通视情况，通视的格网点以点值的方式表示，如图 9-27 所示。

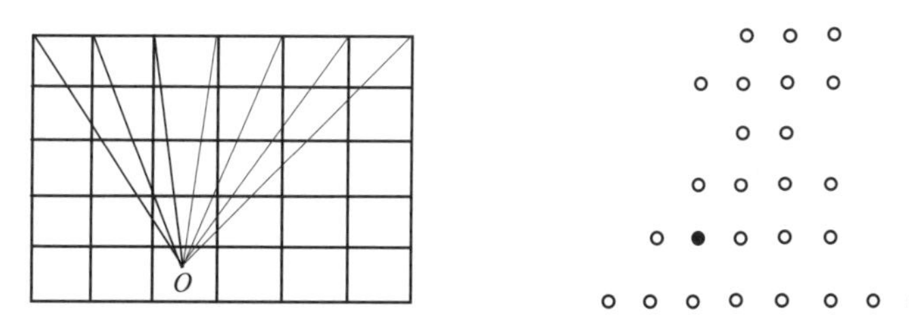

图 9-27　点值法通视图原理

点值法适用于在三维立体图上进行通视分析。一般地，我们在进行通视分析时，观察点不可能是地形表面的一点，通常是在地形表面建造一座观察塔，随着塔的升高，观察区域也相应增大，但观察塔的建造代价也随之增大，这就涉及“通视分析”中提到的问题（4）和（5）。

点值法通视图的绘制如图 9-28 所示。

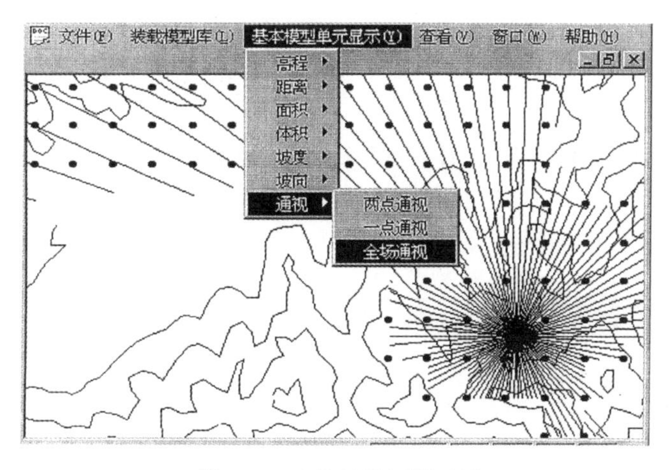

图 9-28　点值法通视图示例

2. 断面图分析

断面图分析，就是地形的剖面分析。剖面是一个假想的垂直于海拔零平面的平面与地形表面相交，并延伸其地表与海拔零平面之间的部分。研究地形剖面，常常可以以线代面，研究区域的地貌形态、轮廓形状、地势变化、地质构造、斜坡特性、地表切割强度等。

剖面图的绘制也是在 DEM 格网上进行的。已知两点 A 和 B，求这两点的剖面图的原理是：首先要内插出 A、B 点的高程值，可选择以上介绍的求任意点高程的任意一种方法；还要求出 AB 连线和 DEM 格网的所有交点（图 9-29），通过插值求出各交点的坐标和高程，并把交点按离始点（A 或 B）的距离进行排序；最后选择一定的垂直比例尺和水平比例尺，以各点（包括 A，B 点）的高程和距始点的距离为纵横坐标绘制剖面图（图 9-30）。

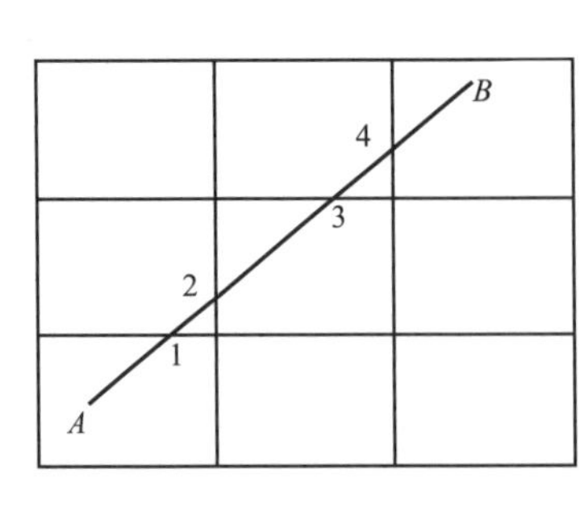

图 9-29 剖面图绘制原理

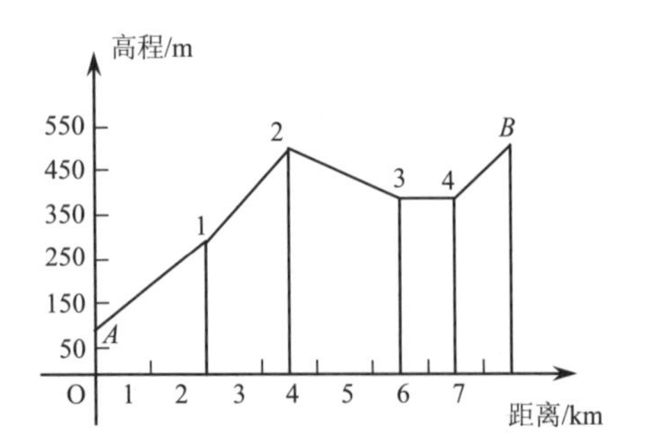

图 9-30 剖面图绘制

内插 1，2，3，4 点的高程时，由于交点在格网边上（或格网点上），通常可以采用简单的线性内插算出。如图 9-31 所示，格网点 $A(X_1,Y_1,Z_1)$、$B(X_2,Y_2,Z_2)$，交点 C 的坐标为 $C(X,Y,Z)$，设 AC 的距离为 S_1，AB 的距离为 S_2，则 C 点的坐标和高程为

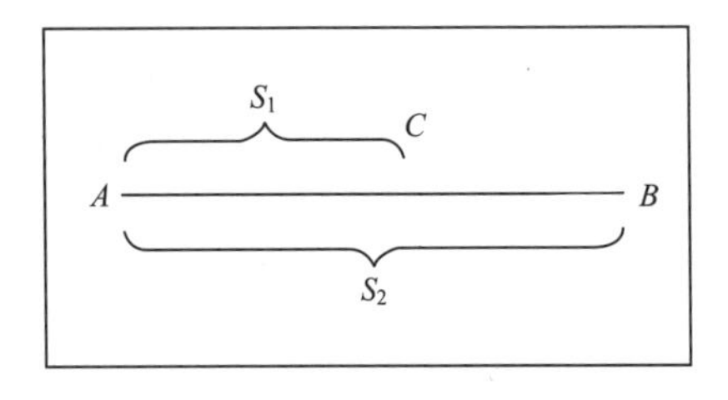

图 9-31 线性内插计算示意图

$$\begin{cases} X = \dfrac{X_2 - X_1}{S_2} \cdot S_1 \\ Y = \dfrac{Y_2 - Y_1}{S_2} \cdot S_1 \\ Z = \dfrac{Z_2 - Z_1}{S_2} \cdot S_1 \end{cases} \tag{9-28}$$

剖面图不仅可以绘制两点之间的，也可以绘制多点之间的；不但可以沿直线绘制，还可以沿曲线绘制（图 9-32）。如果在地形剖面上叠加上其他地理变量，如坡度、土壤、植被、土地利用现状等，可以为土地利用规划、工程选线和选址等提供决策依据。

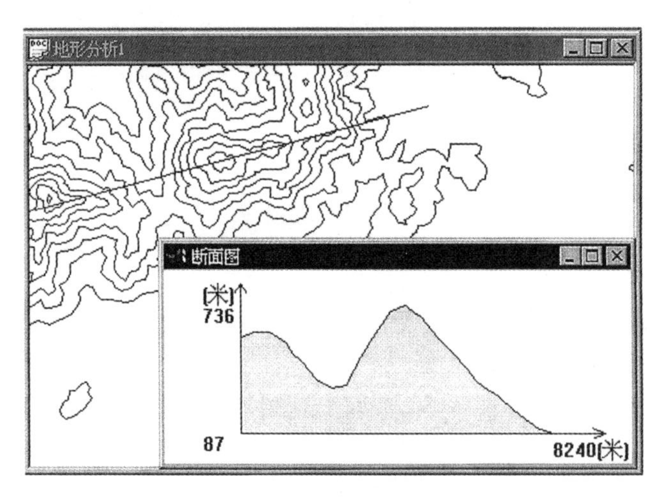

图 9-32 剖面图示例

三、缓冲区分析

根据数字地图上给定的点、线、面等空间目标，自动建立其周围一定范围的缓冲区，并

在该范围内对有关地物进行查询统计分析，称为缓冲区分析。空间目标 O_i 的缓冲区为

$$B_i = \left\{ p_i : d\left(p_i, O_i\right) \leqslant R \right\} \tag{9-29}$$

式中，$p_i = \left\{ \left(x_1, y_1\right), \left(x_2, y_2\right), \cdots, \left(x_n, y_n\right) \right\}$；$R$ 为缓冲距；$d\left(p_i, O_i\right)$ 指最小欧氏距离；B_i 是空间目标 O_i 的缓冲距为 R 的缓冲区，如图 9-33 所示。

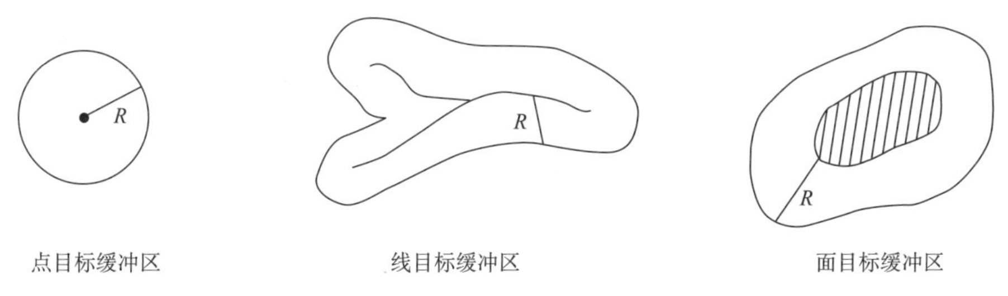

图 9-33　空间目标缓冲区示例

对于空间目标集合 $O = \left\{ O_i : i = 1, 2, \cdots, n \right\}$，其缓冲距为 R 的缓冲区是其中单个空间目标的缓冲区的并集，即

$$B = \bigcup_{i=1}^{n} B_i \tag{9-30}$$

四、路径网络分析

由道路的结点边构成的道路图案称为路径网络，如城市公共汽车沿街道网运行形成的公共交通网络。路径网络分析在交通运输中具有重要实际意义。

在路径网络分析中，最典型的是最短路径分析。两点之间的最短路径，可以定义为最短实际距离、最短时间、最低运费、最大流量等。

经典的最短路径分析，可归结为两个问题：一是从某一指定点（V_i）到另一确定的点$\left(V_2\right)$；二是路径网络图中任意两点间的最短距离。解决第一个问题通常采用迪杰斯特拉（Dijkstra）算法，其关键是在网络中找出从指定点（V_1）到另一确定点（V_2）的可能通道。给起点 V_1 一个固定的标记（P 标记），通道上其他结点都给临时标记（T 标记），判断各通道上下一个结点 V_j 中哪一个同 V_1 最近，将其 T 标记改成 P 标记，其他点改换为新的 T 标记；再从这一点出发，用 V_j 到 V_{j+1} 点的距离 $L_{j,j+1}$ 加上 V_1 到具有 P 标记的 V_j 间的距离 $L_{1,j}$ 之和判断，取其中最小的一个作为下一个 P 标记点；依此类推，即可获得由 V_1 到 V_2 的最短路径。解决第二个问题通常用福罗德（Floyd）提出的算法，它是在由结点集合 V 和边集合 E 组成的网络 $G = \left(V, E\right)$ 中，从 $D^{\circ} = \left[L_{ij}\right]$ 出发，依次构造出 n 个矩阵 $D^{(1)}, D^{(2)}, \cdots, D^{(n)}$，矩阵的数据项根据结点的连接关系来确定，即若 V_i 与 V_j 有边连接则取其边长作为矩阵数据项，若没有边连接则数据项是 $+\infty$。假设 $D^{(k-1)} = \left[d_{ij}^{(k-1)}\right]$，则第 k 个矩阵 $D^{(k)}$ 的元素定义为

$$d_{ij}^{(k)} = \min\left(d_{ij}^{(k-1)}, d_{kj}^{(k-1)}\right) \tag{9-31}$$

式中，$d_{ij}^{(k)}$ 表示从 V_i 到 V_j 而中间点仅限于 V_i 到 V_k 的 k 个点的所有通道中的最短路径长度。

图 9-34 为最短路径分析的一个示例。

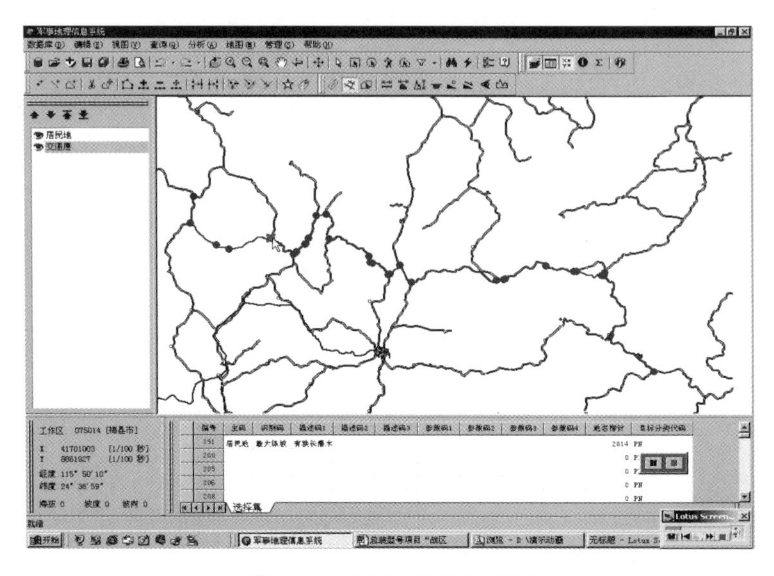

图 9-34 最短路径分析示例

关于利用数字地图进行空间分析的问题，这里只是介绍一些最基本的观念和方法，至于基于数字高程模型（DEM）的地形分析，特别是基于数字地图的缓冲区分析、网络分析以及这里未提及的叠置分析等，还有许多更深层次、更复杂的问题，将在地理信息系统等有关教材中详细介绍。

第三节 地图的应用

地图的应用十分广泛，这里着重介绍地图在科学研究、国民经济和国防建设等方面的应用。

一、地图在科学研究方面的应用

地图在科学研究方面的应用十分广泛而深入，尤其是在地学中，地图分析已经成为重要的研究方法之一。

1. 利用地图研究各种现象的空间分布规律

通过地图分析可以认识和掌握各种制图现象的空间分布规律，这是因为地图直观地反映了各种自然和社会经济现象的分布范围、质量和数量特征，动态变化以及各种现象之间的相互联系和制约关系。

利用地图研究制图现象的空间分布规律，可以是研究一种要素（如地貌、植被等）和现象（如温度、降水、地磁、地震等）分布的一般规律和区域差异，也可以是一种要素的某种类型的分布规律和特点（如地貌要素中岩溶地貌的分布规律），还可以是自然综合体或区域经济综合体各种现象和要素总的分布规律和特点。

通过地图分析认识和掌握各种制图现象空间分布规律的例子是很多的。分析地形图和小比例尺普通地图可以认识和掌握水系结构与水网密度的变化规律、地貌的起伏变化（走向、相对和绝对高程）和结构（平原、丘陵、低山、中山、高山、盆地的组合）特点，居民地的类型、规模、集中与分散的形式及密度变化特点与分布规律等。分析各种专题地图（如地质图、地震图、气温图、植被图等）可以认识和掌握各种专题现象的分布特点和分布规律（如地质的区域特点和变化规律，地震分布及其与大地构造关系的规律，气温和植被的变化和分布规律等）。分析普通地图和专题地图，可以认识和掌握一些要素和现象的地带性规律，如地貌的地带性规律。地貌的地带性规律是指地貌类型、形态特征随气候的变化而表现出的规律。气候的水平地带性规律与地貌的水平地带性规律有明显相应性，如岩溶地貌的发育与分布受气候条件的影响有明显的地带性规律，热带型气候区（华南型），气候炎热，雨季长，雨量充沛，植物茂盛，地表（下）水的溶蚀作用强烈，石灰岩岩层厚度大，大片裸露地表，质地较纯，断裂多，节理发育，这些条件对岩溶地貌的发育十分有利，因此，这些地区的岩溶地貌发育很充分，以峰林、槽谷，溶洞、伏流为主要特征；温带亚热带气候区（华中型），气温较高，降水较多，石灰岩半裸露，发育条件不如热带型气候区，各类形态虽都有发育，但不够典型；温带型气候区（华北型），这里石灰岩零星裸露，气温不高，降水较少，见不到地表岩溶地貌形态，但地下岩溶地貌形态较发育（如北京周口店的猿人洞，济南的“泉都”等）；寒带和干旱型气候区，这些地方虽也有石灰岩分布，但由于各种气候条件不同，因而表现出不同的发育程度和形态特征。气候的垂直地带性规律与地貌的垂直地带性规律也有明显的相应性，因为气候随高度的变化而变化，所以在高山极高山地区，在由高往低的不同部位出现不同的气候条件，引起外力作用形式和地貌特征的差异，呈现垂直地带性规律。在我国植被和土壤地图上，也可以分析出植被和土壤类型的地带性规律。

利用地图分析制图现象的分布规律，首先要了解地图内容的分类分级和图例符号，以便弄清制图现象的内在联系和从属关系。然后，研究制图现象的分布范围，质量差异，以及动态变化的规律。在认识制图现象分布规律的基础上，进一步认识制图现象发生、发展及同其他现象的联系。

2. 利用地图研究制图现象的相互联系和制约关系

因为地图特别是系列专题地图和综合地图集具有可比性的特点，所以利用地图分析各种制图现象之间的相互联系和相互制约关系是特别有效的，一般采用对照比较各种地图的方法。

有些现象间的相互联系与制约关系是通过地形图的分析就可以看出的。例如，分析地形图可知：我国江浙水网密集地区，分散式居民地沿纵横交错的密集河流与沟渠分布排列，在总体上有明显的方向性；而在西北干旱地区，居民地循水源分布的规律性十分明显，水的存在及其利用在很大程度上制约着居民地的分布，居民地通常沿水源丰富的洪积扇边缘，沿河流、沟渠、湖泊、井、泉分布。地貌对居民地、道路分布的制约关系，只需详细研究地形图便可得知。

采用对照比较的方法同时研究各种不同内容的专题地图，可以认识各种专题制图现象的相互联系和制约关系。例如，对照分析我国地震图和地质构造图，可以了解到强烈地震一般都发生在我国西部地槽区和东部地台区的“接合部”和地槽中间的地块边缘、地台中间的大破坏带附近；又如对照环境污染地图与工业分布地图，可以发现空气和水体污染程度与周围各种类型工厂排放的工业废气，污水之间的直接关系。

如果把普通地图和某些专题地图加以对照比较，则可以使我们在更广阔的领域内研究各种现象间的相互关系。例如，对照分析植被图、土壤图、气候图、地质图与地形图（或地势图），就可以发现植被和土壤分布受气候、地形、地质的影响很大。同气候图对照，可以看出植被和土壤的水平地带性分布是由于气候的水平地带性变化造成的；同地形图对照，可以发现地形的高度、坡向、坡度对植被和土壤分布的具体影响；同地质图对照，可以得知地质岩性对植被群落和土质的影响；而对照土壤图与植被图，则更能了解到土壤与植被相互依存和相互影响的密切关系，即一定的植被下形成一定的土壤，一定的土壤上生长一定的植被（当然，也有一些植被与土壤之间只有某些联系或部分对应）。若对照土壤图和地形图，也可以看出许多土壤轮廓对地貌要素的从属性。类似的例子还可以举出很多。

分析各种制图现象间的相互联系和制约关系，除采用地图的目视分析方法外，把有关地图（最好是它们的塑料片复制品）叠置比较效果更好。也可以采用地图的图解分析法。为了揭示各种现象间相互联系的数量特征，还必须采用地图的数理统计分析法，如计算现象间相互联系密切程度的相关系数等。

3. 利用地图研究各种制图现象的动态变化

由于地图上经常要反映各种制图现象的运动变化，这就为利用地图来研究制图现象的动态变化提供了条件。

利用地图研究各种制图现象的动态变化，通常采用两种方法。一种方法是利用地图上已经表示的各种不同时期现象的分布范围和界线进行分析研究；另一种方法是利用不同时期编制出版的同一地区的地图进行分析比较。

第一种方法比较直观和简单。例如，根据水系变迁图上用不同颜色和形状的线状或面状符号表示的不同历史时期河流、湖泊和海岸线的位置、范围，可以直接了解河流改道、湖泊消长、海岸进退的变化，可以从图上量算出变化的幅度。再如，分析用运动符号法表示现象移动的地图，可以直接看出台风路径、动物迁移、人口流动、货物流向、对外贸易、军事行动等各种现象的动态变化情况。利用不同时期的地图，对同一现象的位置、形状、范围、面积进行对照比较，可以找出它们之间的差异和变化。其中，不同时期出版的地形图是据以进行对照比较的重要资料。例如，根据不同时期的地形图，可以研究居民地的变动和增加，道路的兴建和等级的提高，水系的变化（如三角洲位置的变化，水库、沟渠的增加），地貌的变化（如雏谷、冲沟的发展，冰川的伸展和退缩，雪线高程的变化等），森林、灌丛、草地、沼泽、沙漠、耕地等的范围、界线和面积的变化等。

分析不同时期编制出版的专题地图，也可以获得一些现象动态变化的情况。例如，对比不同季节和月份或不同时期同一季节或月份的变化，对比不同时期环境污染图，可以对环境污染状况的动态变化有一个清晰的了解。

利用不同时期摄制的同一地区的航空像片或卫星像片进行对照比较也是一种很有效的方法。特别是因为卫星重复拍摄的周期较短，所以对照不同时期的卫星照片，可以比较方便地研究地质断裂活动带、火山活动、湖泊沼泽化、河床演变、沙漠移动、水体污染等的动态变化。

研究不同时期同一地区的地图，不仅可以掌握各种现象变化的趋势和规律，而且可以确定变化的强度和速度。

利用地图研究各种制图现象的动态变化，除采用地图的目视分析法外，还可以将地图（透明材料复制品）叠置比较，或采用地图的量算分析法。

4. 利用地图对自然条件、土地资源和环境质量进行综合评价

利用地图对自然条件、土地资源和环境质量进行综合评价，是根据地形图、各种专题地

图和统计调查提供的资料和数据，对影响自然条件、土地资源和环境质量的各种因素及其主要指标，按评价标准给出评价值，根据按多因素评价的数学模型计算得到的总评价值划分等级，做出综合评价图。

进行综合评价必须有明确的目的，因为不同的评价目的，其评价标准是不相同的。例如，为农业目的进行自然条件综合评价，其目的在于明确土地优劣等级，发展农业生产的有利与不利条件和农业生产潜力；土地资源评价的目的，是阐明土地的适应性与土地潜力，划分宜农地、宜牧地，并划分为若干等级；环境质量综合评价的目的，是揭示区域环境条件的优劣和环境质量的好坏。

评价因素及其指标视评价目的而定。农业自然条件评价选择对农业起主导影响作用的自然条件及其主要指标，一般包括热量和水分、农业土壤和农业地貌条件（每种因素包含若干个指标）。土地资源评价主要选择影响土地质量和生产潜力的各种因素（如土壤质地、厚度、排水系数或对农、林、牧的适宜性）。环境质量综合评价主要选择地表水、底泥、水生物、地下水、土壤、作物等因素测定各种污染元素的含量。

5. 利用地图进行预测预报

利用地图进行预测预报已成为科学研究的一种重要方法。它的依据是现象间相互联系的规律和现象发生、发展的规律。利用地图预测预报分为空间预测预报、时间预测预报及空间-时间预测预报。

所谓空间预测预报，就是根据已知地区的现象间的相互联系的规律，采用内插法和外推法对未知地区该种现象的空间分布进行预测，或者是根据某些现象间的相互依赖关系，由已知现象的分布规律推测未知现象的空间分布。对于前者，例如，根据已查明的地段矿藏与地质构造方面的联系，分析未知地区地质图所表示的构造与岩层，了解富集矿藏或储油地层的可能性，就可做出矿藏与石油的远景预测，用同样的方法分析含水地层，可预测地下水分布；对于后者，例如，根据植物与岩层、土壤、地下水的密切联系，利用植物地图可以预测矿藏与地下水。

所谓时间序列预测预报，是指预测预报各种现象随着时间的推移而产生的变化。因为有些现象随时间推移而发生的变化具有一定周期性与规律性，所以可以根据不同时期的地图提供的数量指标进行预测预报。例如，利用天气图，结合卫星云图，根据大气过程在某一时刻的空间定位和对这些过程发展规律的认识，做出天气预报；对比不同时期的环境污染程度图，可以分析环境污染的发展趋势，做出一个时期环境污染的预测预报。

利用地图进行预测预报的准确程度，在很大程度上取决于地图原始资料的可靠性和完备性、预测预报现象本身的稳定性、对预测预报现象发展变化规律的认识程度、用来进行预测预报的间接与直接因素同预测预报现象间关系的密切程度、预测预报的期限长短（时间序列预测预报）和外推的远近（空间预测预报）等。

预测预报地图的可靠性程度是各不相同的。据此，可以分为初步预测预报地图（在尚无充分查明预测预报现象的相互联系之前，根据不充分的资料编制而成）、可能预测预报地图（根据比较充分的研究资料，考虑到现象的主要发展趋势、相互联系编制而成）和完全可能预测预报地图（考虑到了能决定所研究现象的位置、数值大小、强度或来临时间的全部或几乎全部的因素编制而成）。

二、地图在国民经济建设中的应用

地图对国民经济建设具有十分重要的意义，主要包括以下五个方面。

1. 利用地图进行区划

区划是根据区域内现象特征的一致性和区域间现象特征的差异性所进行的地域划分，包括自然区划和社会经济区划。自然区划包括地貌区划、气候区划、水文区划、土壤区划、植物区划、动物地理区划等部门区划和综合自然区划；社会经济区划中包括农业区划、工业区划、交通运输区划、行政区划、旅游区划等部门区划和综合经济区划。其中农业区划还可以区分为粮食作物区划、经济作物区划、畜牧区划和综合农业区划。

区划工作自始至终离不开地图。一般先作部门区划，然后进行综合区划。区划和区划地图的编制是不可分割的，区划地图是利用地图进行区划工作结果的主要表现形式。

2. 利用地图进行规划

规划是根据国民经济建设的需要对未来提出的设想和部署。

地图也是制定各种规划不可缺少的工具。利用地图进行全国性或区域性经济建设规划，并编制规划地图，能直观地展现今后发展远景。规划包括部门规划和综合规划、近期规划与远景规划。规划地图可以在表示现状的基础上重点表示今后的发展，以便对照比较。例如，在城市规划图集中，除表示城市现状外，还可重点表示城市总体规划、近期建设规划、道路系统规划、给水排水规划、电力电信规划、人防工程规划等。

3. 利用地图进行资源的勘察、设计和开发

自然资源地图是专题地图的一个重要领域。矿产资源图、森林资源图、水力资源图、油气资源图和地热资源图等，都是记载资源分布、储存的重要资料，是进行矿产、森林、水力、油气、地热等资源勘察、设计和开发利用的重要依据。当然，这项工作的基础是地形图，尤其是大比例尺地形图。以地图在采矿中的应用为例，进行详细勘探和储量计算要使用 1∶2.5 万和 1∶1 万甚至更大比例尺地形图；采掘企业设计要确定企业的生产能力，运输和给排水线路、生活设施等，这些都离不开大比例尺地形图；矿产的开采要利用 1∶5000、1∶2000 甚至 1∶1000 比例尺地形图确定开采方向，核定储量，确定施工地点，计算作业量及开采过程的生产管理等。

4. 利用地图进行各种工程建设的勘察、设计和施工

铁路、公路、水利工程、工厂企业等工程项目的选线、选址、勘察、设计和施工，要采用地形图尤其是大比例尺地形图。例如，在道路的设计中，要利用地形图上的等高线，结合所规划道路的要求（如纵向坡度大小），选择道路线路、确定填、挖土石方数量；在工厂企业的设计中，要根据地形图对厂址用地的地形进行分析，包括确定建筑地域的范围和面积，估计开工前平整地面的困难程度；为了解决排水问题，确定汇水面积；为了合理利用土地，研究改善土地利用条件需要采取的措施等。

5. 利用地图进行农业地籍管理、土地利用和土壤改良

农业地籍管理，土地利用和土壤改良在农业现代化建设中具有重要意义，而这些工作都需要利用大比例尺地形图和相应的专题地图。

三、地图在军事上的应用

地图在作战指挥和军事行动方面有着广泛的应用，具有非常重要的作用。古今中外，许多军事家都十分重视利用地图指挥军事行动。管子《地图篇》中指出的“凡兵主者，必先审知地图”，阐明了地图在军事上的作用。我国西汉时期测制的《地形图》和《驻军图》（1975年在湖南省长沙市马王堆三号汉墓出土，系公元前168年的殉葬品），是迄今世界上发现最早的军事地图。现代战争条件下，地图更是指挥军事行动不可缺少的工具。地图在军事领域的应用可以归纳为以下几个方面。

1. 为各级指挥机关和指挥员提供作战部署和指挥作战的基本用图

一般来讲，作战指挥和作战部署用图分为三个层次，即战略用图、战役用图和战术用图，分别对应于不同比例尺地形图和地理图。

1）战略层面用图

拿破仑曾说过，战略是运用时间和空间的艺术；约米尼也认为战略是在地图上进行战争的艺术。我国从古至今更是有许多军事家利用地图进行战略形势分析和部署而取胜的案例。战略层面上通过利用小比例尺地图、如1∶100万比例尺地形图、1∶100万比例尺联合作战图，更小比例尺区域性或世界全图，主要用于研究战略方向、区域及全球形势和战略部署。

2）战役层面用图

通常利用中比例尺（如1∶25万和1∶50万）地形图，供军以上指挥机关和指挥员认知战区地形概况，拟定战役计划和联合作战方案，分析战场情况、实施战场机动、组织战役指挥等。

3）战术层面用图

通常利用大比例尺（如1∶1万、1∶2.5万、1∶5万和1∶10万）地形图，作为重点地区（如要塞、基地、城镇、国防施工和重点设防区等）的基本战术、技术用图，供军兵种师、团级指挥员研究地形、集结兵力、部署火力和指挥作战之用。

2. 为指挥员认知战场地理环境和实施图上作业提供共同的地理和地形基础

无论是战略层面、战役层面或战术层面，各级指挥员都有认知战场环境和实施图上作业的任务。

1）为军队联合作战指挥提供共同的地理与地形基础

诸军兵种联合作战、训练需要共同的地理地形基础，而地图特别是联合作战用图能为统一的作战指挥提供共同的地理地形基础，如统一的三维位置坐标及统一的坐标网和参考系，保证在统一作战指挥时，实现时间、空间（位置）和战术协同。

2）为指挥员组织作战提供战区（或战场）的兵要资料和数据

地图是战区（或战场）兵要资料和数据的主要来源，从地图特别大比例尺地形图上获得兵要信息是十分重要的。例如，欲计划军队的机动，就要从地图上获取道路类型、等级、路段质量和宽度、通行程度、坡度及弯曲程度等；要计划部队的徒涉和架桥，就要从地图上获得河流的河宽、流速、水深、底质等；要组织部队隐蔽和构筑工事，就要从地图上得知地形特点和森林的树种、树粗和树高等资料（数据）。这些重要资料（数据）都可以从大比例尺地形图上获取。

3）为指挥员（或参谋人员）提供标图和图上作业的地理（地形）底图

标绘要图是指挥员组织、实施指挥的一种重要方法。将迅速变化的敌我双方态势标绘在地图上，才能分析动态、制定对策；敌情侦察结果只有标绘在地图上，才能分析敌之兵力部署和火力配系；把指挥官的决心标绘成要图，是向上级报告战况和进行战斗总结的依据，行军路线和宿营计划也常常以要图形式下达。

实施图上作业是各军兵种参谋使用地图的一种重要方式。例如，航空兵部队可在航空图上计划航线（标出起止机场位置，画出航线，量测方位角，确定沿途检查点，查对沿线最大高程及确定航高等）；大比例尺地形图可供炮兵在地图上确定炮位，实施阵地联测及取得射击诸元（方位、距离、位置等）；等等。

3. 数字地图在数字化战场建设和现代化无人作战平台上的应用

1）数字地图在数字化战场建设中的应用

数字地图是数字化战场的时空数据基础设施，其他一切与军事有关的信息都必须以数字地图作为空间定位的基础框架。

以数字地图作为空间数据框架的数字化战场，对我方指挥自动化系统、武器平台和作战部队是透明的。例如，据当时美国国家影像与地图局（NIMA）在互联网上提供的消息，在1999年空袭南斯拉夫联盟共和国的军事行动中，NIMA专门研制了一种计算机化的地图保障系统配属参战部队，其名称为“装在匣子中的NIMA”。美国的一支搜索与救援直升机部队正是利用了这个“装在匣子中的NIMA”，仅花费90分钟就完成了营救被击落在科索沃西北部地区并被团团包围的一架F-16战斗机的飞行员。如果采用现在的“数字孪生”技术建设数字化战场，其作用肯定将更强大。

2）数字地图是现代化武器系统的重要组成部分

以巡航导弹等现代武器系统为例，其在发射、飞行、瞄准及命中目标的全过程中，都要用到数字地图或数字地形图像，称为“地形匹配制导”。其基本原理是：在导弹到达预定地形匹配制导区域后，弹载计算机根据雷达（或激光）测高仪的记录，计算导弹航迹的实时高程断面，并将该高程断面与存储在计算机内的数字高程模型——参考数字地图进行数字序列匹配，确定实际航迹与预定航迹之间的偏差，指令自动驾驶仪调整导航姿态，直至导弹命中目标。

3）为无人作战平台提供数字地图或时空大数据平台保障

技术决定战术，颠覆性技术将颠覆原有的作战方式。今天的无人机“蜂群”作战，是通过模拟群聚生物的协作行为与信息交互方式，以自主化和智能化的整体协同方式完成作战任务。随着智能、网络、协同与控制技术和无人平台技术的发展，未来在陆（如坦克）、海（水面、水下）、天等各个领域都将出现类似于“蜂群”的“狼群”“鱼群”“星群”等各类无人作战平台，实施全域无人作战集群攻击与防御。这些无人作战平台需要以数字地图为基础框架的时空大数据平台作为支撑。

4）为国防工程的规划、设计和施工提供地形基础

各种国防工程规划、勘测、设计和施工离不开地形图，尤其是大比例尺地形图。首先，要在较小比例尺地形图上进行规划；然后，利用大比例尺地形图进行现场勘测；最后利用最大比例尺地形图进行工程设计和施工。地图使用方法同地图在民用工程规划、勘测、设计和施工中的应用基本相同。

四、地图在人们工作、学习和生活中的应用

地图是最古老也是最强大、最持久的地理思想之一，过去数千年在地理学家探索和发展的所有思想中，地图都成为东西方文明的“中心”。地图是任何社会都不可缺少的，对人们的工作、学习和生活具有重要意义。

1. 地图是人们工作的最基本的工具

人们无论从事什么工作，特别是担任领导工作的人们，都与时间和空间相关联，即都要与地图打交道，这就是为什么要设计与制作“领导工作用图”的道理。一个国家主管部门的领导，要通过与主管业务相关的地图（集）了解本业务领域的发展现状与趋势；一个地区的领导，要通过“领导工作用图”认知本地区的政治行政区划、自然资源、社会经济人文发展；一个城市的领导，要通过城市地图（集）认识城市的过去、现在与未来以及实施城市管理等各项工作；等等。地图与人们的工作密切相关。

2. 地图是人们学习的最基本的工具

地图集被誉为“重构非线性复杂地理世界”的百科全书，本身就是一部科学巨著。地图（集）既是人们认知非线性复杂地理世界的结果，又是人们进一步认知非线性复杂地理世界的工具，被人们称为“三大国际通用语言（地图、绘画、音乐）之一”，是地理学的第二语言。人们要学习自然地理，就要认真阅读自然地图（集）；人们要学习社会人文经济地理，就要认真阅读历史地图（集）、经济地图（集）；等等。地图（集）与人们的学习密切相关。

3. 地图是人们生活中不可或缺的得力“帮手”

社会的进步，科技的发展，包含高科技特点的地图成了人们生活中不可或缺的得力“帮手”。这里，以天气图和导航电子地图为例，说明人们的生活离不开地图。

天气图，是现代地图学与地理学最重大的发明之一。天气，就好像大家每天都在观看的“肥皂剧”一样，日日相接、悬念丛生，而每天曲折的天气又是一部每天都在上演的直接影响我们工作、学习、生活的“话剧”，天气也是亲密朋友之间或者刚认识的人之间进行交谈的共同话题。至于这个故事是通过什么途径告诉我们的，人们却很少谈论。应该说，制作天气图的思想改变了世界。天气图是天气的快照，它提供了全方位的可视化功能，使人们认识到气压、风和降水量之间的基本关系，向人们发出有关飓风、龙卷风、大风雪、冷空气、暴风雨的警报。这一切得益于智能感知设备（观测仪器）和计算机技术与通信技术的发展。

导航电子地图，指人们用于导航定位的电子地图，既可用于车辆导航定位，也可用于人们旅游逛街行走导航定位，是人们生活中不可缺少的工具。现在，人们外出探亲访友购物不用“问路”，只要打开手机就可以利用百度、高德的导航电子地图规划到达目的地的线路，按地图行进即可到达目的地；人们外出开车不像过去那样要“记路”，“导航定位系统+导航电子地图系统”可以随时告知你到达目的地的“线路”，并随时提醒你如何行驶。所以，导航电子地图使人们的出行方式发生了革命性变化。

思 考 题

1. 什么是地图分析？
2. 地图分析的基本方法有哪些？各有何优缺点？
3. 什么是目视分析法？通过目视分析法可获得地图哪些方面的信息？

4. 地图的图解分析法有哪几种？什么是剖面图法？
5. 地图的图解解析法有哪几种？
6. 地图解析法有哪几种？
7. 地图在国民经济、科学研究和军事方面有哪些应用？
8. 结合亲身实践谈谈地图在人们工作、学习和生活中的应用。

主要参考文献

艾廷华. 1997. 电子新技术条件下的地图设计. 武汉测绘科技大学学报, 22(2): 142-145

艾廷华. 1998. 动态符号与动态地图. 武汉测绘科技大学学报, 23(1): 47-51

蔡孟裔, 毛赞猷, 田德森. 2001. 新编地图学教程. 北京: 高等教育出版社

曹亚妮, 江南. 2012. 电子地图符号构成变量及其生成模式. 测绘学报, (5): 784-789

测绘词典编辑委员会. 2008. 测绘词典. 上海: 上海辞书出版社

陈逢珍. 1998. 实用地图学. 福州: 福建省地图出版社

陈刚. 1997. 虚拟视景的生成及显示技术的研究与实践. 郑州: 解放军测绘学院硕士学位论文

陈孔哲, 朱欣焰, 张银洲, 等. 1997. 地图汉字注记的自动定位研究. 武汉测绘科技大学学报, (2): 136-141

陈清海. 1995. 地貌三维平面制图法. 郑州: 解放军测绘学院硕士学位论文

陈述彭. 1993. 信息流与地图学. 世界科学, 1: 9-12

陈昱. 2005. 现代地图集设计与研究. 北京: 科学出版社

陈毓芬. 1995. 地图符号的视觉变量. 解放军测绘学院学报, 12(2): 145-148

陈毓芬. 2000. 地图空间认知理论的研究. 郑州: 解放军信息工程大学博士学位论文

陈毓芬, 陈永华. 1999. 地图视觉感受理论在电子地图设计中的应用. 测绘学院学报 16(3): 218-221

陈毓芬, 江南. 2001. 地图设计原理. 北京: 解放军出版社

成云光. 1989. 湖南省经济地图集. 长沙: 湖南地图出版社

邸香平. 2021. 从出版的角度谈地图集编制中应注意的问题. 测绘地理信息, 46(1): 93-95

丁琳. 2000. 屏幕地图设计的原理、技术与应用. 北京: 中国科学院地理科学与资源研究所博士学位论文

杜清运, 任福, 侯宛明, 等. 2021. 大数据时代综合性地图集设计的思考. 测绘地理信息, 46(1): 9-15

樊红, 杜道生, 张祖勋. 1999. 地图注记自动配置规则及其实现策略. 武汉测绘科技大学学报, (2): 154-157

樊红, 张祖勋, 杜道生. 1998. 基于神经网络模型求取注记位置最优解. 武汉测绘科技大学学报, 23(1): 32-35

冯纪武, 潘菊婷. 1991. 遥感制图. 北京: 测绘出版社

弗·特普费尔. 1982. 制图综合. 江安宁译. 北京: 测绘出版社

高俊. 1986. 地图·地图制图学, 理论特征与科学结构. 地图, (1): 4-10

高俊. 1992. 地图的空间认知与认知地图学//中国测绘学会地图制图专业委员会，中国地图出版社地图科学研究所. 中国地图学年鉴(1991). 北京: 中国地图出版社

高俊. 1997. 地图学的历史贡献——祝《国家普通地图集》出版. 地图, (2): 60-62

高俊. 1999. 数字地图: 21 世纪测绘业的支柱. 测绘通报, (10): 2-6

高俊. 2000. 地理空间数据的可视化. 测绘工程, (3): 1-7

高俊. 2004. 地图学四面体——数字化时代地图学的诠释. 测绘学报, (1): 6-11

高俊. 2012. 地图学寻迹——高俊院士文集. 北京: 测绘出版社

高晓梅. 2006. 现代数字地图制图与出版印刷新技术应用分析. 测绘通报, (1): 43-46

高晓梅, 王茹. 2021. 专题地图集的信息共享与多层级发布服务平台建设. 测绘地理信息, 42(1): 105-109

郭庆胜. 2002. 地图自动综合理论与方法. 北京: 测绘出版社

郭庆胜, 周巨锁. 2004. 选择专题地图表示方法的推理研究. 测绘信息与工程, 29(2): 31-33

韩丽斌, 孙群. 1997. 军用数字地图. 北京: 科学出版社
何宗宜. 2001. 《深圳市地图集》的设计研究. 测绘科学, (1): 25-29
胡鹏, 胡毓钜. 1988. 关于地图投影及其分类的探讨. 测绘学报, 17(4): 286-294
胡毓钜, 龚剑文. 2006. 地图投影图集. 北京: 测绘出版社
华一新. 1993. 用专家系统技术确定专题地图的内容. 测绘学院学报, (1): 56-61
黄国松. 2001. 色彩设计学. 北京: 中国纺织出版社
黄仁涛, 庞小平, 马晨燕. 2003. 专题地图编制. 武汉: 武汉大学出版社
黄万华, 郭正萧, 赵永江, 等. 1999. 地图应用学原理. 西安: 西安地图出版社
黄哲武, 戴济平. 1999. 全数字化的地图生产. 地图, (3): 6-7
江南, 白小双, 孙娟娟. 2007. 基于多属性决策的统计数据分级评价模型. 测绘学报, 36(2): 198-202
江南. 2010. 基础电子地图多尺度显示模型的建立和应用. 武汉大学学报(信息科学版), (7): 768-772
李宝库, 李志光. 1999. 中华人民共和国政区标准地名图集. 北京: 星球地图出版社
李国藻, 等. 1993. 地图投影. 北京: 测绘出版社
李连营, 聂晨依, 周江. 2021. 跨媒介地图集的信息传输模型. 测绘地理信息, 46(1): 62-65
李志林. 2005. 地理空间数据处理的尺度理论. 地理信息世界, 3(2): 1-5
廖克. 1999. 中国国家自然地图集. 北京: 中国地图出版社
廖克. 2000. 中国国家自然地图集的特点与创新. 地理学报, (1): 112-117
廖克. 2003. 现代地图学. 北京: 科学出版社
凌善金. 1996. 浅谈形式美的法则在地图设计中的应用. 地图, (3): 15-16
刘海砚, 孙群. 1998. MicroStation 及其在地图生产中的应用. 北京: 解放军出版社
刘海砚, 孙群, 肖强, 等. 2006. 数字地图制图中多源数据(资料)的综合应用. 测绘科学技术学报, 23(3): 161-164
刘海砚, 孙群, 肖强, 等. 2007. 纸质地图与地理信息一体化生产技术研究. 测绘科学技术学报, 24(4): 239-243
刘万青, 刘咏梅, 袁勘省. 2007. 数字专题地图. 北京: 科学出版社
刘岳. 2002. 现代地图学发展的主要特征和今后方向. 中国测绘, (1): 39-42
龙毅, 温永宁, 盛业华, 等. 2006. 电子地图学. 北京: 科学出版社
陆漱芬, 等. 1987. 地图学基础. 北京: 高等教育出版社
罗宾逊, 塞尔, 莫里逊, 等. 1989. 地图学原理(第五版). 李道义, 刘耀珍译. 北京: 测绘出版社
吕晓华, 邓术军, 牛星光. 2008. 月球制图的投影选择与设计. 测绘与空间地理信息, 31(6): 155-157, 164
吕晓华, 刘宏林. 2002. 地图投影数值变换方法综合评述. 测绘学院学报, 19(2): 150-153
马耀峰, 胡文亮, 张安定, 等. 2004. 地图学原理. 北京: 科学出版社
马永立. 1998. 地图学教程. 南京: 南京大学出版社
毛赞猷, 朱良, 周占鳌, 等. 2008. 新编地图学教程(第二版). 北京: 高等教育出版社
孟丽秋. 2006. 地图学技术发展中的几点理论思考. 测绘科学技术学报, (2): 89-100
宁津生, 陈俊勇, 李德仁, 等. 2004. 测绘学概论(第二版). 武汉: 武汉大学出版社
庞小平, 安妮, 白亭颖, 等. 2021. 海区尺度港航地图集的内容设计——以《中国北方枢纽组港港航地图集》为例. 测绘地理信息, 46(1): 28-33
彭文, 李响, 孔锐, 等. 2021. 《粤港澳大湾区港航图集》的设计思路与技术方法. 测绘地理信息, 42(1): 135-138
齐清文. 2005. 数字地图的理论方法和技术体系. 测绘科学, 30(6): 15-18

钱海忠, 武芳, 王家耀. 2012. 自动制图综合及其过程控制的智能化研究. 北京: 测绘出版社
秦雨, 庞小平, 赵羲, 等. 2021. 地图集认知功能计与实践——以《中国市售水果蔬菜农药残留水平地图集》为例. 测绘地理信息, 42(1): 110-113
任留成, 吕泗洲, 吕晓华. 2006. 空间斜方位投影研究. 测绘学报, 35(1): 35-39
阮凌, 龙毅, 周彤, 等. 2021. 城市产业经济在线地图集设计与实现. 测绘地理信息, 46(1): 75-78
萨里谢夫 K A. 1982. 地图制图学概论. 李道义, 王兆彬译. 北京: 测绘出版社
施祖辉. 1964. 制作“中国晕渲图”的新尝试. 测绘学报, (1): 58-72
史培军. 2003. 中国自然灾害系统图集. 北京: 科学出版社
史瑞芝, 曹朝辉. 2007. 基于7色高保真彩色印刷的颜色分色模型. 测绘科学, 32(5): 58-60
史照良. 2004. 江苏省地图集. 北京: 中国地图出版社
孙亚夫, 杜道生. 1998. 基于模板技术的专题制图. 武汉测绘科技大学学报, 23(2): 171-174
孙亚梅, 王如云. 1994. 专题要素分级的新方法及其应用. 测绘学报, 23(1): 59-66
陶良, 何华贵. 2021. 基于AR互动等新技术的《广州城市地图集》设计特点. 测绘地理信息, 42(1): 118-122
田得森. 1991. 现代地图学理论. 北京: 测绘出版社
田江鹏. 2016. 移动地图的认知语义理论与动态制图模型. 郑州: 解放军信息工程大学博士学位论文
田晶, 黄仁涛, 郭庆胜. 2007. 智能化专题地图表示方法选择的研究. 测绘科学, 32(5): 170-172
王光霞, 等. 2010. 地图设计与编绘. 北京: 测绘出版社
王家耀. 1991. 《军官地图集》的设计特色. 解放军测绘学院学报, (3): 33-42
王家耀. 1993. 普通地图制图综合原理. 北京: 测绘出版社
王家耀. 2000. 信息化时代的地图学. 测绘工程, (2): 1-5
王家耀. 2011. 地图制图学与地理信息工程学科进展与成就. 北京: 测绘出版社
王家耀. 2021. 地图集: 重构复杂非线性地理世界的“百科全书”. 测绘地理信息, 46(1): 1-8
王家耀, 陈毓芬. 2001. 理论地图学. 北京: 解放军出版社
王家耀, 等. 1998. 发展我国数字制图生产若干问题的思考//王家耀. 数字制图技术与数字地图生产. 西安: 西安地图出版社
王家耀, 等. 2000. 地理信息系统与电子地图技术的进展. 长沙: 湖南地图出版社
王家耀, 范亦爱, 韩同春, 等. 1993. 普通地图制图综合原理. 北京: 测绘出版社
王家耀, 李志林, 武芳. 2011. 数字地图综合进展. 北京: 科学出版社
王家耀, 武芳. 1998. 数字地图自动综合原理与方法. 北京: 解放军出版社
王家耀, 邹建华. 1992. 地图制图数据处理的模型方法. 北京: 测绘出版社
王静爱, 史培军, 王瑛, 等. 2003. 基于灾害系统论的《中国自然灾害系统地图集》编制. 自然灾害学报, (4): 1-8
王均, 王红. 2003. 电子地图符号体系与符号库标准的研究. 测绘科学, 28(2): 12-15
王桥, 黄洁. 2002. 中国西部地区生态环境现状遥感调查图集. 北京: 中国地图出版社
王思. 2017. 《世界海洋地缘环境图集》设计研究. 海洋测绘, 2017(2)
王涛. 2004. 地图符号设计新思考(二)形式美原理. 地图, (2): 59-61
王小同. 2002. 《中国军事百科全书》(军事测绘分册)(第二版). 北京: 中国大百科全书出版社
王昭, 梁佳, 白亭颖, 等. 2021. 融媒体环境下航海地图集的设计模式探讨. 测绘地理信息, 46(1): 100-104
魏斌, 刘真, 翟琴, 等. 2005. 电子出版系统直接制版版材及输出工艺的研究. 测绘学院学报, 22(4): 275-277
毋河海. 1965. 地势图高度表选择的原则与方法. 测绘学报, 8(2): 126-144
毋河海. 1991. 地图数据库系统. 北京: 测绘出版社

吴忠性, 杨启和. 1989. 数学制图学原理. 北京: 测绘出版社
武芳, 邓红艳, 钱海忠, 等. 2009. 地图自动综合质量评估模型. 北京: 科学出版社
武芳, 钱海忠, 邓红艳, 等. 2008. 面向地图自动综合的空间信息智能处理. 北京: 科学出版社
武芳, 许俊奎, 李靖函, 等. 2017. 居民地增量级联更新理论与方法. 北京: 科学出版社
熊明, 杨茂中, 成昆凤, 等. 2021. 刍议《重庆历史地图集》第二卷的编制. 测绘地理信息, 42(1): 123-126
徐根才. 2003. 世界地图集的代表作品——泰晤士世界综合地图集. 地图, (9): 50-53
徐轶姝, 马晨燕, 张东杰, 等. 2021. 城市创新主题的内容构建与制图表达——以《深圳市地图集》为例. 测绘地理信息, 46(1): 96-99
许德合, 史瑞芝, 朱长青. 2008. 数字地图制图与出版模式的研究. 测绘通报, (2): 38-40, 43
闫浩文, 王家耀. 2009. 地图群(组)目标描述与自动综合. 北京: 科学出版社
杨启和. 1987. 等角投影变换原理和 BASIC 程序. 北京: 测绘出版社
杨启和. 1990a. 地图投影变换原理与方法. 北京: 测绘出版社
杨启和. 1990b. 球心投影的线性变换及其性质和应用的研究. 测绘学报, 19(2): 102-109
殷红梅, 于荣花. 2021. 《第一次全国地理国情普查地图集》设计与编制. 测绘地理信息, 46(1): 34-37
尹贡白, 王家耀, 田德森. 1991. 地图概论. 北京: 测绘出版社
游雄. 1992. 视觉感知对制图综合的作用. 测绘学报, (3): 224-232
袁勘省. 2007. 现代地图学教程. 北京: 科学出版社
曾庆化, 刘建业, 胡倩倩, 等. 2011. 北斗系统及 GNSS 多星座组合导航性能研究. 全球定位系统, (1): 53-58
张荣群, 袁勘省, 王英杰. 2005. 现代地图学基础. 北京: 中国农业大学出版社
张世涛. 1993. 地图 ABC. 北京: 测绘出版社
张天时, 姚杰. 1991. 专题地图制图. 郑州: 解放军测绘学院硕士学位论文
中国大百科全书编辑部. 1985. 《中国大百科全书》(测绘分册). 北京: 中国大百科全书出版社
周海燕, 华一新. 2000. GIS 中定量专题制图模板的研究与实践. 测绘通报, (10): 9-11
祝国瑞. 2004. 地图学. 武汉: 武汉大学出版社
祝国瑞, 郭礼珍, 尹贡白. 2001. 地图设计与编绘. 武汉: 武汉大学出版社
祝国瑞, 尹贡白. 1983. 普通地图编制. 北京: 测绘出版社
卓承远. 1988. 地名在地图编制与使用中的特殊性. 地图, (1): 18-20
Den B D. 1990. 专题地图设计原理. 游雄译. 北京: 解放军出版社
Morton Walker. 1995. 色彩的力量. 陈铭宗译. 台北: 号角出版社
Naohisa Takahashi. 2008. An Elastic map system with cognitive map-based operations // Peterson M P. Internation Perspectives on Maps and the Internet. Berlin, Heidelberg, New York: Springer-Verlag